U0887750

Adobe Premiere Pro CC 2017 经典教程 彩色版

[英] Maxim Jago 著
巩亚萍 译

人民邮电出版社
北京

图书在版编目（CIP）数据

Adobe Premiere Pro CC 2017经典教程 : 彩色版 / (英) 马克西姆·亚戈 (Maxim Jago) 著 ; 巩亚萍译. -- 北京 : 人民邮电出版社, 2018.1（2018.10 重印）
ISBN 978-7-115-47363-9

Ⅰ. ①A… Ⅱ. ①马… ②巩… Ⅲ. ①视频编辑软件－教材 Ⅳ. ①TP317.53

中国版本图书馆CIP数据核字(2017)第288208号

版权声明

Authorized translation from the English edition, entitled Adobe Premiere Pro CC Classroom in a book (2017 release), 9780134665313 by Adobe Creative Team, published by Pearson Education, Inc., publishing as Adobe Press, Copyright © 2017 Adobe Systems Incorporated and its licensors.

All rights reserved. No part of this book may be reproduced or transmitted in any form or by any means, electronic or mechanical, including photocopying, recording or by any information storage retrieval system, without permission form Pearson Education, Inc. Chinese Simplified language edition published by Posts and Telecommunications Press, Copyright © 2017.

本书中文简体字版由美国 **Pearson Education** 集团授权人民邮电出版社出版。未经出版者书面许可，对本书任何部分不得以任何方式复制或抄袭。

版权所有，侵权必究。

◆ 著　[英] Maxim Jago
译　巩亚萍
责任编辑　傅道坤
责任印制　焦志炜

◆ 人民邮电出版社出版发行　北京市丰台区成寿寺路 11 号
邮编　100164　电子邮件　315@ptpress.com.cn
网址　http://www.ptpress.com.cn
河北画中画印刷科技有限公司印刷

◆ 开本：800×1000　1/16
印张：27.25
字数：537 千字　2018 年 1 月第 1 版
印数：10 301 – 11 800 册　2018 年 10 月河北第 7 次印刷

著作权合同登记号　图字：01-2017-4527 号

定价：138.00 元（附光盘）

读者服务热线：(010) 81055410　印装质量热线：(010) 81055316
反盗版热线：(010) 81055315
广告经营许可证：京东工商广登字 20170147 号

内容提要

本书由 Adobe 公司编写，是 Adobe Premiere Pro CC 软件的官方培训手册。

全书共分为 18 课，每课都围绕着具体的例子讲解，步骤详细，重点明确，手把手教您进行实际操作。本书除全面介绍了 Adobe Premiere Pro CC 的操作流程外，还详细介绍了 Premiere Pro CC 的新功能。书中给出了大量的提示和技巧，帮助您更高效地使用 Adobe Premiere Pro。

本书各课重点突出，有利于读者自己掌握学习重点和学习进度。如果您对 Premiere Pro 还比较陌生，可以先了解使用 Premiere Pro 所需的基本概念和特性；如果您是个 Premiere Pro 的老手，则可以将主要精力放在新版本的技巧和技术的使用上。本书也适合各类相关内容的培训班学员及广大自学人员参考。

致 谢

针对 Premiere Pro 这样的高级技术编写一本高效的学习材料离不开整个团队的努力。朋友、同事、电影制片人和技术专家都对本书做出了贡献。鉴于人员太多，无法一一提及，但是我要说的是，在英国我们经常开玩笑，我们不说“棒极了”，而是说“完全可以接受”。就写作本书而言，“完全可以接受”显然是不够的。对于那些通过分享、培养、关怀、显示、讲述、展示、制作和帮助等行为让世界变得更美好的人，我想要向他们表达相当于英语词汇中“超级棒”的那个词汇：超出期待。

本书中的所有内容都由富有经验的编辑团队进行了检查，他们纠正了拼写错误、命名错误、错误原因、语法歧义、无用段落和不一致的描述。这支优秀的编辑队伍不止标记出了需要修改的地方，还提供了可供选择而且我可以认可的修改，因此，从完全的字面意义上来说，本书是许多人的功劳。我要感谢 Peachpit 和 Adobe Press 的整个团队，是他们创作了如此精美巧妙的图书。

在每写完一章的草稿之后，Conrad Chavez 都会检查所有的技术引用并标记错误，然后择机澄清和详细陈述潜在的问题。Conrad 的评语清晰简洁，直击本质。我之前曾经与 Conrad 共事过，他也是一名技术作者，我知道他的学识和对读者学习行为的认识对本书来讲相当有帮助。

本书有大量内容使用了 Rich Harrington 写作的早期版本的资料，当前的版本是由我们两人对过去版本的总结，尽管我对他写作的章节进行了更新、改写和重述，但是依然有大量的内容未加修改，仍然与 Richard 的原作保持了一致。

最后，不要忘记 Adobe 公司。Adobe 公司优秀的员工为本书贡献了激情和热心，并且表现出了优秀的创造力，他们完全可以称得上是“最可接受的”。他们确实很棒！

前 言

Adobe Premiere Pro CC 是一个为视频编辑爱好者和专业人士准备的必不可少的编辑工具，它是最具扩展性、最高效和最精确的视频编辑软件。它支持广泛的视频格式，其中包括 AVCHD、HDV、Sony XDCAM EX、HD 和 HD422、Sony RAW、Panasonic P2 DVCPRO HD、AVC-Intra、Canon XF 和 Canon RAW、RED R3D、ARRIRAW、Digital SLR、Blackmagic CinemaDNG、Avid DNxHD 和 DNxHR、QuickTime 和 AVI 文件、GoPro Cineform 等。Adobe Premiere Pro 能够使工作更快速，更有创造力，而且无需转换媒体格式。Premiere Pro 这一整套功能强大、独一无二的工具可以让用户顺利克服在编辑、制作以及工作流程方面遇到的所有挑战，并交付满足要求的高质量作品。

重要的是，Adobe 创建了一种直观、灵活、高效的用户体验，它在其多个应用程序中具有统一的设计元素，从而使得用户更容易探索和发现新的工作流程。

关于经典教程

本书是 Adobe 图形、出版和视频创建软件系列官方培训教程的一部分。教程设计的出发点有利于读者以自己的进度来学习。如果是 Premiere Pro 的初学者，则需要学习和这个程序有关的基本概念和功能。本书还涉及许多高级功能，包括使用这个软件最新版本的提示和技巧。

该版本的教程中包含许多动手实践环节，这些环节会用到 Premiere Pro 中的功能，比如色键抠像（chromakeying）、动态修剪、颜色校正、无磁带媒体（tapeless media）、音频和视频效果，以及与 Photoshop、After Effects、Audition 的高级集成。本教程还介绍了如何使用 Media Encoder 为 Web 和移动设备创建文件。Premiere Pro CC 现在可用于 Windows 和 Mac OS。

必备知识

在开始使用本书之前，请确保系统已经正确设置并安装了所需的软件和硬件。可以访问 helpx.adobe.com/premiere-pro/system-requirements.html 来查看更新的系统要求。

你应该具备计算机和操作系统方面的知识，而且应该知道如何使用鼠标和标准的菜单与命令，以及如何打开、保存和关闭文件。如果需要复习一下这些内容，请参见 Windows 或 Mac OS 系统中包含的文档。

安装 Premiere Pro CC

必须单独购买一个 Adobe Creative Cloud 订阅或者获得 Premiere Pro CC 的一个试用版本。关于安装该软件的系统要求和完整指南，请访问 www.adobe.com/support。可以通过访问 www.adobe.com/products/creativecloud 来购买 Adobe Creative Cloud。请根据屏幕上的提示进行操作。想要安装 Photoshop、After Effects、Audition、Prelude 和 Media Encoder，它们都包含在完整的 Adobe Creative Cloud 许可中。

优化性能

视频编辑工作对计算机的处理器和内存有很高的要求。一个快速的处理器和大容量的内存会使你的编辑工作变得更快、更高效，这会带来更流畅和更愉悦的创作体验。

Premiere Pro 会充分以利用多核处理器（CPU）和多处理器系统。处理器的速度越快，数量越多，Premiere Pro 的性能也就越好。

系统内存的最低要求是 8GB，对于超高清媒体来说，推荐使用 16GB 或更大的内存。

用来播放视频的存储驱动器的速度也会带来影响。建议为媒体使用一个专用的快速存储驱动器。强烈建议使用 RAID 磁盘阵列或快速固态磁盘，尤其是要处理 4K 或者更高分辨率的媒体时。在同一个硬盘驱动器上存储媒体文件或程序文件时，也会给性能带来影响。如果可能的话，要将媒体文件保存在一个单独的磁盘中。

Premiere Pro 中的水银回放引擎（Mercury Playback Engine）可以利用计算机中的图形硬件（GPU）的性能来提升播放性能。GPU 加速带来了显著的性能提升，而且大多数带有至少 1GB 专用内存的显卡都适用。有关硬件和软件要求的更多信息，请访问 Adobe 站点，地址为 http://helpx.adobe.com/premiere-pro/system-requirements.html。

使用课程文件

本书各课中使用的源文件包括视频剪辑、音频文件，以及在 Photoshop 和 Illustrator 中创建的图像文件。要完成本书中的课程，必须将本书所附光盘中的所有课程文件复制到计算机的存储驱动器中。因为有些课程会用到其他课程中的文件，所以在学习本书时，需要将整个课程素材都放到存储驱动器中。除了安装 Premiere Pro 所需的空间之外，还需要大约 8GB 的存储空间。

下面介绍如何将这些素材从光盘复制到存储驱动器上。

1. 在“我的电脑”或 Windows 资源管理器（Windows）或者 Finder（Mac OS）中打开本书所附光盘。

2. 右键单击名为 Lessons 的文件夹，选择 Copy（复制）。

3. 导航到用于保存 Premiere Pro 项目的文件夹，然后单击右键，选择 Paste（粘贴）。

> Pr **注意：**如果没有专门用于存储视频文件的驱动器，可以将课程文件放到计算机的桌面上，这样更容易进行查找和处理。

重新链接课程文件

课程文件中包含的 Premiere Pro 项目会有指向特定媒体文件的链接。因为是将这些文件复制到一个新的位置，因此在首次打开项目时，需要更新这些链接。

如果打开了一个项目，但是 Premiere Pro 无法找到链接的媒体文件，这将会打开 Link Media（链接媒体）对话框，要求重新链接离线文件。如果出现这种情况，则选择一个离线的视频剪辑，然后单击 Locate（查找）按钮，这将出现一个浏览面板用来查找该视频剪辑。

使用左侧的导航器定位到 Lessons 文件夹，然后单击 Search（搜索）按钮，Premiere Pro 会在 Lessons 文件夹内找到媒体文件。要隐藏其他所有的文件，以确保更容易选择到正确的文件，可以选择一个选项，使其仅显示名字精确匹配的文件。

最后的已知文件路径、文件名、当前选择的文件路径和文件名将显示在面板的顶部，以供参考。选择文件后单击 OK 按钮。

用于重新链接其他文件的选项在默认情况下是启用的，因此一旦已经重链接了一个文件，剩余的文件将会自动重新链接。有关重新定位离线媒体文件的更多信息，请参阅第 17 课。

如何使用教程

本书中的课程提供了步骤式的讲解。每一课都是独立的，但是大多数课程都是建立在前面课程的基础之上的。因此，学习本书的最好方式是按照顺序从头到尾学习。

本书在讲解新的技巧时，是按照进行真实项目的后期处理时可能会使用的顺序来介绍的。因此，本书不是按照 Premiere Pro 的功能来组织的，而是使用了一种真实的处理方法来编排。本书每一课都是从获取媒体文件开始，比如视频、音频、图像，然后是创建一个粗糙的序列，并添加特效，美化音频，最终导出项目。

在学完本书之后，读者不仅可以更好地理解完整的端到端后期制作的工作流程，而且可以掌握自行编辑视频所需的具体技能。

其他资源

本书并不能代替程序自带的帮助文档，也不是全面介绍 Premiere Pro CC 2017 中每种功能的参考手册。本书只介绍与课程内容相关的命令和选项，有关 Premiere Pro CC 2017 功能的详细信息，请参阅以下资源。

- **Adobe Premiere Pro CC 帮助和支持：**地址为 helpx.adobe.com/premiere-pro，在这里可以搜索并浏览 Adobe.com 中的帮助和支持内容。Adobe Premiere Pro 中的帮助和支持中心可以通过 Premiere Pro 菜单中的 Help 菜单来访问。帮助文件还提供了可打印的 PDF 文档格式，其下载地址为 helpx.adobe.com/pdf/premiere_pro_reference.pdf。
- **Adobe 论坛：**地址为 forums.adobe.com，可就 Adobe 产品展开对等讨论以及提出和回答问题。
- **Adobe Premiere Pro CC 主页：**地址为 adobe.com/products/premiere，这里可以找到与产品相关的更多信息。
- **Adobe 增效工具：**地址为 creative.adobe.com/addons，在这里可查找补充和扩展 Adobe 产品的工具、服务、扩展、示例代码等。
- **教员资源：**地址为 adobe.com/education 和 eddex.adobe.com，向讲授 Adobe 软件课程的教员提供珍贵的信息。可在这里找到各种级别的教学解决方案（包括使用整合方法介绍 Adobe 软件的免费课程），可用于备考 Adobe 认证工程师考试。

Adobe 授权的培训中心

Adobe 授权的培训中心（AATC）提供由教员讲授的有关 Adobe 产品的课程和培训。有关 AATC 名录，请访问 training.adobe.com/trainingpartners。

目 录

第 1 课　Adobe Premiere Pro CC概述

课程概述

在本课中，你将学习以下内容：

- 执行非线性编辑；
- 探索标准的数字视频工作流；
- 使用高级功能增强工作流；
- 检查工作区；
- 自定义工作区；
- 设置键盘快捷键。

本课大约需要 60 分钟。

在开始之前，你将对视频编辑有一个简单了解，还将知道 Adobe Premiere Pro 如何用作后期制作工作流的中心。

Adobe Premiere Pro 是一个支持最新技术和摄像机的视频编辑系统，它具有易用且强大的工具，并且这些工具几乎可以与所有视频采集源完美地结合起来。

1.1 开始

人们对高质量的视频内容有巨大的需求，而且当今的视频制作人和编辑是在一个新旧技术不断变化的环境中进行工作的。尽管出现了这种快速的变化，但是视频编辑的目标是一样的：拍摄素材并使用原始版本调整它，以便有效地与观众进行沟通。

在 Adobe Premiere Pro CC 中，可以找到支持最新技术和摄像机的视频编辑系统，它具有易用且强大的工具。这些工具几乎可以与每一种类型的视频，以及大量的第三方插件和其他后期制作工具完美地结合起来。

下面首先回顾大多数编辑遵循的基本后期制作流，然后学习 Premiere Pro 界面的主要组件，以及如何创建自定义工作区。

1.2 在 Adobe Premiere Pro 执行非线性编辑

Adobe Premiere Pro 是一个非线性编辑系统（NLE）。与文字处理器一样，Adobe Premiere Pro 允许在最终编辑的视频中随意放置、替换和移动素材。可以随时对使用的视频剪辑的任何部分进行调整。无需按照特定顺序来执行编辑，并且可以随时对视频项目的任何部分进行更改。

只需通过单击鼠标并进行拖动，就可以将多个视频剪辑组合起来，成为一个可以修改的序列。可以以任意顺序编辑序列的任何部分，然后更改内容并移动视频剪辑，以改变它们在视频中的播放顺序、将视频图层混合在一起、添加特效等。

可以组合多个序列，并且能跳到视频剪辑中的任意时刻，而无需快进或倒带。对正在处理的视频剪辑进行组织，就如同在计算机上组织文件那样简单。

Adobe Premiere Pro 支持磁带和无磁带媒体格式，包括 XDCAM EX、XDCAMHD 422、DPX、DVCProHD、AVCHD（包括 AVCCAM 和 NXCAM）、AVC-Intra、DSLR 视频和 Canon XF。它还对最新的原始视频格式提供原生的支持（native support），这包括来自 RED、ARRI、Canon 和 Blackmagic 摄像机的视频（见图 1.1）。

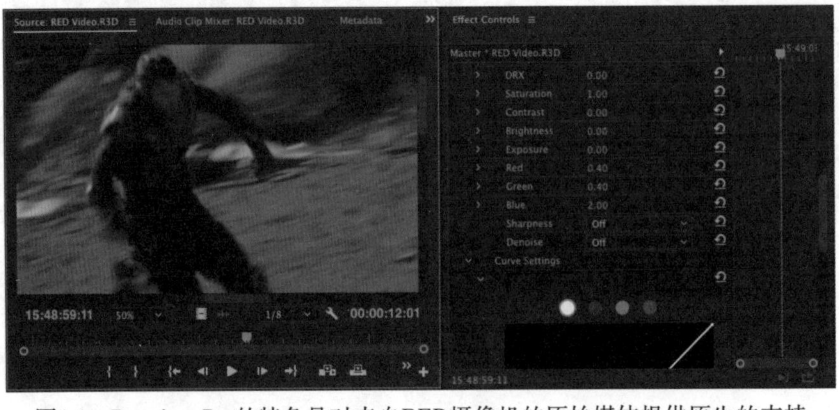

图1.1 Premiere Pro的特色是对来自RED摄像机的原始媒体提供原生的支持

1.2.1 标准的数字视频工作流

在获得了编辑经验后，用户将形成自己的偏好，即以哪种顺序处理项目的不同方面。每个阶段需要某种特殊的注意力和不同的工具。此外，与其他阶段相比，一些项目在某个阶段花费的时间可能会更多。

> 注意：clip（剪辑）一词来自于胶片编辑的那个时代，当时会将一段电影胶片剪下来，让它与一个胶片卷筒分离。

无论是快速地跳过一些阶段，还是花几个小时（或者几天）来完善项目的某个方面，通常都会经历以下这些步骤。

1. 获取媒体。这意味着为一个项目录制原始素材或者是收集素材。

2. 将视频摄取（或从磁带捕获）到存储驱动器。对于基于磁带的格式，Premiere Pro（借助于适当的硬件）可以将视频转换为数字文件。对于无磁带媒体，Premiere Pro 可以直接读取媒体文件，通常也不需要进行转换。如果使用的是无磁带媒体，那么一定要将文件备份到另一个位置，原因是存储驱动器有时会毫无征兆地失效。

3. 组织视频剪辑。在项目中有许多视频内容可供选择。花些时间将视频剪辑放置到项目中的特殊文件夹中（名为 bins）。也可以添加颜色标签和其他元数据（有关剪辑的其他信息），来保持一切井然有序。

4. 在 Timeline（时间轴）面板中，将想要的视频部分和音频剪辑合并成一个序列。

5. 在剪辑之间放置特殊的过渡效果，添加视频效果，并通过在多个图层（在 Timeline 面板中称为轨道）上放置剪辑来创建综合的视觉效果。

6. 创建或导入字幕和图形，并如同添加视频剪那样将它们添加到序列中。

7. 混合音频轨道并让混合后的结果恰到好处，然后在音频剪辑上使用过渡和特效来改善声音。

8. 将完成后的项目或导出到录像带中，或导出到计算机的文件中或适合互联网播放的文件中，或者导出到移动设备上。

Adobe Premiere Pro 以其业界领先的工具支持以上这些步骤。一个大型的由创意人士和技术人士组成的社区正在等着分享它们的经验，并为用户在视频编辑行业中的成长提供支持。

1.2.2 使用 Premiere Pro 增强工作流

Adobe Premiere Pro 具有易于使用的标准视频编辑工具，它还提供了用来处理、调整和优化项目的高级工具。

在最初的几个视频项目中，可能不会用到以下所有功能，但随着经验逐渐丰富并对非线性编辑越来越了解，你会想要扩展你的技能。

在本书中将会介绍以下主题。

- **高级音频编辑**：Adobe Premiere Pro 提供了其他非线性编辑器无法比拟的音频效果和编辑功能。可以创建和放置 5.1 环绕声音频通道，编辑取样电平，在音频剪辑或音轨上应用多种音频效果，并使用最先进的插件以及第三方 VST（Virtual Studio Technology，虚拟工作室技术）插件。
- **色彩校正和分级**：用高级色彩校正滤镜（包括 Lumetri，这是一个专用的色彩校正和分级面板）校正和增强视频效果。还可以进行二级色彩校正选择，调整孤立的色彩和部分图像，以提升合成图像。
- **关键帧控制**：Premiere Pro 提供了精确的控制功能，使你无需使用合成或运动图形应用程序，就可以微调视觉和运动效果的时间。关键帧使用标准界面设计，因此只需要在 Premiere Pro 中学习使用它们，就会了解在所有 Adobe Creative Cloud 产品中如何使用它们。
- **广泛的硬件支持**：专用的采集卡及其他硬件的可选择范围很大，组装系统时，可以根据自己的需要和预算进行选择。Premiere Pro 系统规范从用于数字视频编辑的低成本计算机，扩展到可以轻松编辑 3D 立体视频、高清（HD）、4K 和 360 VR 视频等的高性能工作站。
- **GPU 加速**：水银回放引擎有两种运行模式——纯软件模式和图形处理单元（GPU）加速模式。GPU 加速模式要求工作站中的显卡满足最低的规范要求。有关经过测试的显卡的列表，请访问 http://helpx.adobe.com/premiere-pro/system-requirements。具有 1GB 专用显存的大多数显卡都可以胜任。
- **多机位编辑**：可以快速轻松地编辑由多个摄像机拍摄的素材。Premiere Pro 在一个分割显示的窗口中显示多个摄像机源，可以通过单击相应的屏幕或者使用快捷键来选择一个摄像机视图。也可以根据剪辑音频或时间码自动同步多个摄像机角度。
- **项目管理**：通过一个对话框就可以管理媒体文件。可以查看、删除、移动、搜索、重组剪辑和文件夹。通过将那些真正在序列中用到的媒体复制到一个位置，以此来合并项目，然后删除未使用的媒体文件，释放硬盘空间。
- **元数据**：Premiere Pro 支持 Adobe XMP，后者将与媒体相关的额外信息存储为可被多个应用程序访问的元数据。这些信息可以用来找到剪辑或者用来沟通重要的信息，比如喜欢的照片或版权通知。
- **有创意的字幕**：使用 Premiere Pro 的 Title Designer（字幕设计器）可以创建字幕和图形，还可以使用在任何合适的软件中创建的图形。此外，Adobe Photoshop 文档可以导入为拼合图像或者是单独的图层（可以有选择性地合并、组合和制作动画）。
- **高级修剪**：使用特殊的修剪工具可以在序列中调整每一个剪辑和切点（cut point）。Premiere Pro 提供了快速、便利的修剪快捷键和高级的修剪工具，可以对多个剪辑进行复杂的时序调整。

- **媒体编码**：导出序列以创建符合自己需要的视频和音频文件。使用 Adobe Media Encoder 的高级功能，并以自己详细的首选项为基础，可以用多种不同的格式创建已完成序列的副本。
- **用于 VR 头盔的 360° 视频**：使用一种特殊的 VR 视频显示模式来编辑和后期制作 360° 的视频素材，这种显示模式可以查看图片的特定区域，以获得更自然和直观的编辑体验。

1.3 扩展工作流

尽管 Premiere Pro 可以作为独立的应用程序使用，但其实也可以与其他应用程序一起使用。Premiere Pro 是 Adobe Creative Cloud 的一部分，这意味着可以访问其他许多专用工具，比如 After Effects、Audition 和 Prelude。了解这些软件组件如何协同工作，可以提高效率并带来更大的创作自由度。

1.3.1 将其他组件纳入编辑工作流中

虽然 Adobe Premiere Pro 是一个多功能的视频和音频后期制作工具，但它仅是 Adobe Creative Cloud 的其中一个组件。Adobe Creative Cloud 是 Adobe 完整的印刷、网络和视频环境，它包含可以完成以下工作的视频软件：

- 创建高端的 3D 运动效果；
- 生成复杂的文本动画；
- 制作带图层的图形；
- 创建矢量作品；
- 制作音频；
- 管理媒体。

要将这些功能中的一个或多个纳入到生产中，可以使用 Adobe Creative Cloud 的其他组件。该软件集具有制作高级、专业的视频作品所需的所有工具。

下面简要地介绍其他组件。

- **Adobe After Effects**：非常受运动图像和视觉特效艺术家欢迎的工具。
- **Adobe Photoshop**：行业标准的图像编辑和图像创作产品，可以处理照片、视频和 3D 对象，以为项目做好准备。
- **Adobe Audition**：一款功能强大的工具，可以进行音频编辑、音频清理和美化、音乐创作和调整、多轨混音等工作。
- **Adobe Illustrator**：用于印刷、视频和 Web 的专业的矢量图形创作软件。

- **Adobe Dynamic Link**：一个跨产品间的连接，使用户能够实时处理在 After Effects、Audition 和 Premiere Pro 之间共享的媒体、合成图像和序列。
- **Adobe Prelude**：一个工具，可以摄取、转码和添加元数据、标记和标签到基于文件的素材。然后创建直接与 Premiere Pro 共享或与其他 NLE 共享的粗剪（rough cut）。
- **Adobe Media Encoder**：一个工具，允许用户对文件进行处理，以便直接为 Premiere Pro 和 Adobe After Effects 的任意屏幕生成内容。

1.3.2 Adobe Creative Cloud 视频工作流

Premiere Pro 和 Creative Cloud 工作流会随着创作的需要而变化。下面是一些应用场景。

- 使用 Photoshop CC 对来自数码摄像机、扫描仪或视频剪辑的静态图像和分层图像进行润色并应用特效，然后在 Premiere Pro 中将它们用作媒体。
- 使用 Prelude 导入和管理大量媒体文件，添加有价值的元数据、临时注释和标签。根据 Adobe Prelude 中的剪辑和子剪辑创建序列，并将它们发送给 Premiere Pro，以继续进行编辑。
- 将剪辑直接以 Premiere Pro 时间轴发送到 Adobe Audition，以进行专业的音频整理和美化。
- 将一个完整的 Premiere Pro 序列发送到 Adobe Audition 以完成专业的音频混合。Premiere Pro 可基于序列创建一个 Adobe Audition 会话；这个会话能包含视频，因此可以基于行为（action）编排和调整音频水平。
- 使用 Dynamic Link，在 After Effects 中打开 Premiere Pro 视频剪辑。应用特效、添加动画，然后添加视觉元素；然后在 Premiere Pro 中查看结果。可以无需等待渲染，即可在 Premiere Pro 中播放 After Effects 合成图像，因此可以从 After Effects Global Cache 中受益（Global Cache 会保存预览供以后使用）。
- 使用 After Effects 创建包含高级文本动画的合成图像，比如一个打开或关闭的字幕序列。然后结合 Dynamic Link 在 Premiere Pro 中使用这些合成图图像。在 After Effects 中进行的调整会立即出现在 Premiere Pro 中。
- 使用内置的预设、集成的社交媒体和 FTP 服务器支持，将视频项目以多种分辨率和编解码器导出，以便在网站、社交媒体上显示，或用于归档。

本书主要介绍只涉及 Premiere Pro 的标准工作流。但是，本书将用几课的篇幅来解释如何在自己的工作流中使用 Adobe Creative Cloud 组件，以创建出更好的效果。

1.4 Premiere Pro 工作区概述

先了解编辑界面会很有用，这样在后续课程中与编辑界面打交道时，可以认出里面的工具。为了让配置用户界面更简单，Adobe Premiere Pro 提供了工作区（workspace）。利用工作区可以在屏幕上快速配置各种面板和工具，这样有助于完成特定的行为，比如编辑、应用特效或混合音频。

首先，大致了解一下编辑工作区。在本练习中，将使用本书配套光盘中提供的 Premiere Pro 项目。

1. 确保已将光盘中的所有课程文件夹及其内容复制到硬盘中。

2. 启动 Premiere Pro，如图 1.2 所示。

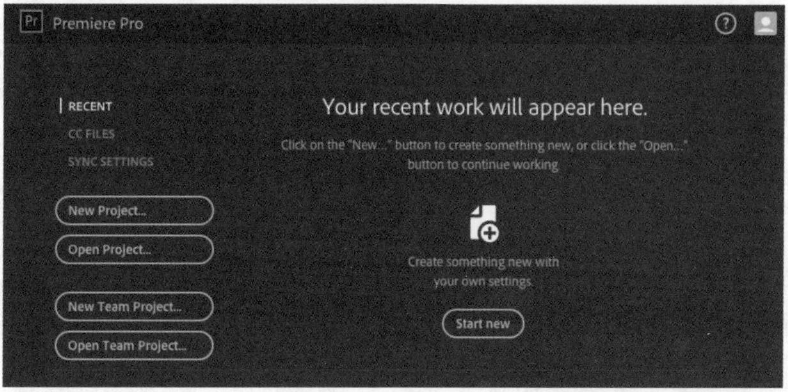

图1.2　Start（开始）屏幕给出了入门的简洁指导

在你第一次启动 Premiere Pro 时，将看到一个 Start（开始）屏幕。如果之前曾经打开过 Premiere Pro 项目，将会在开始屏幕的中间显示一个列表。

在屏幕左侧的选项可以用来查看存储在本地的最近项目，或者是查看 CC Files 文件夹中云同步之后的项目。如果是在多台计算机上工作的话，这里还有一个选项用来同步用户首选项。

可以创建一个新项目，也可以通过浏览存储驱动器中的项目文件，或者在最近的项目列表中单击项目名称，打开一个已有的项目，如图 1.3 所示。

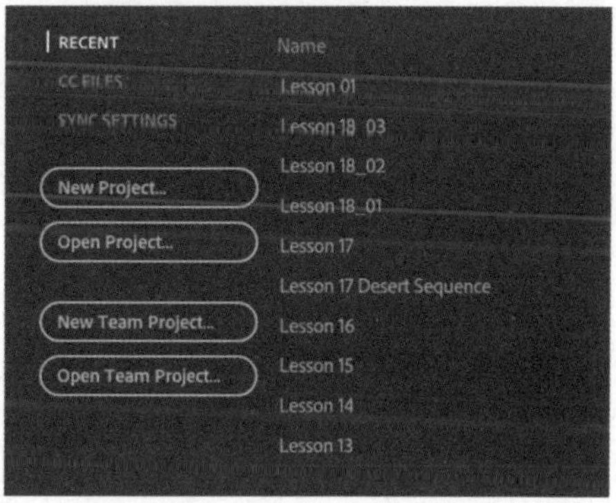

图1.3

> **注意：**如果 Premiere Pro 没有成功打开一个项目，请尝试将 Playback Renderer（播放渲染器）修改为一个不同的设置。为此，在"开始"屏幕中单击 New Project（新建项目），然后在 Video Rendering and Playback–Renderer（视频渲染与播放—渲染器）菜单中选择一个选项。如果有一个 AMD 的显卡，选择 OpenCL GPU 加速，可能会有更好的性能；如果有一个 NVIDIA 显卡，则可能会选择 CUDA。之后当单击 OK 按钮创建新项目时，Premiere Pro 就会为打开的新项目或已有项目使用 GPU 加速设置。

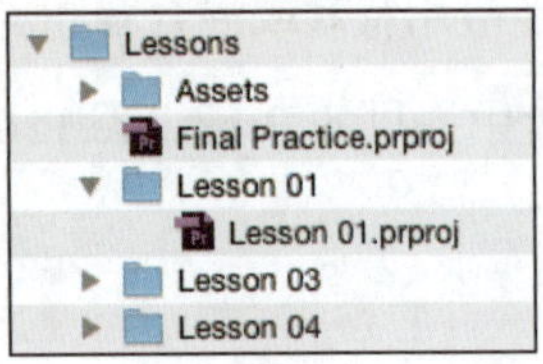

图1.4

如果之前打开过 Premiere Pro 并且创建过项目，则会看到一系列之前打开过的项目。

3. 单击 Open Project（打开项目）按钮。

4. 在 Open Project 窗口中，导航到 Lessons 文件夹中的 Lesson 01 文件夹，然后双击 Lesson 01.prproj 项目文件，打开第 1 课，如图 1.4 所示。

> Pr 注意：可能会弹出一个对话框，询问某个文件的保存位置。当原始文件的存放位置与所使用的文件不同时，就会发生这种情况。这时需要告诉 Premiere Pro 此文件的位置。在本例中，导航到 Lessons/Assets 文件夹，选择对话框提示打开的文件。Adobe Premiere Pro 默认会为其他文件选择此位置。

> Pr 注意：最好将所有课程都从 DVD 复制到计算机存储驱动器上，并在学完本书之前保留它们不动，因为有些课程会引用前面课程中的素材。

> Pr 注意：所有的 Premiere Pro 项目文件都有一个 .prproj 扩展名。

1.4.1 工作区布局

开始之前，通过选择 Windows（窗口）>Workspace（工作区）>Editing（编辑），确保使用的是 Edit（编辑）工作区。

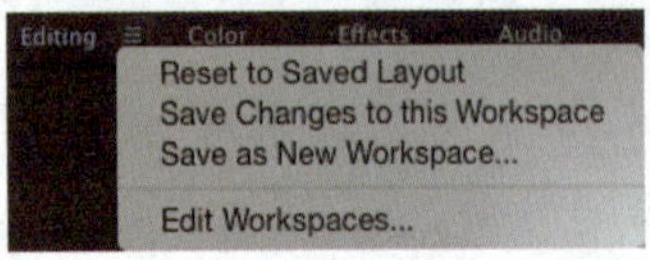

图1.5

然后，选择 Window（窗口）>Reset to Saved Layout（重置保存的布局），来重置 Editing（编辑）工作区。如果 Workspaces（工作区）面板是可见的，可以使用它来选择 Editing，以确保选中了 Editing 工作区。然后，单击 Workspaces 面板上 Editing 选项附近的小面板菜单，然后选择 Reset to Saved Layout，重置 Editing 工作区，如图 1.5 所示。

如果之前没有接触过非线性编辑工具，可能会觉得默认工作区有太多按钮和菜单了。没关系，了解了这些按钮的作用之后，事情就变得简单多了。这样的界面布局旨在简化视频编辑，这样一来，用户可以立即访问到常用的控件。

工作区内的每一个项目都显示在它自己的面板中，而且多个面板可以被合并在一个框架中。在将多个面板合并时，可能无法看到所有的选项卡，但此时会显示一个额外的面板菜单。单击该菜单，可以访问框架中的隐藏面板。

通过在 Window 菜单中进行选择，可以显示任何面板。如果无法找到一个面板，只需要在这个菜单中找就好了。

主要元素如图 1.6 所示。

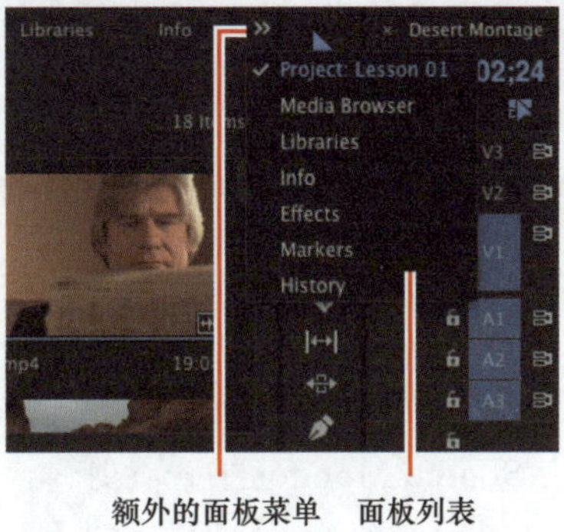

图1.6

主要的用户界面元素如图 1.7 所示。

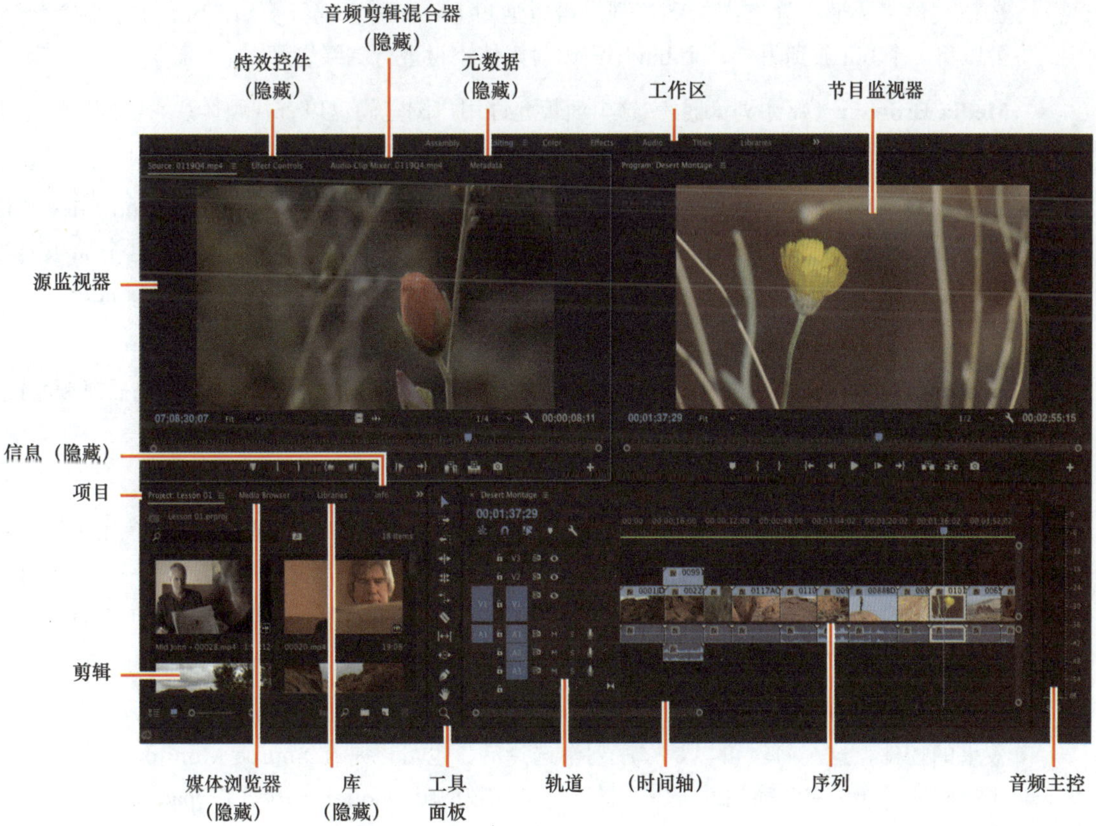

图1.7　Premiere Pro中主要的用户界面元素

- **Timeline（时间轴）面板：**大部分的编辑工作在这里完成。可在 Timeline（时间轴）面板中查看并处理序列（这是一个术语，是指一起进行编辑的视频片段）。序列的一个优点是可以嵌套它们（将一个序列放置到另一个序列中）。用这种方法，可以将一个作品拆分为可管理的小块，或者创建独特的特效。

- **Tracks（轨道）：**可以在无限数量的轨道上分层（或合成）视频剪辑、图像、图形和字幕。在时间轴上，位于顶部视频轨道上的视频和图形剪辑会覆盖其下面的任何内容。因此，如果想显示位于较低轨道上的剪辑，需要给较高轨道上的剪辑添加某种形式的透明度，或者缩小其尺寸。

- **Monitors（监视器）面板：**使用 Source Monitor（源监视器，位于左侧）来查看和选择部分剪辑（原始素材）。要在 Source Monitor 中查看剪辑，请在 Project（项目）面板中双击该剪辑。Program Monitor（节目监视器，位于右侧）用来查看当前序列（显示在时间轴面板中）。

- **Project（项目）面板：**在这里组织到项目媒体文件的链接。这些媒体文件包括视频剪辑、音频文件、图形、静态图像和序列。可以通过 bin 来组织视频剪辑。bin 与文件夹类似，可以将一个 bin 放到另外一个 bin 中，以对媒体素材进行高级管理。

- **Media Browser（媒体浏览器）：**这个面板允许用户浏览硬盘以查找媒体。它特别适用于查找基于文件的摄像机媒体文件和 RAW 文件。

- **Libraries（库）：**这个面板可以用来访问添加到存储驱动器中 Creative Cloud Files 文件夹中的文件，以自定义 Lumetri 颜色外观，以及出于协作目的而共享库。这个面板充当 Adobe Stock 的浏览器和商店。有关库面板的更多信息，请访问 https://helpx.adobe.com/premiere-pro/using/creative-cloud-libraries.html。

- **Effects（效果）面板：**这个面板（见图 1.8）包含将在序列中使用的效果，包括视频滤镜、音频效果和过渡。效果按类型分组，这样可以方便寻找。而且面板顶部还有一个搜索框，可以快速找到一个效果。

- **Audio Clip Mixer（音频剪辑混合器）：**这个面板（见图 1.9）看起来很像一台用于音频制作的工作室硬件设备，它带有音量滑块和平移控件。在时间轴上每个音轨都有一套控件。用户做出的调整会应用到音频剪辑中。还有一个 Audio Track Mixer（音频轨道混合器）用来将音频调整应用到轨道（而非剪辑）中。

- **Effect Controls（特效控件）面板：**这个面板（见图 1.10）显示应用到一个剪辑上的任意效果的控件，这个剪辑可以是在序列中选择的，也可以是在 Source Monitor（源监控器）中打开的。如果在时间轴面板中选择了一个视频剪辑，Motion（运动）、Opacity（不透明度）和 Time Remapping（时间重映射）控件都将是可用的。大多数效果参数都可以随时间进行调整。

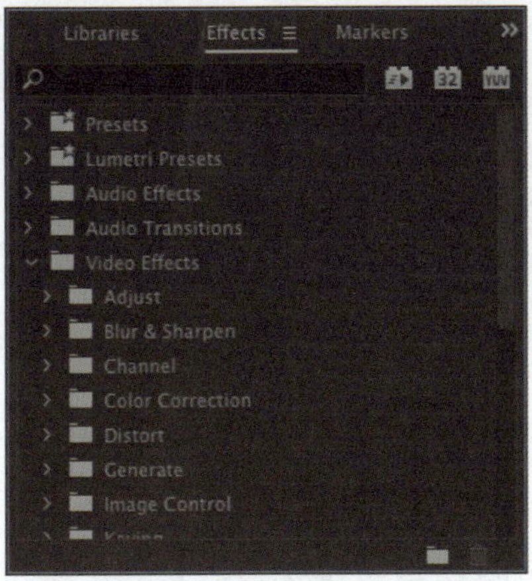

图1.8　Effects（效果）面板

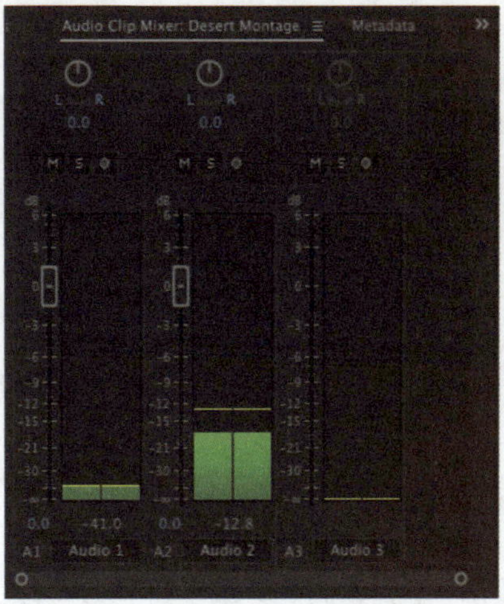

图1.9　Audio Clip Mixer（音频剪辑混合器）面板

- **Tools（工具）面板：**该面板（见图 1.11）中的每个图标都可以访问在时间轴面板中执行一个特定功能的工具。Selection（选取）工具与上下文相关，这表示它根据用户点击的地方改变其功能。如果发现鼠标未像预期一样工作，可能是因为选择了错误的工具。

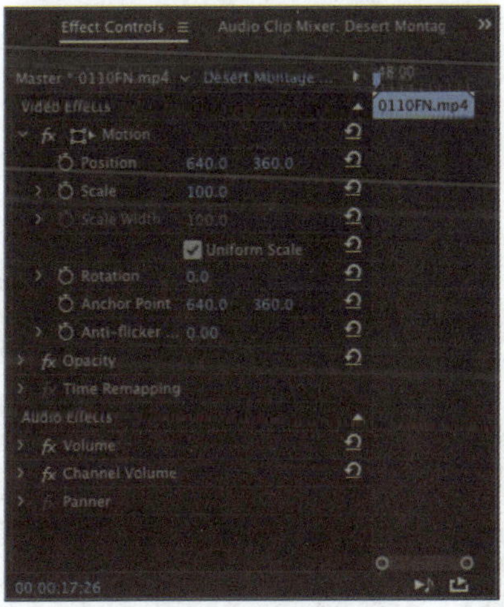

图1.10　Effect Controls（特效控件）面板

图1.11　Tools（工具）面板

- **Info（信息）面板：**该面板显示 Project（项目）面板中所选素材或序列中所选剪辑或过渡的信息。
- **History（历史记录）面板：**该面板会跟踪执行的步骤并可轻松备份。它是一种可视的 Undo（撤销）列表。如果选择前一个步骤，则在该步骤之后的所有操作步骤也将被撤销。

每一个面板的名字都显示在面板的顶部。在显示一个面板时，靠近面板名的地方会出现一个菜单，它包含与该面板相关的选项。

1.4.2 自定义工作区

除了在默认工作区之间进行选择之外，还可以调整面板的位置以创建最适合自己的工作区，也可以针对不同的任务创建多个工作区。

- 当更改一个框架的尺寸时，其他框架的尺寸会随之做相应的调整。
- 框架中的所有面板都可以通过单击其名字来访问。
- 所有面板都可停靠的，可以将面板从一个框架拖放到另一个框架。
- 可以将一个面板从原来的框架中拖出，使它成为一个单独的浮动面板。

在本练习中，我们会尝试所有这些功能，并保存一个自定义工作区。

1. 单击 Source Monitor 面板（如果需要，可选择其名字），然后将鼠标指针定位到 Source Monitor 和 Program Monitor（节目显示器）之间的垂直分隔条上。当放到正确的位置时，鼠标指针将发生变化。然后，再左右拖动以更改这些框架的尺寸，如图 1.12 所示。可以选择不同的尺寸来显示视频。

2. 将指针定位到 Program Monitor 和 Timeline 之间的水平分隔条上。当放到正确的位置时，鼠标指针将发生变化，再上下拖动，改变这些框架的尺寸。

3. 单击 Effects 面板的名字（名字左侧），将它拖到 Source Monitor 的中间，将 Effects 面板定位到该框架中，如图 1.13 所示。记住，如果不能看到 Effects 面板，可以在 Window 菜单中选择它。

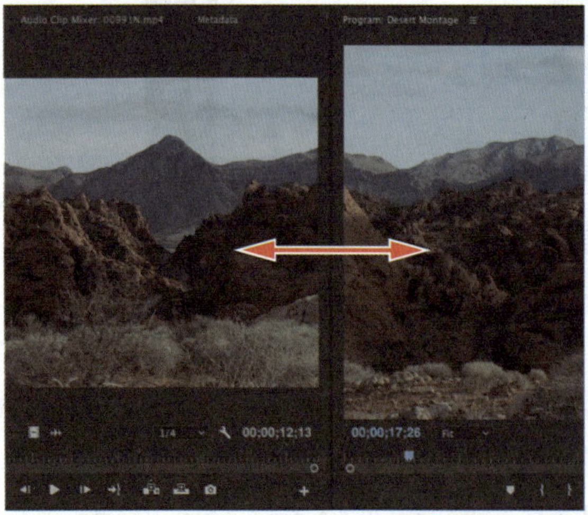

图1.12

图1.13　拖曳区域显示为中心的高亮区域

注意：在通过单击面板的名字来拖放面板时，Adobe Premiere Pro 会显示一个拖曳区域。如果面板是矩形的，它会变为所选框架的另一个选项卡；如果是梯形，则会创建一个新框架。

4. 单击 Effects 面板顶部的名字，将面板拖到靠近 Project 面板右侧的位置，将它放置到自己的框架内。

在释放鼠标按钮之前，拖曳区域是一个梯形，它覆盖了 Project 面板的右半部分。释放鼠标按钮，这时工作区应该有一个只包含 Effects 面板的新框架。

还可以将面板拖出来形成浮动面板。

5. 单击 Source Monitor 面板的名字，在将它拖出框架的同时按住 Ctrl（Windows）键或 Command（Mac OS）键。

6. 将 Source Monitor 随便拖到一个位置，创建浮动面板。可以通过拖动面板的一个角或一条边调整面板大小，如同调整其他面板那样，如图 1.14 所示。

图1.14 你可能需要调整面板大小，才能看到所有的控件

7. 随着经验的增加，也许想要创建和保存自己的面板布局，以作为自定义的工作区。为此，请选择 Window（窗口）>Workspace（工作区）>Save as Workspace（另存为工作区），输入名字，然后单击 OK 按钮。

8. 如果想使一个工作区返回到其默认布局，请选择 Window（窗口）>Workspace（工作区）>Reset to Saved Layout（重置为保存的布局）。

9. 要返回到一个可识别的起点，请选择预设的编辑工作区并重置它。

注意：你可以调整 Project 面板中的字体大小，方法是单击面板菜单，然后选择 Font Size >Small、Medium（默认）、Large 或 Extra Large.

1.4.3 首选项简介

编辑的视频越多，就越想自定义 Adobe Premiere Pro 来满足自己的具体要求。Premiere Pro 有几种类型的设置。例如，可以通过单击面板名字附近的菜单按钮来访问的面板菜单中，带有与各自面板相关的选项。序列中各自的剪辑也有一些通过右键单击的方式来访问的设置。

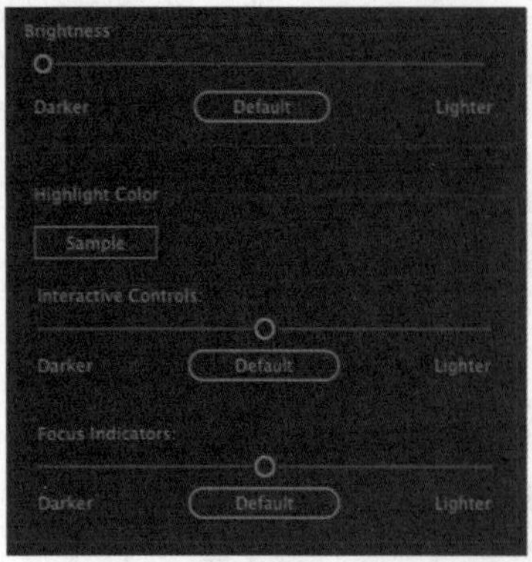

图1.15

值得注意的是，显示在每个面板顶部的面板名，通常称为面板选项卡。可以单击面板的这个位置来移动面板，这很像一个可以用来抓住面板的手柄。

还有应用程序首选项，为了便于访问，这些首选项都被分组到一个面板中。本书将详细介绍首选项，因为它们与本书各课内容都相关。我们来看一个简单的例子。

1. 在 Windows 下，选择 Edit（编辑）>Preferences（首选项）>Appearance（外观）；而在 Mac OS 下，则选择 Premiere Pro>Preferences（首选项）>Appearance（外观）。

2. 左右移动 Brightness（亮度）滑块，以适合需求，如图 1.15 所示。完成之后，单击 OK，或者单击 Cancel（取消），返回默认设置。

默认亮度是深灰色，以帮助用户正确地查看颜色。有多种附加选项可以控制界面亮度。

3. 体验 Interactive Controls（交互式控件）和 Focus Indicators（焦点指示器）亮度滑块。屏幕上显示的示例具有很微妙的差异，但是通过调整这些滑块可以给编辑体验带来很大的不同。在结束之后，单击这三个设置的 Default（默认）按钮，将其都设置为 Default。

4. 单击左侧的首选项名字，切换到 Auto Save（自动保存）首选项。

想象一下，在工作了好几个小时之后，突然断电了。如果最近没有保存的话，将丢失大量的工作。通过 Auto Save 对话框，可以决定多久让 Premiere Pro 自动保存项目副本一次，以及想要总计保存多少个版本。

相较于媒体文件，项目文件要小一些，因此增加项目版本的数量并不会影响到系统性能。

你还将注意到，有一个选项可以将一个备份项目保存到 Creative Cloud，如图 1.16 所示。

图1.16

> **注意**：在工作期间，Premiere Pro 会自动保存一份项目文件的副本，以防系统发生故障。Premiere Pro 与 Adobe Creative Cloud 集成在一起，因此，如果在面板中选择了这个复选框，将会有一个额外的备份项目文件存储到 Creative Cloud 共享文件夹中。

这个选项会在 Creative Cloud Files 文件夹中添加一个项目文件的备份。如果在工作期间遭遇到了系统故障，可以使用 Adobe ID 登录任何 Premiere Pro 编辑系统，访问备份的项目文件，并迅速恢复工作。

单击 Cancel（取消）按钮，关闭 Preferences 对话框，不保存任何修改。

1.5 键盘快捷键

Premiere Pro 使用了大量的键盘快捷键。相较于鼠标操作，键盘快捷键可以节省时间而且通常更容易使用。许多键盘快捷键在非线性编辑系统中是共享的。例如，空格键会启动和停止播放——这甚至在有些网站上也会奏效。

有些标准的键盘快捷键来自于传统的胶片电影编辑。比如，I 和 O 键，用来在素材和序列中设置 In 和 Out 标记。这些开始和技术标记最初是直接画在电影胶片上的。

其他的键盘快捷键尽管可用，但是无法进行配置。这在设置键盘时带来了灵活性。

选择 Edit（编辑）> Keyboard Shortcuts（键盘快捷键）（Windows）或 Premiere Pro CC > Keyboard Shortcuts（Mac OS），出现如图 1.17 所示的界面。

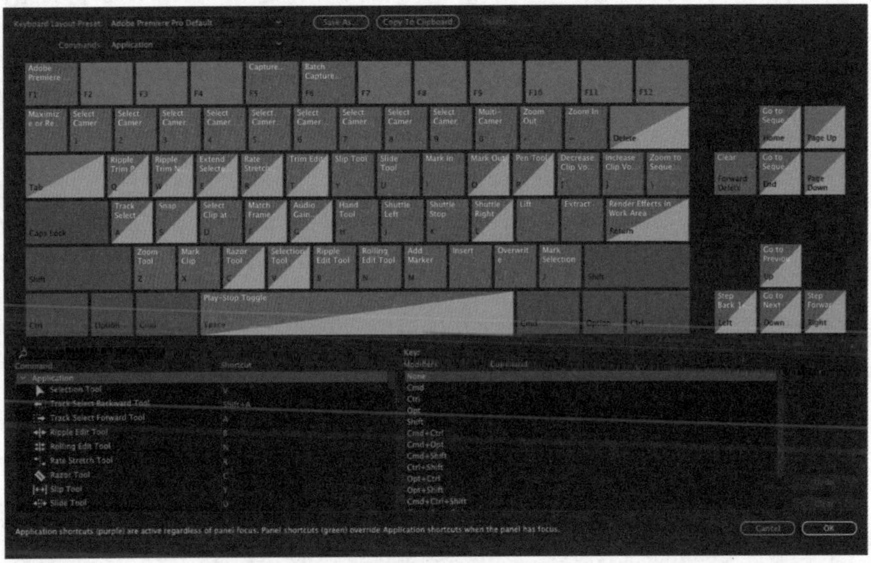

图1.17

看到有这么多可用的键盘快捷键可能很让人崩溃，但是在学完本书之后，用户可以识别出这里列出的大多数快捷键。

有些专用的键盘带有印刷在自身上的快捷键和彩色编码键。这使得用户更容易记住常用的快捷键。

试着按下 Ctrl（Windows）或者 Command（Mac OS）键，出现图 1.18 所示的界面。

键盘快捷键的显示会发生更新，以显示将快捷键与修饰键进行组合后的结果。可以注意到，在你使用修饰键时，有很多键并没有被分配快捷键。

尝试组合 Shift 和 Alt 在内的修饰键。可以使用任何修饰键的组合来设置键盘快捷键。

如果按下了一个快捷键，或者按下了快捷键和修饰键的组合，将显示快捷键的信息。

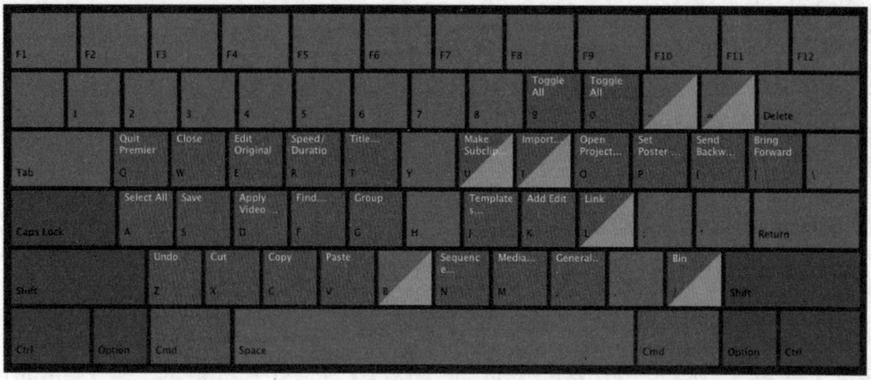

图1.18

这个窗口左侧底部的列表包含了可以指派给一个键的所有选项。在发现了打算指派给一个键的选项时，将它从列表中拖到这个窗口上面的键上即可。

要移除一个快捷键，则单击这个键，然后选择 Clear（清除）。现在，单击 Cancel（取消）。

1.5.1 移动、备份和同步用户设置

用户首选项包含许多重要的选项。在大多数情况下，默认设置工作得很好，但是用户很有可能想要进行一些调整。例如，用户可能更喜欢让界面总是比默认值更亮一些。

Premiere Pro 包含了可以在多台机器之间共享用户首选项（preference）的选项（option）：在安装 Premiere Pro 时，会输入你的 Adobe ID 来确认软件许可。你可以使用同一个 ID 将用户首选项存储到 Creative Cloud 中，这样你可以从任何 Premiere Pro 安装中同步和更新它们。

可以在 Start（开始）界面选择 Sync Settings（同步设置）来同步首选项，也可以在使用 Adobe Premiere Pro 时同步首选项，方法是在 Windows 下选择 File > Snyc Settings >Sync Settings Now；而在 Mac OS 下，选择 Premiere Pro CC > Sync Settings > Sync Settings Now。现在，关闭 Premiere Pro，方法是在 Windows 下选择 File > Exit，而在 Mac OS 下选择 Premiere Pro CC > Quit Premiere Pro。

复习题

1. 为什么 Premiere Pro 被视为非线性编辑工具?
2. 描述一下基本的视频编辑工作流。
3. Media Browser（媒体浏览器）的作用是什么?
4. 可以保存自定义的工作区吗?
5. Source Monitor（源监视器）和 Program Monitor（节目监视器）的用途是什么?
6. 如何将一个面板拖动为浮动面板?

复习题答案

1. Premiere Pro 允许用户将视频剪辑、音频剪辑和图形放置到序列中的任何位置；重新排列序列中已有的项目；添加过渡；应用效果，以及以适合自己的任何顺序执行大量其他的视频编辑步骤。
2. 拍摄视频；将视频传输到计算机上；在时间轴上创建视频、音频和静态图像剪辑序列；添加效果和过渡；添加文本和图形；混合音频，以及导出完成的作品。
3. Media Browser（媒体浏览器）允许用户在无需打开外部浏览器的情况下浏览并导入媒体文件。处理基于文件的摄像机素材时，它特别有用。
4. 是的，可以保存任何自定义的工作区，方法是选择 Window(窗口)>Workspace(工作区）>Save as New Workspace（保存为新工作区）。
5. 可以使用监视器面板来查看原始剪辑和序列。在 Source Monitor（源监视器）中可以查看和修剪原始素材，而使用 Program Monitor（节目监视器）可以在构建时查看时间轴序列。
6. 按住 Ctrl（Windows）或 Command（Mac OS）键，同时使用鼠标拖动面板选项卡（面板的名字）。

第2课 设置项目

课程概述

在本课中，你将学习以下内容：

- 选择项目设置；
- 选择视频渲染和播放设置；
- 选择视频和音频显示设置；
- 创建暂存盘；
- 从 Final Cut Pro 和 Avid Media Composer 中导入项目；
- 使用序列预设；
- 自定义序列设置。

本课大约需要 50 分钟。

开始编辑之前，需要创建一个新项目并为第一个序列选择一些设置。如果不熟悉视频和音频技术，则所有选项可能有些令人崩溃。幸运的是，Adobe Premiere Pro CC 提供了简单的快捷键。此外，无论是在创建视频还是音频，视频和音频的再现原则是一样的。

问题是要知道自己想做什么。为了帮助你计划和管理项目，本课包含了很多有关格式和视频技术的信息。随着逐渐熟悉 Premiere Pro 和非线性视频编辑，可能会重温本课内容。

实际上，在创建一个新项目时，可能几乎不会修改默认设置，但是知道所有选项的含义总归是有帮助的。

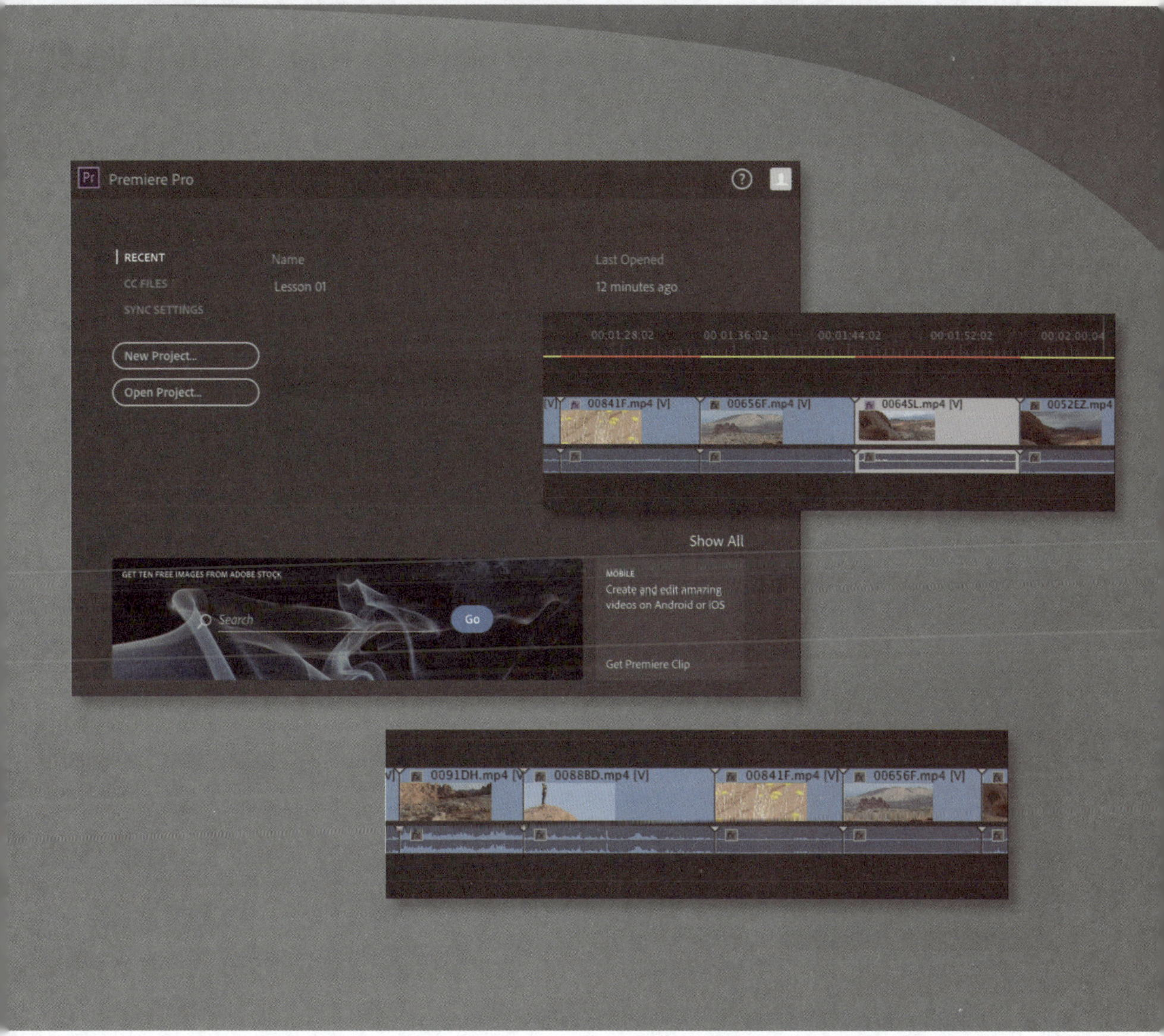

在本课中，将学习如何创建一个新项目并选择告知 Adobe Premiere Pro 如何播放视频和音频剪辑的序列设置。

2.1 开始

Adobe Premiere Pro 项目文件保存已经导入的所有视频、图形和声音文件的链接。每一个项目称为剪辑。名字“剪辑”最初描述的是分段的电影胶片（成段的胶片被剪下来，以便与胶片卷筒相分离），但是现在这个术语指的是新项目中的任何素材，而不管是任何媒体类型。例如，一个音频剪辑或者一个图像序列剪辑。

在 Project（项目）面板中显示的剪辑看起来似乎是媒体文件，但是它们实际上只是链接到这些文件。要重点理解 Project 面板中的剪辑与剪辑所链接的媒体文件之间的关系。可以在不影响后续其他剪辑的情况下，删除其中一个剪辑。

在处理一个项目时，将至少创建一个序列（即一系列相继播放的剪辑，而且带有特殊的效果、字幕和声音，以形成最终的创意工作）。还要选择要使用剪辑的哪些部分，以及它们的播放顺序。

使用 Premiere Pro 进行编辑的好处是，可以随时随地对任何地方进行修改（见图 2.1）。

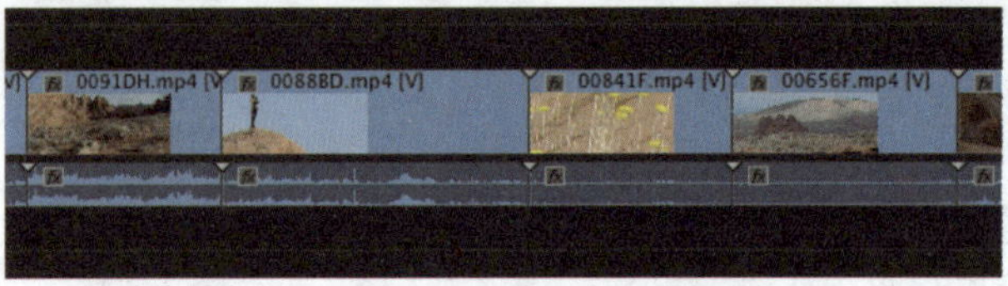

图2.1 序列包含一系列相继播放的剪辑

Premiere Pro 项目文件的文件扩展名为 .prproj。

可以很容易地开始一个新项目。可以创建一个新项目文件，导入媒体，选择一个序列预设，然后开始编辑。

在创建序列时，需要选择播放设置，并在序列中添加多个剪辑。要重点理解序列设置如何修改 Premiere Pro 播放视频和音频剪辑的方式。要加速编辑，可以使用一个序列预设来选择设置，然后进行调整（如果有必要）。

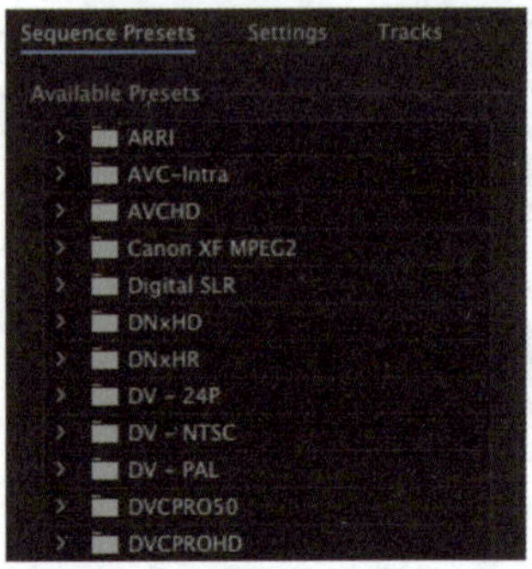

图2.2

需要知道自己的摄像机录制的视频和音频的类型，因为序列设置通常基于最初的源素材。大多数 Premiere Pro 序列预设是以摄像机命名的。如果知道拍摄素材所用的摄像机，以及录制时采用的特定视频格式，也就知道要选择哪个序列预设了，如图 2.2 所示。

在本课中，将学习如何创建一个新项目，并选择用来告知 Premiere Pro 如何播放剪辑的序列预设。还将学习不同种类的音轨，什么是预览文件，以及如何打开在 Apple Final Cut Pro 和 Avid Media Composer 中创建的项目。

2.2 设置项目

我们首先创建一个新项目。

1. 启动 Premiere Pro，出现如图 2.3 所示的 Start（开始）屏幕。

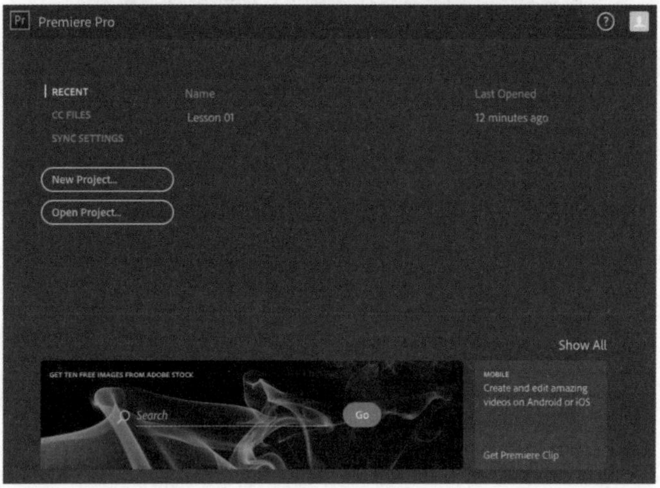

图2.3

Name 标题会列出之前打开的项目列表，可以在该标题下看到 Lesson 01。

在该窗口中还有其他几个选项。

- RECENT：显示最近打开的存储在本地的项目文件（这是默认选项）。
- CC FILES：显示最近打开的存储在 Creative Cloud Files 文件夹中的项目文件。这些文件与其他任何项目文件一样，但是除了存储在本地之外，它们还将自动存储到云上。
- New Project：单击该链接将打开 New Project（新建项目）对话框。
- Open Project：单击该链接将浏览和打要一个已有的 Premiere Pro 项目文件。
- ？：在开始屏幕右上角的这个？符号将打开在线 Help（帮助）系统。需要连接到 Internet，才能访问 Adobe Premiere Pro Help。
- 用户图标：靠近？帮助链接的图标是用户的 Adobe ID 照片的缩略图。如果是刚刚注册的用户，这可能是一个通用的缩略图。单击这个图标可以在线管理自己的账户。
- Show All：在这个选项下面将看到一个指向免费教程的链接。单击 Show All 可以看到更多内容。取决于屏幕分辨率和开始屏幕的大小，看到的链接数量可多可少。

2. 单击 New Project，打开 New Project（新建项目）对话框，如图 2.4 所示。

这个对话框有 3 个选项卡：General（常规）、Scratch Disks（暂存盘）和 Ingest Settings（收录设置）。这个对话框中的所有设置稍后都可以更改。在大多数情况下，都会保持默认设置。让我们来看一下它们的含义。

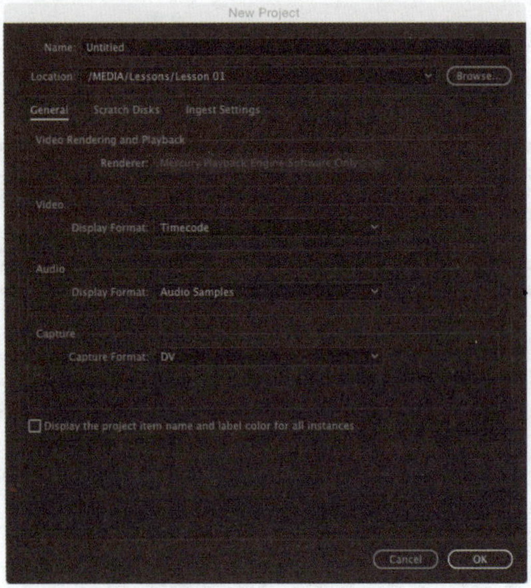

图2.4

2.2.1 视频渲染和播放设置

当创造性地处理序列中的视频剪辑时，很可能要应用一些视觉效果。一些特效可能会立即起作用，单击 Play（播放）时会立刻将原始视频与效果组合起来并显示结果。这种情况被称为实时播放。

实时播放是可取的，因为这意味着可以立刻看到创意选项的结果。

如果在一个剪辑上使用了很多效果，或者如果使用的效果不是用于实时播放的，则计算机可能无法以全帧速率显示结果。也就是说，Premiere Pro 会试图显示视频剪辑及特效，但不会显示每秒的每一个帧。当发生这种情况时，称为丢帧。

如果还需要额外的工作才能播放视频，Premiere Pro 会沿着 Timeline 顶部显示彩色的线来通知用户。红线表示在播放序列时，Premiere Pro 可能丢帧了，如图 2.5 所示。

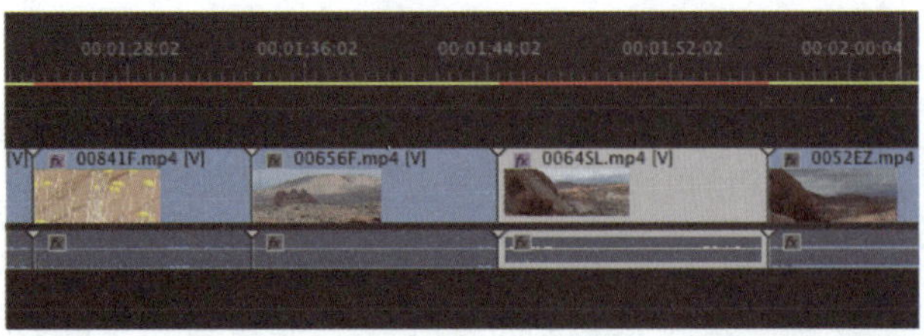

图2.5

> Pr **注意**：Timeline 面板顶部的红线不表示一定会丢帧。它只是表示视觉调整没有被加速，因此在性能稍弱的机器上很有可能发生丢帧的情况。

在播放序列时，如果无法看到每一帧，也不要紧，这不会影响最终的结果。在完成编辑并输出最终的序列时，这个序列依然带有所有的帧，而且是全质量的（更多信息，请见第 18 课）。

渲染和实时的意思是什么？

可以将渲染视为艺术家的渲染，其中一些内容是可视的，需要占用纸张并花费时间进行绘制。假设有一段很暗的视频，添加了一个特效来让视频变亮，但是视频编辑系统无法同时播放原始视频并让视频变得更亮。在这种情况下，系统会渲染效果，创建一个新的临时视频文件，该文件看起来是原始视频和视觉特效的组合，以让视频变得更亮。

当播放编辑的序列时，被渲染的部分显示新渲染的视频文件而不是原始的剪辑。这个过程是不可见的而且是无缝的。在这个例子中，渲染后的文件会像原始的视频文件那样播放，但是会更亮。

当播放完序列中具有变亮剪辑的部分后，系统会以不可见且无缝的方式切换回去，播放其他的原始视频文件。

渲染的一个缺点是会占用额外的硬盘空间并且需要一定的时间。此外，因为正在查看基于原始媒体的新视频文件，而该文件可能会损失了一些质量。渲染的优点是能确信系统将以全质量（包含每秒的所有帧）来播放结果。如果是将结果输出到磁带中，这可能会很重要；如果是将结果输出到文件中，就没有那么重要了。

相较而言，实时播放就是立刻播放！使用实时特效时，系统会立刻播放带有特效的原始视频剪辑，无需等待渲染。实时性能的唯一缺点是无需渲染即可做的事情取决于系统的性能。例如，特效越多，播放时要做的工作也就越多。对于Premiere Pro，使用合适的显卡可以明显改进实时性能（请参见“水银回放引擎”）。此外，需要使用针对GPU加速设计的效果，但并不是所有效果都是针对GPU加速而设计的。

实时播放能够对编辑经验和预览所应用效果的能力产生影响。有一种简单的解决方案：预览渲染。

图2.6

渲染时，Premiere Pro 会以高质量、全帧速率的方式播放特效结果，与播放一个普通的视频文件相比，计算机无需进行额外的工作（见图 2.6）。

在 New Project 对话框中，如果 Renderer（渲染器）菜单可用，这表示计算机中正确安装了图形硬件，而且它满足 GPU 加速的最低要求。

这个菜单有两个主要的选项。

- **Mercury Playback Engine GPU Acceleration**（**水银回放引擎 GPU 加速**）：如果选择该选项，Premiere Pro 将向计算机的图形硬件发送许多播放任务，这可以提供许多实时效果，并可以轻松播放序列中的混合格式。取决于图形硬件，可能会看到一个使用 OpenCL 或使用 CUDA 进行 GPU 加速的选项。
- **Mercury Playback Engine Software Only**（**水银回放引擎软件渲染模式**）：这在播放性能中仍然是一个重大的进步。它可以使用计算机的所有可用能力，获得出色的性能。如果系统中没有适用于 GPU 加速的图形硬件，则只有此选项可用，并且不可以单击此菜单。

如果可以，用户肯定会想选择 GPU 加速，并从额外的性能中受益。如果在使用 GPU 加速时遇到遇到性能问题或稳定性问题，则在此菜单中选择 Soft Only 选项。

如果此选项可用，现在就选择该选项。

2.2.2 设置视频和音频的显示格式

接下来的两个选项告诉 Premiere Pro 如何测量视频和音频剪辑的时间。

在大多数情况下，会选择默认选项：针对视频选择 Timecode（时间码），而针对音频选择 Samples（采样）。这些设置不会改变 Premiere Pro 播放视频或音频剪辑的方式，只改变测量时间的方式。

水银回放引擎

水银回放引擎显著提升了播放性能，使执行下列操作变得更快速且更简单：处理多种视频格式、多个特效和多个视频图层（比如画中画效果）。

水银回放引擎包含3个主要功能。

- **播放性能**：Premire Pro 在播放视频文件时具有极高的效率，尤其是在处理一些很难播放的视频类型时，比如 H.264 或 AVCHD。例如，如果使用数码单反相机进行拍摄，很可能媒体是使用 H.264 编解码器录制的。有了新的水银回放引擎，就可以轻松播放这些文件。
- **64 位和多线程**：Premiere Pro 是 64 位应用程序，这仅仅意味着它可以使用计算机上的所有 RAM。当处理高清或超高清视频（4K 或更高）时，这非常有用。水银回放引擎也是多线程的，这意味着可以使用计算机的所有 CPU。计算机的功能越强大，Premiere Pro 的性能就会越好。
- **CUDA、OpenCL、Apple Metal 和 Intel 显卡支持**：如果有足够强大的图形硬件，Premiere Pro 可以将一些播放视频的工作委托给显卡，而不是让计算机的 CPU 承担全部处理工作。结果是，在处理序列时可以获得更好的性能和响应能力，并且可以实时播放许多特效。

有关支持的显卡列表，请访问http://helpx.adobe.com/premiere-pro/system-requirements.html。

1. 视频显示格式选项

Video Display Format（视频显示格式）有 4 个选项，如图 2.7 所示。指定项目的正确选项很大程度上取决于是使用视频还是胶片（celluloid film）作为源素材。用胶片来制作内容的情况很少见，所以如果不确定的话，就选择 Timecode（时间码）。

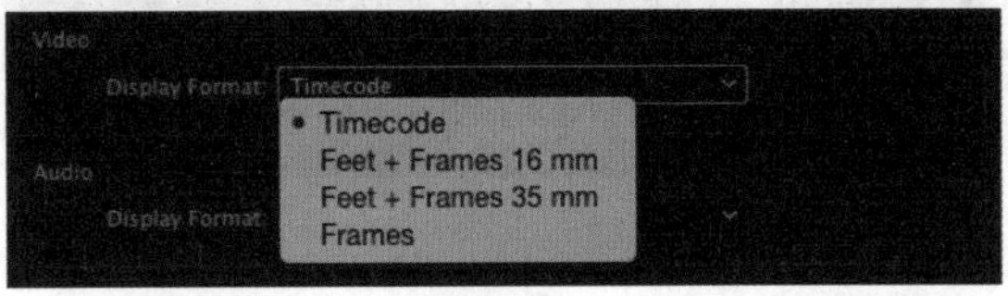

图2.7

各选项说明如下所示。

- **Timecode（时间码）：**这是默认选项。时间码是一个对视频的时、钟、秒和各个帧进行计数的通用标准。世界各地的摄像机、专业录像机和非线性编辑系统使用同样的系统。
- **Feet + Frames 16mm（英尺 + 帧 16 毫米）或 Feet + Frames 35mm（英尺 + 帧 35 毫米）：**如果源文件来自胶片并且打算让胶卷显影室进行编辑决策，以便他们可以将原始负片剪成完整的电影，那么可能会想要使用这种标准方法来测量时间。该系统不是以秒和帧的形式来测量时间，而是统计英尺的数量外加最后一英尺以后的帧数。它有点像英尺和英寸，但是使用的是帧而不是英寸。由于 16 毫米胶片和 35 毫米胶片具有不同的帧大小（和不同的每英尺帧数），因此这为每种胶片提供了一个选项。
- **Frames（帧）：**此选项仅统计视频的帧数。它有时用于动画项目，并且胶卷显影室也会使用这种方式来接收关于胶片项目编辑的信息。

对于此练习，将 Video Display Format（视频显示格式）设置为 Timecode（时间码）。

> Pr **注意：**Adobe Premiere Pro 中的许多术语来自于电影编辑，包括术语 bin（素材箱）。在传统的电影编辑中，电影编辑人员会将胶片剪辑悬挂在素材箱上方的钩子上，而将一长片电影胶片拖在素材箱中，以保证其安全性。

关于秒和帧

当摄像机拍摄视频时，会捕捉一系列运动的静态图像。如果每秒捕捉的图像足够多，那么在播放时看起来就像移动视频。每个图像就是一帧，而每秒的帧数通常被称为帧速率（fps）。

帧速率（fps）取决于摄像机/视频格式和设置。它可以是任意数字，包括23.976、24、25、29.97、50或59.94。大多数摄像机支持在多种帧速率和多种帧大小之间进行选择。

2. 音频显示格式选项

对于音频文件，时间可以显示为采样或毫秒，如图 2.8 所示。

图2.8

- **Audio Samples（音频采样）：**在录制数字音频时，会捕捉一个声音样本，使用麦克风捕捉时，可以达到每秒数千次。在大多数专业摄像机中，通常为每秒 48000 次。在 Audio Samples（音频采样）模式下，Premiere Pro 将以时、分、秒和采样显示序列的时间。每秒的采样数量将取决于序列设置。
- **Milliseconds（毫秒）：**选择此模式时，Premiere Pro 将以时、分、秒和毫秒显示序列的时间。

默认情况下，Premiere Pro 允许放大 TImeline 以查看各个帧。然而，可以轻松地切换到音频显示格式。这个强大的功能可以对声音进行最细微的调整。

对于本项目，将 Audio Display Format（音频显示格式）选项设置为 Audio Samples（音频采样）。

2.2.3 捕捉格式设置

最常见的一种情况是将视频录制为文件，以便能立即处理。然而，有时可能需要从录像带进行视频捕捉。

Capture Format（捕捉格式）设置菜单告诉 Premiere Pro 将视频捕捉到硬盘时，要使用哪种录像带格式。

1. 从 DV 和 HDV 摄像机捕捉

Premiere Pro 可以使用计算机上的 FireWire 连接（如果有的话）从 DV 和 HDV 摄像机录制视频。FireWire 也称为 IEEE 1394 和 i.Link。

2. 从第三方硬件捕捉

并非所有的视频平台都使用 FireWire 连接，因此可能需要安装额外的第三方硬件，才能够连接视频平台以便进行捕捉。

如果有额外的硬件，则应该按照制造商提供的说明来安装硬件。最有可能的情况是，需要安装硬件提供的软件，这样做会发现计算机已经安装了 Premiere Pro，并自动将额外的选项添加到此菜单和其他菜单。

按照第三方设备提供的说明来配置新 Premiere Pro 项目。

有关 Premiere Pro 支持的视频捕捉硬件和视频格式的更多信息，请访问 http://helpx.adobe.com/premiere-pro/compatibility.html。

现在请忽略此设置，因为在本练习中不会从磁带机捕捉。在后续需要时，可以随时更改此设置。

> **注意：**水银回放引擎可以与视频采集卡共享性能以进行播放，这多亏了名为 Adobe Mercury Transmit 的功能，这个功能自从 Adobe Premiere Pro CS6 起被包含进来。

2.2.4 显示项目项的名称和标签颜色

New Project 对话框底部的复选框（见图 2.9）允许显示所有实例的项目项名称和标签颜色。

图2.9

在启用该选项的情况下，当修改了剪辑的颜色或剪辑的名字时，在项目中任何序列的任何位置使用的剪辑的所有副本，将自动进行更新。如果没有选中该选项，则只有选中的剪辑副本会发生改变。

2.2.5 设置暂存盘

只要 Premiere Pro 从磁带捕捉（录制）视频或者渲染特效，就会在硬盘上创建新的媒体文件，如图 2.10 所示。

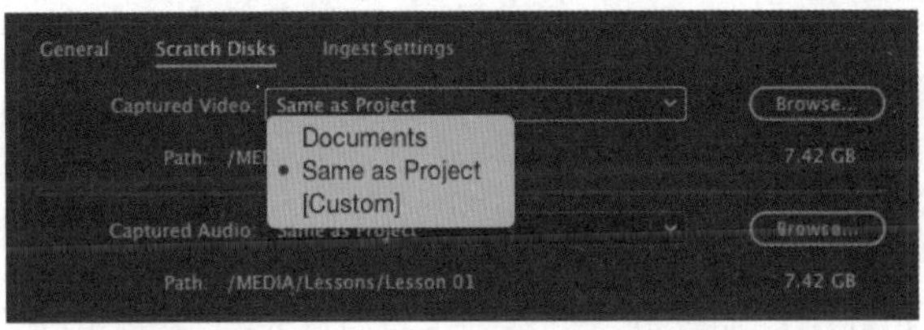

图2.10

暂存盘是这些新文件的存储位置。顾名思义，暂存盘可以是单独的磁盘，也可以是存储器上的任何文件夹。可以在同一个位置或者不同的位置创建暂存盘，这取决于硬件和工作流的需要。如果你正在处理非常大的媒体文件，那么将所有暂存盘放在不同的硬盘上有助于提升性能。

通常有两种存储方法用于视频编辑。

- **基于项目的设置：**所有相关的媒体文件与项目文件保存在同一个文件夹中（这是暂存盘的默认选项）。

- **基于系统的设置**：与多个项目相关的媒体文件保存到一个集中的位置（可能是高速的网络存储），而将项目文件保存到另一个位置。这可能包括将不同类型的媒体文件存放到不同的位置。

暂存盘可以存放到本地硬盘或者基于网络的存储系统，只要计算机能够访问就可以。然而，暂存盘的速度会对性能有很大的影响，所以要尽可能选择快速的存储。

2.2.6 设置项目自动保存位置

除了选择创建新媒体文件的位置外，Premiere Pro 还允许用户选择保存 Auto Save（自动保存）文件的位置，如图 2.11 所示。Auto Save 文件是工作时自动创建的项目文件的备份副本。

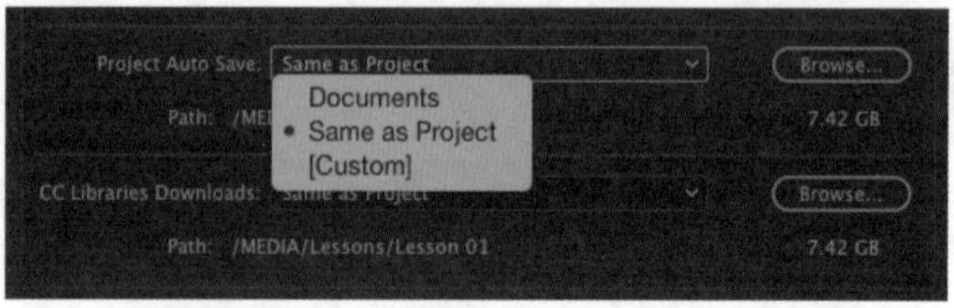

图2.11

存储驱动器有时会失效，因此可能会丢失存放于其上的文件，而且不会有任何通知消息。事实上，任何计算机工程师都会建议，如果只有文件的一个副本，就不可能一劳永逸。因此，将 Project Auto Save（项目自动保存）位置设置到一个物理上独立的磁盘是一个好主意，可以以防万一。

除了将 AutoSave 文件保存到选择的位置之外，Premiere Pro 会在 Creative Cloud Files 文件夹中存储项目文件的一个备份。该文件夹在安装 Adobe Creative Cloud 时会自动创建。它允许用户在任何位置访问文件，只要安装了 Creative Cloud 并且进行了登录。

通过选择 Edit >Preference >Auto Save（Windows）或 Premiere Pro CC >Preference >Auto Save（Mac OS），就开始使用这个有用的额外安全保障。

2.2.7 CC 库下载

Premiere Pro 库面板允许用户下载额外的媒体文件并访问共享的文件。例如，可以下载 logo 或图形元素，并将其集成到序列中。

以这种方式在项目中添加素材项时，Premiere Pro 会在选择的位置创建素材项的一个副本。

1. 使用基于项目的设置

默认情况下，Premiere Pro 会将新创建的媒体文件与项目文件保存在一起（这就是 Same as Project [与项目相同位置] 选项）。以这种方式将所有内容放在一起，可以轻松地查找相关文件。

如果在导入媒体文件之前，先将其移动到相同的文件夹中，可以让媒体文件更有条理。完成项目后，通过删除保存项目文件的文件夹，可以删除系统上与此项目相关的一切内容。

但是，这也有不利的一面：将媒体文件与项目文件存放在同一个硬盘上时，在编辑期间硬盘的工作负载更大，而这可能会对播放性能造成影响。

2. 使用基于系统的设置

一些编辑喜欢将所有媒体保存在一个位置，而另一些编辑会选择将他们的捕获文件夹和预览文件夹存放到与项目不同的一个位置。当多个编辑共享多个编辑系统，而且所有编辑系统都链接到同一个硬盘时，这是一种常见的选择。如果编辑人员有用于视频媒体的快速硬盘，而针对其他内容则使用较慢的硬盘，这对他们来说也是一种常见的选择。

该设置也有不利的一面：一旦结束编辑，想将所有内容收集起来进行归档时，如果你的媒体文件分布在多个存储位置，那么在归档时速度会比较慢，而且会很复杂。

典型的硬盘设置和基于网络的存储

尽管所有文件类型可以在一个硬盘中共存，但是典型的编辑系统有两个硬盘：硬盘1专门用于操作系统和程序，而硬盘2（通常是速度更快的硬盘）专门用于素材项目，包括捕捉的视频和音频、视频和音频预览、静态图像和导出的媒体。

一些存储系统使用本地计算机网络在多个系统之间共享存储。如果是这种情况，请联系系统管理员以确保拥有正确的设置。

对于本项目，建议将暂存盘设置为默认的选项：Same as Project（和项目相同的位置）。

2.2.8 选择收录设置

大多数编辑将向项目中添加媒体描述为导入（import）。然而，这个过程也可以描述为收录（ingest）。这两个词经常会交互使用，但是相较于“导入”,“收录”的含义更为广泛。取决于场景，在将媒体文件添加到项目中时，“收录”可能会将做出的改变整合到媒体文件中，如图 2.12 所示。

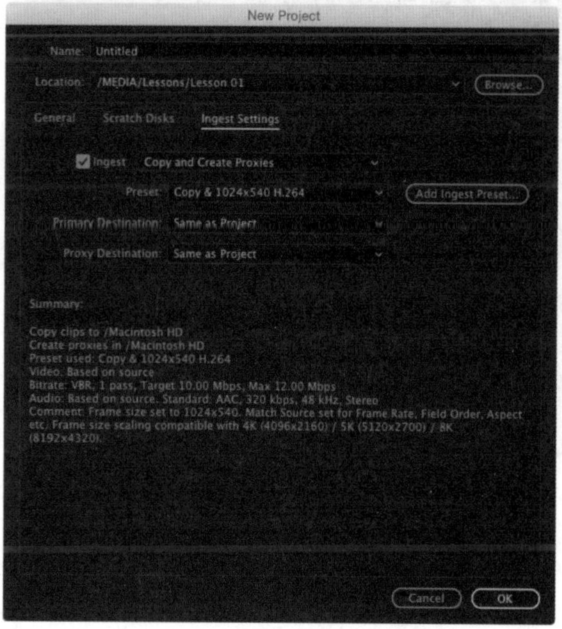

图2.12

在收录媒体文件时，可能需要进行下述操作：

- 将媒体文件链接到项目中的剪辑上；
- 将媒体文件复制或移动到一个新的存储位置；

- 将媒体文件转换为一种新的编解码器和 / 或格式（也称为转码）；
- 使用新的元数据和 / 或新的文件名对媒体文件进行更新。

在收录期间通常会合并这些步骤。这些设置将 Premiere Pro 配置为将媒体文件复制到一个选定的位置、将媒体文件转码为一种新的格式和编解码器，或者生成文件尺寸更小的低分辨率副本（代理媒体文件），这个低分辨率副本可用于协作工作流，也可使得更容易在一个功能较弱的编辑系统上进行播放。

图2.13

第 3 课将讲解这些设置。这些设置可以随时进行修改，所以现在先不选中 Ingest 复选框（见图 2.13）。

现在已经确认这些设置对本项目来说是正确的，接下来完成它们的创建工作。

1. 单击 Name 文本框，将新项目命名为 Lesson 02。

2. 单击 Browse 按钮，浏览 Lessons 文件夹。创建一个名为 Lesson 02 的文件夹，然后将这个新文件夹选择为新项目的存储位置。

3. 如果项目设置正确，则 New Project 窗口中的 General 和 Scratch Disks 选项卡看起来应该与图 2.14 中的类似。如果这些设置相同，单击 OK 按钮，创建项目文件。

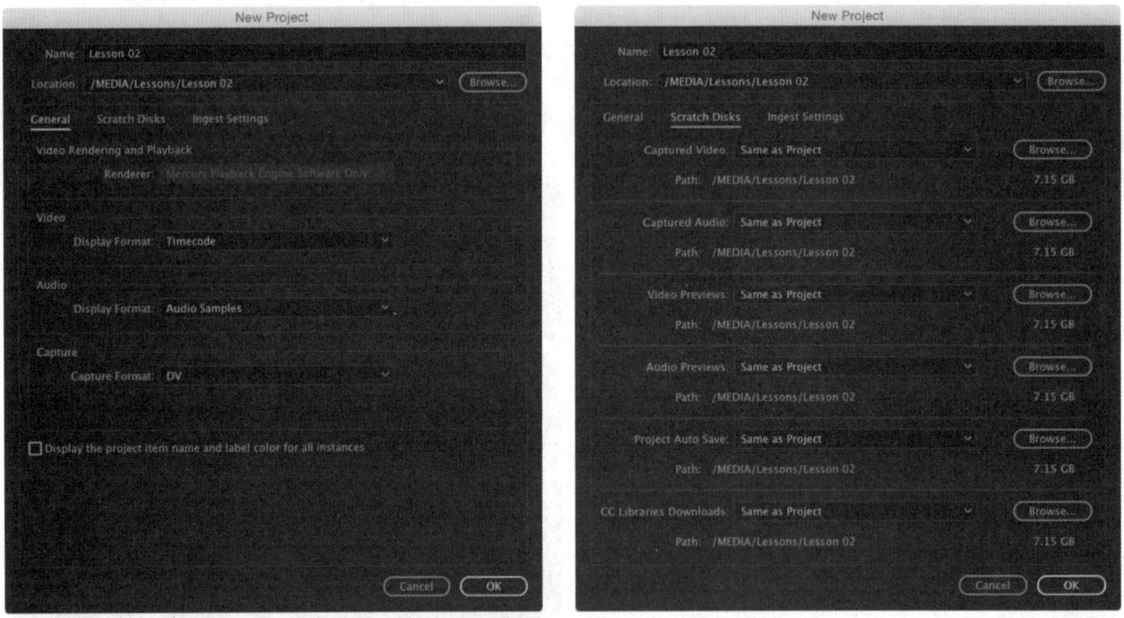

图2.14

> Pr | **注意**：当为项目文件选择存储位置时，可以从下拉列表中选择最近使用过的一个位置。

2.2.9 导入 Final Cut Pro 项目

Final Cut Pro 是 Apple 开发的一个非线性编辑系统。借助于称为 Final Cut Pro 7 XML 的文件类型，Adobe Premiere Pro CC 可以导入和导出 Final Cut Pro 序列和指向媒体文件的链接。

可扩展标记语言（Extensible Markup Language，XML）文件以 Apple Final Cut Pro 和 Adobe Premiere Pro 可以理解的方式保存有关编辑决策的信息。这使它适合在两个应用程序之间共享创意工作。

由于创建 XML 文件的方式有局限性，而且为了提升兼容性，在不同的非线性编辑系统中共享创意工作时，在文件和文件夹名称中最好避免非字母数字字符（比如 /、\、 ¢ 、™、$、®、€、.、、,、[、]、{、}、(、)、!、?、|、;、“、‘、*、<、>）。

1. 从 Final Cut Pro 7 导出 XML 文件

需要在 Final Cut Pro 中打开 Final Cut Pro 项目文件才能创建 XML 文件。将 XML 文件导入 Premiere Pro 时，需要 Final Cut Pro 使用的媒体文件。如果在同一个编辑系统上同时安装了 Final Cut Pro 和 Premiere Pro，则 Premiere Pro 可以共享媒体文件。

1. 在 Final Cut Pro 中打开现有的项目。

2. 如果不选择项目的任何内容，则 Final Cut Pro 会导出整个项目；如果选择指定的项目，则 Final Cut Pro 只导出这些指定的项目。

3. 选择 File（文件）>Export（导出）>XML。

在 XML 对话框中，会看到一个报告，显示选择了多少素材箱、剪辑和序列。

4. 选择 Apple XML Interchange Format version 5（Apple XML 交换格式版本 5），并保持 Save Project With Latest Clip Metadata（Recommended）为选中状态。

5. 将 XML 文件保存在一个易于查找的位置（比如与项目保存在同一个文件夹中）。

2. 从 Final Cut Pro X 导出 XML 文件

如果使用的是 Final Cut Pro X（Apple Final Cut Pro 的较新版本），仍然可以导出 XML 文件，方法是选择 File >Export >XML。但是，需要使用第三方应用（比如 XtoCC，地址为 http://intelligentassistance.com/xtocc.html）将创建的 XML 转换为 Final Cut Pro 7 XML。

3. 导入 Final Cut Pro 7 XML 文件

将 Final Cut Pro 7 XML 文件导入 Premiere Pro 的方式与导入其他文件的方式一样（有关详细信息，请参见第 3 课）。导入 XML 文件时，Premiere Pro 引导用户将序列和剪辑信息连接到 Final Cut Pro 使用的原始媒体文件。Final Cut Pro 对在 XML 文件中包含的信息量有限制，因此有些专有效果不会传递给 Premiere Pro。在使用此工作流之前请先进行测试。

媒体最佳实践

如果打算同时使用Final Cut Pro和Premiere Pro，则可能想使用两个编辑系统都能轻松播放的媒体格式。Premiere Pro支持大量的媒体格式，并且可以轻松处理Final Cut Pro ProRes媒体文件。

出于此原因，同时使用这两个应用程序的编辑最好使用Final Cut Pro来导入媒体文件或从磁带捕捉视频。可以在Final Cut Pro中使用ProRes媒体设置项目，然后轻松地与Adobe Premiere Pro交换项目。

2.2.10 导入 Avid Media Composer 项目

Media Composer 是 Avid 开发的一种非线性编辑系统。借助于从 Avid Media Composer 导出的 AAF 文件，Premiere Pro 可以导入和导出序列以及指向媒体文件的链接。AAF 文件以 Avid 和 Premiere Pro 可以理解的方式保存有关编辑决策的信息。这使它适合在两个应用程序之间共享创意工作。

1．从 Avid Media Composer 导出 AAF 文件

需要在 Avid Media Composer 中打开 Avid 项目文件才能创建 AAF 文件。将 AAF 文件导入 Premiere Pro 时，需要 Avid Media Composer 使用的媒体文件。

1. 在 Media Composer 中打开一个项目。
2. 选择想要转移的序列。
3. 选择 File（文件）>Export（导出），单击 Options（选项）按钮。

在 Export（导出）对话框底部有一个包含模板的菜单，底部的 Options（选项）按钮支持自定义。

4. 在 Export Settings（导出设置）对话框中，执行下列操作。

- 选择 AAF Edit Protocol（AAF 编辑协议）。
- 可以选择包含标记，并只导出 In/Out（入 / 出点）标记之间的内容。
- 使用启用的轨道（可选）。
- 包含序列中的所有视频轨道。
- 包含序列中的所有音频轨道。
- Video Details（视频细节）：对于 Export Method（导出方法），选择 Link to (Don't Export) Media（链接到不导出的媒体）。
- Audio Details（音频细节）：对于 Export Method（导出方法），选择 Link to (Don't Export) Media（链接到不导出的媒体）。

- Audio Details（音频细节，可选）：选择 Include Rendered Audio Effects（包含渲染音频效果）。

5. 将 AAF 文件保存在一个易于查找的位置。

2. 导入 Avid AAF 文件

导入 Avid AAF 文件的方式与导入其他文件的方式一样（请参见第 3 课）。导入 AAF 文件时，Adobe Premiere Pro 引导用户将序列和剪辑信息连接到 Avid 使用的原始媒体文件。Avid 对在 AAF 文件中包含的信息量有限制，因此有些专有效果不会传递给 Adobe Premiere Pro。在使用此工作流之前请先进行测试。

媒体最佳实践

Avid Media Composer使用的媒体管理系统与Premiere Pro系统不同。但是，自Media Composer 3.5版之后，新的AMA系统已允许链接到Avid媒体组织系统外部的媒体。将AAF文件导入Premiere Pro时，使用AMA导入到Avid Media Composer的媒体文件通常重新链接得更好。Avid Media Composer 的AMA文件夹中的媒体可以是Apple QuickTime能播放的任何内容，包括P2、XDCAM，甚至RED。这时需要在Premiere Pro编辑系统上有恰当的编解码器可用。考虑使用Avid DNxHD，这是Avid创建的一种常见的编解码器，而且Premiere Pro提供了原生支持。

如果使用Avid Media Composer的AMA系统链接到P2或XDCAM媒体格式的原始媒体，通常可以获得最佳结果。

2.3 设置序列

在 Premiere Pro 中，可以创建一个或多个序列，并在其中放置视频剪辑、音频剪辑和图形。如果有必要，Premiere Pro 会自动改变放置到序列中的视频和音频剪辑，以便它们匹配序列的设置。例如，帧速率和帧大小，在播放期间可以进行转换，以匹配用户为序列选择的设置。这称为相符性（conforming）。

项目中的每一个序列可以有不同的设置，而且可以选择能够尽可能精确匹配原始媒体的设置，以便在播放期间将相符性降至最低。这样，系统在播放剪辑时必须做的工作会得到减少，从而提升了实时性能，并最大程度地提高了质量。

如果在编辑一个混合格式的项目，可能需要选择要让哪个媒体来匹配序列设置。可以轻松混合格式，但是当序列设置相匹配时，播放性能也显著提升。

如果添加到序列中的第一个剪辑不匹配序列的播放设置，Premiere Pro 会咨询用户是否愿意自动更改序列设置，以进行匹配，如图 2.15 所示。

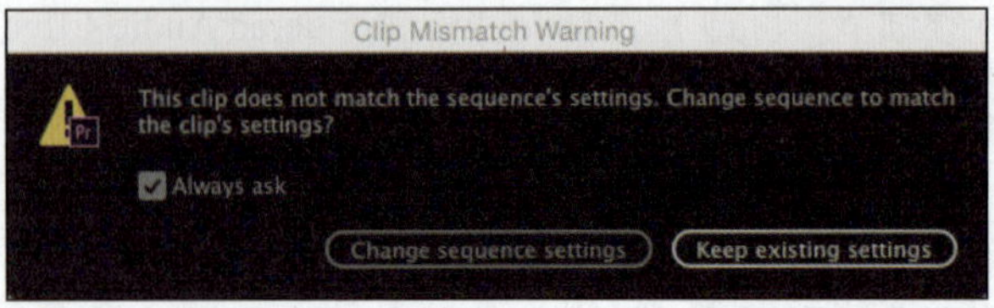

图2.15　如果第一个剪辑与序列不匹配，Premiere Pro会咨询用户应该怎么做

2.3.1　创建自动匹配源媒体的序列

如果不确定应选择哪种序列设置也不要担心，Premiere Pro 可以基于媒体创建一个序列。

Project 面板底部有一个 New Item（新建项目）菜单（）。可以使用此菜单创建新项目，比如序列、字幕和素材箱。

要自动创建与媒体相匹配的序列，可在 Project 面板中将任意剪辑拖放到 New Item 菜单按钮上。这会创建一个与剪辑名称相同的新序列，而且具有匹配的帧大小和帧速率。

现在可以开始编辑了，并且可以确信序列设置能够与媒体一起工作。如果 Timeline 面板是空的，可以将剪辑拖放到该面板上，自动创建一个序列。

2.3.2　选择正确的预设

如果知道所需的设置，则可以配置序列。如果不确定，则可以从一系列预设中进行选择。

单击 Project 面板底部的 New Item（新建项目）菜单（），并选择 Sequence（序列）。

New Sequence（新建序列）对话框有 3 个选项卡：Sequence Presets（序列预设）、Settings（设置）和 Tracks（轨道），如图 2.16 所示。

Sequence Presets（序列预设）选项卡让设置新序列变得更简单。选择预设时，Premiere Pro 为序列选择最匹配特定视频和音频格式的设置。选择了预设后，可以在 Settings（设置）选项卡中调整这些设置。

在这里将发现大量的预设配置选项（见图 2.17），它们用于最常使用和支持的媒体类型。这些设置是根据摄像机格式来组织的（具体设置位于一个文件夹中，而该文件夹以录制格式命名）。

可以单击提示三角形来查看组中的具体设置。这些设置通常围绕帧速率和帧大小进行设计。我们来看一个示例。

1. 单击组 AVCHD 旁边的提示三角形，如图 2.18 所示。

现在可以看到 3 个子文件夹，它们根据帧大小和隔行扫描方法分组。记住，摄像机通常使用不同的帧大小以及不同的帧速率和编解码器来录制视频。

2. 单击 720p 子组旁边的提示三角形，如图 2.19 所示。

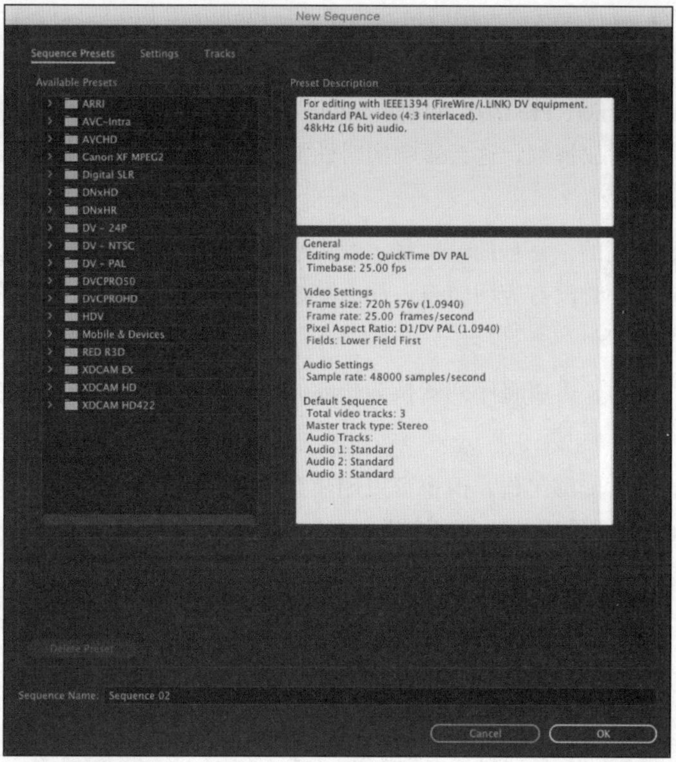

图2.16

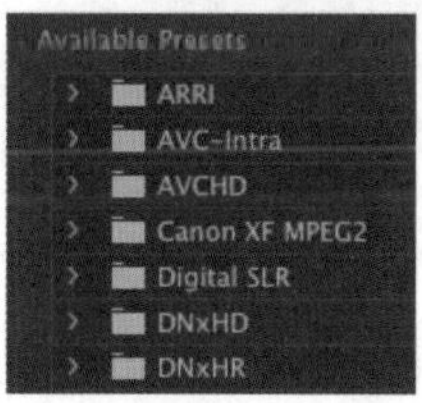

图2.17

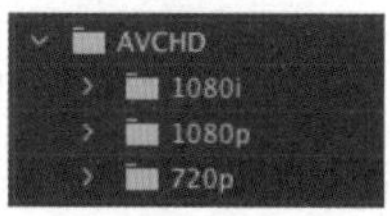

图2.18

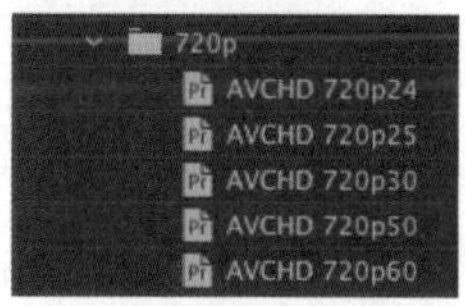

图2.19

3. 选择 AVCHD 720p25 预设（单击其名字即可）。

格式和编解码器

视频文件类型，比如Apple QuickTime、Microsoft AVI和MXF，是具有多种不同视频和音频编解码器的容器。文件被称为包装器（wrapper），而视频和音频则被称为本质特征（essence）。

编解码器是压缩器/解压缩器的简称，它是视频和音频信息的存储和回放方式。

如果将完成的序列输出为文件，则需要选择一种格式、文件类型和编解码器。

开始视频编辑时，可能会发现可用的格式太多了。Premiere Pro 可以处理非常多的视频 / 音频格式和编解码器，并且通常可以顺利地播放不匹配的格式。

但是，当 Adobe Premiere Pro 因序列设置不匹配而不得不调整视频以进行播放时，编辑系统必须要做更多的工作才能播放视频，这会影响实时性能。开始编辑之前，有必要花时间确保序列设置与原始媒体文件相匹配。

重要要素始终是相同的：每秒的帧数量、帧大小（图像中的像素数量）以及音频格式。如果在将序列转换为媒体文件时没有应用转换，那么帧速率、音频格式和帧大小等内容应与配置序列时所选择的设置相匹配。

当输出到一个文件时，可以将序列转换为想要的任何格式（有关导出的更多信息，请参见第 18 课）。

尽管标准的预设通常能够工作，但也可以创建自定义设置。为此，首先选择与媒体匹配的序列预设，然后在 Settings（设置）选项卡中进行自定义选择。可以单击 Settings（设置）选项卡底部的 Save Preset（保存预设）按钮来保存自定义预设。

在 Save Settings（保存设置）对话框中为自定义的项目设置预设命名，如果愿意也可以添加注释，然后单击 OK。该预设将出现在 Sequence Presets 下的 Custom 文件夹中。

> Pr **注意**：Sequence Presets 选项卡中的 Preset Description（预设描述）区域通常描述了以这种格式捕获媒体的摄像机类型。

2.3.3 自定义序列预设

一旦选择了最匹配源视频的序列预设后，你可能想要调整设置以匹配序列的细节。

要开始进行调整，单击 Settings（设置）选项卡，并选择与 Adobe Premiere Pro 播放视频和音频文件的方式更匹配的选项，如图 2.20 所示。记住，Premiere Pro 会自动使添加到 Timeline 中的素材与序列设置相匹配，这提供了标准的帧速率和帧大小，而不管原始格式是什么。

如果媒体匹配其中一种预设，则没有必要在 Settings 选项卡上做出更改。事实上，通常建议你使用默认设置。

用户会注意到，在使用预设时一些设置无法更改。这是因为它们针对你在 Preset（预设）选项卡中所选的媒体类型进行了优化。为了获得完全的灵活性，将 Editing Mode（编辑模式）菜单更改为 Custom（自定义），则将能够更改所有可用的选项。

> Pr **提示**：现在，先不管设置，但是要检查预设配置新序列的方式。在选项卡中自上而下地查看每个设置，以了解正确配置一个序列所需的选项。

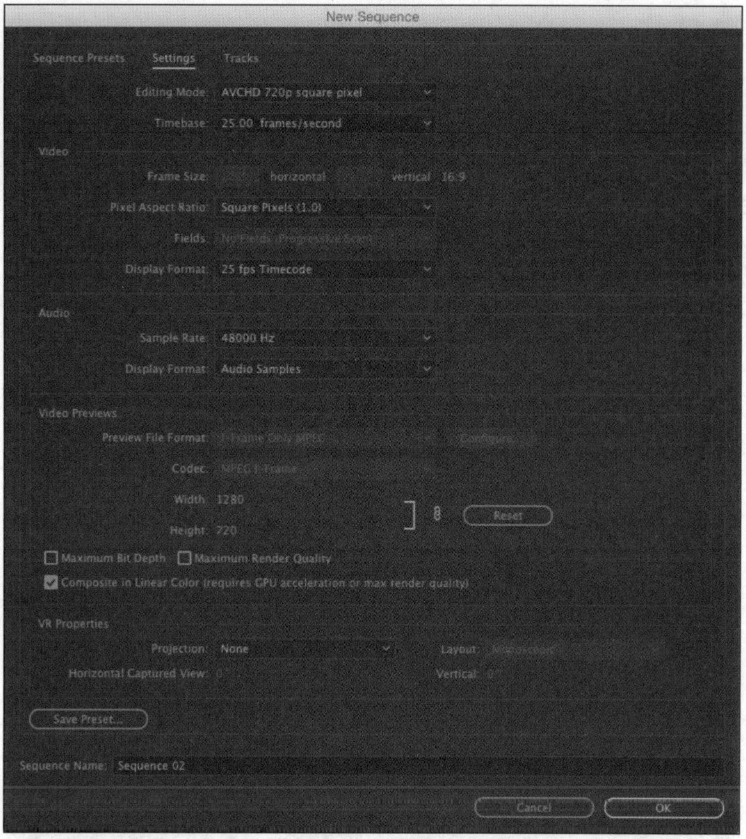

图2.20　Settings（设置）选项卡可以精确控制序列的配置

最大位深和最高渲染质量

如果启用Maximum Bit Depth（最大位深）选项，则Premiere Pro能够以最大可能的质量来渲染效果。对于许多效果，这意味着32位浮点颜色，这支持数万亿的颜色组合。这是效果所能获得的最佳质量，但是需要计算机执行更多的工作，那么实时性能可能会降低。

如果启用Maximum Render Quality（最高渲染质量）选项，或者是如果拥有GPU加速，则Premiere Pro使用更高级的系统来缩放图像。如果没有此选项，那么在缩小图像时可能会看到少量的人为痕迹或噪点。如果没有GPU加速，那么该选项将影响播放性能和文件导出。

可以随时打开或关闭这两个选项，因此可以在编辑时关闭这些选项，以便让性能最大化，而在输出完成作品时打开这些选项。即使同时打开这两个选项，也可以使用实时效果并获得良好的Premiere Pro性能。

2.3.4 理解轨道类型

在将视频或音频剪辑添加到序列中时，是将它们放到轨道上。轨道是 Timeline 面板中的水平区域，能够将剪辑存放在特定的位置。如果有多个视频轨道，则放置在顶部轨道上的任何视频剪辑将出现在底部轨道上剪辑的前面。因此，如果第二个视频轨道上有文本或图形，而第一个视频轨道上有视频剪辑，则会先看到图形，然后再看到视频。

New Sequence（新建序列）对话框中的 Track（轨道）选项卡允许用户为新序列预先选择轨道类型。

所有音频轨道会同时播放，以创建一个完整的音频混合。要创建一个音频混合，只需将音频剪辑放在不同的轨道上，按照时间进行排列。可以将叙述、言论摘要、声音效果和音乐放在不同轨道上进行组织。也可以重命名轨道，从而更容易在更加复杂的序列中进行精确查找。

Premiere Pro 可以在创建序列时指定要包含的视频和音频轨道的数量，如图 2.21 所示。后续可以轻松添加和删除轨道，但是无法更改 Audio Master（声音母带）设置。

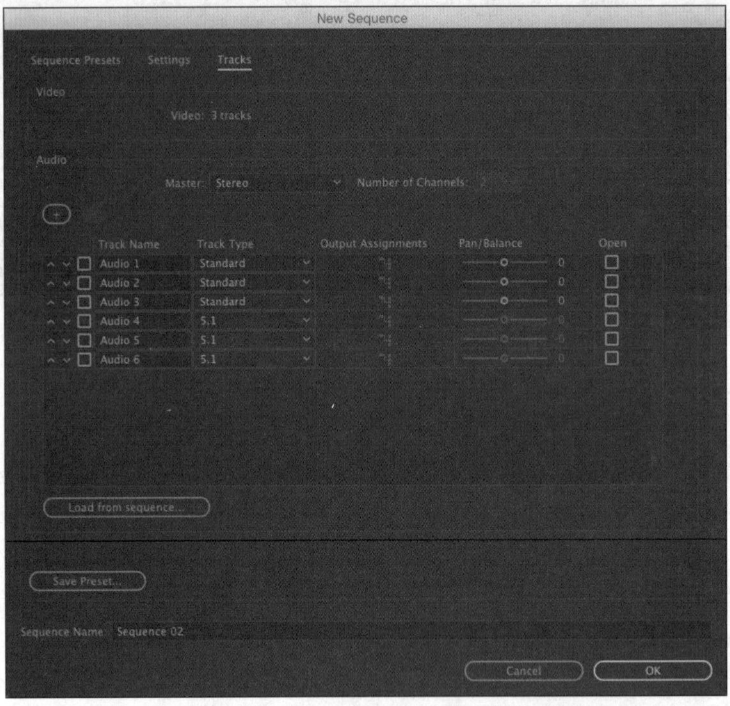

图2.21

> **注意**：Audio Master 设置可以配置序列，使其将音频输出为立体声、5.1、多声道或单声道。现在选择 Stereo（立体声）。

可以从多种音频轨道类型中进行选择。每个轨道类型都是为音频的特定类型而设计的。当选择一种特定的轨道类型时，Premiere Pro 提供了正确的控件来调整声音（基于声道的数量）。例如，立体声剪辑需要的控件与 5.1 环绕立体声剪辑的控件不同。

在 Premiere Pro 中，可用的音频轨道的类型如下所示（见图 2.22）。

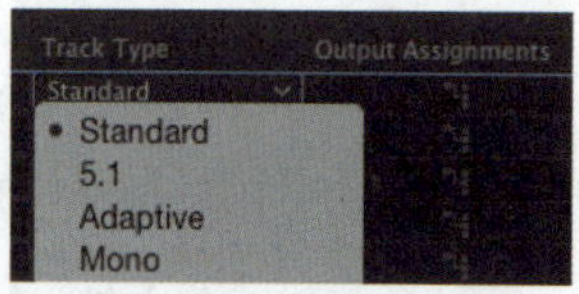

图2.22

- **Standard（标准）：** 这些轨道用于单声道和立体声音频剪辑。
- **5.1 ：** 这些轨道用于具有 5.1 音频的音频剪辑（环绕立体声格式）。
- **Adaptive（自适应）：** 自适应轨道用于单声道和立体声音频，可以让用户精确控制每一个音频声道的输出路径。例如，可以决定轨道音频通道 3 应该输出到通道 5 的混音中。该工作流用于多语种的广播电视，在播放多语种的广播电视时，需要精确控制音频通道。
- **Mono（单声道）：** 该轨道类型只接受单声道音频剪辑。

为具有视频和音频的序列添加剪辑时，Premiere Pro 确保音频通道位于正确的轨道。不要意外地将音频剪辑放到错误的轨道上；如果没有正确的轨道类型，则 Premiere Pro 将自动创建一个。

在第 11 课中，将会介绍音频相关的知识。

2.3.5　理解子混合

子混合是 Premiere Pro 中音频处理工具的一个高级功能。可以将序列中轨道的输出发送到一个子混合轨道，而不是直接发送到主输出。然后，可以使用子混合来应用音频效果并更改音量。对于单个轨道来说，该功能看起来不是很有用，但是可以将任意多的音频轨道发送到一个子混合。举例来讲，这意味着一个子混合可以控制 10 个音频轨道。简单地说，这意味着更少的单击和更多的编辑操作。

可以根据想要的输出选项选择子混合（见图 2.23）。

- **Stereo Submix（立体声子混合）：** 用于子混合立体声轨道。
- **5.1 Submix（5.1 子混合）：** 用于子混合 5.1 轨道。
- **Adaptive Submix（自适应子混合）：** 用于子混合单声道或立体声轨道。
- **Mono Submix（单声道子混合）：** 用于子混合单声道轨道。

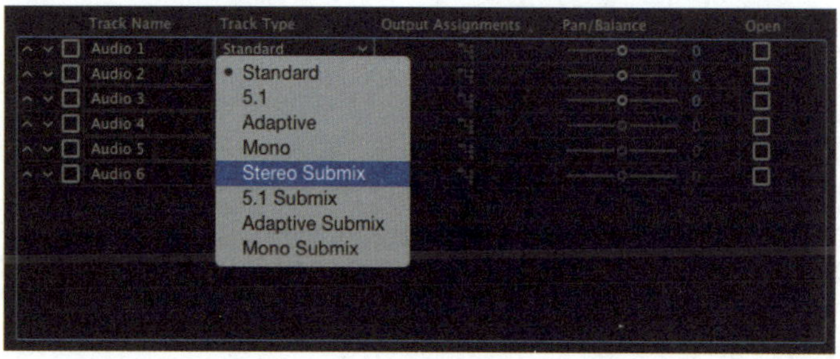

图2.23

对于该序列来说，将使用默认设置。先花些时间来熟悉这些选项，然后执行如下操作。

1. 单击 Sequence Name（序列名称）文本框并将序列命名为 First Sequence，如图 2.24 所示。

2. 单击 OK 以创建序列。

3. 选择 File（文件）>Save（保存）。恭喜你！你已经使用 Premiere Pro 创建了新项目和序列。

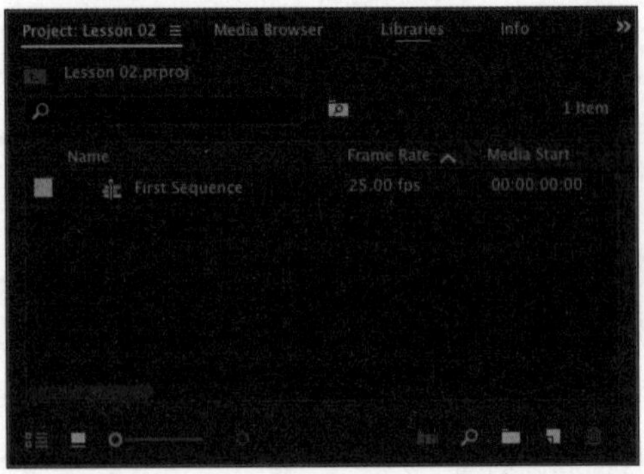

图2.24

如果还没有将媒体和项目文件复制到计算机，请在学习第 3 课前完成此操作（可以参见本书“前言”中文件复制的相关指示）。

复习题

1. New Sequence（新建序列）对话框中的 Settings（设置）选项卡的用途是什么？
2. 如何选择序列预设？
3. 什么是时间码？
4. 如何创建自定义序列预设？
5. 如果没有额外的第三方硬件，则 Premiere Pro 中可用来从磁带捕获媒体的选项是什么？

复习题答案

1. Settings（设置）选项卡用于自定义一个现有的预设或创建一个新的自定义预设。
2. 通常最好选择与原始素材匹配的预设。Premiere Pro 通过描述摄像系统中的预设简单地说明了这一问题。
3. 时间码是以小时、分钟、秒和帧来衡量时间的通用系统。每秒的帧数量因录制格式而有所不同。
4. 选择了自定义预设的设置时，单击 Save Preset（保存预设）按钮，输入名称和描述，并单击 OK。
5. 如果计算机有 FireWire 连接，则 Premiere Pro 会录制 DV 和 HDV 文件。如果通过安装第三方硬件获得了额外的连接，请阅读硬件的文档来了解最佳设置。

第3课 导入媒体

课程概述

在本课中，你将学习以下内容：

- 使用媒体浏览器加载视频文件；
- 使用导入命令加载图形文件；
- 使用代理媒体；
- 使用 Adobe Stock；
- 选择放置缓存文件的位置；
- 录制画外音。

本课大约需要 75 分钟。

要创建序列，需要将媒体文件导入到项目中。这可能包含视频素材、动画文件、解说词、音乐、大气声学、图形或照片。在序列中包含的任何文件都需要先导入，然后才能使用。

序列中包含的任何素材也必须包含在 Project 面板中。将一个剪辑直接导入到序列中，会自动将剪辑添加到 Project 面板中；而且在 Project 面板中删除一个剪辑时，也会将它从相应的序列中移除（在这样操作时，将会看到一个用来取消该操作的选项）。

无论使用什么方法编辑序列，第一步工作都是将剪辑导入到 Project 面板并进行组织。

由于 Adobe Premiere Pro 可以处理多种素材类型，因此有多种浏览和导入媒体的方法。

3.1 开始

在本课中，将学习如何将媒体文件导入到 Adobe Premiere Pro CC 中。对于大多数文件，将使用 Media Browser（媒体浏览器），这是一款健壮的资源浏览器，能够处理导入到 Premiere Pro 中的许多媒体类型。除此之外，还将了解一些特殊情况，比如导入图形或者是从磁带捕捉。

对于本课，将使用在第 2 课创建的项目文件。如果没有之前的课程文件，可以从 Lesson 03 文件夹中打开 Lesson 03 Example.prproj 文件。

1. 继续使用上一课中的项目文件，或者从硬盘上打开它。
2. 选择 File（文件）>Save As（另存为）。
3. 将文件重命名为 Lesson 03.prproj。
4. 导航到 Lessons\Lesson 03，然后单击 Save（保存）保存项目。

3.2 导入资源

将素材项导入 Premiere Pro 项目时，就会创建一个从原始媒体到位于项目内指针的链接。这意味着在进行编辑时，不是复制或修改原始文件，而是以一种非破坏性的方式从它当前的位置操纵原始媒体。例如，如果选择只将部分剪辑编辑到序列中，则不会丢失未使用的媒体。

主要有两种导入媒体的方式。

- 标准的导入方法是选择 File（文件）>Import（导入）。
- 另一种方法是使用 Media Browser（媒体浏览器）。

下面将介绍每种方法的好处。

3.2.1 何时使用导入命令

使用 Import（导入）命令很简单（并且可能与其他应用程序中的此命令一样）。要导入任何文件，只需选择 File（文件）>Import（导入）即可。

还可以使用键盘快捷键 Control+I（Windows）或 Command+I（Mac OS）打开标准的 Import（导入）对话框，如图 3.1 所示。

这种方法最适合独立的资源，比如图形和视频，尤其是当知道这些资源在硬盘上的确切位置并且能够快速地找到它们时。这种导入方法不适合基于文件的摄像机素材，因为基于文件的摄像机素材通常使用复杂的文件夹结构，并且针对音频、视频、重要的附加数据以及 RAW 媒体文件，使用单独的文件。对于来自摄像机的媒体，可以使用 Media Browser（媒体浏览器）。

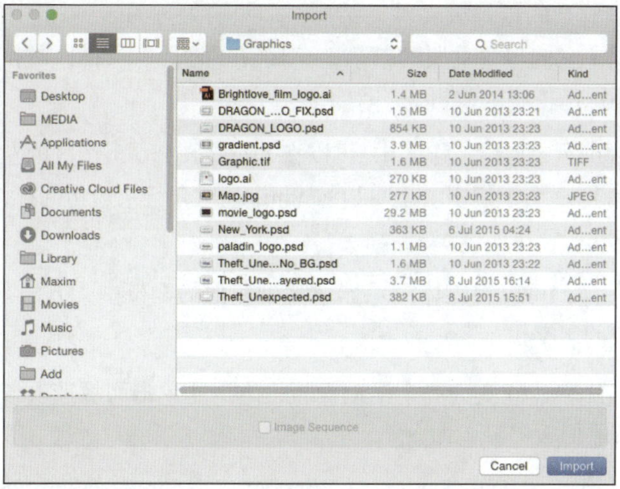

图3.1

注意：打开 Import（导入）对话框的另一种方式是双击 Project（项目）面板的空白区域。甚至可以直接将文件从 Explorer（Windows）或 Finder（Mac OS）拖放到 Premiere Pro 中。

3.2.2 何时使用媒体浏览器

Media Browser（媒体浏览器）是一种查看媒体资源并将它们导入 Premiere Pro 的强大工具（见图 3.2）。媒体浏览器可将使用数码摄像机拍摄的碎片文件显示为完整的视频剪辑；无论原始的录制格式是什么，都可以将每一个录制的文件看做一个带有音视频的单独的素材项目。

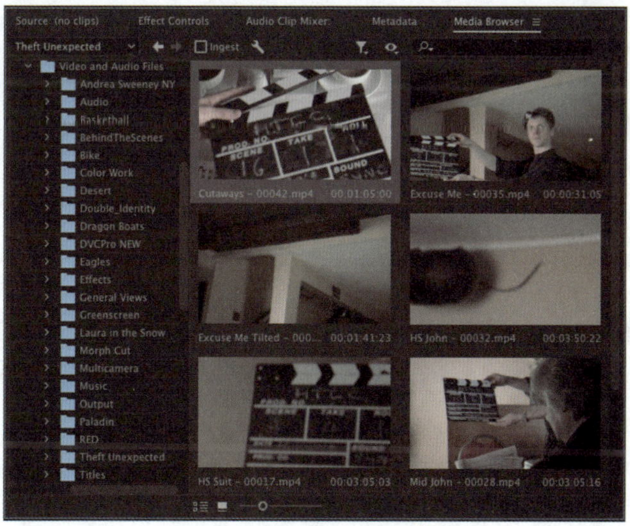

图3.2

这意味着不用处理复杂的摄像机文件夹结构，而只要处理易于浏览的图标和元数据即可。只要能够看到这些元数据（它们包含重要的信息，比如视频时长、录制日期和文件类型），就能够在一长串剪辑列表中轻松选择正确的剪辑。

默认情况下，在 Editing（编辑）工作区中，可以在 Premiere Pro 工作区的左下角找到媒体浏览器。它与 Project 面板停靠在同一个框架中。也可以按 Shift+8 组合键快速访问媒体浏览器（要确保使用的是键盘顶部的数字键）。

与任何其他面板一样，可以将媒体浏览器放置到其他的框架中，方法是使用其选项卡进行拖动（选项卡上显示面板的名字）。

也可以取消停靠它，将让它变为一个浮动面板，方法是单击面板选项卡上的菜单（☰），然后选择 Undock Panel（解除面板停靠）命令。

在媒体浏览器中浏览文件，与在 Explorer（Windows）或 Finder（Mac OS）中浏览文件很相似。硬盘中的内容在左侧显示为导航文件夹，而且在顶部有用于前后导航的按钮。

可以使用箭头键来选择项目。

> **提示**：如果想导入在另外一个 Premiere Pro 项目中使用的素材，可以使用媒体浏览器面板在这个项目中浏览，找到项目文件后进行双击，查看其内容。可以选择剪辑和序列，并将它们导入到当前的 Project 面板中。

Media Browser（媒体浏览器）的主要好处包含以下几点。

- 将显示缩小到一个具体的文件类型，比如 JPEG、Photoshop、XML 或 AAF。
- 自动感知摄像机数据，比如 AVCHD、Canon XF、P2、RED、ARRIRAW、Sony HDV 和 XDCAM（EX 和 HD），从而能够正确地显示剪辑。
- 查看和自定义要显示的元数据种类。
- 正确地显示其剪辑位于多个摄像机媒体卡的媒体。即使是使用两个卡录制了一个较长的文件，Adobe Premiere Pro 也会将这些文件作为一个剪辑导入。

3.3 使用摄取选项和代理媒体

在播放视频和对视频添加特效时，Premiere Pro 提供了卓越的性能，而且还提供了大量的媒体格式和编解码器。但是，也可能会存在系统硬件在播放媒体时力不从心的情况，当媒体是高分辨率的 RAW 素材时更是如此。

你可能会觉得，在编辑时使用媒体文件的低分辨率版本，然后再切换回完整的原始分辨率的媒体文件，最后检查效果并输出成品，这样效率就会高了。这就是代理工作流（proxy workflow），它会创建低分辨率的“代理”文件，来取代原始内容。

在导入文件期间，Premiere Pro 会自动创建代理文件，而且这是进行媒体摄取（media ingest）的一种高级方法。在处理原始素材时，如果对系统的性能表现很满意，则很有可能会略过这个功能。但是，无论是对系统性能还是协作，它都具有显著的优势。

从Adobe Prelude导入

Adobe Creative Cloud CC包含Adobe Prelude，可以用来在一个简单、简洁的界面中组织素材。

Adobe Prelude旨在让制片人或助手针对无磁带工作流对媒体进行快速高效的摄取（输入）、记录和转码（转换格式和编解码器）。

将一个Prelude项目发送到Premiere Pro的步骤如下所示。

1. 启动Adobe Prelude。
2. 打开想要转移的项目，然后在Project面板中选择一个或多个项目，如图3.3所示。

图3.3

Adobe Prelude与Premiere Pro的外观很像，但是它的控件更精简。

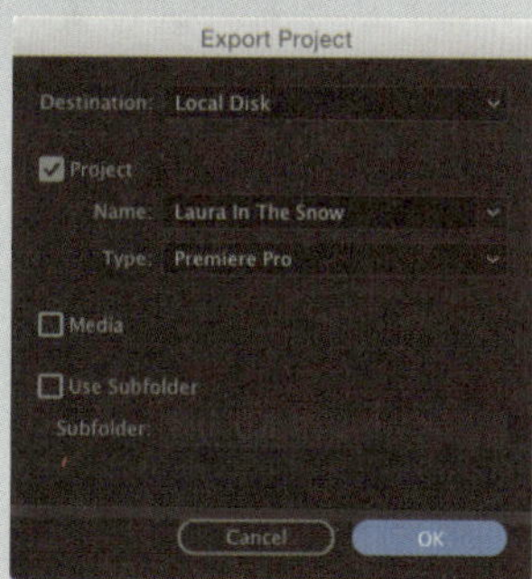

图3.4

3. 选择File > Export > Project。
4. 选择Project复选框，如图3.4所示。
5. 在Name字段输入名字。
6. 在Type下拉列表中选择Premiere Pro。
7. 单击OK。打开Choose Folder（选择文件夹）对话框。

8. 为新项目选择一个存放位置，然后单击Choose。这就创建了一个新的Premiere Pro项目。

你可以直接打开Premiere Pro项目，也可以将它导入到一个现有的项目中。Premiere Pro会重新链接剪辑媒体文件，并维护用户在Prelude中创建的任何bin。

如果Premiere Pro和Prelude同时运行在同一台计算机上，你也可以将剪辑从Prelude发送到Premiere Pro中，方法是选中剪辑，然后右键单击，选择Send to Premiere Pro（发送到Premiere Pro）。

我们来检查一下选项。

1. 选择 File（文件）>Project Settings（项目设置）> Ingest Settings（摄取设置），打开如图 3.5 所示的对话框。

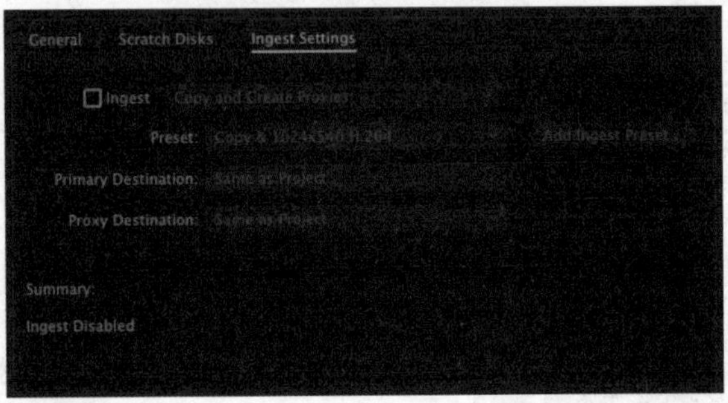

图3.5

这个对话框包含在创建项目时看到的原始项目设置选项。可以随时修改这些设置。

默认情况下，所有的 Ingest（摄取）选项都是禁用的。

2. 单击复选框启用 Ingest，然后单击第一个下拉列表，看到如下选项（见图 3.6）。

- Copy（复制）：在导入媒体文件时，Premiere Pro 会将文件复制到在 Primary Destination 下拉列表中选择的位置。如果直接从摄像机的媒体卡导入媒体文件，这个选项就相当有价值了，因为在媒体卡没有连接到计算机时，这些媒体对 Premiere Pro 来说必须是可用的。
- Transcode（转码）：在导入媒体文件时，Premiere Pro 会基于选择的预设，将文件转换为新的格式和编解码器，并将新文件放到选择的存放位置。
- Create Proxies（创建代理）：在导入媒体文件时，Premiere Pro 会基于选择的预设，创建多个低分辨率的副本。这些低分辨率的媒体文件的存放目录与原始媒体文件相同。
- 复制和创建代理（Copy and Create Proxies）：在导入媒体文件时，Premiere Pro 会将文件复制到在 Primary Destination 下拉菜单中选择的位置，并创建代理（如前所述），然后存放在与原始文件相同的目录下。

3. 选择 Create Proxies 选项，选择 Preset（预设）菜单，然后尝试选择几个选项，如图 3.7 所示。注意在对话框的下方有对每个选项进行解释的注释文字。

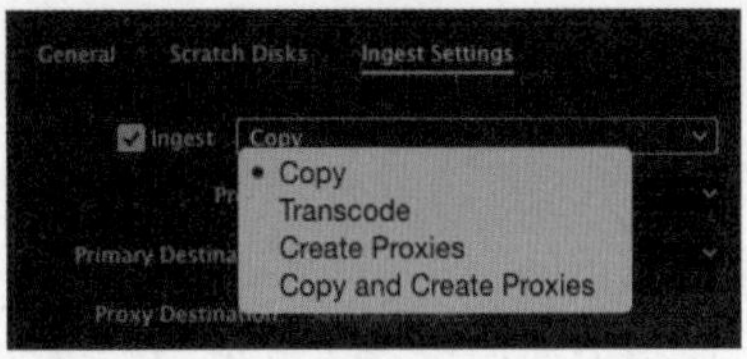

图3.6

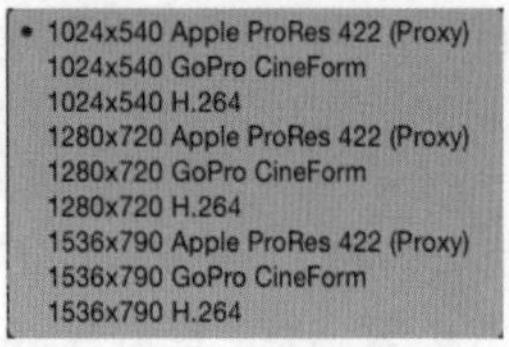

图3.7

最重要的是，用户选择的选项要与原始素材的屏幕高宽比相匹配。这样，在处理代理文件时，可以正确地看到其中的组成元素。

如果在项目中存在剪辑的代理媒体，可以很容易地在全品质的原始媒体和低分辨率的代理版本之间进行切换。方法是选择 Edit（编辑）> Preference（首选项）>Media（Windows），或者是 Premiere Pro >Preferences（首选项）>Media（Mac OS），然后切换 Enable Proxies（启用代理）选项。

这是对代理媒体工作流的一个介绍。有关管理代理文件、链接代理媒体、创建代理媒体文件预设的更多信息，请参见 Adobe Premiere Pro Help。在查看完所有设置之后，单击 Cancel（取消）按钮。

> **注意**：Adobe Media Encoder 会在后台处理文件转码和创建代理等工作，因此可以立即使用原始的媒体，在新的代理文件创建之后，将会自动进行取代。

> **注意**：可以将 Toggle Proxies（切换代理）按钮添加到 Source Monitor（源监视器）或 Program Monitor（节目监视器）中，以便在查看代理媒体和原始媒体之间快速切换。你可以探索用来修改 Premiere Pro 界面的更多高级方法，来提升编辑体验。第 4 课讲解了自定义监视器按钮的方法。

> **注意**：在输出一个序列，而且该序列被设置为显示代理媒体时，将会自动使用全质量的原始媒体，而不是低分辨率的代理媒体。

> **注意**：要完成本课，需要从计算机中导入文件。要确保你已经将本书包含的所有课程文件都复制到了计算机中。更多细节，请见“前言”。

3.4 使用媒体浏览器

媒体浏览器可以让用户轻松浏览计算机上的文件。它可以保持在打开状态，不仅快速方便，而且针对定位和导入素材进行了高度优化。

3.4.1 使用基于文件的摄像机工作流

Premiere Pro CC 不需要将基于文件的摄像机的素材进行转换，而且能够编辑来自 P2、

XDCAM 摄像机系统的压缩媒体，来自 Canon、Sony、RED 和 ARRI 的 AVCHD 和 RAW 媒体，以及来自针对后期制作比较友好的编解码器，比如 Avid DNxHD、Apple ProRes 和 GoPro Cineform。

为了得到最好的结果，请遵循下述指导原则（现在不需要这样做）。

1. 为每一个项目创建一个新的媒体文件夹。

2. 将摄像机媒体复制到编辑存储中，而且不要破坏现有的文件结构。确保直接从媒体卡的根目录中传输完整的文件夹。为了得到最好的结果，可以考虑使用摄像机制造商提供的传输应用程序来移动视频文件。确保所有的媒体文件都被复制了，而且媒体卡和复制的文件夹具有相同的大小。

3. 使用摄像机信息（包括卡号和拍摄日期）清楚地表明复制的媒体文件夹。

4. 在第 2 块独立的物理硬盘上创建媒体文件的一个副本，以防硬件故障。

5. 理想情况下，使用另外一种备份方法（比如 LTO 磁带或一个外置的硬盘）来创建一个长期的归档副本。

> Pr | **注意**：可以使用 Adobe Prelude 对复制和导入无磁带媒体资源的过程进行轻松管理。

3.4.2 支持的视频文件类型

在处理项目时，经常会遇到使用不同的文件格式来处理多个摄像机拍摄的视频剪辑的情况。这对 Premiere Pro 来说完全不是问题，因为可以在同一个序列中混合不同剪辑格式。此外，媒体浏览器也可以显示几乎所有文件格式。它尤其适合基于文件的摄像机格式。

如果系统硬件在播放高分辨率的媒体时有困难，在编辑视频时使用代理文件会带来帮助。

Adobe Premiere Pro 支持的主要文件格式和相机类型如下所示。

- 直接将 H.264 媒体拍摄为 QuickTime MOV 或 MP4 文件的任何数码单反相机。
- 松下 P2、DV、DVCPRO、DVCPRO 50、DVCPRO HD、AVCI、AVC Ultra、AVC Ultra Long GOP。
- RED One、RED EPIC、RED Mysterium X、6K RED Dragon、8K REDCODE RAW Weapon。
- ARRI RAW（包含 ARRI AMIRA）。
- Sony XDCAM SD、XDCAM 50、XAVC、SStP、RAW、HDV（当使用基于文件的媒体拍摄时）。
- AVCHD 摄像机。
- Canon XF、Canon RAW。
- Apple ProRes。
- Avid DNxHD 和 DNxHR MXF 文件。

- Blackmagic CinemaDNG。
- Phanotm Cine 摄像机。

3.4.3 使用媒体浏览器查找资源

媒体浏览器的名字已经说明了它的作用。在许多方面，它像一个 Web 浏览器（有前进和后退按钮，可以查看最近的浏览），它还有一个快捷键列表，因此可以很容易地查找资源。

> **注意**：在导入媒体时，要确保将文件复制到本地存储，或者使用项目摄取选项来创建副本，然后再移除存储卡或者外部硬盘。

继续处理 Lesson 03.prproj 项目，或者打开本练习使用的 Lesson 03 Example.prproj。

1. 现将工作区重置为默认工作区；在 Workspaces（工作区）面板中，单击 Editing（编辑）。然后单击紧邻 Editing 选项的菜单，并选择 Reset to Saved Layout（重置为保存的样式），如图 3.8 所示。

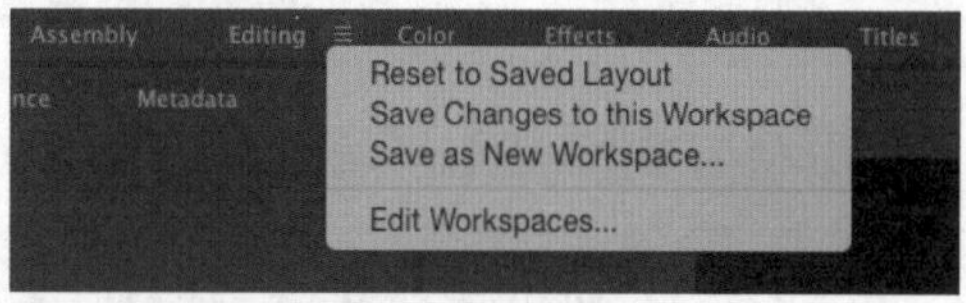

图3.8

2. 单击 Media Browser（默认情况下，它应该与 Project 面板停靠在一起），加大面板的尺寸，如图 3.9 所示。

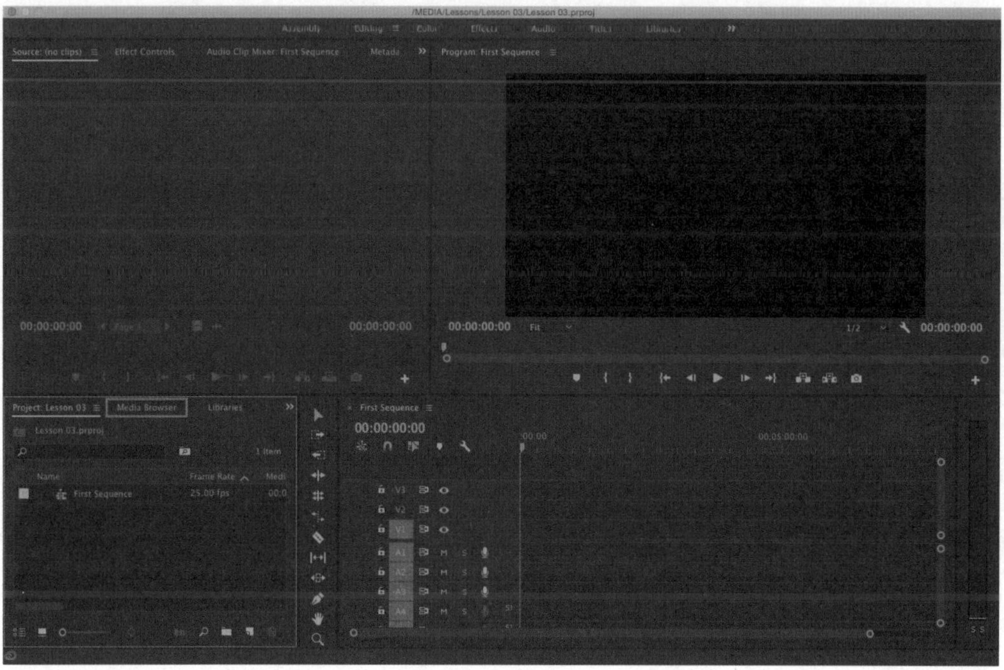

图3.9

> Pr **注意：**当打开在另一台计算机上创建的项目时，将看到一条与丢失渲染器有关的警告消息。此时单击 OK 按钮即可。

> Pr **注意：**如果无法看到 Workspaces 面板，可以通过选择 Window >Workspaces（在菜单底部）的方式来选中它。

3. 要想更容易地看到媒体浏览器，可以将鼠标指针悬停在此面板上，然后按`（重音符号）键。该键通常位于键盘的左上角。

媒体浏览器面板现在应填满屏幕。用户可能想要调整列宽以便于查看项目。

> Pr **提示：**有些键盘的布局使得我们很难找到正确的键。此时，可以单击面板菜单，然后选择 Panel Group Settings（面板组设置）>Maximize Panel Group（最大化面板组）。这个菜单也可以用来恢复面板大小。

4. 使用媒体浏览器导航到 Lessons\Assets\Video 和 Audio Files\Theft Unexpected 文件夹。

> Pr **注意：**媒体浏览器会过滤掉不是媒体的文件，从而更易于浏览商品和音频素材。

5. 拖动媒体浏览器左下角的调整大小滑块以放大剪辑的缩览图，如图 3.10 所示。可以使用任何大小。

图3.10

将鼠标指针悬停到任何未选中的剪辑缩览图上，可以预览剪辑的内容。

6. 单击素材一次，将其选中，如图 3.11 所示。

现在可以使用键盘快捷键预览剪辑。

7. 按 L 键以播放剪辑。

8. 要停止播放，按 K 键。

9. 按 K 键可以倒放剪辑。

10. 尝试播放其他剪辑。在播放期间，应该能听到剪辑的音频。

也可以多次按 J 或 L 键来加快快预览的播放速度。使用 K 键或空格键可以暂停播放。

11. 将所有这些剪辑导入到项目中。按 Control+A（Windows）或 Command+A（Mac OS）组合键以选择所有剪辑。

12. 右键单击所选的一个素材并选择 Import（导入），如图 3.12 所示。

图3.11

图3.12

此外，可以将所选的所有剪辑拖到 Project 面板的选项卡上，然后向下拖动到空白区域，来导入素材。

13. 按 `（重音符号）键或使用面板菜单将媒体浏览器恢复为原来的尺寸，然后切换到 Project 面板。

Project 面板中的剪辑可以作为图标或列表进行查看，而且带有与每个视频相关的信息。单击 List View（列表视图）按钮（ ）或 Icon View（图标视图）按钮（ ），可以在这两种查看模式中进行切换。

充分使用媒体浏览器

媒体浏览器具有大量功能，这些功能有助于用户更容易地在硬盘中导航。

- Forward（前进）和 Back（后退）按钮的功能与 Internet 浏览器中的一样，可以用来导览之前查看过的位置。
- 如果打算经常从一个位置导入文件，可以在导览面板顶部的收藏夹列表中添加一个文件夹。要创建一个收藏夹，可右键单击文件夹，然后选择 Add to Favorites（添加到收藏夹）。
- 可以一次打开多个媒体浏览器，然后访问多个不同文件夹中的内容。要新打开一个媒体浏览器面板，可单击 Panel 菜单（在面板选项卡上），然后选择 New Media Browser Panel（新建媒体浏览器面板）。

3.5 导入图像

图形是后期制作必不可少的一部分。人们希望图形能够传达信息并能为最终的编辑添加视觉效果。Premiere Pro 可以导入任意的图像和图形文件类型。当使用由 Adobe 的图形工具 Adobe Photoshop 和 Adobe Illustrator 创建的本地文件格式时，Premiere Pro 的支持尤其出色。

3.5.1 导入拼合的 Adobe Photoshop 文件

处理印刷图形或进行照片修描的人都可能用过 Adobe Photoshop，它是图形设计行业的主力。Adobe Photoshop 是一款具有深度和功能强大的工具，并且它正成为视频制作世界中越来越重要的一部分。下面介绍如何从 Adobe Photoshop 中正确地导入文件。

首先导入一个基本的图形。

1. 单击 Project 面板，将其选中。

2. 选择 File（文件）>Import（导入），或者按 Control+I（Windows）或 Command+I（Mac OS）组合键。

3. 导航到 Lessons/Assets/Graphics。

4. 选择文件 Theft_Unexpected.png，并单击 Import（导入）。

该 PNG 图形是一个简单的 logo 文件，将它导入到 Premiere Pro 项目中。

动态链接简介

使用Adobe Premiere Pro的一种方式是将其与一套工具搭配使用。可能正在使用的Adobe Creative Cloud版本包含与视频编辑任务相关的其他组件。要使这些任务更加简单，可以使用几个选项加速后期制作工作流。

一个好的例子是Dynamic Link（动态链接），可以用它将After Effects中的合成图像导入到Premiere Pro项目中，其方式是在两个应用程序之间创建一个实时的连接（live connection）。一旦采用这种方式添加了After Effects中的合成图像，它的外观和行为就与Premiere Pro项目中的其他剪辑一样了。

当在After Effects中进行修改时，相应的修改也会自动在Premiere Pro中更新，这可以节省大量的时间。

有关动态链接的选项存在于Premiere Pro和Adobe After Effects中，也存在于Premiere Pro和Audition中。

本书后面将讲详细讲解这两种动态链接工作流。

3.5.2 导入分层的 Adobe Photoshop 文件

Adobe Photoshop 还会创建使用多个图层的图形。图层与时间轴中的轨道类似，还在视觉元素之间留出了间隔。你可以将 Photoshop 文档图层分别导入 Premiere Pro 中，以进行隔离或动画处理。我们来看导入选项。

1. 双击 Project 面板的空白区域，打开 Import（导入）对话框。

2. 导航到 Lessons\Assets\Graphics。

3. 选择文件 Theft_Unexpected_Layered.psd，并单击 Import（导入）。

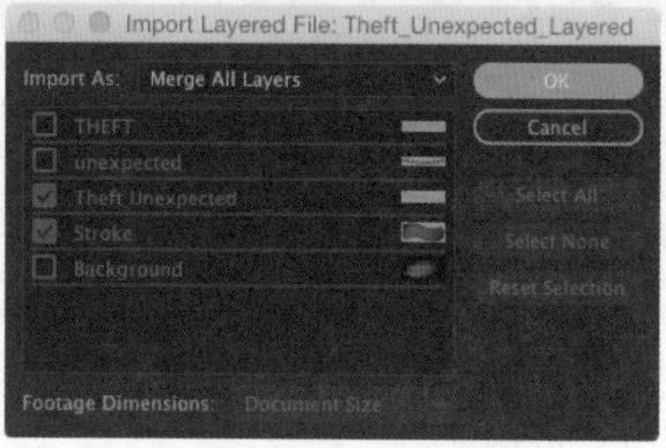

图3.13

4. 这将打开一个新的对话框（见图 3.13），其中列出了 4 个 Import As 选项，这些选项用来有选择性地导入图层。

- **Merge All Layers（合并所有图层）**：该选项将文件作为一个单独的拼合剪辑导入到 Premiere Pro 中，从而将所有图层合并为一个。
- **Merged Layers（合并图层）**：该选项仅将选择的指定图层合并为一个单独的拼合剪辑。
- **Individual Layers（各个图层）**：该选项只导入选择的指定图层，而且每个图层在 bin 中成为一个单独的剪辑。
- **Sequence（序列）**：该选项只导入选择的图层，并且每个图层都作为一个单独的剪辑。然后 Premiere Pro 会创建一个新的序列（其帧大小基于导入的文档），这个序列在单独的轨道上包含每一个剪辑（与原始的堆叠顺序匹配）。

> 提示：在这个 PSD 中，还有几个没有选择的图层。设计人员在 Photoshop 中关闭了这几个图层，因为它们是多余的，但是没有被删除。针对导入的文件，Premiere Pro 不会对图层的选择进行修改。

如果选择 Sequence 或 Individual Layers 选项，就可以从 Footage Dimensions（素材尺寸）菜单中选择下述选项中的一个，如图 3.14 所示。

图3.14

- **Document Size（文档大小）**：这会将选中的所有图层以原始的 Photoshop 文档大小导入到 Premiere Pro 中。
- **Layer Size（图层大小）**：这会将新的 Premiere Pro 剪辑的帧大小与其在原始 Photoshop 文件中各个图层的帧大小进行匹配。无法填充整个画布的图层可能会被裁剪得更小，因为删除了透明区域。这些图层将被置于帧的中央位置，这也就失去了它们原来的相对位置。

> **Pr** **提示：**有充足的理由来使用单独的图层尺寸导入每一个 PSD 图层。例如，有些平面设计师创建了多个图像，每一个图像在 PSD 文件中占据不同的图层，以便编辑人员将图像整合到视频编辑中。当以这种方式使用时，PSD 自身就是一种一站式图像仓库。

5. 对于本练习，选择 Sequence，并使用 Document Size 选项，然后单击 OK 按钮。

6. 在 Project 面板中查看新创建的 Theft_Unexpected_Layered bin，并双击将其打开。

7. 在 bin 中，双击序列 Theft_Unexpected_Layered 以加载它。如果无法对里面的项目进行区分，可以将鼠标指针悬停到项目名称上，然后就知道它是剪辑还是序列了。

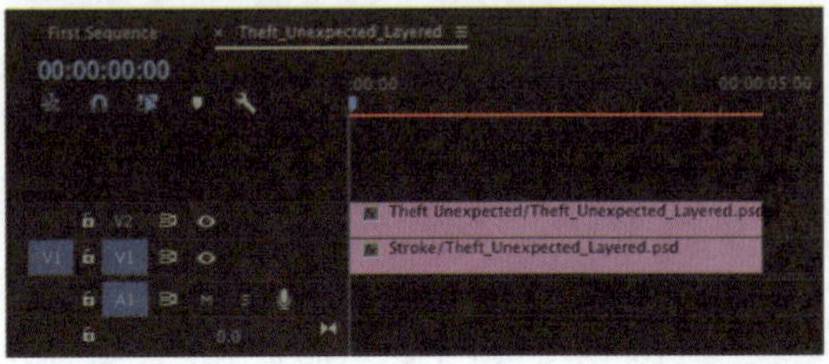

图3.15

8. 在 Timeline（时间轴）面板中检查序列。尝试关闭和打开每个轨道的 Toggle Track Output（切换轨道输出）选项（），以了解两个图层进行隔离的方式，如图 3.15 所示。

9. 关闭 Theft Unexpected bin。

Adobe Photoshop文件的图像提示

下面是从Adobe Photoshop导入图像的一些提示。

当将分层Photoshop文档作为序列导入时，Premiere Pro中的帧尺寸就是Photoshop文档的像素尺寸。

- 如果不打算缩放或平移，请尝试创建帧大小至少与项目帧大小一样大的文件。否则，将不得不放大图像，而这样做会损失一些清晰度。例如，如果要处理全高清的文件（1920×1080 像素），而且可能想放大 2 倍，这就需要 3840×2160 像素。
- 导入过大的文件会使用更多系统内存，并且会减慢系统速度。
- 如果可能，使用 16 位的 RGB 颜色。CMYK 颜色用于打印工作流，而视频编辑使用的是 RGB 和 YUV 颜色。

3.5.3 导入 Adobe Illustrator 文件

Adobe Creative Cloud 中另外一个图形组件是 Adobe Illustrator。与 Adobe Photoshop 不同，Adobe Photoshop 主要用于处理基于像素（或栅格）的图像，而 Adobe Illustrator 是矢量应用程序。矢量图形是对形状（而非绘制像素）的数学描述。这意味着可以将它们缩放到任何尺寸，而且不会丢失清晰度。

矢量图形通常用于技术插图、艺术线条或者复杂的图形。

我们来导入一个矢量图形。

1. 双击 Project 面板的空白区域，打开 Import（导入）对话框。
2. 导航到 Lessons/Assets/Graphics。
3. 选择文件 Brightlove_film_logo.ai，并单击 Import（导入）。

> **注意**：如果在 Project 面板中右键单击 Brightlove_film_logo.ai，你将会注意到一个 Edit Original（编辑原稿）的选项。如果计算机上安装了 Illustrator，选择该选项时会在 Illustrator 中打开这个图形，以备编辑。因此，即使在 Premiere Pro 中将图层合并了，也可以返回 Adobe Illustrator，编辑原始的分层文件，然后将其保存，相应的修改会立即显示在 Premiere Pro 中。

Premiere Pro 处理 Adobe Illustrator 文件的方式如下所示。

- 与前文中导入的 Photoshop 文件一样，这是一个分层图形文件。但是，Premiere Pro 没有提供以单独图层导入 Adobe Illustrator 文件的选项。它会将这些图层合并为一个单独的图层剪辑。
- 它还使用栅格化（rasterization）过程来将基于矢量的 Adobe Illustrator 作品转换为 Adobe Premiere Pro 使用的基于像素的图像格式。这种转换发生在自动导入阶段，因此在将 Illustrator 中的图形导入到 Adobe Premiere Pro 之前，一定要确保它们足够大。
- Premiere Pro 可自动对 Adobe Illustrator 作品的边缘进行抗锯齿或平滑处理。
- Premiere Pro 还会将 Illustrator 文件的所有空白区域转换为透明的，以使序列中的这些区域底部的剪辑能显示出来。

3.5.4 导入子文件夹

当通过 File >Import 命令导入文件时，不必选择单独的文件，也可以选择整个文件夹。事实上，如果已经将文件放到了硬盘上的文件夹或子文件夹中，在进行导入时，文件夹会在 Premiere Pro 中作为 bin 重新被创建出来。

现在进行尝试。

1. 选择 File > Import，或者按 Control + I（Windows）或 Command + I（Mac OS）组合键。

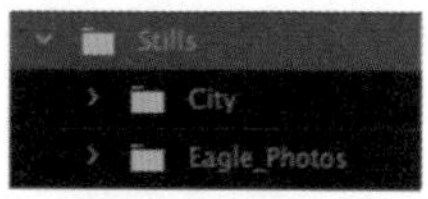

图3.16

2. 导航到 Lessons/Assets，然后选择 Stills 文件夹（见图 3.16）。不要在文件夹内进行浏览，选中它即可。

3. 单击 Import Folder（导入文件夹）按钮（Windows）或 Import（导入）按钮（Mac OS）。Premiere Pro 会导入整个文件夹，其中包括放置照片的两个子文件夹。在 Project 面板中，会看到已经创建了与文件夹相匹配的 bin 了。

3.6 使用 Adobe Stock

Adobe Stock 提供了数百万的图像和视频，可以使用 Libraries（库）面板将它们轻松地集成到序列中。

图3.17

Libraries 面板允许你在项目和用户之间轻松共享设计素材。可以直接在 Libraries 面板中搜索 Adobe Stock，选择视频剪辑和图形，然后立即在项目中使用低分辨率的预览，如图 3.17 所示。

如果对使用的素材感到满意，而且想购买全分辨率的版本，可以单击“License and Save to”购物车图标，它位于 Libraries 面板中项目的上面。全分辨率的素材在下载之后，会自动取代项目和序列中的低分辨率版本。

有关 Adobe Stock 的更多信息，请访问 stock.adobe.com。

3.7 自定义媒体缓存

当导入某些视频和音频格式时，Premiere Pro 可能需要处理并缓存一个相应的版本。对于高度压缩的格式，更是如此。例如，导入的音频文件会自动符合一个新的 CFA 文件。大多数 MPEG 文件都是有索引的，这会引入一个额外的 .mpgindex 文件，从而使文件更容易阅读。在导入媒体时，如果在屏幕的左下角看到了一个小进度指示条，就知道这是在创建缓存。

媒体缓存使编辑系统更容易解码和播放媒体，因此提升了预览的播放性能。用户可以自定义缓存，以进一步提升性能。媒体缓存数据库有助于 Premiere Pro 管理这些缓存文件（这些缓存文件在多个 Creative Cloud 应用程序中共享）。

要访问缓存的选项，选择 Edit（编辑）>Preferences（首选项）>Media（媒体）（Windows），或者 Premiere Pro >Preferences >Media（Mac OS），出现如图 3.18 所示的对话框。

图3.18

下面是一些需要考虑的选项。

- 要将媒体缓存文件或者媒体缓存数据库移动到一个新的位置，单击适当的 Browse（浏览）按钮，选择需要放置的位置，然后单击 OK。在大多数情况下，在编辑项目期间不应该移动媒体缓存数据库。
- 应该定期清理媒体缓存数据库，以移除那些不再需要的旧索引文件。为此，单击 Clean（清理）按钮，任何连接的硬盘都会移除其缓存文件。在做完项目后这样做，以移除不必要的预览渲染文件，节省空间。
- 选择“Save Media Cache files next to originals when possible”复选框，将缓存文件存放在与媒体文件相同的硬盘上。如果想将所有内容都放在一个中央文件夹中，则不要选择这个复选框。记住，用于媒体缓存的硬盘速度越快，就越能在 Premiere Pro 中体验到更好的播放性能。

磁带工作流与无磁带工作流

人们有时仍然会使用磁带来获取媒体文件，而且Premiere Pro完全支持它。要将素材从磁带导入到 Premiere Pro项目中，可以捕捉它。

在项目中使用之前，应先将数字视频从磁带捕捉到硬盘。Premiere Pro会通过一个数字端口，比如FireWire 或SDI（串行数字接口）端口捕捉视频（如果有第三方硬件的话）。Premiere Pro会将捕捉的素材以文件形式保存到磁盘上，然后再将文件以剪辑形式导入项目中（如同处理基于文件的摄像机视频那样）。有以下三种基本的捕捉方法。

- 将整个视频磁带捕捉为一个长剪辑。
- 可以记录每个剪辑的入点和出点（每个剪辑的 In 和 Out 标记）以自动进行批捕捉。
- 可以使用 Premiere Pro 中的场景检测功能，在每次按摄像机的 Record 按钮时自动创建单独的剪辑。

默认情况下，如果计算机有FireWire端口，则Premiere Pro可以使用DV和HDV来源。如果想捕捉其他的高端专业格式，将需要添加第三方捕捉设备。它们有几种形式，包括内置卡，以及通过FireWire、USB 3.0和Thunderbolt端口连接的接线盒。

第三方的硬件厂商能够充分使用水银回放引擎功能，在连接的专业显示器上预览效果和视频。有关支持硬件的详细列表，请访问helpx.adobe.com/premiere-pro/compatibility.html。

3.8 录制画外音

用户可能会处理包含解说词轨道的视频项目。而且可能会有由专业人士录制的解说词（或者至少是在一个很安静的场所录制的解说词），但是可以在 Premiere Pro 中临时录制音频。

这相当有用，因为这可以让用户感知自己的作品。

录制音轨的方法如下所示。

1. 如果使用的不是内置话筒，要确保使用的外接话筒正确地连到了计算机中。可能需要查看计算机或声卡的相关文档。

2. 选择 Edit >Preferences（首选项）>Audio Hardware（音频硬件）(Windows）或 Premiere Pro >Audio Hardware（Mac OS)，对话筒进行配置，以便可以在 Premiere Pro 中使用。从 Default Input（默认输入）下拉列表中选择一个选项，比如 Built-in Microphones（内置话筒），然后单击 OK，如图 3.19 所示。

3. 调低计算机的扬声器音量，或者使用头戴式耳机来预防反馈音或回声。

4. 打开一个序列，然后在 Timeline 中选择一个空的音轨。

5. 每一个轨道在最左侧都有一组按钮和选项，该区域称为 track header（音轨帧头）。可能需要调整音轨的尺寸，才能在帧头看到 Voice-over Record（画外音录制）按钮。为此，可以将鼠标指针悬停到音轨帧头上，然后使用鼠标滚轮进行调整。

6. 在音轨足够高之后，可能需要添加画外音录制按钮（它默认是隐藏的）。右键单击音轨帧头，然后选择 Customize（自定义），即打开 Button Editor（按钮编辑器），如图 3.20 所示。

图3.19

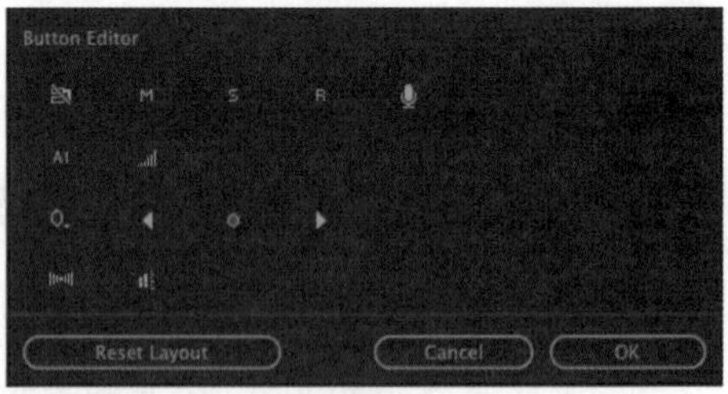

图3.20

7. 将画外音录制按钮（ ）拖放到音轨帧头上，然后单击 OK。

> **提示：**可以将鼠标指针悬停到按钮编辑器中的任何一个按钮上，来显示它的名字。

8. 单击画外音录制按钮，开始录制，如图 3.21 所示。

图3.21

9. 在一个简短的倒计时后，将开始录制。按下空格键可以停止录制。

这将创建一个新的音频剪辑，并添加到 Project 面板和当前的序列中。

要访问画外音录制的设置，可以右键单击一个音频轨道帧头，然后选择 Voice-Over Record Settings（画外音录制设置）。

复习题

1. Premiere Pro CC 在导入 P2、XDCAM、R3D 或 AVCHD 素材时，是否需要转换它们？
2. 与使用 File（文件）>Import（导入）方法相比，使用媒体浏览器导入基于文件的媒体时的一个优势是什么？
3. 导入一个分层的 Photoshop 文件时，导入文件的 4 种方式是什么？
4. 可以将媒体缓存文件保存在哪里？
5. 在导入视频时，如何启用代理媒体文件创建？

复习题答案

1. 不需要。Premiere Pro CC 可以直接编辑 P2、XDCAM、R3D 和 AVCHD 素材，以及许多其他格式。
2. 媒体浏览器理解 P2 和 XDCAM 以及许多其他格式的复杂文件夹结构，并以一种更友好的方式显示剪辑。
3. 可以选择 Merge All Layers（合并所有图层）将所有图层合并为一个剪辑，或者通过选择 Merged Layers（合并图层）选择指定的图层。如果想让图层作为单独的剪辑，请选择 Individual Layers（各个图层），然后选择要导入的图层，或者选择 Sequence（序列）来导入选定的图层并用它们创建一个新序列。
4. 可以将媒体缓存文件保存在一个指定的位置，或者是自动将媒体缓存文件保存到与原始文件相同的硬盘中（如果可能的话）。用来存放缓存文件的硬盘速度越快，用于预览的播放性能就会越好。
5. 可以在摄取设置中启用代理媒体文件创建，在 Project 设置对话框中可以看到这些选项。还可以勾选媒体浏览器顶部的复选框来启用代理创建，而且这个位置还有用来打开 Ingest Settings（摄取设置）的按钮。

第4课 组织媒体

课程概述

在本课中，你将学习以下内容：

- 使用项目面板；
- 保持素材箱井然有序；
- 为剪辑添加元数据；
- 使用基本的播放控件；
- 解释素材；
- 对剪辑进行更改。

本课大约需要 90 分钟。

当项目中有一些视频和音频资源时，如果想要浏览素材并为序列添加剪辑，有必要花时间组织一下所拥有的资源。这样可以节省稍后寻找素材的时间。

4.1　开始

当项目拥有大量从不同媒体类型导入的剪辑时，掌控一切内容并在需要剪辑时始终可以找到它是一项挑战。

在本课中，将学习如何使用 Project（项目）面板组织剪辑，这是项目的核心工作；将创建名为 bins 的特殊文件夹来对剪辑进行分类；还将学习为剪辑添加重要的元数据和标签。

首先了解 Project 面板，并对剪辑进行组织。

1. 开始之前，将工作区重置为默认工作区。在 Workspace 面板中单击 Editing，然后单击 Editing 选项紧邻的菜单，选择 Rest to Saved Layout。

2. 在本课中，将使用第 3 课中用到的项目文件。所以继续处理上一课中的项目文件，或者在硬盘中将它打开。

3. 选择 File（文件）>Save As（另存为）。

4. 将文件重命名为 Lesson 04.prproj。

5. 浏览到 Lessons 文件夹，然后单击 Save 按钮保存项目。

如果没有上一课的文件，可以在 Lessons/Lesson 04 文件夹中打开 Lesson 04.prproj。

4.2　使用 Project 面板

导入到 Adobe Premiere Pro CC 项目中的所有内容都会出现在 Project 面板中。Project 面板不仅提供了浏览剪辑和处理其元数据的出色工具，还提供了一个特殊文件夹 bins（素材箱），用于组织所有内容，如图 4.1 所示。

出现在序列中的一切内容都肯定会出现在 Project 面板中。如果在 Project 面板中删除了序列使用的剪辑，则该剪辑会自动从序列中删除。当这样做时，Premiere Pro 会弹出警告信息，提示删除剪辑会影响到现有的序列。

除了作为所有剪辑的存储库，Project 面板还提供了用于解释媒体的重要选项。例如，所有素材都有帧速率（帧每秒，或 fps）和像素高宽比（像素形状）。有时出于创作的需要，会更改这些设置。

例如，将以 60fps 录制的视频更改为 30fps，以实现 50% 的慢动作效果；接收到其像素高宽比设置不正确的视频文件，而且想进行纠正，如图 4.2 所示。

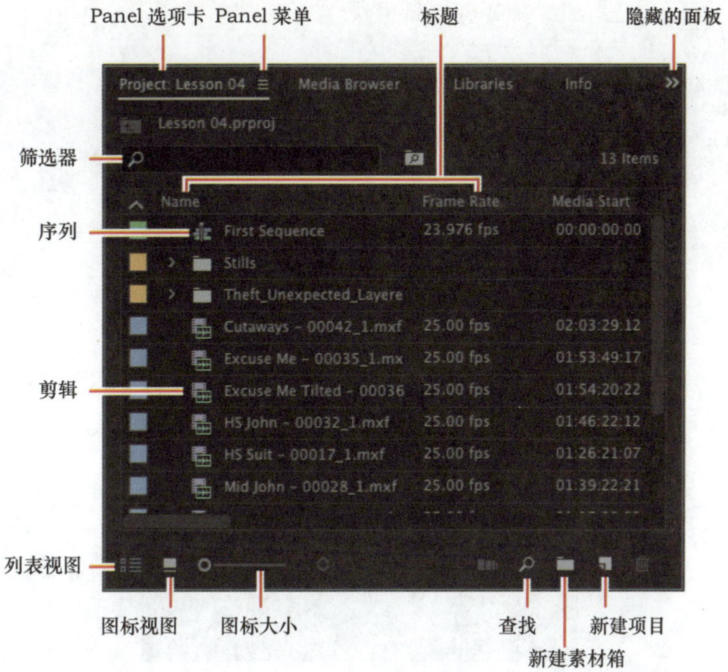

图4.1　List View（列表视图）中的Project面板。
要切换该视图，可以单击面板底部的List View按钮

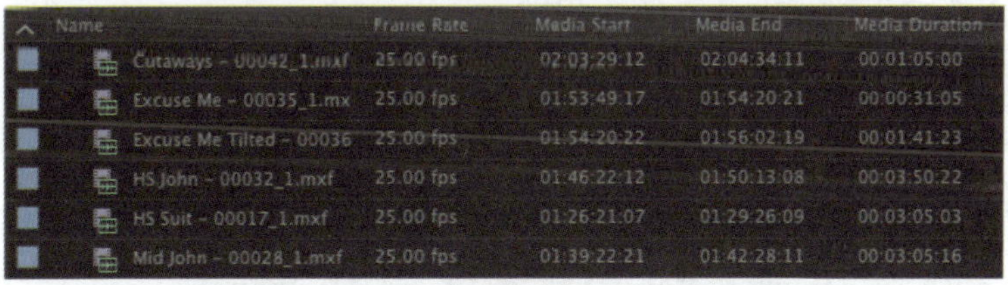

图4.2

Premiere Pro 使用与素材相关的元数据来了解如何播放素材。如果想修改剪辑的元数据，也可以在 Project 面板中执行此操作。

4.2.1　自定义 Project 面板

有时需要调整 Project 面板的大小。在以列表或缩略图方式查看剪辑之间切换时，为了看到更多的信息，调整面板大小要比滚动更快速。

默认的 Editing 工作区是为了保持界面尽可能的干净，以便用户可以关注创作。默认情况下在视图中隐藏的部分 Project 面板称为 Preview Area（预览区域），它提供了有关剪辑的更多信息。

> **提示**：可以访问许多剪辑的信息，方法是滚动列表视图，或者将鼠标指针悬停在图标视图中的剪辑名字上。

下面一起来了解一下。

1. 单击 Project 面板的面板菜单（在面板选项卡上）。

2. 选择 Preview Area（预览区域），出现如图 4.3 所示的界面。

图4.3　Preview Area显示所选剪辑的有用信息

在 Project 面板中选中剪辑时，Preview Area（预览区域）会显示有关剪辑的几个有用信息，包括帧大小、像素高宽比和持续时间，如图 4.4 所示。

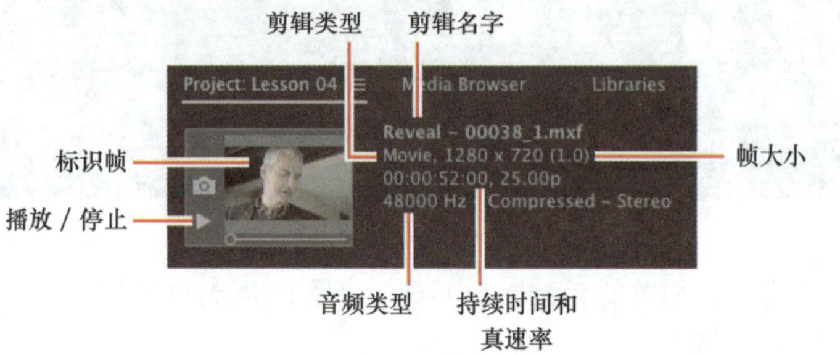

图4.4

> Pr
>
> **提示：** 在以框架和全屏方式查看 Project 面板之间切换有一种非常快速的方式，即，将鼠标指针悬停在面板上，然后按`（重音符号）键。可以对任何面板进行这样的操作。如果键盘上没有重音符号键，可以单击面板菜单，然后选择 Panel Group Setting（面板组设置）>Maximize Panel Group（最大化面板组）。

单击 Project 面板左下角的 List View（列表视图）按钮（![]），如果该按钮还没有选中的话。在该视图中，将在 Project 面板中看到有关每个剪辑的大量信息，但是需要水平滚动才能查看这些信息。

3. 单击 Project 面板的面板菜单（在面板选项卡上）。

4. 选择 Preview Area，将其隐藏。

4.2.2 在 Project 面板中查找资源

处理剪辑与处理书桌上的纸张有点类似。如果只有一个或两个剪辑，则非常简单。一旦有一两百个剪辑，就需要一个系统！

一种在编辑时有助于事情顺利进行的方式是，一开始就花点时间组织一下剪辑。如果在导入剪辑之后进行重命名，就可以在日后更容易地找到相关内容（参见 4.3.5 小节）。

> Pr | **提示**：可以使用鼠标滚轮上下滚动 Project 面板视图。

1. 单击 Project 面板顶部的 Name 标题（见图 4.5）。当再次单击 Name 标题时，Project 面板中的项目会以字母顺序或颠倒的字母顺序显示。

图4.5

如果正在搜索具有特定特征（比如持续时间或帧的大小）的几个剪辑，则更改标题的显示顺序会很有帮助。

2. 在 Project 面板中向右滚动，直到看到 Media Duration（媒体持续时间）标题。这将显示每个剪辑的媒体文件的总持续时间。

> Pr | **注意**：在 Project 面板中向右滚动时，Premiere Pro 总是在左侧显示剪辑名，因此可以了解正在查看哪个剪辑的信息。

3. 单击 Media Duration 标题。Premiere Pro 现在会以媒体持续时间的顺序显示剪辑。注意 Media Duration 标题的方向箭头（见图 4.6）。单击此标题时，方向箭头会以正持续时间或反持续时间顺序显示剪辑。

图4.6

4. 将 Media Duration 标题向左拖动，直到看到 Frame Rate（帧速率）标题和 Name（名字）标题之间的蓝色分隔条，如图 4.7 所示。释放鼠标按钮时，Media Duration 标题将重新定位到 Name（名字）标题的右侧。

图4.7 蓝色分隔条显示了将要放置标题的位置

> Pr | **注意**：拖动分割条可以扩展列宽，以查看其排序箭头。

1. 筛选素材箱的内容

Premiere Pro 具有内置的搜索工具，可以帮助用户查找媒体。即使使用的剪辑的名字是由摄像机最初指派的非描述性名字，也可以基于大量因素（比如帧尺寸或文件类型）来搜索剪辑。

> 注意：图形和照片文件（比如 Photoshop PSD、JPEG 或 Illustrator AI 文件）在导入时会具有在 Preferences（首选项）>General（常规）>Still Image Default Duration（静态图形默认持续时间）中设置的持续时间。

在 Project 面板顶部，可以在 Filter Bin Content（筛选素材箱内容）框中输入文本，以显示名字或元数据与输入的文本相匹配的剪辑。如果知道剪辑的名字（哪怕是名字的一部分），这都是一种快速查找剪辑的方式。与所输文本不匹配的剪辑处于隐藏状态，而与所输文本匹配的剪辑将显示出来，即使它们位于一个封闭的素材箱（closed bin）中。

下面就来试一试。

1. 单击 Filter Bin Content（筛选素材箱内容）框，输入 jo，如图 4.8 所示。

Premiere Pro 仅显示其名字或元数据中具有字母 jo 的剪辑。注意，会在文本输入框的顶部显示项目的名字，并附加了"(filtered)"。

2. 单击 Filter 框右侧的 X 以清除搜索。

3. 在框中输入 psd。

Premiere Pro 仅显示其名字或元数据中具有字母 psd 的剪辑。在本例中，会显示之前作为分层图像导入的 Theft_Unexpected 标题（这个是一个 Photoshop PSD 文件），如图 4.9 所示。以这种方式使用 Filter Bin Content（筛选素材箱内容）框，可以查找特定的文件类型。

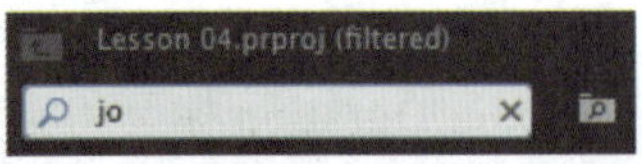

图4.8

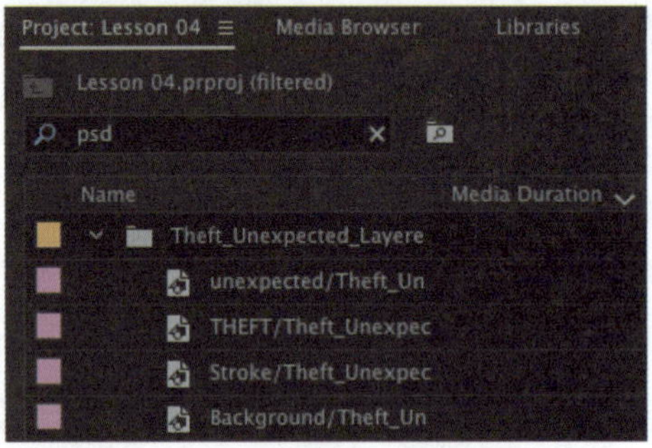

图4.9

在找到了想要的剪辑之后，要确保单击 Filter Bin Content 框右侧的 X，以清除搜索结果。

> 注意：bin（素材箱）的名字来自于胶片编辑。Project 面板实际上也是一个 bin，它包含剪辑，而且功能与其他 bin 一样。

2. 使用高级查找

Premiere Pro 有一个高级的 Find（查找）选项。要了解它，请先导入一些剪辑。

使用第 3 课中介绍的任意一种方法导入下列素材。

- Assets/Video 和 Audio Files/General Views 文件夹中的 Seattle_Skyline.mov。
- Assets/Video 和 Audio Files/Basketball 文件夹中的 Under Basket.MOV。

在 Project 面板底部，单击 Find（查找）按钮（ ）。Premiere Pro 会显示 Find 面板，此面板中有更多高级选项用来查找剪辑，如图 4.10 所示。

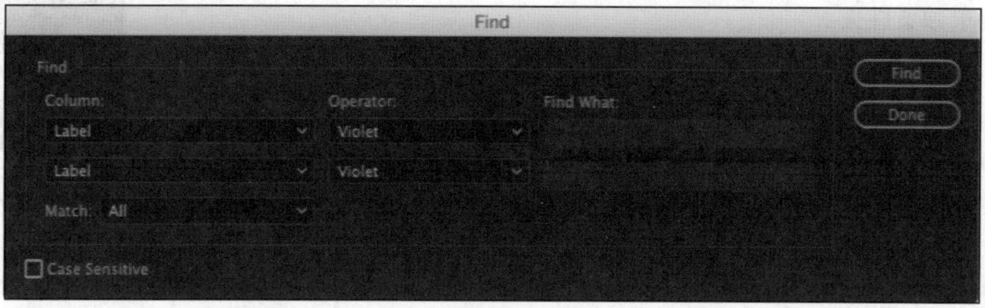

图4.10

使用 Find 面板，同时可以执行两组搜索，可以选择显示同时匹配两个搜索标准或匹配单个搜索标准的剪辑。例如，取决于在 Match 菜单中选择的设置，可以执行下列其中一个操作。

- 搜索名字中具有 dog 和 boat 的剪辑。
- 搜索名字中具有 dog 或 boat 的剪辑。

为此，可以从下列菜单中进行选择。

- **Column（列）**：该选项用来从 Project 面板中可用的标题中进行选择。单击 Find 时，Premiere Pro 将使用所选的标题进行搜索。
- **Operator（运算符）**：该选项提供了一套标准的搜索选项。使用此菜单选择是否想要查找一个包含搜索内容，与搜索内容精确匹配，以搜索内容开始或是以搜索内容结束的剪辑。
- **Match（匹配）**：选择 All（所有）即查找具有第一个和第二个搜索文本的剪辑；选择 Any（任意）则查找具有第一个或第二个搜索文本的剪辑。
- **Case Sensitive（区分大小写）**：该选项用于设置是否希望精确匹配所输入的大写和小写字母。
- **Find What（查找内容）**：在此处键入搜索文本。最多可以添加两组搜索文本。

单击 Find 时，Premiere Pro 会突出显示与搜索标准匹配的剪辑；再次单击 Find，Premiere Pro

会显示匹配搜索标准的下一个剪辑；单击 Done（完成），退出 Find 对话框。

4.3 使用素材箱

使用素材箱可以对剪辑进行分组管理。

与硬盘上的文件夹一样，在其他素材箱中可以有多个素材箱，从而创建一种项目需要的复杂的文件夹结构，如图 4.11 所示。

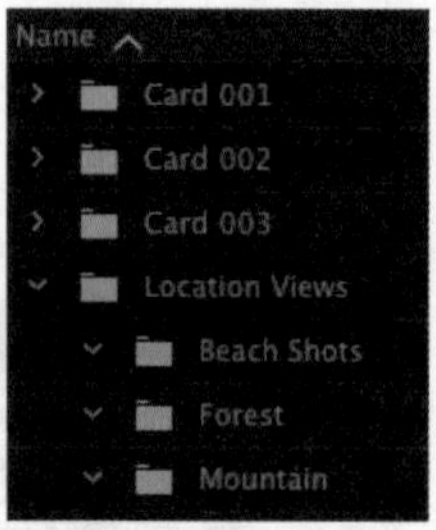

图4.11

素材箱和硬盘上的文件夹有一个非常重要的差别：素材箱仅存在于 Premiere Pro 项目文件中，用来帮助组织剪辑。在硬盘上不会看到表示项目素材箱的单独文件夹。

4.3.1 创建素材箱

本节将创建一个素材箱，步骤如下。

1. 单击 Project 面板底部的 New Bin（新建素材箱）按钮（ ）。

Premiere Pro 会创建一个新素材箱并自动突显它的名字，以备用户对其重命名。在创建素材箱后立即命名是一个好习惯。

2. 这时已经从一个电影中导入了一些剪辑，因此要为它们创建一个素材箱，并将新素材箱命名为 Theft Unexpected。

3. 也可以使用 File（文件）菜单创建素材箱。方法是确保 Project 面板为活跃状态，然后选择 File（文件）>New（新建）>Bin（素材箱）。

4. 将新素材箱命名为 Graphics。

5. 也可以通过右键单击 Project 面板中的空白区域并选择 New Bin（新建素材箱），来创建一个新素材箱。现在尝试一下吧。

6. 将新素材箱命名为 Illustrator Files。

为项目中的已有剪辑创建新素材箱的一种最快速且最简单的方式是，将剪辑拖放到 Project 面板底部的 New Bin（新建素材箱）按钮上。

> Pr **注意：**当 Project 面板充满剪辑时，很难在上面找到空白区域进行单击。这时可以尝试在面板中图标的左侧进行单击。

7. 将剪辑 Seattle_Skyline.mov 拖放到 New Bin 按钮上。

8. 将新创建的素材箱命名为 City Views。

9. 确保 Project 面板处于活跃状态，但是没有选中任何现有的素材箱。按 Control + B（Windows）

或 Command + B（Mac OS）快捷键来创建另一个素材箱。

> Pr | **提示：**在创建新素材箱时，如果选中了一个已有的素材箱，则会在这个选中的素材箱中创建素材箱。为此，在新建素材箱时要取消选中已有的素材箱，以避免这种情况。或者是在被选中的素材箱中出现了新的素材箱后，将新素材箱从中拖出来。

10. 将素材箱命名为 Sequences。最终完成的素材箱如图 4.12 所示。

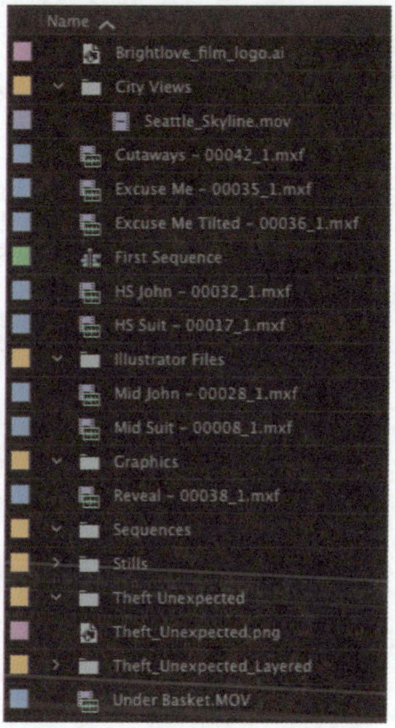

图4.12

> Pr | **注意：**要重命名一个素材箱，只需选中它然后按下 Enter 键，或者在文本外的位置单击。

如果将 Project 面板设置为 List（列表）视图，则素材箱会以字母顺序与剪辑一起显示。

4.3.2 管理素材箱中的媒体

现在已经有了一些素材箱，让我们开始使用它们吧。在将剪辑移动到素材箱时，使用指示三角形来隐藏其内容并整理视图。

1. 将剪辑 Brightlove_film_logo.ai 拖动到 Illustrator Files 素材箱中。

2. 将 Theft_Unexpected.png 拖动到 Graphics 素材箱。

3. 将 Theft_Unexpected_Layered 素材箱（在作为单独的图层导入分层的 PSD 文件时会自动创建它）拖动到 Graphics 素材箱。

> **注意**：当导入具有多个图层的 Adobe Photoshop 文件并选择将它们作为序列导入时，Premiere Pro 会自动为各个图层及其序列创建一个素材箱。

4. 将剪辑 Under Basket.MOV 拖到 City Views 素材箱。可能需要调整面板大小或者切换到全屏模式以查看剪辑和素材箱。

5. 将序列 First Sequence 拖到 Sequences 素材箱中。

6. 将剩下的所有剪辑拖到 Theft Unexpected 素材箱中。

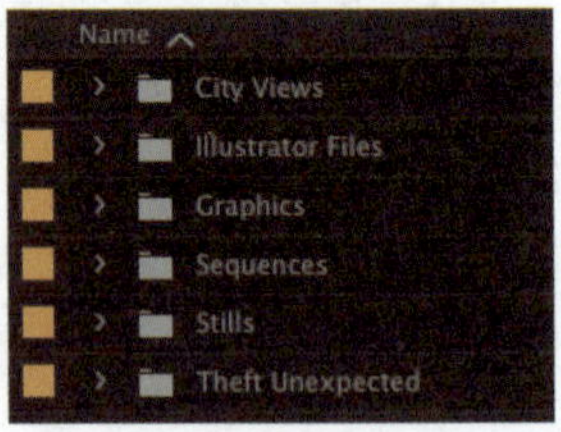

图4.13

现在已有一个井然有序的 Project 面板，每种剪辑都有自己的素材箱，如图 4.13 所示。

还可以复制并粘贴剪辑以制作更多的副本，前提是这适合自己的组织系统。在 Graphics 素材箱中，有一个可能对 Theft Unexpected 内容有用的 PNG 文件。现在来制作一个额外的副本。

> **提示**：与选择硬盘中的文件一样，在 Project 面板中，可以按住 Shift 和 Control 键并单击（Windows）或者按住 Command 键并单击（Mac OS）以进行选择。

7. 单击 Graphics 素材箱的提示三角形以显示其内容。

8. 右键单击 Theft_Unexpected.png 剪辑并选择 Copy（复制）。

9. 单击 Theft Unexpected 素材箱的提示三角形以显示其内容。

10. 右键单击 Theft Unexpected 素材箱并选择 Paste（粘贴）。

Premiere Pro 会将剪辑的一个副本放到 Theft Unexpected 素材箱中。

> **注意**：制作剪辑的副本时，并不是制作它们所链接的媒体文件的副本。在 Premiere Pro 项目中可以制作一个剪辑的任意多个副本。这些副本都将链接到同一个原始媒体文件。

查找媒体文件

如果不确定媒体文件在硬盘上的位置，可在Project面板中右键单击剪辑并选择Reveal in Explorer（在浏览器中显示）（Windows）或Reveal in Finder（在Finder中显示）（Mac OS）。

Premiere Pro将打开硬盘上包含媒体文件的文件夹并突出显示它。如果正在使用的媒体文件保存在多个硬盘上，或者在Premiere Pro中重新命名了剪辑，则这种方法非常有用。

4.3.3 更改素材箱视图

尽管 Project 面板和素材箱之间是有区别的，但是它们拥有相同的控件和查看选项。无论出于何种目的和用途，都可以将 Project 面板视为素材箱。许多 Premiere Pro 编辑人员也会交叉使用素材箱和 Project 面板。

素材箱有两个视图。单击 Project 面板左下方的 List View（列表视图）按钮（ ）或 Icon View（图标视图）按钮（ ）可以选择视图。

- 列表视图：该视图将剪辑和素材箱显示为列表，并且显示了大量元数据。可以滚动元数据，并通过单击列标题来对剪辑进行排序。
- 图标视图：该视图将剪辑和素材箱显示为缩略图，可以重新排列和播放它们。

Project 面板有一个缩放控件（见图 4.14），它位于 List View 和 Icon View 按钮旁边，可以用来更改剪辑图标或缩略图的大小。

图4.14

1. 双击 Theft Unexpected 素材箱以在其自己的浮动面板中打开它。

2. 单击 Theft Unexpected 素材箱的 Icon View（图标视图）按钮以显示剪辑的缩略图。

3. 尝试调整缩放控件。

Premiere Pro 可以显示非常大的缩略图，以使浏览和选择剪辑变得更简单。

也可以通过单击 Sort Icons（排列图标）菜单（ ），在 Icon（图标）视图中为剪辑缩略图应用不同的排序。

4. 切换到 List（列表）视图。

5. 尝试调整素材箱的缩放控件。

在 List（列表）视图中，缩放没有太大意义，除非在此视图中启用了缩略图显示。

> Pr | **注意**：也可以在 Project 面板中更改字体大小，方法是单击面板菜单，然后选择 Font Size（字体大小）。当使用的是高分辨率屏幕时，这相当有用。

6. 单击面板菜单（靠近面板选项卡的名字）并选择 Thumbnails（缩略图）。

现在 Premiere Pro 会在 List（列表）视图和 Icon（图标）视图中显示缩略图，如图 4.15 所示。

7. 尝试调整缩放控件，其结果如图 4.16 所示。

剪辑缩略图显示媒体的第一帧。在某些剪辑中，第一帧不是特别有用。例如，查看剪辑 HS Suit 时，缩略图显示了一个场记板，但是查看角色可能更有用，如图 4.17 所示。

8. 切换到 Icon（图标）视图。

在该视图中，可以将鼠标指针悬停到剪辑缩略图上，以预览剪辑。

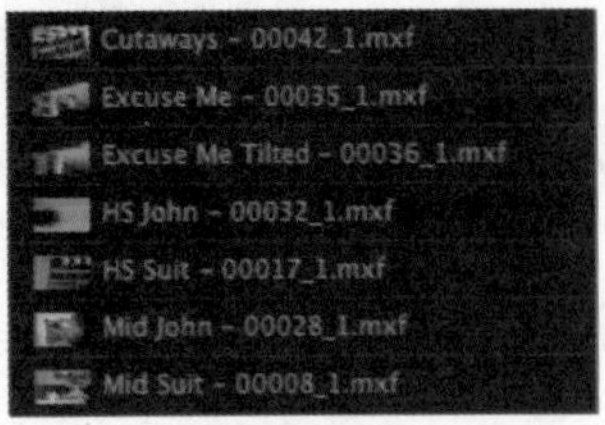

图4.15

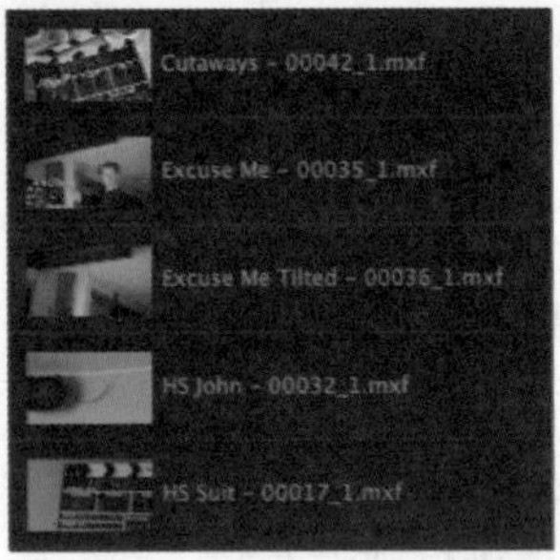

图4.16

图4.17

9. 将鼠标指针悬停到 HS Suit 剪辑上，然后移动鼠标，直到发现了可以更好地表示该剪辑的一个帧。

> **注意：**除了将鼠标指针悬停到剪辑的缩略图上，还可以单击选中剪辑，这会在缩略图下方显示一个小的时间轴控件。可以使用这个时间轴来查看剪辑的内容。

10. 在显示所选择的帧时，按 I 键。

I 键是 Mark In(入点标志)的键盘快捷键。在选择了打算添加到序列中的一个剪辑的一部分时，这个命令会设置所选内容的起点。所选的内容也在素材箱中为剪辑设置了标志帧（poster frame）。

11. 切换到 List（列表）视图。

Premiere Pro 会将新近选择的帧作为剪辑的缩略图，如图 4.18 所示。

图4.18

12. 使用面板菜单（在选项卡上）关闭列表视图中的缩略图。

13. 关闭 Theft Unexpected 素材箱。

创建 Search（搜索）素材箱

在使用 Filter Bin Content（筛选素材箱内容）框来显示特定的剪辑时，使用一个选项创建一种特殊的可视化素材箱，名字为 Search（搜索）素材箱。

在 Filter Bin Content 框中输入之后，单击 Create New Search Bin（新建搜索素材箱）按钮（ ）。

图4.19　可以重命名Search素材箱，并将其放置到其他素材箱中

Search 素材箱将自动出现在 Project 面板中（见图 4.19）。在使用 Filter Bin Content 框时，Search 素材箱中会显示所执行搜索的结果。

Search 素材箱中的内容会自动更新，因此，如果新添加到项目中的素材满足搜索条件，将自动出现在 Search 素材箱中。当要处理的文献资料会随着获得的新素材而发生改变时，这会节省相当多的时间。

> **提示：**当使用完 Filter Bin Content 框后，要单击右侧的 X 将其关闭。

4.3.4 分配标签

Project 面板中的每个项都有标签颜色。在 List（列表）视图中，Label（标签）列显示了每个剪辑的标签颜色，如图 4.20 所示。将剪辑添加到序列中时，它们将以此颜色出现在 Timeline 面板中。

现在更改字幕的颜色。

1. 右键单击 Theft_Unexpected.png 并选择 Label（标签）>Forest，结果如图 4.21 所示。

图4.20

图4.21

可以选中多个剪辑，然后右键单击选中的剪辑，再选择另外一种标签颜色，从而利用这一个步骤更改这些剪辑的标签颜色。

2. 按 Control + Z（Windows）或 Command + Z（Mac OS）组合键，将 Theft_Unexpected.png 的标签颜色修改为 Lavender（薰衣草色）。

在将一个剪辑添加到序列中时，Premiere Pro 中会创建一个新的实例（instance），或者称之为剪辑的副本。可以在 Project 面板和序列中各自有一个副本。

默认情况下，当在 Project 面板中修改剪辑的标签颜色或者对剪辑重命名时，它不会对序列中的剪辑副本进行更新。

可以对此进行更改，方法是选择 File（文件）>Project Settings（项目设置）>General（通用），然后启用用来显示项目素材名字和所有实例的标签颜色的选项。

更改可用的标签颜色

最多可以对项目中的素材指定8种标签颜色。能够分配标签颜色的素材也只有8种类型，这意味着没有任何多余的标签颜色。

如果选择Edit（编辑）>Preferences（首选项）>Label Colors（标签颜色）（Windows）或Premiere Pro>Preferences（首选项）>Label Colors（标签颜色）（Mac OS），则可以看到颜色列表，每个列表都有一个色板（color swatch），可以单击色板来更改颜色。

如果在首选项中选择Label Defaults（标签默认值），则可以为项目中的每种素材选择不同的默认标签。

4.3.5 更改名字

由于项目中的剪辑与其链接到的媒体文件是分开的，因此可以在 Premiere Pro 中对素材进行重命名，而硬盘上的原始媒体文件名字则保持不变。这样可以很安全地对剪辑重命名，而且在组织复杂的项目时，这也很有用。

1. 打开 Graphics 素材箱。

2. 右键单击剪辑 Theft_Unexpected.pnd，然后选择 Rename（重命名）。

3. 将名字更改为 TU Title BW，如图 4.22 所示。

图4.22

> Pr | 提示：要对 Project 面板中的素材重命名，可以单击素材名字，稍等片刻，然后再次单击，或者可以选择素材，然后按 Enter 键。

4. 右键单击新命名的剪辑 TU Title BW 并选择 Reveal in Explorer（在浏览器中显示）（Windows）或 Reveal in Finder（在 Finder 中显示）（Mac OS），结果如图 4.23 所示。

图4.23

这将显示该文件。注意，原始的文件名并没有改变。了解 Premiere Pro 中原始媒体文件和剪辑之间的关系很有用，因为它解释了 Premiere Pro 的工作方式。

> Pr | 注意：在 Premiere Pro 中更改剪辑的名字时，新名字将保存在项目文件中。两个项目文件可能用不同的名字表示同一个剪辑。事实上，一个剪辑的两个副本可以位于同一个项目中。

4.3.6 自定义素材箱

当设置为 List（列表）视图时，Project 面板会显示大量的剪辑信息标题。可以轻松地添加或删除标题。根据拥有的剪辑和正在处理的元数据类型，可以显示或隐藏某些标题。

1. 双击打开 Theft Unexpected 素材箱。

2. 单击面板菜单并选择 Metadata Display（元数据显示），出现如图 4.24 所示的面板。

Metadata Display（元数据显示）面板允许选择任意类型的元数据，在 Project 面板（和任意素材箱）的 List（列表）视图中用作标题。在此选择希望包含进来的信息类型的复选框即可。

3. 单击 Premiere Pro 的 Project Metadata（项目元数据）的提示三角形以显示这些选项。

4. 选中 Media Type（媒体类型）复选框。

5. 单击 OK，结果如图 4.25 所示。

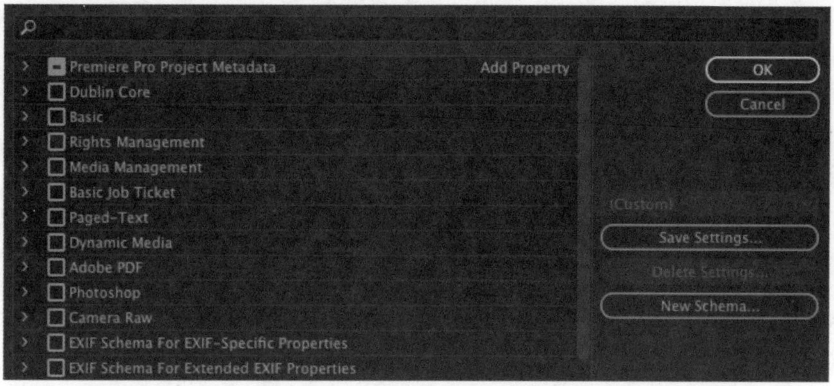

图4.24

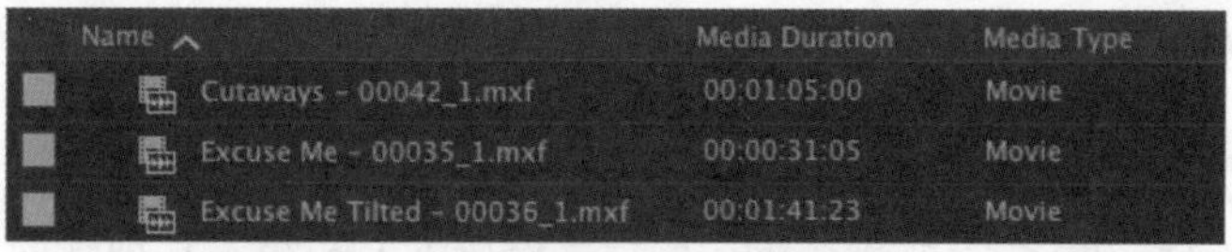

图4.25

Media Type（媒体类型）现在只作为 Theft Unexpected 素材箱的标题被添加进来了。要用一个步骤对所有素材箱而不是各个素材箱进行此类更改，请使用 Project 面板的面板菜单。

一些标题仅用于提供信息，而一些标题可以在素材箱中直接进行编辑。例如，Scene（场景）标题允许用户为每个剪辑添加一个场景号，而 Media Typc（媒体类型）标题则提供媒体相关的信息，且不能直接进行编辑。

> **注意**：在默认情况下，会显示多个有用的素材箱标题，其中包括 Good 复选框。可以为喜欢的剪辑勾选该复选框，然后单击标题，对剩下的内容进行排序。

如果添加了信息并按下了 Enter/Return 键，Premiere Pro 会激活下一个剪辑的同一个复选框。这样，可以使用键盘快速输入与多个剪辑相关的信息，在不使用鼠标的情况下，从一个复选框跳到下一个复选框。

4.3.7 同时打开多个素材箱

每一个素材箱面板具有相同的行为，以及相同的选项、按钮和设置。默认情况下，双击一个素材箱时，它将在一个浮动面板中打开。可以在 Preferences（首选项）中对此进行修改。

要对选项进行修改，选择 Edit >Preferences（首选项）>General（通用）(Windows)，或 Premiere Pro >Preference >General（Mac OS)，出现如图 4.26 所示的界面。

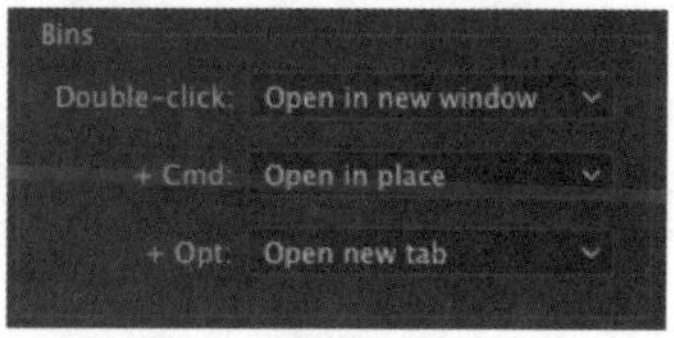

图4.26

这些选项可以让用户选择，在双击、按住 Control 键（Windows）或 Command 键（Mac OS）双击，或者按住 Alt 键（Windows）或 Options 键（Mac）双击时，会发生什么。

4.4 监控素材

视频剪辑的大部分工作是观看剪辑，并针对视频做出有创意的选择。对浏览媒体来说，感觉很舒服非常重要，因为以后将浏览大量的媒体。

Premiere Pro 中有许多方法来执行常见的任务，比如播放视频剪辑时，可以使用键盘，也可以使用鼠标单击按钮，还可以使用外部的设备，比如慢近 / 倒带（jog/shuttle）控制器。

1. 双击 Theft Unexpected 素材箱，将其打开。

2. 单击素材箱左下角的 Icon View（图标视图）按钮。

3. 将鼠标指针悬停在素材箱中任何一幅图像中。

在拖动时，Premiere Pro 会显示剪辑的内容。缩略图的左边缘表示剪辑的开始位置，右边表示结束位置。这样一来，缩略图的宽度就表示整个剪辑，如图 4.27 所示。

4. 单击一个剪辑一次，将其选中（注意不要双击，否则会在 Souce Monitor[源监视器] 中播放该剪辑）。现在关闭悬停调整，而且在缩略图的底部出现了一个迷你的播放头。试着使用播放头在剪辑中进行拖动，如图 4.28 所示。

图4.27

图4.28

在选中一个剪辑时，可以使用键盘上的 J、K 和 L 键来执行播放，如同在媒体浏览器中的操作一样。

- J：反向播放。

- K：暂停。
- L：正向播放。

> **Pr** 提示：如果多次按 J 或 L 键，Premiere Pro 会以多个速率播放视频剪辑。

5. 选择一个剪辑，使用 J、K 和 L 键在缩略图中播放视频。

当双击剪辑时，Premiere Pro 不光会在 Source Monitor 中播放剪辑，还会将其添加到最近的剪辑列表中。

6. 双击 Theft Unexpected 素材箱中的四五个剪辑，在 Source Monitor 中打开。

7. 单击位于 Source Monitor 顶部的选项卡上的面板菜单，在最近的剪辑中进行浏览，如图 4.29 所示。

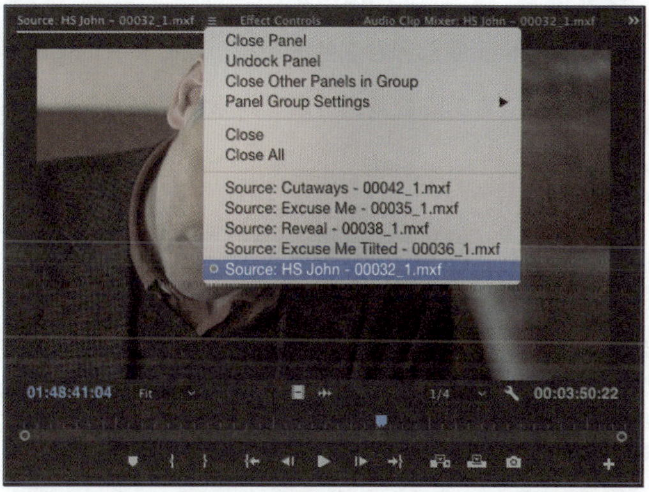

图4.29

> **Pr** 提示：可以选择关闭单个剪辑，或者关闭所有的剪辑，清空菜单和监视器。有些编辑人员喜欢清空菜单，然后播放场景中的多个剪辑，方法是在素材箱中将它们选中，然后一起拖放到 Source Monitor 中。可以使用 Recent Items（最近的项目）菜单，只浏览所选择的那些剪辑。

8. 单击 Source Monitor 底部的 Zoom（缩放）菜单。

默认情况下，该菜单设置为 Fit，这意味着 Premiere Pro 会显示整个帧，而不管原来的尺寸。将该设置修改为 100%，如图 4.30 所示。

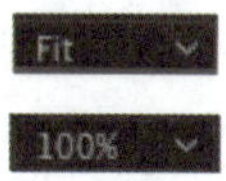

图4.30

这些剪辑都是高分辨率视频，因此很有可能要比 Source Monitor 大，如图 4.31 所示。

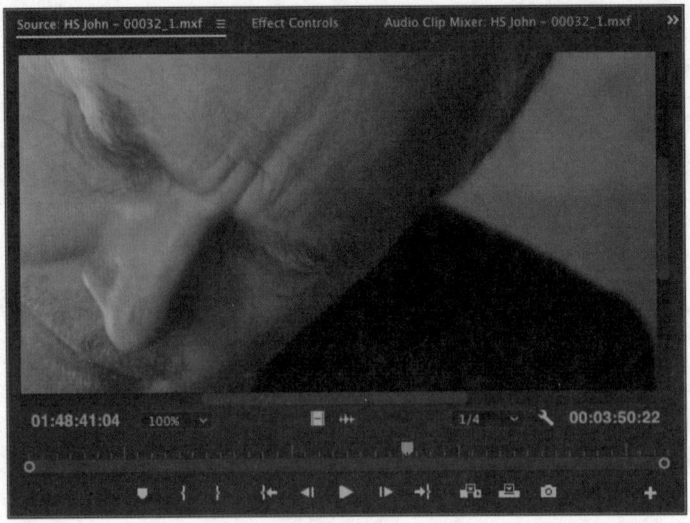

图4.31

可以滚动出现在 Source Monitor 底部和右侧的滚动条，以便查看图像的不同部分。

将 Zoom 设置为 100% 进行查看的好处是，可以看到原始视频的每一个像素，这对于检查视频的质量来说相当有用。

9. 将 Zoom 菜单再修改回 Fit。

4.4.1 降低播放分辨率

如果计算机处理器很老或很慢，或者处理的是具有很大帧尺寸的 RAW 媒体，比如超高清视频（4K 或更高），则计算机可能无法播放视频剪辑的所有帧。在播放剪辑时，需要使用正确的时序播放（所以，一个 10 秒钟的视频在播放时仍然要用 10 秒钟），但是有些帧可能不会显示出来。

为了能在各种各样的计算机硬件配置上工作（从强大的桌面工作站到轻量型便携式计算机），Adobe Premiere Pro 可以降低播放分辨率，以便更流畅地播放视频。

默认的分辨率是 1/2，如图 4.32 所示。可以使用 Source Monitor（源监视器）和 Program Monitor（节目监视器）上的 Select Playback Resolution（选择播放分辨率）菜单，按照自己喜欢的方式频繁地更改播放分辨率。

有些较低的分辨率只有在处理特定的媒体类型时才可用。

图4.32

4.4.2 获取时间码信息

在 Source Monitor（源监视器）的左下角，时间码显示以小时、分钟、秒和帧（00:00:00:00）的方式表明了播放头的当前位置。

例如，00:15:10:01 表示 0 时、15 分、10 秒和 1 帧。

注意，这基于剪辑的原始时间码，而剪辑可能不会从 00:00:00:00 开始。

在 Source Monitor（源监视器）的底部，时间码显示表明了剪辑的持续时间。默认情况下，这将显示整个剪辑的持续时间，稍后添加特殊标记来进行部分选择时，持续时间也会相应发生改变。

显示安全边界

电视监视器通常会裁剪图像的边缘以实现整齐的边。如果正在制作用于阴极射线管（CRT）显示器的视频，会有相当多的图像被裁剪掉。请单击 Source Monitor（源监视器）底部的 Settings（设置）菜单（ ）并选择 Safe Margins（安全边界），这会在图像周围显示有用的白色轮廓线，如图 4.33 所示。

外框是动作安全区域，目的是将重要的动作限制在此框中，以便在显示图像时，边缘裁剪不会隐藏正在发生的事情。

内框是标题安全区域。将标题和图形限制在此框中，这样即使在校正糟糕的显示器上显示，观众也能够阅读文字。

图4.33

Premiere Pro 还有一个高级的覆盖选项，在配置之后，能够在 Source Monitor 和 Program Monitor 中显示有用的信息。要启用或禁用覆盖选项，可以进入监视器的 Settings 菜单（ ），然后选择 Overlays（覆盖）。

通过单击监视器的 Settings 菜单，并选择 Overlay Settings（覆盖设置）>Settings，可以访问用于覆盖和安全边界的特定设置。

单击 Source Monitor 底部的 Settings 按钮并选择 Safe Margins 关闭它们。

4.4.3 使用基本的播放控件

下面来看一下播放控件。

1. 双击 Theft Unexpected 素材箱中的照片 Excuse Me，在 Source Monitor 中打开它。

2. 在 Source Monitor 底部，将发现一个蓝色的播放头标记，如图 4.34 所示。沿着面板的底部拖动它以查看剪辑的不同部分。还可以在想要放置播放头的任何位置单击，它将会跳到单击的位置。

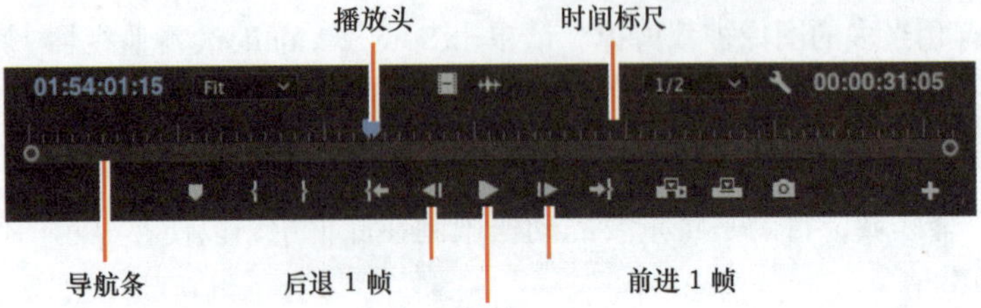

图4.34

3. 在剪辑导航条和播放头的下方，有一个是 Zoom（缩放）控件两倍宽的滚动条。拖动滚动条的一端可以在剪辑导航条中进行缩放，如图 4.35 所示。

图4.35

4. 单击 Play/Stop（播放 / 停止）按钮，播放剪辑；再次单击，则停止播放。还可以使用空格键播放并停止播放。

5. 单击 Step Back 1 Frame（后退 1 帧）和 Step Forward 1Frame（前进 1 帧）按钮，在剪辑上每次移动一个帧。还可以使用键盘上的向左和向右箭头键。

> Pr **提示：**如果不确定每个按钮的功能，可以将鼠标指针悬停到上面，查看其名字和键盘快捷键（在括号中）。

6. 尝试使用 J、K 和 L 键播放剪辑。

> Pr **注意：**在使用键盘快捷键时，选择很重要。如果发现 J、K 和 L 键不工作，要检查一下 Source Monitor 是否有蓝色的轮廓线，显示其已被选中。

4.4.4 自定义监视器

要自定义监视器显示视频的方式，单击 Settings（设置）菜单（ ）。

Source Monitor 和 Program Monitor 具有相似的选项。查看一个音频波形，它会随着时间显示音频的振幅，如果看的视频带有字段，还可以选择要显示的字段。

现在，确保在 Settings 菜单中选中了 Composite Video（合成视频）。

也可以在查看剪辑的音频波形和视频之间进行切换，方法是单击 Drag Video Only（ ）或 Drag Audio Only（ ）图标。当使用鼠标将剪辑拖放到序列中时，主要会使用到这些图标，而且这些图标还可以作为有用的显示快捷键来使用。

可以修改显示在 Source Monitor 和 Program Monitor 底部的按钮。

1. 单击 Source Monitor 底部右侧的 Button Editor（按钮编辑器）（ ）。

在一个浮动面板上会出现一个特殊的按钮集，如图 4.36 所示。

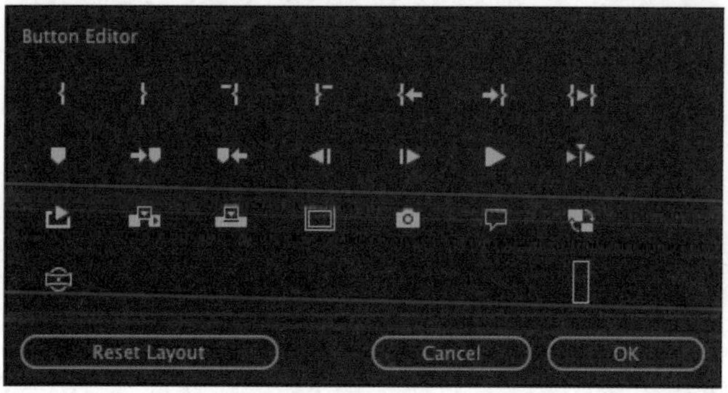

图4.36

2. 将浮动面板上的 Loop（循环）按钮（ ）拖放到 Source Monitor 中 Play（播放）按钮的右侧，并单击 OK。

3. 双击 Theft Unexpected 素材箱中的 Excuse Me 剪辑，在 Source Monitor 中打开它（如果它还未打开的话）。

4. 单击新的 Loop（循环）按钮以启用它。

5. 单击 Play 按钮播放剪辑。使用空格键或 Source Monitor 上的 Play 按钮来播放视频。看够视频时，可停止播放。

如果打开了 Loop 按钮，Premiere Pro 会不断重复播放剪辑或序列。

6. 单击 Step Back 1 Frame 和 Step Forward 1 Frame 按钮，在剪辑上每次移动一个帧。也可以使用键盘上的向左和向右箭头。

4.5 修改剪辑

Premiere Pro 使用与剪辑相关的元数据来了解如何播放它们。这个元数据通常是由摄像机正确添加的，但是有时元数据可能是错误的，这时就需要告诉 Premiere Pro 如何解释剪辑。

可以通过一个步骤更改一个文件或多个文件的剪辑解释。选择的所有剪辑会因为修改 Premiere Pro 的解释而受到影响。

4.5.1 调整音频声道

Premiere Pro 拥有高级的音频管理功能。使用原始剪辑的音频，可以创建复杂的声音混合并选择性地输出目标声道。通过精确地控制音频声道，可以制作单声道、立体声、5.1 和 32 声道序列。

如果是刚刚开始，很可能会想要使用单声道或立体声源剪辑来制作立体声序列。在这种情况下，默认设置很可能正好可以满足需要。

在使用专业的摄像机录制音频时，使用一个麦克风录制一个声道，而使用另一个麦克风录制另一个声道的情况很常见。尽管这些声道同样适用于普通立体声音频，但是现在它们包含完全独立的声音。

摄像机会为录制的音频添加元数据，以告诉 Premiere Pro 声音是单声道（单独的音频声道）还是立体声（声道 1 音频和声道 2 音频组合后形成完整的立体声混音）。

通过选择 Edit（编辑）>Preferences（首选项）>Audio（音频）>Default Audio Tracks（默认的音频轨道）（Windows）或 Premiere Pro >Preferences（首选项）>Audio（音频）>Default Audio Tracks（默认的音频轨道）（Mac OS）导入新媒体文件时，可以告诉 Premiere Pro 如何解释声道。

如果在导入剪辑时设置是错误的，可以在 Project 面板中很容易地设置不同的方式来解释声道。

1. 右键单击 Theft Unexpected 素材箱中的 Reveal 剪辑，选择 Modify（修改）>Audio Channels（声道），出现如图 4.37 所示的选项卡。

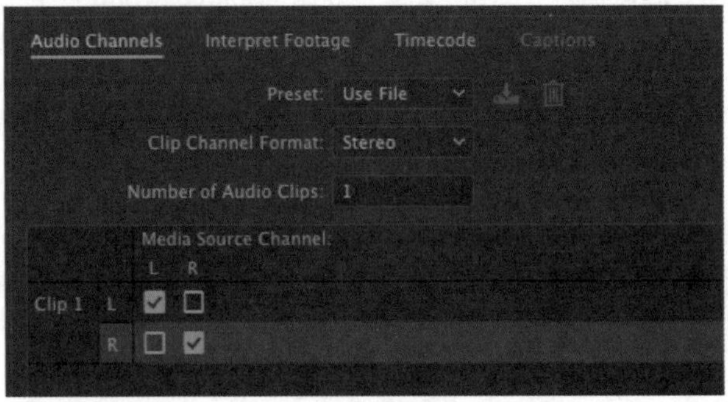

图4.37

当 Preset（预设）菜单被设置为 Use File（使用文件）时（和这里一样），Premiere Pro 会使用文件的元数据来设置音频的声道格式。

在这里，Clip Channel Format（剪辑声道格式）被设置为立体声，Number of Audio Clips（音频剪辑的数量）被设置为 1。这也是将被添加到序列中的音频剪辑的数量（如果将这个剪辑编辑到序列中）。

现在看看这些选项下面的声道矩阵。

源剪辑的 Left（左）和 Right（右）声道（在这里是 Media Source Channel）被分配给单个剪辑（在这里 Clip 1），如图 4.38 所示。

在将该剪辑添加到序列中时，它将作为一个视频剪辑和一个音频剪辑出现，而且在同一个音频剪辑中有两个声道。

2. 单击 Preset 菜单，将其修改为 Mono（单声道）。

Premiere Pro 将 Channel Format（声道格式）切换为 Mono，这样 Left 和 Right 源声道现在链接到两个独立的剪辑中，如图 4.39 所示。

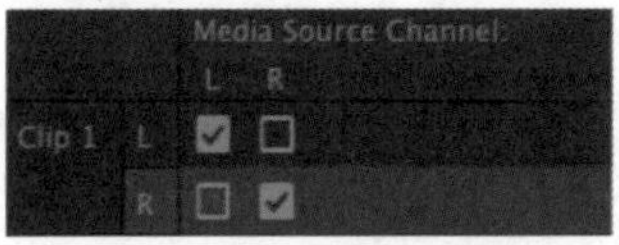

图4.38

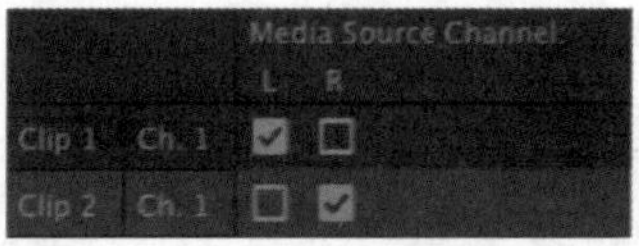

图4.39

> **提示：**确保单击的是 Preset 菜单，而不是 Clip Channel Format 菜单，这样才能正确地修改设置。

这意味着，在将剪辑添加到序列中时，每一个声道将作为独立的剪辑位于独立的音轨上，从而能够独立地处理它们。

3. 单击 OK。

4.5.2 合并剪辑

在音频质量相对低的摄像机上录制视频，而在单独的设备上录制高品质声音的情况很常见。以这种方式工作时，会需要在 Project 面板中合并高品质音频和视频。

以这种方式合并视频和音频文件时，最重要的因素是同步。可以手动定义同步点（像一个场记板标记），或者是让 Premiere Pro 根据它们的原始时间码信息或音频自动同步剪辑。

关于音频剪辑声道解释的一些技巧

在处理音频剪辑声道解释时，有些事情需要牢记在心。

- 在 Modify Clip（修改剪辑）对话框中，会列出每一个可用的声道。如果源音频中有不想要的声道，可以取消勾选它们。

- 可以覆盖原始文件的声道解释。这意味着序列中可能需要不同类型的音轨。
- 对话框左侧的剪辑列表（该列表可能只包含一个剪辑）中会显示有多少个音频剪辑会被添加到序列中。
- 使用复选框来选择要在每个序列音频剪辑中包含的源声道。这意味着可以采用任何方式，轻松地将多个源声道整合到一个序列剪辑中，或者将源声道分离到不同的剪辑中。

如果选择使用音频来同步剪辑，则 Premiere Pro 将分析摄像机内音频和单独捕捉的声音，并使其匹配起来。

- 如果在想要合并的剪辑中没有匹配的音频，可以手动添加一个标记。如果添加标记，则将它放到一个明确的同步点，比如场记板。
- 选择摄像机剪辑和单独的音频剪辑，右键单击其中一个，然后选择 Merge Clips（合并剪辑）。
- 在 Synchronize Point（同步点）下，选择同步点并单击 OK。

这会创建一个新的剪辑，这个剪辑在单个项目中合并了视频和"好"音频。

4.5.3 解释素材

为了让 Premiere Pro 正确地播放剪辑，它需要了解视频的帧速率、像素高宽比（像素的形状）和显示字段的顺序（如果剪辑具有这些内容的话）。Premiere Pro 可以从文件的元数据找到这些信息，但是用户可以轻松地更改解释。

1. 从 Lessons/Assets/Video 和 Audio Files/RED 文件夹中导入 RED Video.R3D。双击该剪辑，在 Source Monitor 中打开它。它是全宽屏的，对这个项目来说太宽了。

2. 在 Project 面板中右键单击剪辑，然后选择 Modify（修改）>Interpret Footage（解释素材）。

这个用来修改声道的选项目前不可用，因为该剪辑没有音频。

3. 现在，将剪辑设置为 Use Pixel Aspect Ratio from File（使用来自文件的像素高宽比）：Anamorphic 2:1。这意味着像素的宽是高的两倍，如图 4.40 所示。

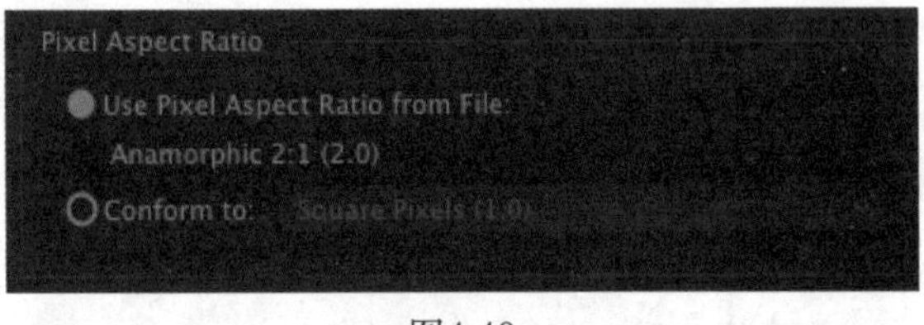

图4.40

4. 使用 Conform to（适应）菜单将 Pixel Aspect Ratio（像素高宽比）设置修改为 DVCPRO

HD（1.5）。然后单击 OK。

从现在开始，Premiere Pro 会将剪辑解释为其像素的宽为高的 1.5 倍。这会重新调整图像以使其变为标准的 16:9 宽屏。可以在 Source Monitor 中查看结果。

实际上，这有时并不管用，这经常会引入一些不必要的失真，但是它可以对不匹配的媒体进行快速修正（新闻编辑人员经常会遇到这种问题），在图像内容是自然环境，但是其中却没有参照物（比如人）时，更是如此。

4.5.4 处理 RAW 文件

Premiere Pro 针对 RED 摄像机创建的 .R3D 文件和 ARRI 摄像机创建的 .ari 文件以及其他文件提供了特殊设置。这些文件类似于专业数码单反相机使用的 Camera RAW 格式。

RAW 文件始终有一个解释图层，以便查看文件。可以随时更改解释而不会影响播放性能，这意味着可以更改照片中的颜色，而不需要额外的处理能力。使用特效可以实现类似的结果，但这需要计算机做更多的工作才能播放剪辑。

利用 Effects Controls（特效控件）面板可以访问序列中和 Project 面板中剪辑的控件。可以使用该面板来更改 RAW 媒体文件的解释。

1. 在 Source Monitor 中双击 RED Video.R3D 剪辑，将其打开。

2. 使用面板选项卡，将 Effects Controls 面板拖放到 Program Monitor 上面，以便同时看到 Source Monitor 和 Effects Controls 面板。

因为 RED Video.R3D 剪辑显示在 Source Monitor 中，因此 Effects Controls 面板现在显示该剪辑的 RED Source Settings 选项，这些选项可以修改解释 RAW 媒体的方式，如图 4.41 所示。

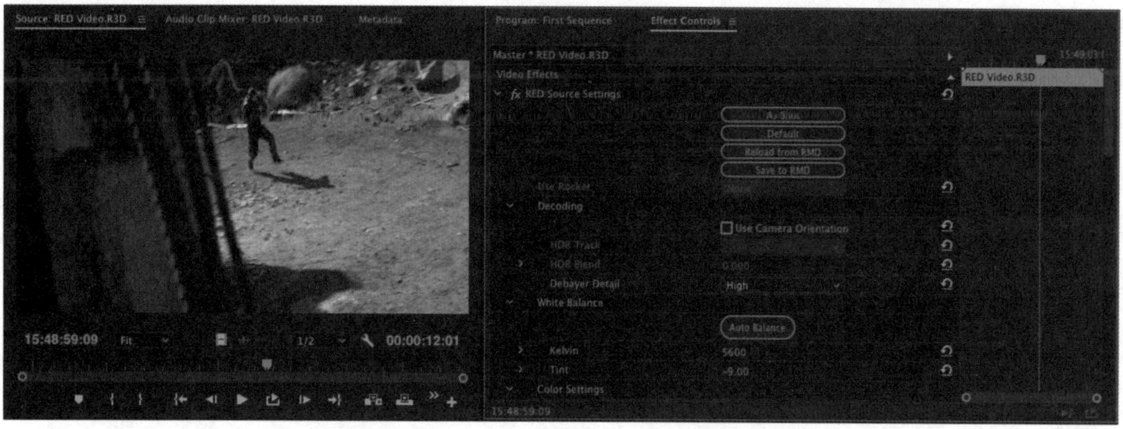

图4.41

在许多方面，这是一个强大的颜色调整控件，具有自动白平衡，以及红色、绿色和蓝色值的单独调整。

3. 滚动到列表的最下面，找到 Gain（增益）设置，将 Red（红色）增益增加到 1.5 左右。可以单击显示三角形来显示一个滑块控件，直接拖动蓝色数值，也可以单击并输入数值。

4. 来看一下 Source Monitor 中的剪辑。

图像已经更新完毕。如果已经将此剪辑编辑到序列中，它也会在序列中进行更新。

有关处理 RED 媒体的更多信息，请访问 http://helpx.adobe.com/premiere-pro/compatibility.html。

不同的 RAW 媒体文件在 Effects Controls 面板中具有不同的 Source Settings（源设置）选项。有多种方式可用来调整视频剪辑的外观，第 14 课将讲解其中某些选项。

复习题

1. 如何更改 Project 面板中显示的 List（列表）视图标题?
2. 在 Project 面板中，如何快速筛选显示的剪辑以更轻松地查找剪辑?
3. 如何创建新素材箱?
4. 如果在 Project 面板中更改了剪辑的名字，那么硬盘中它链接到的媒体文件的名字是否也会改变?
5. 可以使用哪些键盘快捷键来播放视频和音频剪辑?
6. 如何更改解释剪辑声道的方式?

复习题答案

1. 单击 Project 面板的面板菜单，并选择 Metadata Display（元数据显示），选择想显示的任何标题的复选框。
2. 单击 Filter Bin Content（筛选素材箱内容）框，并输入想要查找的剪辑名字。Premiere Pro 会隐藏不匹配的所有剪辑，而显示匹配的剪辑。
3. 有多种方式可以新建素材箱：单击 Project 面板底部的 New Bin 按钮；选择 File（文件）>New（新建）>Bin（素材箱）；右键单击 Project 面板的空白区域并选择 New Bin；按 Ctrl + B（Windows）或 Command + B（Mac OS）组合键；还可以将剪辑拖放到 Project 面板的 New Bin 按钮上。
4. 不会。可以复制、重命名或删除 Project 面板中的剪辑，而原始媒体文件不会发生任何变化。
5. 按空格键播放和停止播放。J、K 和 L 键可以像慢近 / 倒带（jog/shuttle）控制器那样使用，实现向前或向后播放的效果，并且箭头键可用于向前或向后移动一个帧。
6. 在 Project 面板中，右键单击想要更改的剪辑，并选择 Modify（修改）>Audio Channels（声道）；然后选择正确的选项（通常是选择一个预设），并单击 OK。

第5课 视频编辑的基础知识

课程概述

在本课中，你将学习以下内容：

- 在源监视器中处理剪辑；
- 创建序列；
- 使用基本的编辑命令；
- 理解轨道。

本课大约需要 60 分钟。

本课将讲解使用 Adobe Premiere Pro CC 创建序列时反复用到的核心编辑技能。

编辑不仅仅是选择素材。还可以精确地选择所拍摄的内容，将剪辑放在正确的时间点和想要的轨道上（以创建分层视觉效果），将新剪辑添加到现有的序列，以及删除不想要的内容。

5.1 开始

进行视频编辑时，总会有一些会反复采用的简单技术。视频剪辑的大多数实践是选择剪辑的部分内容，并将其放到序列中。在 Premiere Pro 中有多种方法可用来处理这样的事情。

开始之前，确保使用的是 Editing（编辑）工作区。

1. 打开 Lesson 05 文件夹中的 Lesson 05.prproj 项目文件。

2. 在 Workspaces 面板中，单击 Editing（编辑）；然后单击 Editing 选项附近的菜单，选择 Reset to Saved Layout（重置为保存的样式）。

3. 选择 File（文件）>Save As（另存为）。

4. 将文件重命名为 Lesson 05.prproj。

5. 在硬盘上选择想要的存储位置，并单击 Save（保存）以保存项目。

本课将首先介绍有关 Source Monitor（源监视器）的更多信息，以及如何标记剪辑以准备将它们添加到序列中。然后，将会介绍 Timeline 面板（在这里可以处理序列）的相关知识。

5.2 使用源监视器

Source Monitor（源监视器）是将资源包含到序列之前检查资源的主要位置。

在源监视器中查看视频剪辑，是以其原始格式查看它们。它们将以录制时相同的帧速率、帧大小、场顺序（field order）、音频采样率和音频位深度进行播放，除非修改了剪辑的解释方式，如图 5.1 所示。

图5.1

> **注意：**在 Project 面板中右键单击剪辑，然后选择 Modify（修改）>Interpret Footage（解释素材），可以修改剪辑的解释。

当将剪辑添加到序列时，Premiere Pro 会让剪辑与序列的设置相符合。例如，如果剪辑和序列不匹配，则会调整剪辑的帧速率和音频采样速率，以便序列中的所有剪辑都具有相同的播放范式。

除了作为多种文件类型的查看器，源监视器提供了重要的附加功能。可以使用两种特殊的标记，即 In（入）点和 Out（出）点，来选择仅包含在序列中的部分剪辑。还可以采用标记的形式来添加注释，以便稍后参考它们或者提醒自己有关剪辑的重要信息。例如，可以对没有权限使用的部分视频包含注释。

5.2.1 加载剪辑

要加载剪辑，请执行以下操作。

1. 在 Project 面板中，浏览到 Theft Unexpected 素材箱。使用默认的首选项，在按住 Control（Windows）或 Command（Mac OS）键的同时双击 Project 面板中的素材箱。这将在现有面板中打开素材箱。要导航回 Project 面板内容，请单击 Navigate Up（向上导航）按钮（ ）。

2. 双击一个视频剪辑，或者将剪辑拖放到源监视器中。

> **提示：**在选择剪辑时，要确保单击的是图标或缩略图，而不是名字，以避免进行的是重命名操作。

无论采用哪种方式，结果都是相同的：Premiere Pro 将在源监视器中显示剪辑，供用户查看并添加标记。

3. 将鼠标指针悬停到源监视器上，并按`（重音符号）键。该面板将填满 Premiere Pro 应用程序的窗口，以便视频剪辑具有更大的视图。再次按`键，会将源监视器的面板恢复到其原始大小。如果键盘上没有`键，则可以访问面板菜单，并选择 Panel Group Settings（面板组设置）>Maximize Panel Group（最大化面板组）。

> **提示：**注意，活动面板具有一个蓝色的轮廓。了解哪个面板是活动的很重要，因为有时菜单和键盘快捷键会根据用户当前的选择给出不同的结果。例如，如果按 Shift+` 组合键，无论鼠标指针停在哪里，则当前所选的面板都将切换为全屏。

在第二台显示器上查看视频

如果有第二台显示器连接到计算机，则Premiere Pro可以使用它显示全屏视频。

选择Edit（编辑）>Preferences（首选项）>Playback（播放）（Windows）或Premiere Pro > Preferences > Playback（Mac OS），要确保启用了Mercury Tansmit，并选中想要用于全屏播放的显示器的复选框。

也可以通过该DV设备（如果计算机连接了DV设备）或通过第三方硬件播放视频。

5.2.2 加载多个剪辑

接下来，选择在源监视器中使用的剪辑。

1. 单击源监视器的面板菜单（在面板选项卡上），然后选择 Close All（全部关闭），如图 5.2 所示。这将清空监视器以及菜单中显示的最近项目列表。

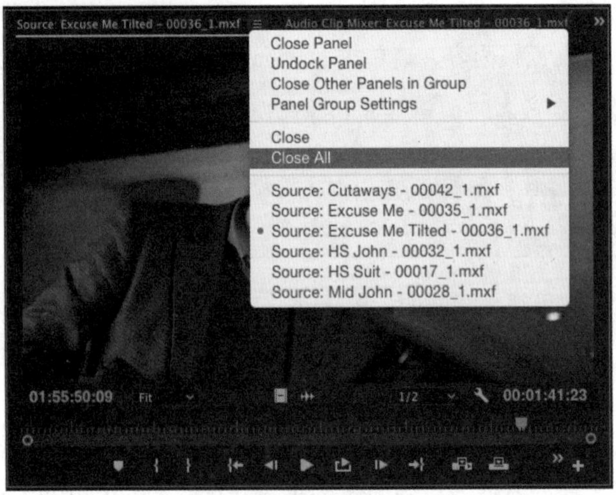

图5.2

2. 单击 Theft Unexpected 素材箱的 List View（列表视图）按钮，并单击 Name（名称）标题，以确保按字母顺序显示剪辑。

3. 选择第一个剪辑 Cutaways，然后按住 Shift 键并单击剪辑 Mid John。

这会选中素材箱中的多个剪辑。

4. 将剪辑从素材箱拖放到源监视器。

现在，只有被选中的剪辑会显示在源监视器面板菜单中。可以使用此菜单选择要查看的剪辑。

5.2.3 使用源监视器控件

除了播放控件，源监视器中还有其他一些重要的按钮，如图 5.3 所示。

- **Add Marker**（添加标记）：将标记添加到剪辑中播放头所在的位置。标记可以提供简单的视觉参考或保存注释。
- **Mark In**（标记入点）：设置打算在序列中使用的剪辑的开始位置。每个剪辑或序列可以只有一个 In（入）点，新的 In（入）点将自动替代原来的入点。
- **Mark Out**（标记出点）：设置打算在序列中使用的剪辑的结束位置。可以只有一个 Out（出）点，新的 Out（出）点将自动替代原来的出点。
- **Go to In**（转到入点）：将播放头移动到剪辑的入点。
- **Go to Out**（转到出点）：将播放头移动到剪辑的出点。
- **Insert**（插入）：使用插入编辑模式将剪辑添加到 Timeline 面板当前显示的序列中（参见 5.4 节）。
- **Overwrite**（覆盖）：使用覆盖编辑模式将剪辑添加到 Timeline 面板当前显示的序列中（参见 5.4 节）。
- **Export Frame**（导出帧）：允许从监视器显示的任何内容中创建一个静态图像。更多信息，请见第 18 课。

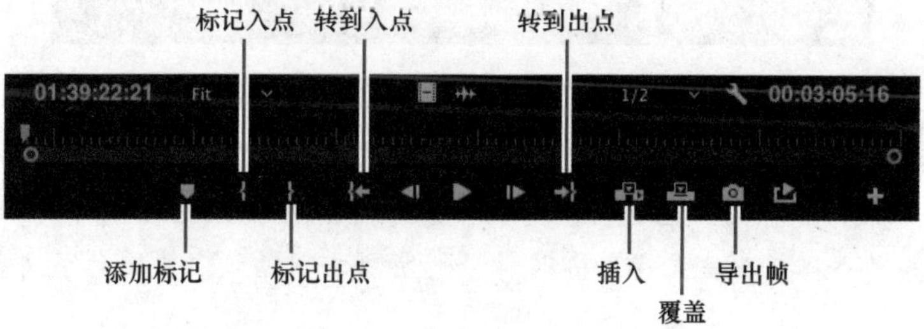

图5.3

5.2.4 在剪辑中选择范围

有时会想要在序列中只包含一个剪辑的特定部分。一个编辑的大多数时间都用在了查看视频剪辑，以及选择哪个剪辑（或哪个剪辑的哪个部分内容）可用上面，因此可以很容易地做出选择。

1. 使用源监视器面板菜单选择剪辑（不是 Excuse Me Tilted）。这是一个 John 紧张地询问能否坐下的视频。

2. 播放剪辑，了解其内容。

John 走进屏幕中一半时停下来说了一句话。

3. 将播放头放在 John 进入镜头之前或是他说话之前。大约在 01:54:06:00 位置，他停顿了一下并说了一句话。注意，时间码引用基于原始的录制，而不是从 00:00:00:00 开始的。

4. 单击 Mark In（标记入点）按钮，也可以按键盘上的 I 键。

Premiere Pro 将突出显示所选的剪辑部分。这时已经排除了剪辑的第一部分，但是如果稍后需要可以包含此部分，这就是非线性编辑的自由之处。

5. 将播放头放在 John 坐下的那一刻，大约是 01:54:14:00 位置。

6. 按键盘上的 O 键以添加一个 Out（出）点，如图 5.4 所示。

图5.4

> **提示：**如果键盘上有单独的数字键盘，则可以直接使用数字键盘输入时间码数字。例如，如果输入 700，则 Premiere Pro 会将播放头放在 00:00:07:00 处，而没有必要输入前导零或数字分隔符。此外，一定要使用键盘右边的数字键盘键，而不是键盘顶部的数字（它们有不同的用途）。

现在，为下面两个剪辑添加 In 和 Out 标记。

> **注意：**有些编辑喜欢查看所有可用的剪辑，在构建序列之前根据需要添加 In 和 Out 标记。而有些编辑只有在使用每个剪辑时才添加 In 和 Out 标记。读者可以根据所处理的项目类型自行选择适合的方式。

> **注意：**添加到剪辑中的 In 和 Out 标记是持久的。也就是说，如果关闭并重新打开剪辑，它们还是存在的。

7. 对于 HS Suit 剪辑，在 John 的话说完之后添加一个 In（入）点，大约在镜头的 1/4 处（01:27:00:16

位置）。

8. 在屏幕变暗时（01:27:02:14 位置）添加一个 Out（出）点，如图 5.5 所示。

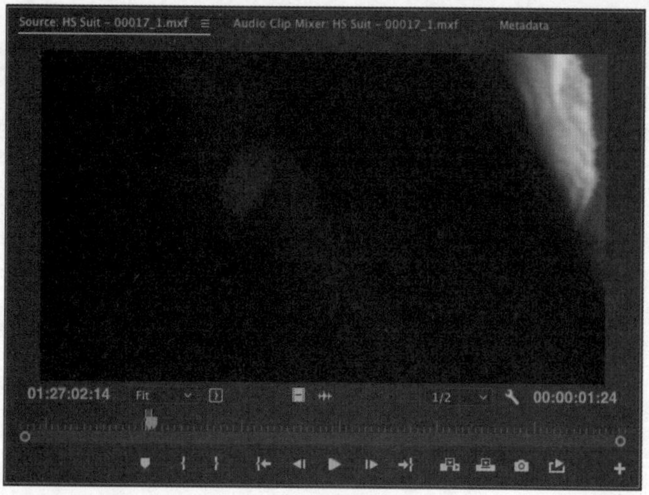

图5.5

9. 对于 Mid John 剪辑，在 John 开始坐下时（01:39:52:00 位置）添加一个 In（入）点。

10. 在他喝了一口茶之后（01:40:04:00 位置）添加一个 Out（出）点，如图 5.6 所示。

图5.6

> Pr **提示**：为了帮助用户找到素材中的位置，Premiere Pro 可以在时间保持上显示时间码数字。单击 Settings 按钮（🔧）并选择 Time Ruler Numbers（时间标尺数字），可以将该选项打开或关闭。

Pr **提示**：当将鼠标指针悬停在某个按钮上时，弹出的工具提示会在按钮名字后面的括号中显示键盘快捷键。

从Project面板编辑

由于在更改In和Out标记之前它们在项目中仍是活动的，因此可以直接从Project面板和源监视器中将剪辑添加到序列。如果已经查看了所有剪辑并选择了想要的部分，则这是一种可以创建一个粗糙版本的序列的快速方式。

当在Project面板中工作时，Premiere Pro应用了与使用源监视器时相同的编辑控件，因此用户体验十分相似——只需几次更快的单击。以这种方式工作时速度会很快，而且在将剪辑添加到序列之前，还可以在源监视器中快速看一下。用户对媒体的熟悉程度越高，这种体验就越好。

5.2.5 创建子剪辑

如果有一个非常长的剪辑，而只想在序列中使用几个部分，那么能够将剪辑的不同部分进行分离将会很有用，这样就可以在构建序列之前组织它们。

这正是创建子剪辑的原因。子剪辑是剪辑的部分副本。在处理非常长的剪辑时通常会使用它们，尤其是可能要在一个序列中使用同一原始剪辑的几个部分时。

子剪辑有下面几个显著的特点。

- 尽管在 Project 面板的列表视图中，子剪辑有不同的图标（ ），但是它们与常规剪辑一样，可以存放在素材箱中。
- 基于创建它们的入点和出点标记，它们具有有限的持续时间。与查看可能更长的原始剪辑相比，这样可以更容易地查看它们的内容。
- 它们与原始剪辑共享相同的媒体文件。
- 可以对子剪辑进行编辑，修改其内容，甚至将其转换为原始的未删减剪辑的一个副本。

下面就制作一个子剪辑。

1. 双击 Theft Unexpected 素材箱中的 Cutaways 剪辑，在源监视器中查看它。

2. 在查看 Theft Unexpected 素材箱的内容时，单击此面板底部的 New Bin（新建素材箱）按钮，创建一个新素材箱。这个新建素材箱将出现在现有的 Theft Unexpected 素材箱中。

3. 将素材箱命名为 Subclips，并打开它以查看内容。在按住 Ctrl（Windows）或 Command（Mac OS）键的同时双击这个新的 Subclips 素材箱，以在同一个框架中打开它，而不是在一个单独的浮动框架中打开它。

4. 选择部分剪辑以制作成子剪辑，方法是使用一个入点和出点标记剪辑。当大约在剪辑的中途位置删除并替换数据包时，可能会工作得很好。

5. 要根据所选的剪辑部分在入点和出点之间制作子剪辑，请执行下述操作之一。

- 在源监视器的图像显示中右键单击并选择 Make Subclip（制作子剪辑），将子剪辑命名为 Packet Moved 并单击 OK。
- 在源监视器为活动状态时，单击 Clip（剪辑）菜单并选择 Make Subclip（制作子剪辑），将子剪辑命名为 Packet Moved 并单击 OK。
- 在源监视器为活动状态时，按下 Control + U（Windows）或 Command + U（Mac OS）组合键，将子剪辑命名为 Packet Moved 并单击 OK。
- 在按住 Control（Windows）或 Command（Mac OS）键的同时，将源监视器中的图像拖放到 Project 面板素材箱中，将子剪辑命名为 Packet Moved 并单击 OK。

新的子剪辑被添加到 Subclips 素材箱中，而且入点和出点标记指定了它的时长。

> **注意**：如果勾选了 Restrict Trims To Subclip Boundaries（将修剪限制到子剪辑边界）（见图 5.7），那么查看子剪辑时就无法查看位于选区之外的剪辑部分。这可能正是用户想要的（可以更改此设置，方法是右键单击素材箱中的子剪辑，然后选择 Edit Subclip）。

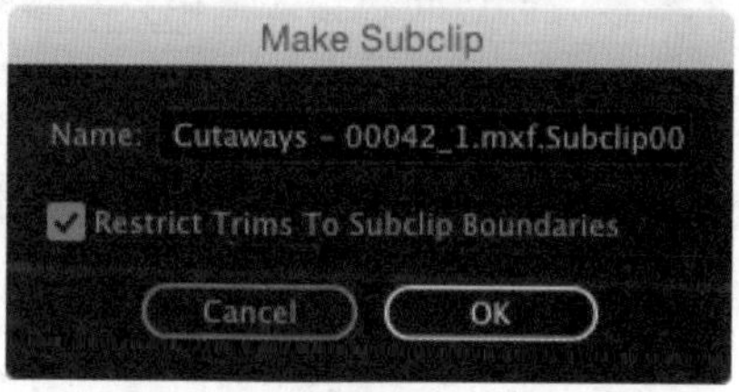

图5.7

5.3 导航时间轴

Timeline 面板是编辑实现创意的画布，如图 5.8 所示。在该面板中，可以将剪辑添加到序列，对它们进行编辑更改，添加视觉特效和音频特效，混合音轨，以及添加标题和图形。

下面是有关 Timeline 面板的一些信息。

- 可以在 Timeline 面板中查看和编辑序列。
- 可以同时打开多个序列，每个序列都在自己的 Timeline 面板中显示。

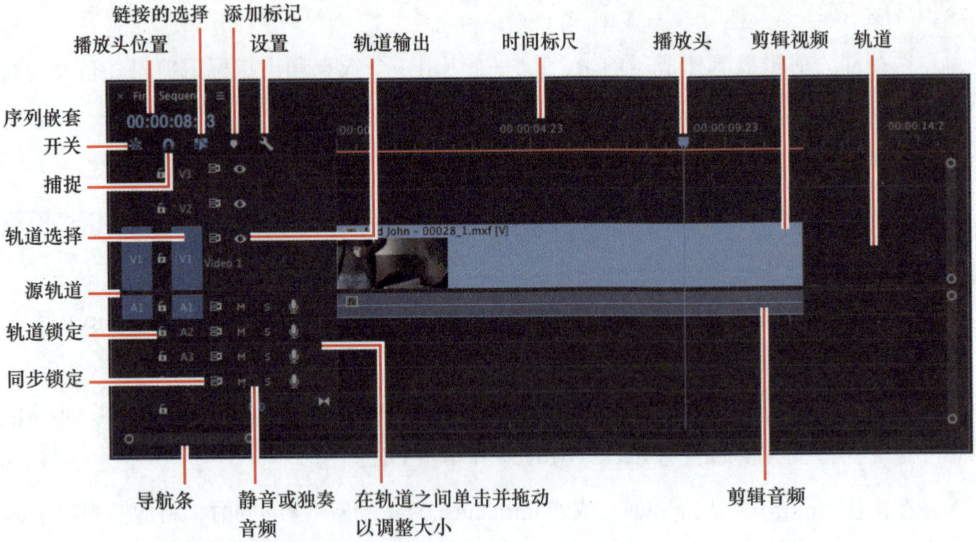

图5.8

- 术语“序列”和“时间轴”通常是可互换的，比如“在序列中”或“在时间轴上”。
- 可以添加任意数量的视频轨道，只要系统有足够的资源。上面的视频轨道会先于下面的视频轨道播放，因此通常会将图形剪辑放在背景视频剪辑的上面。
- 可以添加任意数量的音频轨道，它们能在同时播放从而创建音频混合。音频轨道可以是单声道（1 声道）、立体声（2 声道）、5.1（6 声道）或自适应的，最多 32 声道。
- 可以更改 Timeline 轨道的高度，以访问视频剪辑相关的额外控件和缩略图。
- 每个轨道都有一组控件，它们显示在最左侧的轨道头上，用于更改轨道的工作方式。
- 时间总是在 Timeline 上从左到右移动，所以在播放序列时，播放头也以这样的方向移动。
- Program Monitor（节目监视器）显示播放头当前所在位置的序列内容。
- 对于 Timeline 上的大部分操作，将使用标准的 Selection（选择）工具（见图 5.9）。但是，还有几个工具用于其他用途，而且每个工具都有键盘快捷键。如果有疑问，请按 V 键，这是 Selection（选择）工具的快捷键。
- 可以缩放 Timeline，方法是使用键盘顶部的等号（=）键和减号（–）键，以更好地查看剪辑。如果使用反斜杠（\）键，则可以在当前设置和显示整个序列之间切换缩放级别。也可以双击 Timeline 底部的导航条，来查看整个时间轴。

图5.9

5.3.1 什么是序列

序列是一系列依次播放的剪辑，有时还具有多个混合图层，并且通常具有特效、字母和音频，这构成了一个完整的影片。

在项目中，可以拥有任意多的序列。序列存储在 Project 面板中 ，而且与剪辑一样 ，它们也有自己的图标。

下面就来为 Theft Unexpected 戏剧制作一个新序列。

> Pr 注意：可能需要单击 Navigate Up（向上导航）按钮才能看到 Theft Unexpected 素材箱。

1. 在 Theft Unexpected 素材箱中，将剪辑 Excuse Me（而不是 Excuse Me Tilted）拖动到面板底部的 New Item 按钮上。

这是一种制作与媒体完美匹配的序列的快捷方式。

Premiere Pro 会创建一个新序列，名称与所选剪辑的名称相同。

2. 序列会在素材箱中突出显示，并且最好立刻对它进行重命名。在素材箱中右键单击该序列并选择 Rename，将其命名为 Theft Unexpected，如图 5.10 所示。

序列将自动打开，它包含了用于创建它的剪辑，如图 5.11 所示。但是如果使用了一个随机剪辑来执行此快捷方式，那么现在可以在序列中选择并删除它（方法是按下 Delete 键或退格键）。

图5.10

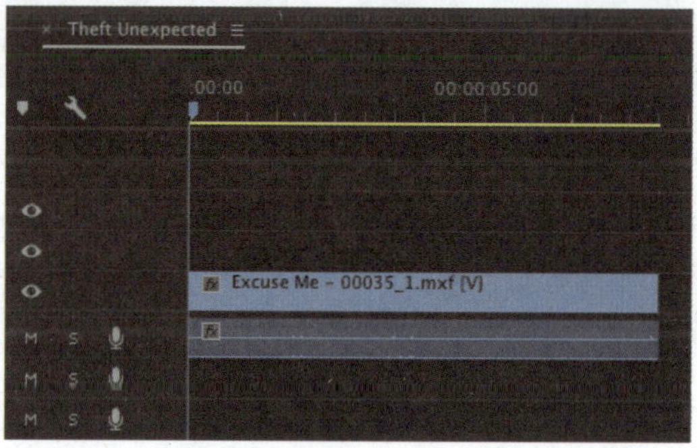

图5.11

单击 Timeline 面板中其名称选项卡的 X 来关闭序列。

5.3.2 在 Timeline 面板中打开序列

要在 Timeline 面板中打开序列，请执行以下任一个操作。

- 在素材箱中双击序列。
- 在素材箱中右键单击序列，并选择 Open in Timeline（在时间轴中打开）。

现在打开刚创建的 Theft Unexpected 序列。

Pr 提示：与剪辑一样，也可以将序列拖放到源监视器中，以使用它。注意，不要将序列拖动到 Timeline 面板来打开它，因为这会将它添加到当前序列中。

相符性

序列具有帧速率、帧大小和音频母带格式（如单声道或立体声）。它们会调整所添加的所有剪辑，以匹配这些设置。

可以选择是否缩放剪辑以匹配序列帧大小。例如，如果序列的帧大小是1 920×1 080（普通高清），而视频剪辑的帧大小是4 096×2 160（Cinema 4K），那么可能需要自动缩小高分辨率的剪辑以匹配序列分辨率，或者保持它不变，仅在缩小的序列“窗口”中查看部分图像。

缩放剪辑时，会按比例缩小垂直和水平大小以保持原始高宽比。如果剪辑与序列的高宽比不同，在缩放时它可能就无法完全填满序列帧。例如，如果剪辑的高宽比是4:3，将它添加到16:9的序列中并进行放大，那么就会在两侧看到空白。

在Effects Controls（特效控件）面板中使用Motion（运动）控件（参见第9课），可以对想要看到的部分图像进行动画处理。甚至可以在图像里面创建一种动态的摇摄和扫描效果。

5.3.3 理解轨道

与铁轨保持火车正常运行一样，序列有视频和音频轨道来限制添加剪辑的位置。最简单的序列形式是仅有一个视频轨道和一个音频轨道。依次将剪辑从左到右添加到轨道中时，它们的播放顺序与放置的顺序一样。

序列也可以有更多的视频和音频轨道。它们将成为视频和其他音频通道的图层。由于较高的视频轨道出现在较低的视频轨道的前面，因此可以合并不同轨道上的剪辑，制作分层合成。

例如，使用一个顶部的视频标题来为序列添加字幕，或者是使用特效混合多个视频图层，如图 5.12 所示。

图5.12

可以使用多个音频轨道来为序列创建一个完整的音频合成，具有原始的源对话、音乐和现场音频效果，比如枪声或烟花、大气音波和画外音，如图 5.13 所示。

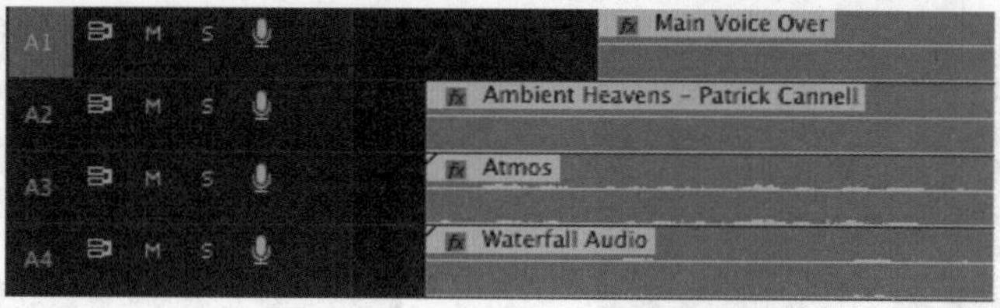

图5.13

Premiere Pro 具有多个滚动选项，可以根据鼠标指针的位置提供不同的结果。

- 如果将鼠标指针悬停在源监视器或节目监视器上，可以使用滚轮前后导航；触控板手势也有效。
- 如果在 General Premiere Pro 首选项中启用了 Horizontal Timeline Mouse Scrolling，可以在 Timeline 面板中对序列进行导航。
- 如果在使用鼠标滚动时按住 Alt 键，Timeline 视图会放大或缩小。
- 如果将鼠标指针悬停在轨道标题（header）上并滚动，可以增加或减小轨道的高度。
- 如果将鼠标指针悬停在视频或音频轨道标题上，并在按住 Shift 键的同时滚动鼠标滚轮，则可以增加或降低所有此类轨道的高度。

> **提示**：在以滚动方式调整轨道的高度时，如果按住 Control（Windows）或 Command（Mac OS）键，可以进行更精准的控制。

5.3.4 定位轨道

轨道标题并不仅仅是一个铭牌。当删除部分序列或者在渲染特效时，它们还可以作为轨道的启用 / 禁用按钮。

在轨道标题的左侧，将看到一组按钮，表示源监视器中当前显示的剪辑的可用轨道，或 Project 面板中所选剪辑的可用轨道，如图 5.14 所示。这些按钮是源轨道指示器，而且与 Timeline 轨道一样具有编号。在执行更复杂的编辑时,这有助于让事务清晰明了。

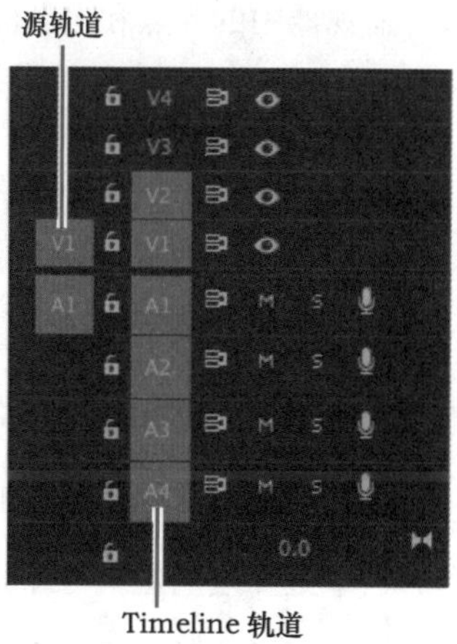

图5.14

如果将一个剪辑拖放到序列中，则源轨道指示器的位置会被忽略。但是，当在源监视器中使用键盘快捷键或按钮为序列添加剪辑时，那么源轨道指示器就非常重要。源轨道指示器的位置指定了要将新剪辑添加到哪个轨道上。

在图 5.15 所示的例子中，源轨道指示器的位置意味着，在使用按钮或键盘快捷键将剪辑添加到当前序列时，会将带有一个视频轨道和一个音频轨道的剪辑添加到 Timeline 上的的 Video 1 和 Audio 1 轨道上。

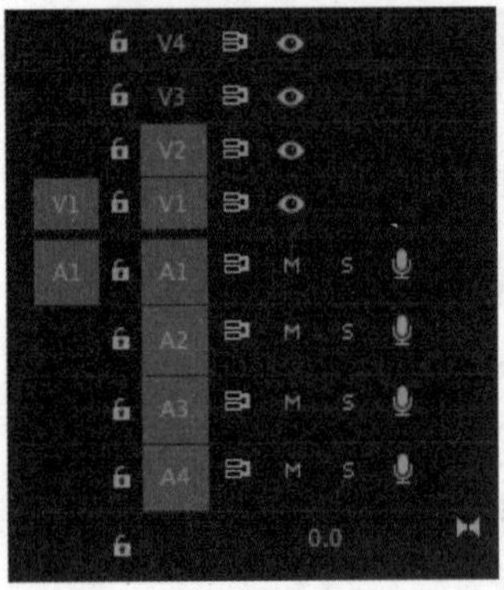

图5.15

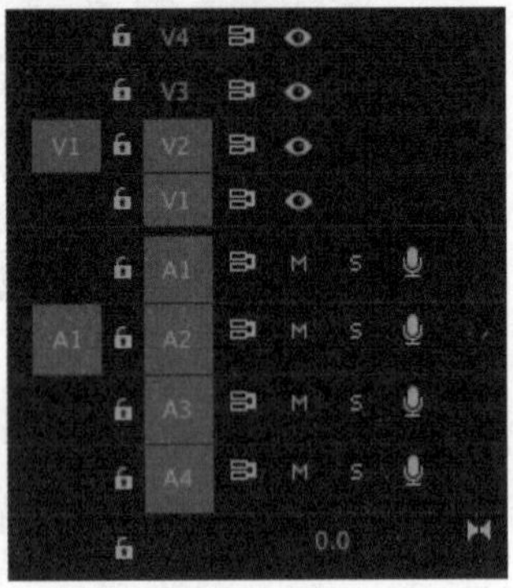

图5.16

在图 5.16 所示的例子中，相较于时间轴轨道指示器，源轨道指示器已经通过拖动的方式被移动到了一个新的位置。在这个例子中，当使用按钮或键盘快捷键将剪辑添加到当前序列中时，剪辑将被添加到 Timeline 的 Video 2 和 Audio 2 轨道上。

可以通过单击源轨道指示器的方式来启用它或禁用它。蓝色的突显标记表示轨道是启用的。通过将源轨道指示器拖放到不同的轨道，并选择要启用或禁用的轨道，可以进行高级编辑。

> **注意**：在渲染特效或做出时间轴选择时，Timeline 轨道指示器很重要；但是在向序列中添加剪辑时，Timeline 轨道指示器不会对此产生任何影响，而源轨道指示器则会产生影响。

5.3.5 入点和出点标记

监视器中的入点和出点标记定义了想要添加到序列中的剪辑部分。

在 Timeline 上使用入点和出点标记有下面两个主要目的。

- 告诉 Premiere Pro 将剪辑添加到序列的什么位置。
- 选择想要删除的序列部分。在使用入点和出点标记时，将它们与轨道标题控件一起使用，可以精确选择要从指定的轨道上移除整个剪辑，还是移除部分剪辑，如图 5.17 所示。

1. 设置入点和出点标记

在时间轴上添加入点和出点标记与在源监视器中的方式一样。

一个主要差别是，与源监视器中的控件不同，节目监视器中的控件也适用于 Timeline。

要在播放头的当前位置向 Timeline 添加入点，需确保 Timeline 面板或节目监视器是活动的，然后按 I 键或单击节目监视器中的 Mark In（标记入点）按钮。

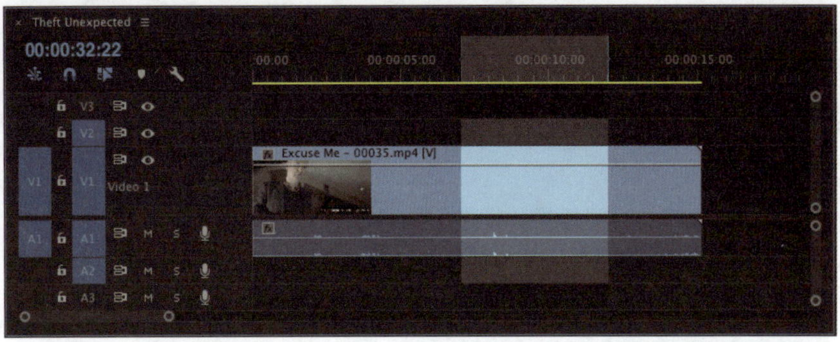

图5.17　较亮的区域表示所选的序列部分，这部分由入点和出点标记来定义

要在播放头的当前位置向 Timeline 添加出点，需确保 Timeline 面板或节目监视器面板是活动的，然后按 O 键或单击节目监视器中的 Mark Out（标记出点）按钮。

> Pr | 提示：如果有斜杠（/）按键，可以基于选择的剪辑段，使用该按键在 Timeline 上添加入点和出点标记。

2. 清除入点和出点标记

如果打开了剪辑，而日该剪辑带有想要删除的入点和出点标记（或者是 Timeline 上的入点和出点标记干扰了视线），可以轻松地删除它们。在 Timclinc、节日监视器和源监视器中，删除入点和出点标记的技术是一样的。

1. 在 Timeline 中，单击 Excuse Me 剪辑以选择它。

2. 按下斜杠（/）键，这会在 Timeline 中的剪辑开始处（左侧）添加一个入点标记，而在剪辑结束处（右侧）添加一个出点标记。入点和出点都添加到了 Timclinc 顶部的时间标尺中。

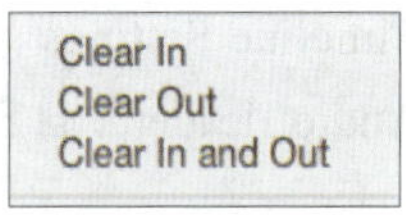

图5.18

3. 右键单击 Timeline 顶部的时间标尺，查看菜单选项，如图 5.18 所示。

在该菜单中选择需要的选项，或者使用以下任一种键盘快捷键。

- Control + Shift + I（Windows）或 Alt + I（Mac OS）：删除入点标记（Clear In，清除入点）。
- Control + Shift + O（Windows）或 Alt + O（Mac OS）：删除出点标记（Clear Out，清除出点）。
- Control + Shift + X（Windows）或 Alt + X（Mac OS）：删除入点标记和出点标记（Clear In and Out，清除入点和出点）。

4. 最后一个选项特别有用，它容易记住并且可以快速清除入点和出点标记。现在，使用该选项清除添加的标记。

5.3.6 使用时间标尺

节目监视器和源监视器底部以及 Timeline 顶部的时间标尺的用途是一样的：导航剪辑或序列。

在 Premiere Pro 中，时间总是从左到右的，并且播放头的位置以一种可见的方式表明了与剪辑的关系。

现在单击 Timeline 顶部的时间标尺（即 Timeline 面板顶部的时间标记），左右拖动。播放头会跟随鼠标移动。在 Excuse Me 剪辑上拖动鼠标时，会在节目监视器中看到该剪辑的内容。以这种拖动的方式来浏览内容被称为调整（scrubbing）。

注意，源监视器、节目监视器和 Timeline 面板底部都有导航条，如图 5.19 所示。将鼠标指针悬停在导航条上并使用鼠标滚轮滚动会缩放时间标尺。放大时间标尺后，可以通过单击并拖动导航条的方式来查看时间标尺。

图5.19 节目监视器的导航条——拖动导航条的末端可以在时间标尺上进行精确的缩放控制

双击导航条可以将时间标尺缩至最小。

5.3.7 自定义轨道标题

与自定义源监视器和节目监视器的控件一样，可以修改 Timeline 轨道标题上的许多选项。

要访问这些选项，右键单击视频或音频轨道标题，然后选择 Customize（自定义）；或者单击 Timeline Settings 菜单（ ），然后选择 Customize Video Header（自定义视频标题）或 Customize Audio Header（自定义音频标题），结果如图 5.20 所示。

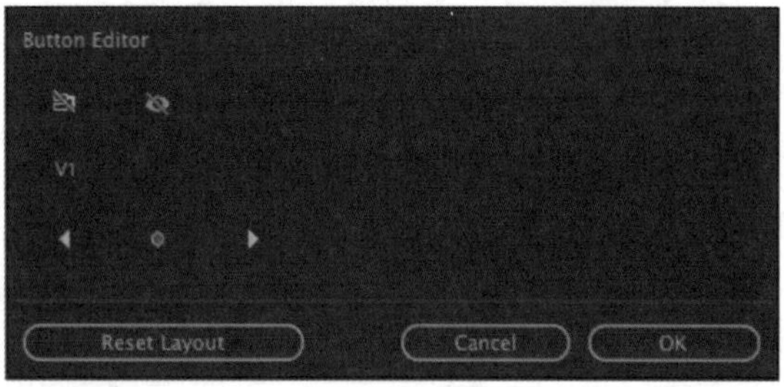

视频轨道 Button Editor（按钮编辑器）

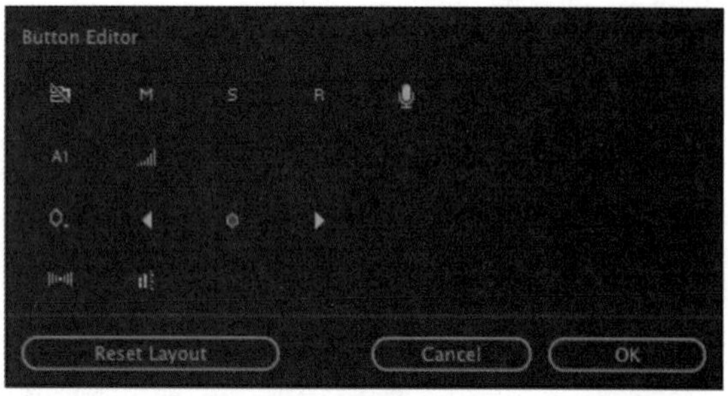

音频轨道 Button Editor（按钮编辑器）

图5.20

找到可用按钮的名称后，将鼠标指针悬停在按钮上可以查看工具提示。许多按钮我们已经很熟悉了，还有一些按钮将在后面的课程中介绍。

通过将按钮从 Button Editor（按钮编辑器）拖放到轨道标题，可用为轨道标题添加按钮。将按钮拖离轨道标题可以删除按钮。

所有的轨道标题将更新，以匹配调整的那个轨道标题。

现在可以自由尝试此功能，完成尝试后，单击 Button Editor 上的 Reset Layout（重置布局）按钮将轨道标题返回其默认选项。

最后，单击 Cancel（取消），关闭 Button Editor。

5.4 使用基本的编辑命令

无论是使用鼠标将剪辑拖放到序列中，还是使用源监视器上的按钮，或者是使用键盘快捷键，都是在应用两种编辑类型中的一种：插入编辑或覆盖编辑。

当想将一个新剪辑添加到序列中，而且序列在这个添加位置存在剪辑时，插入和 Overwrite 两个选项具有完全不同的效果。

5.4.1 覆盖编辑

继续处理 Theft Unexpected 序列。目前为止，只有一个剪辑，即 John 问询一个座位是否为空的剪辑。

首先，使用覆盖编辑添加一个响应镜头，来回复 John 对座位的请求。

1. 在源监视器中打开镜头 HS Suit。之前已经为此剪辑添加了入点和出点标记。

2. 要针对此编辑小心地设置 Timeline。在第一次使用 Timeline 时，处理起来可能会比较慢，但是在经过练习之后，就可以快速容易地进行编辑。

将 Timeline 播放头定位到 John 做出请求之后，大约是 00:00:04:00 位置。

除非已经在 Timeline 上放置了入点和出点标记，否则在使用键盘或屏幕按钮进行编辑时会使用播放头来定位新剪辑。当使用鼠标将剪辑拖放到序列中时，将忽略播放头的位置以及已有的入点和出点标记。

3. 尽管新剪辑具有音频轨道，但是并不需要它，需要将音频保留在 Timeline 上。单击音频轨道选择按钮 A1 以关闭它。按钮现在应该是灰色，而不是蓝色。

> Pr | **注意**：术语“镜头”和“剪辑”通常是可交互使用的。

4. 检查轨道标题是否与图 5.21 所示的例子类似（仔细检查轨道启用 / 禁用按钮）。对这次编辑来说，只有 A1 和 V1 时间轴轨道选择按钮是重要的，原因是其他轨道没有任何剪辑，因此也就没有必要担心其设置了。

5. 单击源监视器上的 Overwrite（覆盖）按钮（ ）。

剪辑添加到了 Timeline 上，但只是添加到了 Video 1 轨道上，结果如图 5.22 所示。尽管添加剪辑的时机可能不是很完美，但是现在有了对话场景！

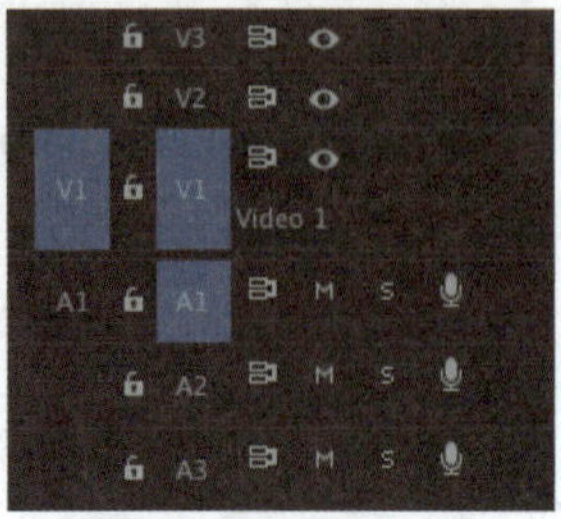

图5.21

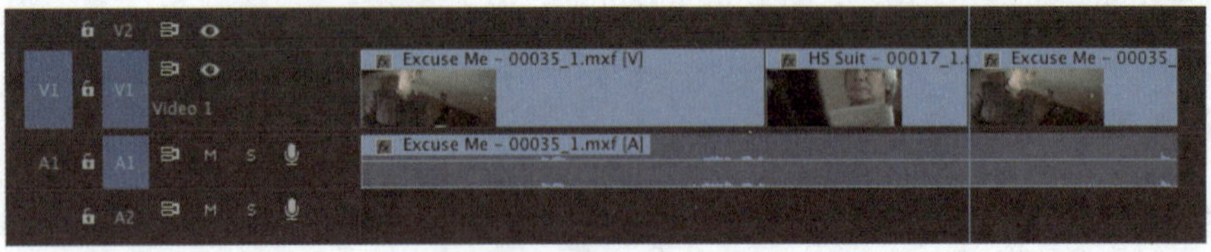

图5.22

> Pr | **注意**：执行覆盖编辑时，序列不会变长。

默认情况下，当使用鼠标将剪辑拖放到序列中时，是在执行覆盖编辑。按住 Control（Windows）或 Command（Mac OS）键后再进行拖放，执行的则是插入编辑。

5.4.2 插入编辑

要在 Premiere Pro Timeline 中执行插入编辑，请执行以下操作。

1. 拖动 Timeline 的播放头，将它放置到 Excuse Me 剪辑中 John 说了“Excuse me”之后（大约是 00:00:02:16 位置）。

2. 在源监视器中打开剪辑 Mid Suit，在 01:15:46:00 处添加一个入点标记，并在 01:15:48:00 处添加一个出点标记。这实际上来自剪辑的不同部分，但也可以用作一个响应镜头。

> Pr | **提示**：知道观众知道什么或不知道什么，这很重要。在观众意识不到的情况下，通常可以使用来自不同时间或不同位置的素材。

3. 确保 Timeline 的源轨道指示器的排列位置与图 5.23 所示的例子一样。

4. 单击源监视器上的 Insert（插入）按钮（ ）。

至此，已经完成了一个插入编辑。序列中的剪辑 Excuse Me 已经被拆分开，稍后会移动播放头后面的剪辑部分，为新剪辑留出位置。

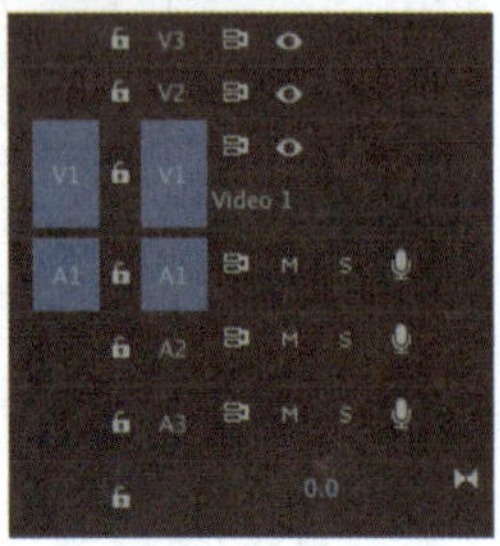

图5.23

Pr | 注意：在应用一个插入编辑时，会让序列更长——已经在选定轨道上的剪辑在序列中会向后移动，以便为新编辑留出位置。

5. 将播放头放在序列的开头，并完成编辑。可以使用键盘上的 Home 键跳到开头；可以使用鼠标拖动播放头，或者按向上箭头键来让播放头跳到之前的编辑（按向下箭头键会跳到后面的编辑）。

Pr | 注意：序列（sequence）和 edit（编辑）通常也会交互使用。

6. 在源监视器中打开剪辑 Mid John。之前已经为该剪辑添加了入点和出点标记。

7. 将 Timeline 播放头放在序列的末尾，即 Excuse Me 剪辑的结尾处。可以按住 Shift 键，让播放头与剪辑的末尾对齐。

Pr | 注意：如果为 Timeline 添加了入点和出点标记，则在执行编辑时，Premiere Pro 将优先使用它们作为播放头的位置。

8. 单击源监视器上的 Insert（插入）或 Overwrite（覆盖）按钮。由于 Timeline 播放头位于序列末尾，没有多余的剪辑，因此使用哪种编辑模式都可以。

现在再插入一个剪辑。

9. 将 Timeline 播放头放在 John 喝茶之前，大约是 00:00:14:00 位置。

10. 在源监视器中打开剪辑 Mid Suit，并使用入点和出点标记选择一个 John 坐下和第一次喝茶之间的剪辑部分。入点标记位于 01:15:55:00，出点标记位于 01:16:00:00。

11. 使用插入编辑将剪辑编辑到序列中，如图 5.24 所示。

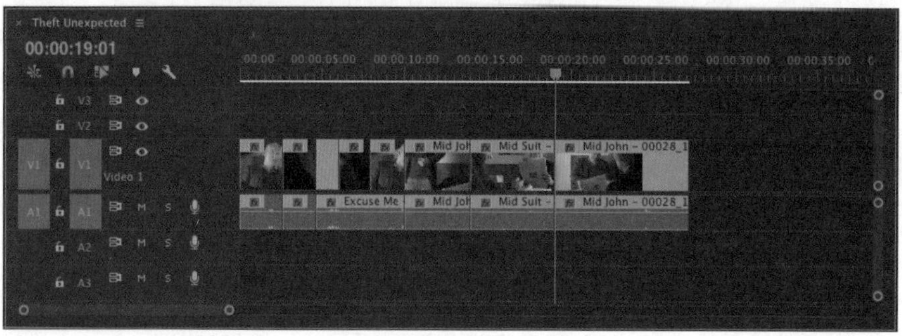

图5.24

添加编辑的时机可能不是很完美，但没有关系，后续可以修改添加时机。最重要的是剪辑的顺序要正确。

> **Pr** **注意**：可以通过从 Project 面板或源监视器拖放到节目监视器的方式，将剪辑编辑到序列中。如果在拖动时按住 Control（Windows）或 Command（Mac OS）键，执行的则是插入编辑。

5.4.3 三点编辑

要执行编辑，Premiere Pro 需要了解处理的剪辑在源监视器和 Timeline 中的持续时间。例如，如果在源监视器中选择了一个 4 秒的剪辑，Premiere Pro 会自动知道它在序列中占据 4 秒的时间。这意味着，一个剪辑的持续时间可以通过其他剪辑计算出来，因此仅需要三个标记（通常称为点）而不是四个。

在进行最后的编辑时，Premiere Pro 会将剪辑的入点标记（剪辑的开头）与时间轴的入点标记（播放头）对齐。

即使没有手动将入点标记添加到 Timeline，仍然是在执行三点编辑，而持续时间是根据源监视器中的剪辑计算出来的。

如果为时间轴添加一个入点标记，则 Premiere Pro 会使用此入点放入新的剪辑，而忽略播放头。

为 Timeline 添加一个出点标记（而不是入点标记）也可以实现类似的效果。在这种情况下，在执行编辑时，Premiere Pro 会对齐剪辑的出点标记与 Timeline 的出点标记。如果序列中剪辑的末尾有一个定时的动作（比如关门），并且新剪辑的时间需要与它对齐，那么选择这么做就很有必要。

如果使用4个标记会怎样?

可以使用4个标记进行编辑：一个入点标记和一个出点标记在源监视器上；一个入点标记和出点标记在Timeline上。如果所选剪辑的持续时间与序列的持续时间相匹配，则会像往常一样进行编辑。如果它们的持续时间不匹配，则Premiere Pro将会请用户选择想要发生的事情。

可以拉伸或压缩新剪辑的播放速度，以适应Timeline上选定的持续时间；或者选择性地忽略其中一个入点或出点标记。

5.4.4 故事板编辑

术语“故事板”通常描述用来展示电影的目标摄像机角度和动作的一系列绘图。故事板通常与连环画十分相似，尽管通常它们包含更多技术信息，比如目标摄像机的移动、台词和音效。

可以将素材箱中的剪辑缩略图用作故事板图像。拖动缩略图，以想要剪辑在序列中出现的顺序对其进行排列（从左到右和从上到下）。然后，将它们拖放到序列中，或者使用特殊的自动编辑功能将它们添加到具有过渡效果的序列中，如图 5.25 所示。

图5.25

1. 使用故事板构建一个粗剪

集合编辑（assembly edit）是剪辑顺序正确但时间还没有计算出来的序列。通常首先将序列构建为集合（只是为了确保结构能正常工作），稍后可以调整时间。

可以使用故事板编辑快速让剪辑保持正确的顺序。

1. 保存当前的项目。

2. 打开 Lessons/Lesson 05 文件夹中的 Lesson 05 Desert Sequence.prproj。

该项目有一个带音乐的 Desert Montage 序列。这里将添加一些精彩的镜头。

音频轨道 A1 已经被锁定（单击挂锁图标可以锁定或解锁一个轨道），这意味着可以无需冒着更改音频轨道的风险而调整序列。

2. 排列故事板

双击 Desert Footage 素材箱将其打开。该素材箱中有一些美丽的镜头。

1. 如果有必要，单击素材箱上的 Icon View（图标视图）按钮（）以查看剪辑的缩略图。

> **注意**：Premiere Pro 的图标视图中有根据多项标准排列剪辑的选项。针对选项单击 Sort Icons（排列图标）按钮（）。将菜单设置为 User Order（用户顺序），以便将剪辑拖放到一个新顺序中。

2. 拖放素材箱中的缩略图，让它们按用户想要的顺序出现在序列中。

3. 确保选中了 Desert Footage 素材箱（带有一个蓝色的轮廓），然后按 Control + A（Windows）或 Command + A（Mac OS）组合键选择素材箱中的所有剪辑。

4. 将剪辑拖放到序列中，将它们放到 Timeline 开头的 Video 1 轨道上，位于音乐剪辑的上方，如图 5.26 所示。

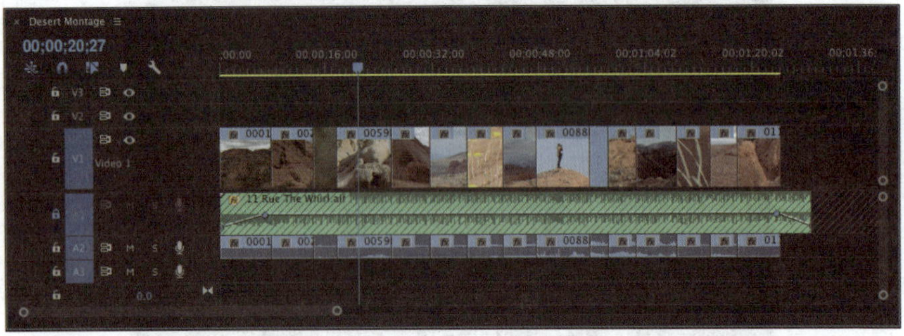

图5.26

5. 播放序列以查看结果。

设置静态图像的持续时间

这些视频剪辑已经有入点和出点标记了。为序列添加剪辑或者直接从素材箱添加剪辑时，会自动使用这些入点和出点标记。

图形和照片在序列中可以有任意的持续时间。但是，它们拥有在导入时设置的默认持续时间。在Premiere Pro首选项中可以更改默认持续时间。

选择Edit（编辑）>Preferences（首选项）>General（常规）（Windows）或Premiere Pro>Preferences>General（Mac OS），并在Still Image Default Duration（静态图像的默认持续时间）框中更改持续时间。只有在导入它们时，所做的改变才会应用到剪辑中。而且这不会影响到项目已经存在的剪辑。

静态图像也没有时基（timebase，即每秒钟应该播放的帧的数量）。可以为静态图像设置默认的时基，方法是选择Edit > Preferences > Media（媒体）（Windows）或Premiere Pro > Preferences > Media（Mac OS），然后为Indeterminate Media Timebase（模糊媒体时基）设置一个选项。

3. 自动匹配故事板与序列

除了将故事板编辑拖放到 Timeline 之外，还可以使用特殊的 Automate To Sequence（自动匹配序列）选项。

1. 按住 Control + Z（Windows）或 Command + Z（Mac OS）组合键撤销编辑，并将 Timeline 播放头放到 Timeline 的开头位置。

2. 在 Desert Footage 素材箱中，仍然选中所有的剪辑，单击 Automate To Sequence 按钮（ ），出现如图 5.27 所示的对话框。

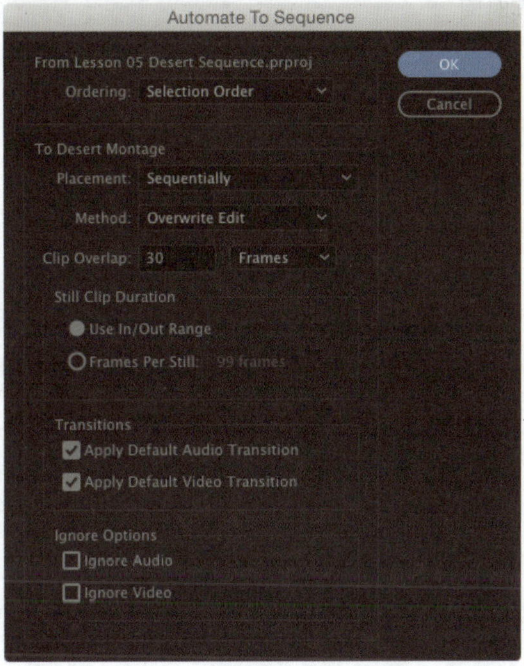

图5.27

顾名思义，Automate To Sequence 会自动将剪辑添加到当前显示的序列中，而且是从 Timeline 播放头的位置开始添加的。下面是一些选项的说明。

- **Ordering（排序）**：以剪辑出现在素材箱中的顺序，或者以单击方式选择它们的顺序，将它们放置到序列中。
- **Placement（放置）**：默认情况下，该选项会依次添加剪辑。如果 Timeline 上有标记（也许是音乐节拍的时间），则可以将剪辑添加到标记处。
- **Method（方法）**：可在 Insert（插入）和 Overwrite（覆盖）编辑之间选择。只有当时间轴上还有其他剪辑时，该选项才很重要。
- **Clip Overlap（剪辑重叠）**：自动重叠剪辑以支持特效过渡（比如交叉溶解）。
- **Still Clip Duration（静态剪辑持续时间）**：该选项允许用户在对话框中为所有的静态图像选择一个持续时间，或者使用源监视器中的入点和出点标记设置单独的持续时间。
- **Transitions（过渡）**：选择在每个剪辑之间自动添加视频或音频过渡。

- **Ignore Options（忽略选项）**：将剪辑的视频或音频部分排除在外。

3. 设置 Automate To Sequence（自动匹配序列）对话框，以使设置与前面的例子相匹配，然后单击 OK。

这时，剪辑会重叠，而且重叠的视频之间有一个交叉溶解特效。注意，用来创建过渡特效的重叠会减少序列的总体持续时间。

复习题

1. 入点和出点标记的作用是什么？
2. Video 2 轨道在 Video 1 轨道的前面还是后面？
3. 子剪辑如何有助于保持井然有序？
4. 如何选择要处理的一个序列的时间范围？
5. 覆盖编辑和插入编辑之间的区别是什么？
6. 如果源剪辑没有入点或出点编辑，而且在序列中也没有入点或出点标记，则可以将多少源剪辑添加到序列中？

复习题答案

1. 在源监视器和 Project 面板中，入点和出点标记定义了想在序列中使用的剪辑部分。在 Timeline 上，入点和出点标记用于定义想要删除、编辑、渲染或导出的序列部分。在处理特效时，还可以使用它们定义想要渲染的序列部分。当想要导出部分 Timeline 来创建视频文件时，也可以使用它们来定义要导出的 Timeline 部分。
2. 上面的视频轨道始终位于下面的视频轨道的前面。
3. 尽管在 Premiere Pro 播放视频和声音时，子剪辑几乎没有区别，但是利用它们可以轻松地将素材分到不同的素材箱中。对于具有大量较长剪辑的大型项目，如果能以这种方式分割内容会带来很大不同。
4. 可以使用入点和出点标记来定义想要处理的序列部分。例如，在处理特效时，可能需要进行渲染，或者将序列的某些部分导出为文件。还可以使用选项来启用 Timeline Work Area Bar（工作区域条），用于确定序列的时间范围。要启用 Work Area，方法是进入 Timeline 菜单并选择 Work Area Bar。该工作区域条出现在 Timeline 的顶部，而且在渲染或导出时，会取代入点和出点标记。
5. 使用覆盖编辑方法添加到序列中的剪辑会替换序列中相应位置的已有内容；使用插入编辑方法添加到序列的剪辑会取代已有剪辑并将它们推后（向右），从而使得序列更长。
6. 如果不为源剪辑添加入点和出点标记，则整个剪辑会被添加到序列中。设置一个入点标记和 / 或一个出点标记后，则会对编辑中使用的源剪辑的内容形成限制。

第6课 使用剪辑和标记

课程概述

在本课中，你将学习以下内容：

- 理解节目监视器和源监视器之间的区别；
- 播放虚拟现实（VR）头盔的 360° 视频；
- 使用标记；
- 应用同步锁定和轨道锁定；
- 在序列中选择项目；
- 在序列中移动剪辑；
- 从序列中删除剪辑。

本课大约需要 60 分钟。

一旦序列中有了一些剪辑后，就可以准备下一阶段的微调了。可以在编辑中移动剪辑并删除不想要的剪辑部分，还可以添加注释标记，存储有关剪辑和序列的信息。在进行编辑期间，或者将序列发送到其他 Adobe Creative Cloud 应用程序时，这将会很有用。

编辑视频序列中的剪辑时，在 Adobe Premiere Pro CC 中可以使用标记和高级工具来同步和锁定轨道，从而使微调编辑变得更简单。

6.1 开始

视频编辑的技巧和艺术在集合编辑之后的阶段得到了最好的证明。选择了镜头并将它们以大致正确的顺序放置时，仔细调整编辑时间的过程就开始了。

在本课中，将介绍节目监视器中的更多控件，并介绍标记是如何做到使编辑井然有序的。

另外，还将介绍如何处理 Timeline 上已有的剪辑。Timeline 是 Adobe Premiere Pro CC 非线性编辑的"非线性"部分。

打开 Lesson 06 文件夹中的 Lesson 06.prproj 文件。

开始之前，需确保使用的是默认的 Editing（编辑）工作区。

1. 选择 File（文件）>Save As（另存为）

2. 将文件重命名为 Lesson 06 Continued.prproj。

3. 选择硬盘上的一个存储位置，然后单击 Save（保存）来保存项目。

4. 将工作区重置为默认模式；在 Workspaces 面板中单击 Editing，然后单击 Editing 选项附近的菜单，选择 Reset to Saved Layout（重置为保存的布局）。

6.2 使用节目监视器控件

虽然节目监视器与源监视器几乎完全相同，但是，还存在少量非常重要的差别。

下面就来看一下。

6.2.1 什么是节目监视器

节目监视器（见图 6.1）显示序列播放头所在位置的帧或正在播放的帧。Timeline 中的序列显示剪辑片段和轨道，而节目监视器显示生成的视频输出。节目监视器的时间标尺是 Timeline 的微型版本。

在早期的编辑阶段，很可能会花大量时间来使用源监视器。一旦将序列粗略地编辑在一起，则将要花费大量的时间来使用节目监视器和 Timeline。

图6.1

节目监视器和源监视器的对比

节目监视器与源监视器的主要差别如下。

- 源监视器显示剪辑的内容；节目监视器显示 Timclinc 面板中当前显示的序列的内容。
- 源监视器有 Insert（插入）和 Overwrite（覆盖）按钮来为序列添加剪辑（或部分剪辑）。节目监视器具有对应的 Extract（提取）和 Lift（提升）按钮，可以从序列中删除剪辑（或部分剪辑）。
- 尽管两个监视器都有时间标尺，但节目监视器的播放头是与当前正在 Timeline 面板中查看的序列中的播放头相匹配的（序列的名称出现在节目监视器的左上角）。只要移动一个播放头，另一个播放指示器也随之移动，这允许用户使用任何一个面板来更改当前显示的帧。
- 在 Adobe Premiere Pro 中处理特效时，将在 Program Monitor 节目监视器中看到结果。该规则有一个例外：主剪辑（master clip）特效可以在源监视器和节目监视器中查看（有关特效的更多信息，请见第 13 课）。
- 节目监视器上的 Mark In（标记入点）和 Mark Out（标记出点）按钮与源监视器中这两个按钮的工作方式是一样的。将入点和出点标记添加到节目监视器时，会将它们添加到当前显示的序列中。

6.2.2 使用节目监视器向时间轴添加剪辑

前面已经学习了如何使用源监视器来选择部分剪辑，然后通过按一个键、单击一个按钮或者拖放的方式，将编辑添加到序列中。

还可以直接将剪辑从源监视器拖放到节目监视器中，以将其添加到 Timeline。

1. 在 Sequences 素材箱中，打开 Theft Unexpected 序列。

2. 将 Timeline 的播放头放在序列的结尾，即剪辑 Mid John 最后一帧的后面。可以按住 Shift 键以让播放头与编辑对齐，或者按向上和向下箭头键在编辑之间导航。

> **提示**：在 List（列表）视图下，可以使用左箭头和右箭头键展开和折叠 Project 面板中的素材箱。

> **提示**：可以按下 End 键（Windows）或 Fn + 右箭头键（Mac OS），将播放头移动到序列的末尾。

3. 在源监视器中打开 Theft Unexpected 素材箱的剪辑 HS Suit。这是已经在序列中使用的剪辑，但是这次想使用这个剪辑中的不同部分。

4. 在大约 01:26:49:00 处为剪辑设置一个入点标记。镜头中没有太多事发生，因此将它作为切换镜头会很适合。在大约 01:26:52:00 处添加一个出点标记，这样 Suit 中还有一点时间。

> **提示**：可以单击时间码显示，输入数值（不要输入标点符号），然后按 Enter 键，这会将播放头移动到这个时间点。

5. 单击源监视器中画面的中间位置，将剪辑拖放到节目监视器中，但是不要松开鼠标。

在节目监视器中会出现几个重叠图像，而且每一个图像都会突显一个拖放区域（drop zone），如图 6.2 所示。在准备进行编辑时，拖放区域会给出一些不同的选项。

如果计算机屏幕支持触摸操作，当以触摸的方式进行编辑时，重叠区域可以提供最大程度的灵活性。可以使用鼠标来拖入剪辑，也可以通过触摸的方式来拖入剪辑。

当将鼠标指针移动到每个覆盖图像上面时，将会使其突出显示，以指示在释放鼠标按钮时，将会应用的编辑类型。

下面是一些选项。

- **Insert（插入）**：执行插入编辑，可使用源轨道选择按钮来选择剪辑将要放置到的轨道。
- **Overwrite（覆盖）**：执行覆盖编辑，可使用源轨道选择按钮来选择剪辑将要放置到的轨道。

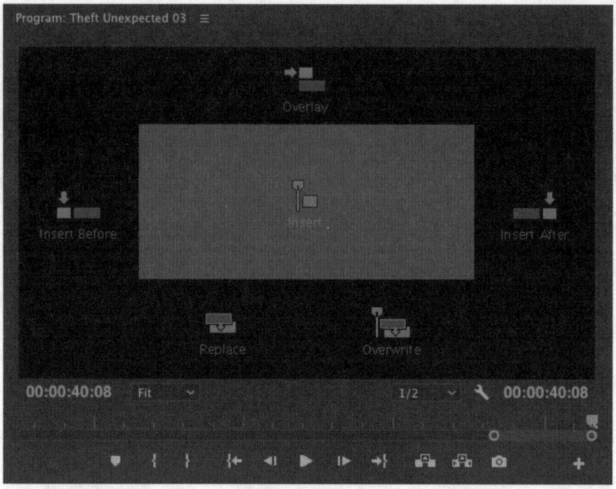

图6.2

- **Overlay（重叠）**：如果已经在 Timeline 上选择了一个剪辑，则新的剪辑会被添加到选定剪辑上面的下一个可用轨道上。如果在下一个轨道上也有了一个剪辑，则使用这个剪辑上面的轨道，以此类推。
- **Replace（取代）**：新剪辑会取代当前位于 Timeline 播放头下面的剪辑（有关取代编辑的更多信息，请参见第 8 课）。
- **Insert After（在之后插入）**：新剪辑会立即插入到当前位于 Timeline 播放头下方的剪辑的后面。
- **Insert Before（在之前插入）**：新剪辑会立即插入到当前位于 Timeline 播放头下方的剪辑的前面。

就这个例子来说，Timeline 上没有选择任何剪辑，也没有要进行覆盖的剪辑。这里选择 Insert，原因是它是最大的拖放区域，更容易进行准确操作。

当释放鼠标按钮时，剪辑将被添加到序列中播放头的位置，此时整个编辑工作就完成了。

> Pr **注意：**当使用鼠标将剪辑拖放到序列中时，Premiere Pro 仍然使用 Timeline Source Channel Selection（源通道选择按钮）来控制要使用剪辑（视频和音频通道）的哪些部分。

使用节目监视器进行插入编辑

下面使用相同的技术尝试在序列的中间插入一个剪辑。

1. 将 Timeline 的播放头放在剪辑的 00:00:16:01 位置，位于 Mid Suit 和 Mid John 之间。这个剪辑中动作的连续性不是很好，因此添加 HS Suit 剪辑的另一部分。

2. 在源监视器中，为 HS Suit 剪辑添加一个新的入点和出点标记，选择总共两秒的时间。可以在源监视器的右下角看到所选的持续时间（见图 6.3），显示为白色数字。

图6.3

3. 再次将剪辑从源监视器拖放到节目监视器中，确保将剪辑放到插入重叠（insert overlay）上面。当释放鼠标按钮时，剪辑将被插入到序列中，如图 6.4 所示。

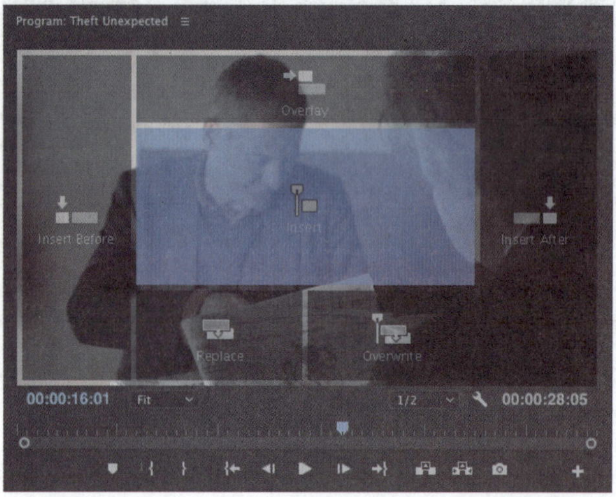

图6.4

相较于使用键盘快捷键，使用源监视器上的 Insert 和 Overwrite 按钮，或者将剪辑拖放到节目监视器中，如果更喜欢将剪辑拖放到序列中，依然有方法仅添加剪辑的视频或音频部分。

下面就来尝试组合使用各种技术，设置 Timeline 轨道标题，然后将它拖放到节目监视器中。

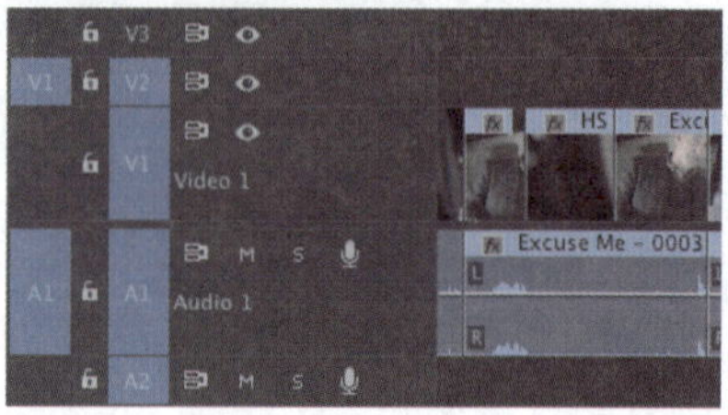

图6.5　时间轴轨道标题应与此类似

1. 将 Timeline 播放头放在大约 00:00:25:20 位置，就是 John 拿出钢笔的前面。

2. 在 Timeline 轨道标题上（见图 6.5），拖动 Timeline Video 2 轨道附近的 Source V1 轨道选择按钮。对于将要使用的技术，使用轨道定位来设置正在添加的剪辑位置。

> Pr | **注意**：在将剪辑编辑到序列中时，只有源轨道选择按钮起作用，Timeline 轨道选择按钮不起作用。

3. 在源监视器中查看剪辑 Mid Suit。在大约 01:15:54:00 位置，John 正在使用钢笔。在此处制作一个入点标记。

4. 在大约 01:15:56:00 位置添加一个出点标记。这里需要一个快速的替代角度。

在源监视器底部，可以看到 Drag Video Only（仅拖动视频）和 Drag Audio Only（仅拖动音频）图标（）。

这两个图标有以下两个目的。

- 它们告诉用户剪辑是否有视频和 / 或音频。例如，如果没有视频，则电影胶片图标是灰色的；如果没有音频，则波形是灰色的。
- 可以使用鼠标拖动它们以选择性地将视频或音频编辑到序列中。

5. 将源监视器底部的电影胶片图标拖到节目监视器中，并放到 Overwrite（覆盖）图标上。当释放鼠标按钮时，只有剪辑的视频部分添加到 Timeline 的 Video 2 轨道中。

即使同时启用了 Source Video（源视频）和 Source Audio（源音频）选择按钮，这依然可用，所以这是一种选择所需部分视频的快速且直观的方法。

6. 从头开始播放序列。

剪辑的时序还不是很好，但已经是一个良好的开端。刚添加的剪辑在 Mid John 剪辑末尾和 HS Suit 剪辑开始之前播放，这更改了时序。由于 Premiere Pro 是非线性编辑系统，因此稍后可以更改时序。第 8 课将介绍如何更改时序。

为什么有这么多将剪辑编辑进序列的方法？

这种方法看起来可能只是实现相同事情的另一种方式，那么其好处是什么呢？很简单：随着屏幕分辨率的增加和按钮变小，瞄准并单击正确的位置变得越来越不容易。

如果更喜欢使用鼠标（或在触摸屏上使用手指）进行编辑（而不是键盘），节目监视器呈现了一个方便的大拖放区域来让用户将剪辑添加到Timeline。它使用轨道标题控件和播放头的位置（或入点和出点标记），提供了剪辑的精确放置，同时使用户可以更直观地工作。

6.3 设置播放分辨率

水银回放引擎支持 Premiere Pro 实时播放多种媒体类型和特效等内容。水银回放引擎通过计算机硬件能力来提升性能。这意味着 CPU 的速度、RAM 的大小、GPU 的能力和硬盘的速度都是影响播放性能的因素。

如果系统在播放序列（在节目监视器中）或剪辑（在源监视器中）中的每个视频帧时有困难，可以选择较低的播放分辨率，让播放更容易一些。如果看到视频播放不顺畅、经常停止和开始，通常表示由于 CPU 速度、硬盘速度或 GPU 能力的问题，导致系统无法播放文件。

尽管降低分辨率意味着无法看到图像的每个像素，但是这样做可以显著提升性能，使创意工作变得更简单。此外，视频拥有的分辨率比能够显示的分辨率高是很常见的事情，这是因为源监视器和节目监视器通常要比原始的媒体尺寸小。这意味着在降低播放分辨率时，实际上可能看不到显示差别。

6.3.1 更改播放分辨率

图6.6

接下来尝试调整播放分辨率。

1. 从 Theft Unexpected 素材箱打开剪辑 Cutaways。默认情况下，该剪辑在源监视器中以半分辨率（half-resolution）显示，如图 6.6 所示。

在源监视器和节目监视器的右下角，将看到 Select Playback Resolution（选择播放分辨率）菜单。

2. 在将剪辑设置为半分辨率并进行播放，以了解其品质。

3. 将分辨率更改为 Full（全分辨率），并再次播放剪辑以进行比较，如图 6.7 所示。两者可能看起来很相似。

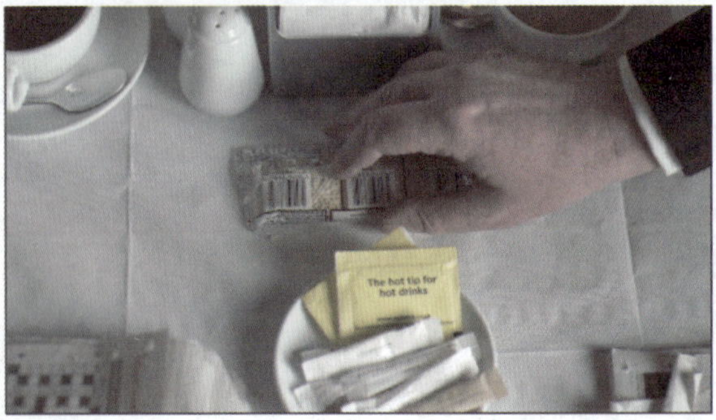

图6.7 全分辨率

4. 尝试将分辨率降低到 1/4。现在，在播放时可能开始看到差别，如图 6.8 所示。注意，暂停播放时，图像会变清晰。这是因为暂停分辨率与播放分辨率是独立的（参见 6.3.2 小节）。

在图片元素（比如文字）上可以看到最大的差异。比如，对镜头前景中的糖包进行比较。

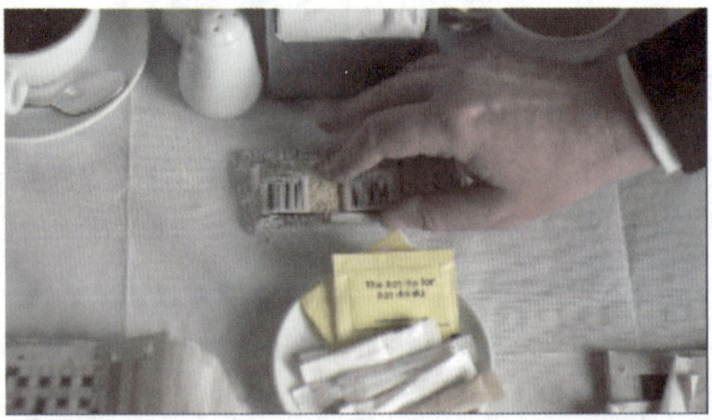

图6.8 1/4分辨率——印刷文字看上去更柔和

5. 尝试将播放分辨率降低到 1/8，但是却没有成功。Premiere Pro 会评估正在处理的每种媒体，如果降低分辨率的好处小于它降低分辨率所花的时间，则该选项就不可用。

> **注意：**源监视器和节目监视器上的播放分辨率控件完全一样，但它们是独立的。

如果正在使用一台强大的计算机，在预览时想让播放质量最大化，为此有一个额外的选项：在 Settings 菜单（ ）中针对源监视器或节目监视器选择 High Quality Playback（高质量播放）。

6.3.2 在播放暂停时更改分辨率

可以使用源监视器和节目监视器上的 Settings（设置）菜单来更改播放分辨率。

如果在上述任意一个监视器上查看 Settings（设置）菜单，会发现与显示分辨率相关的第二个选项：Paused Resolution（暂停分辨率），如图 6.9 所示。

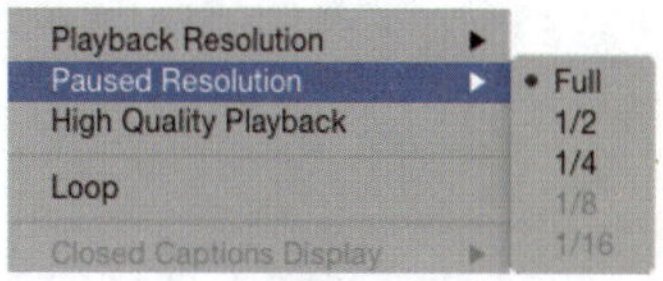

图6.9

该菜单与播放分辨率菜单的工作方式是一样的，但是只有在暂停视频时它才能更改分辨率。

大多数编辑选择将 Paused Resolution（暂停分辨率）设置为 Full。这样，在播放期间可能看到较低分辨率的视频，但在暂停时，Adobe Premiere Pro 会恢复为显示全分辨率。

如果使用第三方特效，可能会发现它们使用系统硬件的效率不像 Premiere Pro 那样高。因此，对效果设置进行更改时，可能需要花很长时间更新图像。这时，可以通过降低暂停分辨率来加速处理。

6.4 播放 VR 视频

家用的虚拟现实（VR）头盔现在司空见惯，人们对适用于这一新媒体的内容需求也很高。Premiere Pro 内置了对 VR 视频的支持，而且有很多业界领先的插件可用来与 Creative Cloud 一起工作，来完成高级的后期制作工作流。

Premiere Pro 有一个 VR 视频查看模式，允许播放 360° 视频，而且在播放时可以选择实时的视角。这种查看模式相当重要，要是没有这种模式，则很难跟踪 360° 视频中的动作。

> **360° 视频和VR之间的区别是什么**
>
> 360° 视频拍摄得有点像全景照片。视频是从多个方位录制的，然后不同的摄像机角度被“缝合”成一个完整的球体。这个球体被平展成2D视频素材（被描述为“等矩形”）。“等矩形”这个术语用来描述将地球平展为地图集的方式，这样就可以在书本中查看地球。

等矩形视频看上去是失真的，因此很难查看并跟踪视频中的动作。然而，因为它是一个与其他视频一样的普通视频文件，所以利用Premiere Pro可以很轻松地处理它。

要正确地查看360° 视频，有必要穿戴虚拟现实头盔。在头盔中，360° 视频呈现在用户周围，用户可以抬头看到图像的不同部分。因为虚拟现实头盔是正确观看360° 视频的必需设备，通常将其称为VR视频。

真正的VR其实不是视频。它是一个完整的3D环境，人可以里面来回走动，可以从不同的方向查看事物（这与360° 视频一样），还可以在虚拟空间中的不同位置观看事物。

因此两者之间关键的区别是，在360° 视频中，可以从不同的方向查看；但是在真正的VR中，可以从不同的位置查看。

接下来尝试播放一些 360° 视频。

1. 浏览到 Further Media 素材箱，在源监视器中打开 360 Intro.mp4 剪辑，播放该剪辑。

这是一个 360° 影片的介绍。该剪辑是 4K 的分辨率，如果系统在播放时有些困难，可以降低播放分辨率。

图像的中心可以很容易地辨认出，但是如果查看图像边缘，则很难确认看到的是什么。

这是因为剪辑是等矩形的视频，即一个用于 VR 头盔的球形视频被平展为 3D 图像。要清晰地观看该剪辑，需要接环到 VR Video（VR 视频）模式。

2. 单击源监视器的 Settings（设置）菜单，选择 VR Video>Enable（启用）。

现在剪辑看起来更像普通视频了，而且在源监视器中出现了额外的控件，如图 6.10 所示。

图6.10

Pr 注意：源监视器和节目监视器具有相同的 VR Video 控件。

3. 再次播放剪辑，这次在播放时单击图像并拖动，更改视角。

图像下面和右侧的数字允许用户精确控制视角。它们很有用，但是会占据大量的空间。

4. 进入源监视器的 Settings 菜单，选择 VR Video>Hide Controls（隐藏控件）。

仍然可以单击图像，以更改视角，但是现在源监视器中的图像要比刚才大。

还是在 Settings 菜单中，将发现 VR Video 设置，这时可以采用度数的形式指定视图的高度和宽度，以模拟不同的 VR 头盔。

5. 现在进入源监视器的 Settings 菜单，选择 VR Video>Enable（启用），将其取消选中。

6.5 使用标记

有时可能很难记住有用镜头的位置或者是打算如何处理它。如果可以对感兴趣的剪辑部分添加注释和标记，就会很有用。

这时需要的就是标记。

6.5.1 什么是标记

标记允许用户识别剪辑和序列中的具体时间并为它们添加注释。这些临时（基于时间的）标记（见图 6.11）是帮助用户保持一切井然有序并与合编者进行沟通的绝佳方式。

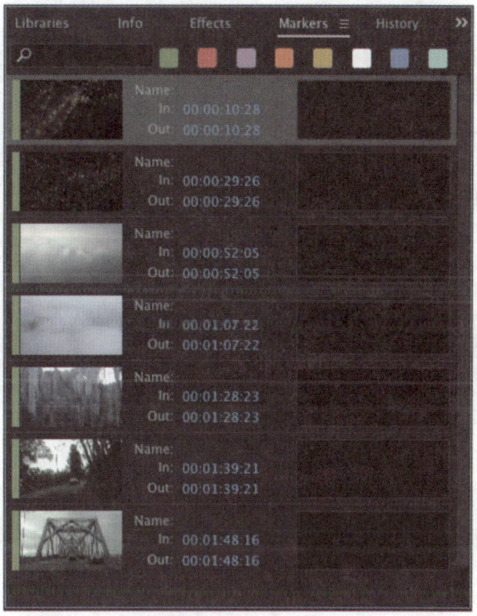

图6.11

可以将标记用作个人参考或协作。它们可以连接到单独的剪辑或序列。

在为剪辑添加标记时，标记包含在原始媒体文件的元数据中。这意味着可以在另一个 Premiere Pro 项目中打开此剪辑并查看相同的标记。

可以将与剪辑或序列相关的标记导出为 HTML 页面的形式，该页面带有缩略图或者电子表格编辑应用程序可以阅读的 .csv（逗号分隔值）文件。这对于协同工作来说很重要，可以用作参考。

选择 File >Export（导出）>Markers（标记），可以导出标记。

6.5.2 标记类型

有多种标记类型可供使用（见图 6.12），可通过双击的方式更改标记类型。

- **Comment Marker（注释标记）**：一个通用标记，可以指定名称、持续时间和注释。
- **Chapter Marker（章节标记）**：在制作 DVD 或蓝光光盘时，Adobe Encore 可以将这种标记转换为普通的章节标记。
- **Segmentation Marker（分段标记）**：这种标记使得某些视频服务器可以将内容拆分为若干部分。

- **Web Link（Web 链接）：**某些视频格式（如 QuickTime）可以在播放视频时，使用这种标记自动打开一个 Web 页面。当导出序列来创建支持的格式时，会将 Web 链接标记包含在文件中。
- **Flash Cue Point（Flash 提示点）：**Adobe Flash 使用的一种标记。将这些提示点添加到 Premiere Pro 的 Timeline 中，可以在编辑序列时就开始准备 Flash 项目。

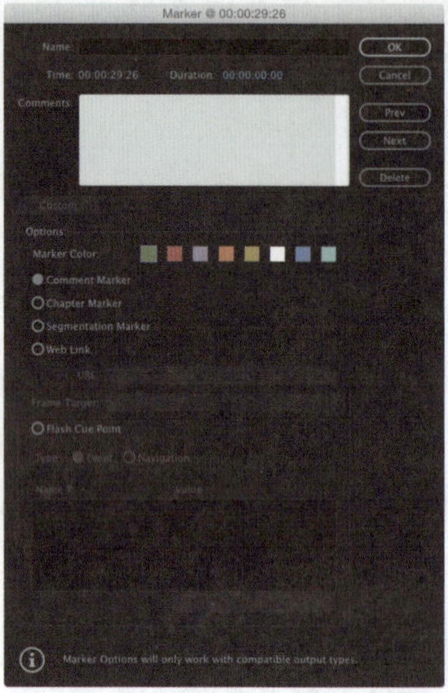

图6.12

1. 序列标记

下面来添加一些标记。

1. 打开 City Views 序列。

这个序列用一个旅行广播节目中的几个镜头进行了简单整合。

2. 将 Timeline 播放头放在大约 00:00:12:00 位置，确保没有选中剪辑（可以单击 Timeline 的背景，取消选中剪辑）。

3. 以下述的一种方式添加一个标记。

- 单击 Timeline 左上方的 Add Marker（添加标记）按钮（ ）。
- 右键单击 Timeline 的时间标尺并选择 Add Marker。
- 按 M 键。

> Pr | **注意：**可以在时间轴、源监视器和节目监视器的时间标尺上添加标记。

Premiere Pro 向 Timeline 添加一个绿色标记，位于播放头的上方，如图 6.13 所示。

同一个标记出现在节目监视器的底部，如图 6.14 所示。

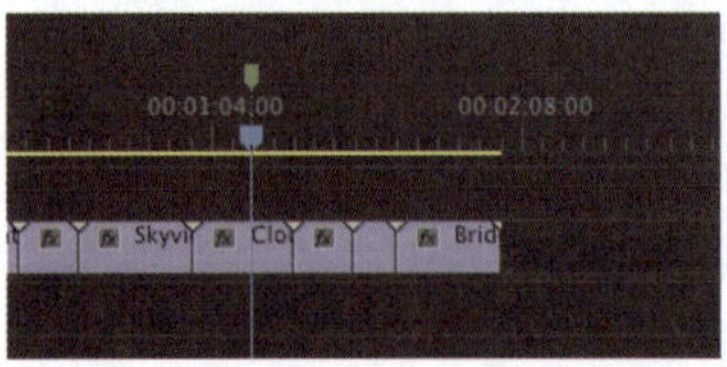

图6.13

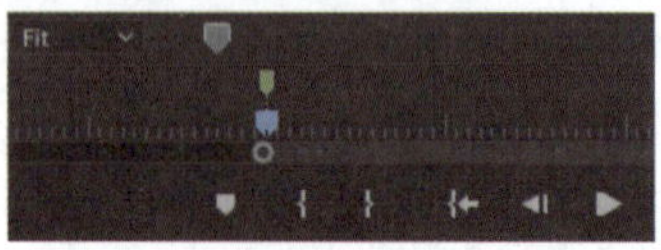

图6.14

可以将其用作一个简单的视觉提示，或者进入到设置中，将其修改为一种不同类型的标记。稍后将进行该操作。现在，先在 Markers（标记）面板中看一下这个标记。

4. 打开 Markers 面板，如图 6.15 所示。默认情况下，Markers 面板与 Project 面板分在一个组。如果没有看到它，请访问 Window 菜单并选择 Markers。

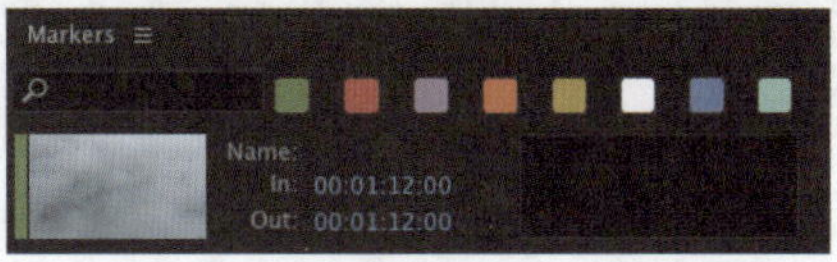

图6.15

Markers 面板显示了一个标记列表，以时间顺序显示标记。它还显示了序列或剪辑的标记，这取决于 Timeline 或源监视器是否是活动的。如果两者都不是活动的，则该面板是空白的。

5. 双击 Markers 面板中标记的缩略图，这会显示 Marker（标记）对话框。

> Pr 提示：可以双击 Marker 面板中的标记，或者双击标记图标，来打开 Marker 对话框。

6. 单击 Duration（持续时间）字段并输入 400。应避免按 Enter 或 Return 键，否则面板将关闭。只要单击字段之外的地方，或者按下制表符来切换焦点，Premiere Pro 就会自动添加标点符号，将此数字转化为 00:00:04:00（4 秒）。

7. 单击 Name（名字）文本框并输入注释，比如 Replace this shoot，如图 6.16 所示。

8. 单击 OK。

现在标记在 Timeline 上有了持续时间。放大一点，可以看到添加的注释，如图 6.17 所示。该注释也显示在 Markers 面板中。

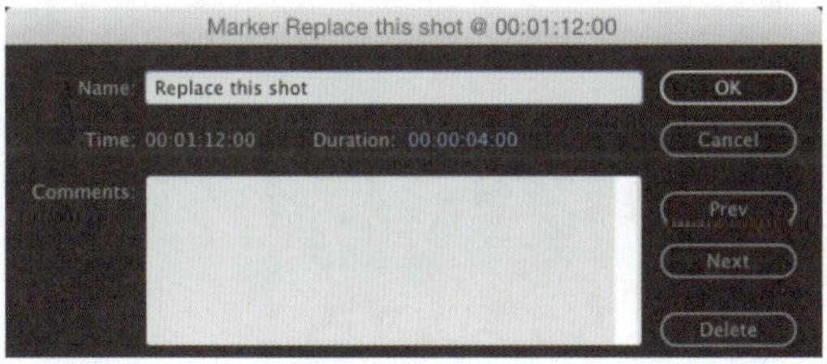

图6.16

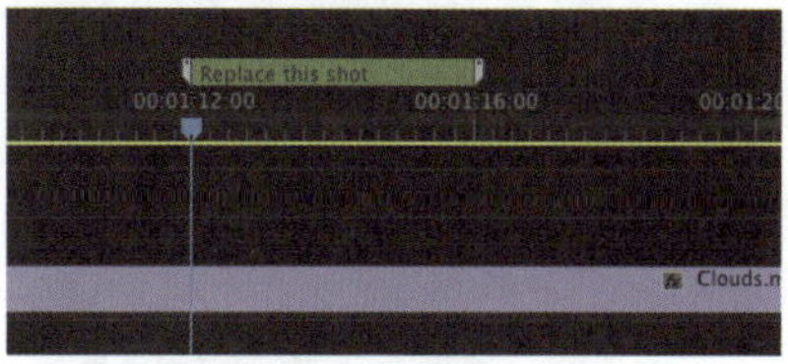

图6.17

9. 单击 Premiere Pro 界面顶部的 Marker 菜单，查看其相关选项。

在 Marker 菜单底部，可以使用相关选项来调整序列标记的位置。启用了该选项后，在使用插入编辑或提取编辑时，序列标记会与剪辑同步移动，这将改变序列的持续时间和时序；禁用该选项后，当移动剪辑时，标记保持不动。

> Pr 提示：Marker 菜单中的选项都有相应的键盘快捷键，使用键盘来处理标记通常比使用鼠标更快速。

2. 剪辑标记

接下来将标记添加到剪辑上。

1. 在源监视器中打开 Further Media 素材箱中的剪辑 Seattle_Skyline.mov。

2. 播放此剪辑，并在播放它时按几次 M 键以添加标记，如图 6.18 所示。

图6.18

> **Pr** **注意**：可以使用按钮或键盘快捷键添加标记。如果使用键盘快捷键 M，可以轻松添加匹配音乐节拍的标记，因为可以在播放时添加标记。

3. 查看 Markers 面板，如图 6.19 所示。如果源监视器是活动的，则会列出添加的所有标记。为序列添加带有标记的剪辑时，会保留剪辑的标记。

4. 单击源监视器，确保它是活动的。访问 Marker 菜单并选择 Clear All Markers（清除所有标记），如图 6.20 所示。

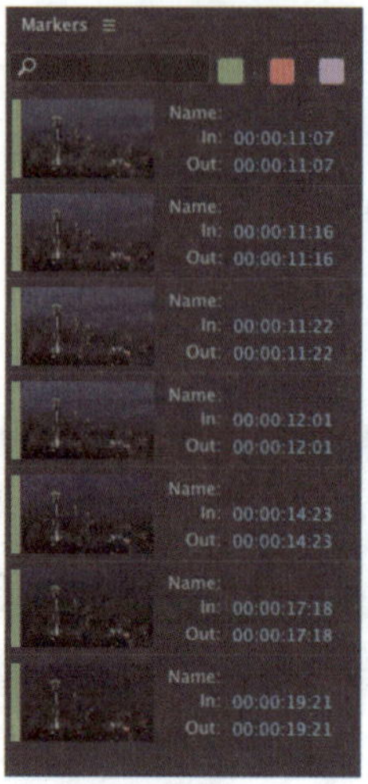

图6.19

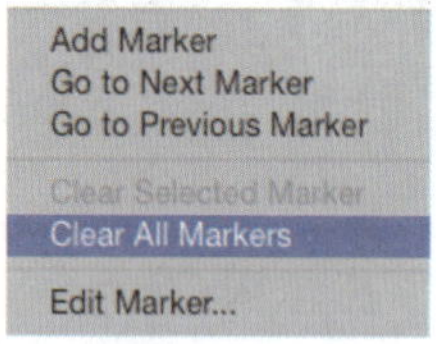

图6.20

所有标记将会从剪辑中删除。

> **Pr** **提示**：在源监视器、节目监视器或 Timeline 的时间标尺上右键单击，并选择 Clear All Markers，也可以删除所有的标记（或当前的标记）。

在添加标记之前，可以先选择标记，然后将标记添加到序列中的剪辑中。在查看剪辑时，如果剪辑已经被编辑到序列中，则添加到剪辑中的标记仍然会出现在源监视器中。

3. 交互式标记

交互式标记用于在视频播放期间触发事件。在提供媒体时，系统会询问用户是否在视频的关键时刻添加这样的标记。添加交互式标记与添加普通标记一样简单。

1. 将播放头放在想要标记出现在 Timeline 上的位置，单击 Add Marker（添加标记）按钮或按 M 键，Premiere Pro 即会添加一个普通标记。

2. 在 Timeline 或 Markers 面板中，双击已经添加的标记。

3. 将标记类型更改为 Flash Cue Point（Flash 提示点），并单击 Marker 对话框底部的加号（+）按钮来根据需要添加 Name（名字）和 Value（值）等详细信息。

4. 单击 OK。

> Pr 提示：可以连续按两次 M 键，快速添加标记并显示 Marker 对话框。

> Pr 提示：可以使用标记快速导航剪辑和序列。如果在 Markers 面板中双击了一个标记，可以访问该标记的选项。如果执行的是单击操作，Premiere Pro 会将播放头移动到标记所在的位置——这种方式很便捷。

6.5.3 自动编辑标记

在上一课中，学习了如何自动将剪辑编辑进素材箱的序列中。这个工作流中的一个选项是自动将剪辑添加到序列中的标记处。下面来试一下。

1. 打开 Sequences 素材箱中的序列 Desert Montage。

2. 将 Timeline 的播放头放在开始位置，然后按 M 键来添加一个初始标记。

3. 播放一会儿序列，在播放时，按 M 键来匹配音乐的节拍。应该大约每隔两秒添加一个标记，如图 6.21 所示。

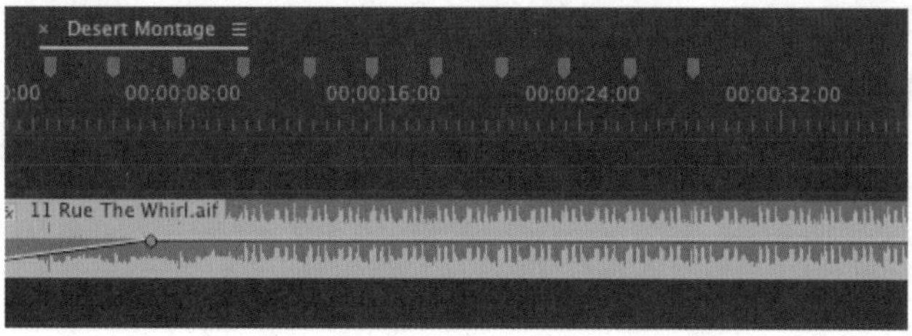

图6.21

4. 将 Timeline 的播放头放在序列的开头。然后打开 Desert Footage 素材箱，并选择所有的剪辑，方法是按下 Control + A（Windows）或 Command + A（Mac OS）组合键。

5. 单击素材箱底部的 Automate To Sequence 按钮（ ），从中选择匹配该示例的设置（确保选中了 Ignore Audio 复选框），如图 6.22 所示，然后单击 OK。

所有的剪辑被添加到序列中，而且从播放头的位置开始，每一个剪辑的第一帧与一个标记对齐，如图 6.23 所示。

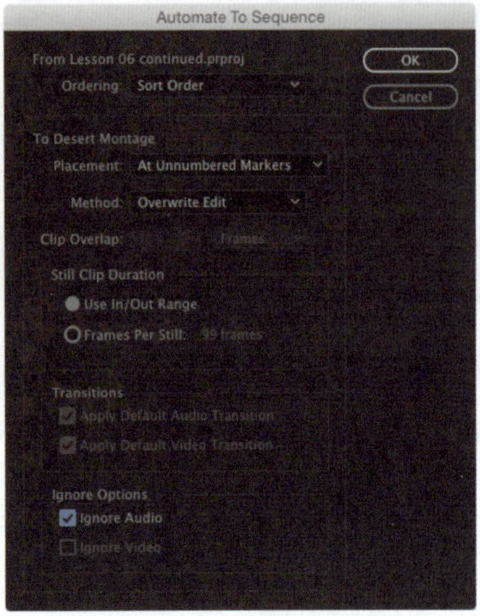

图6.22

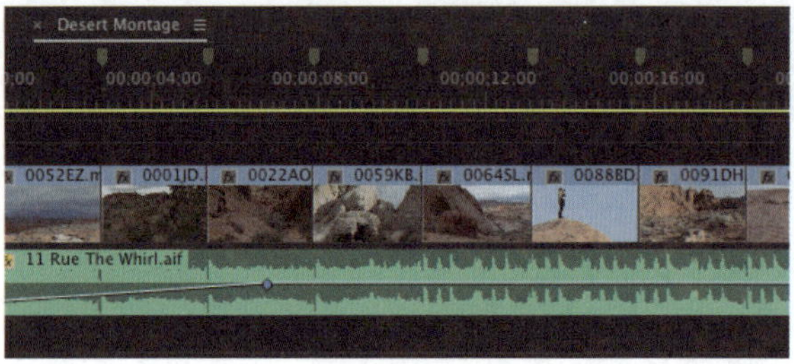

图6.23

如果有想要与视频同步的音乐和声音效果，这就是一种构建蒙太奇效果的快速方式。

使用Adobe Prelude添加标记

Adobe Prelude是Adobe Creative Cloud中包含的一种记录和摄取应用程序。Prelude提供了出色的工具来管理大量素材，并且可以将与Premiere Pro完全兼容的标记添加到素材中。

标记以元数据的形式添加到剪辑中，与在Premiere Pro中添加的标记一样，它们会与媒体一起进入到其他应用程序中。

如果使用Adobe Prelude为素材添加标记，则当查看剪辑时，这些标记会自动出现在Premiere Pro中。事实上，甚至可以将Prelude中的剪辑复制和粘贴到Premiere Pro项目中，而且还会将标记包含进来。

6.5.4 在 Timeline 中查找剪辑

与在 Project 面板中搜索剪辑一样，也可以在序列中搜索剪辑。取决于是 Project 面板处于活动状态，还是 Timeline 处于活动状态，选择 Edit > Find 会显示相应面板的搜索选项，如图 6.24

所示。

当在序列中找到了与搜索条件相匹配的剪辑时，Premiere Pro 将高亮显示。如果选择 Final All（查找所有），Premiere Pro 会高亮显示满足搜索条件的所有剪辑，如图 6.25 所示。

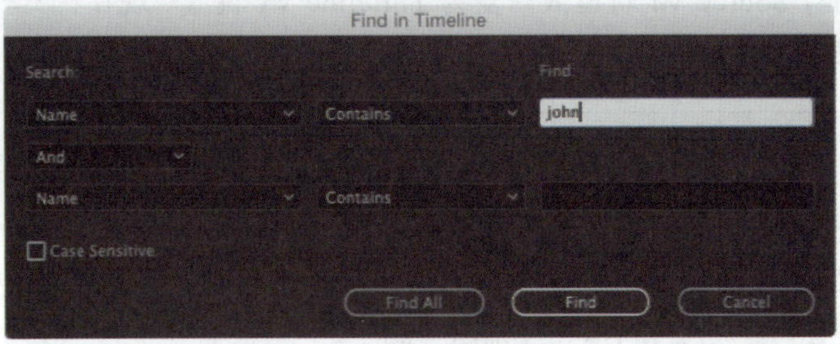

图6.24

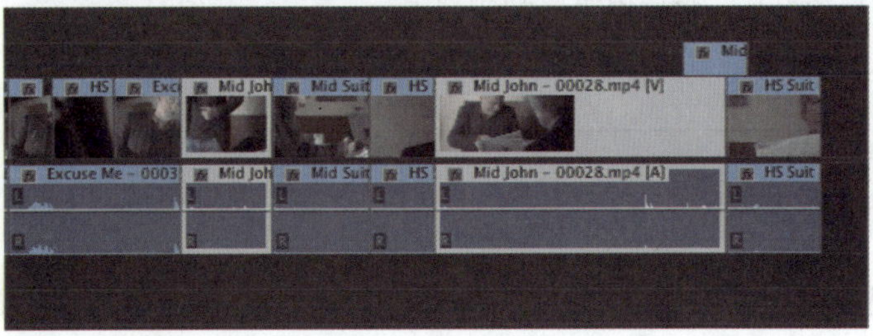

图6.25

6.6 使用同步锁定和轨道锁定

在 Timeline 上有以下两种锁定轨道的方式（见图 6.26）。

- 可以同步锁定剪辑，当使用插入编辑添加一个剪辑时，其他剪辑都聚在一起。
- 可以锁定轨道，这样就不能对轨道进行任何更改。

图6.26

6.6.1 使用轨道锁定

同步的目的并不仅仅是为了让语言同步！将同步视为同时发生的任意两件事会很有用。在发生精彩的动作或某些事情的同时（这些事情甚至可以是出现一个标识发言人身份的字幕），应该会有配乐响起来。如果它们是同时发生的，那么就是同步的。

打开 Sequences 素材箱中的 Theft Unexpected 序列。

在序列的开头位置，John 到达，不知道他正在看什么。

1. 在源监视器中打开 Theft Unexpected 素材箱中的镜头 Mid Suit。在大约 01:15:35:18 位置添加一个入点标记，并在大约 01:15:39:00 位置添加一个出点标记。

2. 将 Timeline 的播放指示器放在序列的开头，并确保 Timeline 上没有任何入点或出点标记。

3. 关闭 Video 2 轨道的 Sync Lock（同步锁定）。确认 Timeline 的配置如图 6.27 所示，而且 Source V1 轨道被修复为 Timeline V1 轨道。现在，Timeline 轨道标题按钮并不重要，但是启用合适的源轨道按钮非常重要。

图6.27

> Pr **提示**：可以按下 Home 键（Windows）或 Fn + 左箭头键（Mac OS），将播放头移动到序列的末尾。

在做其他事情之前，先看一下 Mid Suit 切换剪辑在 Video 2 轨道上的位置，该位置临近序列的末尾。它位于 Video 1 上 Mid John 和 HS Suit 剪辑之间。

4. 采用插入编辑的方式，将源剪辑放到序列中。

再次查看 Mid Suit 切换剪辑的位置。

> Pr **注意**：可能需要执行缩小操作后才能看到序列中的其他剪辑。

Mid Suit 切换剪辑的位置不变，而其他剪辑向右移动，以适应新剪辑。这是一个问题，因为现在切换剪辑与它相关的剪辑之间的位置发生了偏离。

5. 按 Control + Z（Windows）或 Command + Z（Mac OS）组合键撤销操作，启用 Sync Lock（同步锁定）之后对 Video 2 轨道尝试此操作。

6. 打开 Video 2 轨道的 Sync Lock（同步锁定）并再次执行插入编辑。

这一次，切换剪辑与 Timeline 上的其他剪辑一起移动，尽管没有对 Video 2 轨道进行任何编辑。这就是同步锁定的作用——让一切保持同步！

> Pr **注意**：覆盖编辑不会更改序列的持续时间，因此它们不受同步锁定的影响。

6.6.2 使用轨道锁定

轨道锁定用于防止对轨道进行更改。在编辑中，轨道锁定是避免对序列进行意外更改，以及在特定轨道上修复剪辑的绝佳方式。

例如，在插入不同的视频剪辑时，可以锁定音乐轨道。通过锁定音乐轨道，可以在编辑时忘掉它，因为不会对它进行任何更改。

通过单击 Toggle Track Lock（切换轨道锁定）按钮可以锁定和解锁轨道。位于锁定轨道上的剪辑使用斜线进行突出显示，如图 6.28 所示。

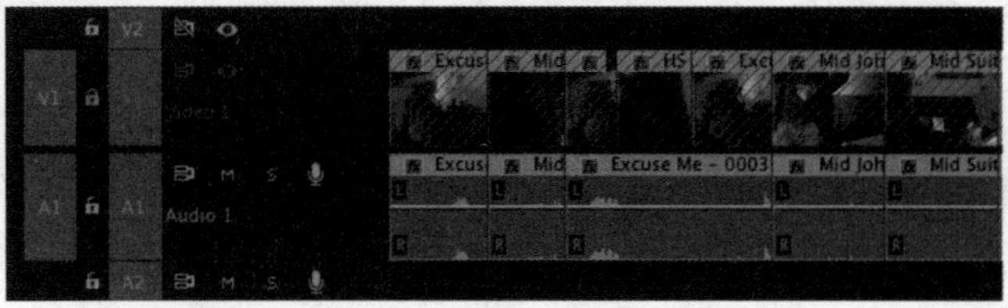

图6.28

6.7 在时间轴中查找间隙

直到现在，一直在为序列添加剪辑。非线性编辑的部分能力是能够在序列中随意移动编辑，并且删除不想要的部分。

删除剪辑或部分剪辑时，执行提升编辑（lift edit）会留下间隙，而执行提取编辑则不会留下间隙。

提取编辑有点像插入编辑，但是顺序相反。在提取编辑中，不是将序列中的其他剪辑移动开来，为新编辑留好空间，而是序列中的其他剪辑会移动过来，填充某个剪辑删除后留下的间隙。

当缩小一个复杂的序列时，可能很难看到执行编辑之后留下的间隙。要自动查找下一个间隙，请选择 Sequence（序列）>Go to Gap（转至间隙）>Next in Sequence（序列中下一个）。

一旦找到间隙，可以通过选择并按 Delete 键的方式将其删除。

下面学习有关在 Timeline 中处理剪辑的更多信息。将继续处理 Theft Unexpected 序列。

6.8 选择剪辑

选择是使用 Adobe Premiere Pro 的一个重要部分。根据所选择的面板，会有不同的菜单选项可用。在调整剪辑之前，需要在序列中仔细地选择剪辑。

处理带有视频和音频的剪辑时，每个剪辑都有两个或多个片段：一个视频片段和至少一个音频片段。

当视频和音频剪辑片段来自相同的原始媒体文件时，会被自动视为链接的文件。如果选择一个，也会自动选择另一个。

可以在 Timeline 上全局地打开和关闭链接的选择，方法是单击 Timeline 左上方的 Linked Selection 按钮（ ）。在打开 Linked Selection 时，在单击序列中视频和音频剪辑时，会自动一起被选中。在关闭 Linked Selection 时，在单击剪辑的视频或音频部分时，则只会选择单击的这部分。如果有多个音频剪辑，可以只选择单击的这个。

6.8.1 选择剪辑或剪辑范围

在序列中选择剪辑有以下两种方法。

- 使用入点和出点标记进行时间选择。
- 通过选择剪辑片段来进行选择。

在序列中选择剪辑的最简单方式是单击它。注意不要双击，因为双击会在源监视器中打开它，在这里可以调整入点或出点编辑（相应的操作也会在 Timeline 中实时更新）。

进行选择时，可以使用默认的 Timeline 工具，即 Selection（选择）工具（ ），该工具的键盘快捷键是 V。

如果在使用 Selection 工具单击时按住 Shift 键，则可以选择或取消选择其他剪辑，如图 6.29 所示。

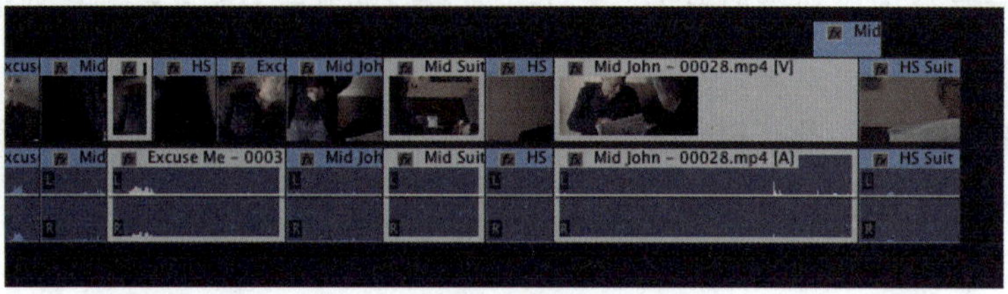

图6.29

还可以将 Selection 工具拖放到多个剪辑上，将它们选中。首先单击 Timline 的一个空白区域，然后拖放出一个选择框，则在该选择框中的所有剪辑都将被选中。

Premiere Pro 中有一个选项可以自动选择 Timeline 播放头经过的任何一个剪辑。对于基于键盘的编辑工作流来说，这相当有用。选择 Sequence > Selection Follows Playhead 后，可以启用该选项。还可以按键盘快捷键 D 选择 Timeline 播放头下面的当前剪辑。

6.8.2 选择轨道上的所有剪辑

如果想选择轨道上的所有剪辑，则有两种方便的工具：Track Select Forward（前向轨道选择）工具（ ），键盘快捷键是 A；Track Select Backward（后向轨道选择）工具（ ），键盘快捷键是 Shift+A。

现在就试一下。选择 Track Select Forward 工具，并单击 Video 1 轨道的任意剪辑。

每一个轨道上的每一个剪辑（从选中的剪辑到序列末尾的剪辑）都会被选中。当想在序列中添加一个间隙，为更多剪辑预留空间时，这很有用。可以将选中的所有剪辑拖放到右侧，以引入间隙。

再来试一下 Track Select Backward 工具。当使用该工具单击剪辑时，所单击的剪辑之前的每个剪辑都会被选中。

如果在使用上面任意一个 Track Select 工具时按住 Shift 键，则只选择一个轨道上的剪辑。

结束后，切换回 Selection 工具，方法是在 Tools 面板上单击该工具，或者是按下 V 键。

6.8.3 仅选择音频或视频

为序列添加剪辑后，发现不需要剪辑的音频或视频部分，是一种很常见的情况。这时可以删除音频部分或视频部分，让 Timeline 整齐有序，有一种简单的方法可以做出正确的选择：如果打开了 Linked Selection，可以临时将其覆盖。

切换到 Selection 工具，在按住 Alt（Windows）或 Option（Mac OS）键的同时，单击 Timeline 上的一些剪辑片段，Premiere Pro 会忽略剪辑的视频和音频部分之间的链接。也可以使用套索工具执行此操作。

> Pr | **提示**：在按住 Alt（Windows）或 Option（Mac OS）键的同时，如果将一个剪辑拖放到 Timeline 上的另外一个位置，则将创建该剪辑的一个副本。

6.8.4　拆分剪辑

为序列添加剪辑后，发现需要将它分成两部分，这种情况也很常见。可以仅选择部分剪辑并将它用作切换镜头，也可以分离剪辑的开头和结尾，以便为新剪辑留出空间。

有多种方式可以拆分剪辑。

- 使用 Razor（剃刀）工具（ ），它的键盘快捷键是 C。如果在单击 Razor 工具时按住 Shift 键，则会为所有轨道上的剪辑添加编辑。
- 确保选择了 Timeline，进入 Sequence（序列）菜单，并选择 Add Edit（添加编辑）。只要轨道启用了轨道标题，Premiere Pro 就会在该轨道的剪辑中添加一个编辑，添加位置是播放头的位置。如果在序列中选择了剪辑，则 Premiere Pro 仅将编辑添加到选中的剪辑中，而忽略轨道选择。
- 如果进入 Sequence 菜单，并选择 Add Edit to All Tracks（为所有轨道添加编辑），Premiere Pro 会为所有轨道上的剪辑添加编辑，而不管轨道是否打开。
- 使用 Add Edit（添加编辑）键盘快捷键。按 Control + K（Windows）或 Command + K（Mac OS）组合键为所选轨道或剪辑添加编辑，或者按 Shift + Control + K（Windows）或 Shift + Command + K（Mac OS）组合键为所有轨道添加编辑，而不管是否选择了该轨道。

原本连续的剪辑仍然会无缝播放，除非移动了它们，或者对剪辑的不同部分进行了单独的调整。

如果单击 Timeline 的 Settings 按钮（ ），可以选择 Show Through Edits（显示直通编辑），查看这种编辑类型上的特殊图标，如图 6.30 所示。

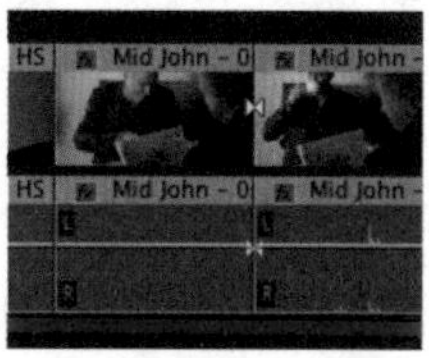

图6.30

使用 Selection 工具，也可以单击 Through Edit（直通编辑）图标，然后按 Delete 键重新链接剪辑的两个部分。

对该序列进行这种尝试。记得使用 Undo（撤销）操作删除新添加的剪辑。

6.8.5 链接和断开剪辑

可以轻松打开和关闭一个已连接的视频和音频片段的链接。仅选择想要更改的剪辑，右键单击，选择 Unlink（断开），如图 6.31 所示。还可以使用 Clip（剪辑）菜单。

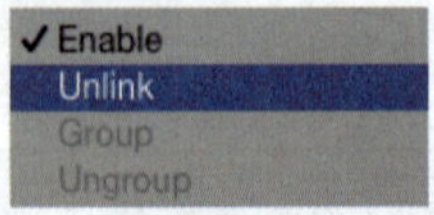

图6.31

可以将剪辑再次链接到其音频，方法是选择剪辑和音频片段，右键单击其中一个，然后选择 Link（链接）。链接或断开剪辑没有任何坏处，它不会更改 Adobe Premiere Pro 播放序列的方式。它只是提供了一种灵活性，使用户可以按照自己想要的方式处理剪辑。

即使视频和音频剪辑片段链接在一起，也要确保启用了 Timeline 上的 Linked Selection 选项，以便一起选择链接的剪辑。

6.9 移动剪辑

插入编辑和覆盖编辑会以截然不同的方式为序列添加新剪辑。插入剪辑会让现有剪辑向后移动，而覆盖剪辑会替换现有剪辑。处理剪辑的这两种方式可以延伸到在 Timeline 上四处移动剪辑和从 Timeline 上删除剪辑的方法。

使用 Insert（插入）模式移动剪辑时，要确保对轨道应用了同步锁定以避免可能失去同步。

下面将尝试一些技术。

6.9.1 拖动剪辑

在 Timeline 的左上角，会看到 Snap（对齐）按钮（ ）。启用对齐时，剪辑的边缘会自动与其他剪辑的边缘对齐。这种简单但非常有用的功能有助于精确放置剪辑。

1. 在 Timeline 上选择最后一个剪辑 HS Suit，并将它向右拖动一点，如图 6.32 所示。

由于该剪辑之后没有剪辑，因此会在该剪辑前面添加一个间隙，这不会影响其他剪辑。

2. 确保启用了 Snap 选项，然后将剪辑拖回其初始位置。如果缓慢地移动鼠标，会注意到剪辑片段在最后时刻跳到了初始位置。当出现这种情况时，可以确信已经完美放置了它。注意，该剪辑也会与 Video 2 上切换镜头的末尾对齐。

3. 向左拖动剪辑，直到该剪辑的末尾与前一个剪辑的末尾对齐。释放鼠标按钮时，此剪辑会替换上一个剪辑的末尾，如图 6.33 所示。

拖放剪辑时，默认模式是 Overwrite（覆盖）。

4. 重复撤销操作，直到将剪辑恢复到其初始位置。

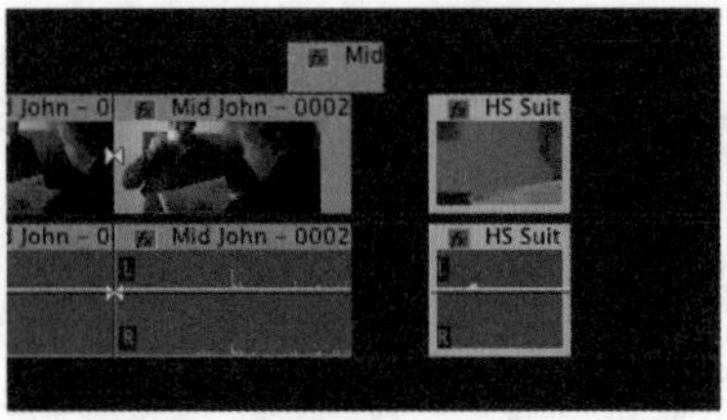

图6.32

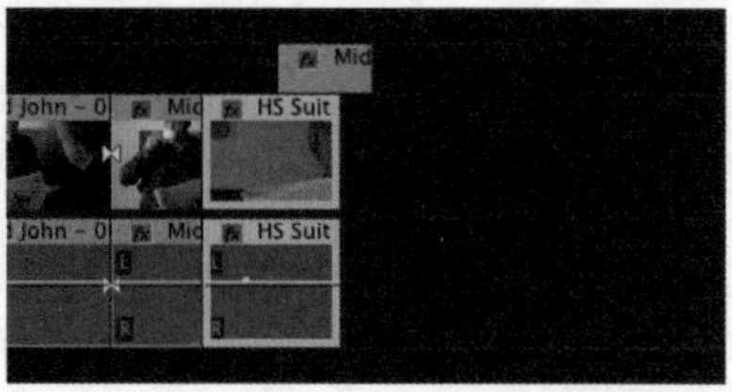

图6.33

6.9.2 微移剪辑

许多编辑喜欢尽可能多地使用键盘，而最大程度地减少鼠标的使用，原因是使用键盘工作通常更快一些。

一种常见的方式是组合使用箭头键和修饰符键，并在轨道之间上下左右微移所选项，从而在序列中移动剪辑片段。

不能上下微移 V1 和 A1 上链接的视频和音频剪辑，除非分离了它们或者断开它们之间的链接，因为视频和音频轨道之间的分隔符会妨碍它们的移动。

默认的剪辑微移快捷方式

Premiere Pro包含了许多键盘快捷方式选项，有些可用的快捷方式尚未指派按键。可以对这些快捷方式进行设置，优先使用可用的按键来适配工作流。

下面是使用键盘来微移剪辑的快捷方式。

- 将选择的剪辑向左微移 1 帧（要微移 5 帧，则添加 Shift 键）: Ctrl + 左箭头键（Windows）或 Command + 左箭头键（Mac OS）。
- 将选择的剪辑向右微移 1 帧（要微移 5 帧，则添加 Shift 键）: Ctrl + 右箭头键（Windows）或 Command + 右箭头键（Mac OS）。
- 将选择的剪辑向上微移：Alt + 上箭头键（Windows）或 Option + 上箭头键（Mac OS）。
- 将选择的剪辑向下微移：Alt + 下箭头键（Windows）或 Option + 下箭头键（Mac OS）。

6.9.3 在序列中重新排列剪辑

在 Timeline 上拖动剪辑时，如果按住 Control（Windows）或 Command（Mac OS）键，则在释放鼠标按钮时，Premiere Pro 将使用 Insert（插入）模式而非 Overwrite（覆盖）模式添加剪辑。

位于大约 00:00:19:00 位置的 HS Suit 镜头如果出现在上一镜头前面，可能效果会更好，并且有助于隐藏 John 的两个镜头之间的不连续性。

1. 将最后一个 HS Suit 剪辑向左拖动到它前面一个剪辑的左边。HS Suit 剪辑的左边缘将与 Mid Suit 剪辑的左边缘对齐。在拖动时按住 Control（Windows）或 Command（Mac OS）键，并在放置好剪辑后释放按键。

> **提示：** 可能需要放大 Timeline，才能清楚地查看剪辑并轻松地移动它们。

2. 播放结果。这将创建想要的编辑，但会在 HS Suit 剪辑原来的位置生成一个间隙，如图 6.34 所示。

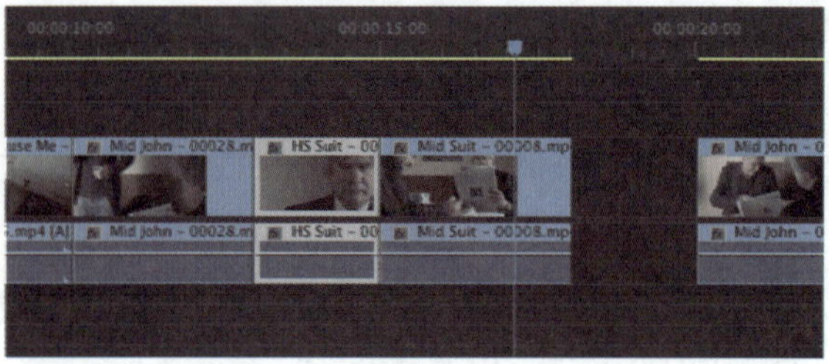

图6.34

下面使用一个额外的修饰符键再尝试一下。

3. 撤销操作，将剪辑恢复到其原始位置。

> **提示：** 将剪辑拖放到原始位置时要小心。与开始时一样，剪辑的两端应与边缘对齐。

4. 按住 Control + Alt（Windows）或 Command + Option（Mac OS）组合键，将 HS Suit 剪辑拖放到前一个剪辑的开头，如图 6.35 所示。

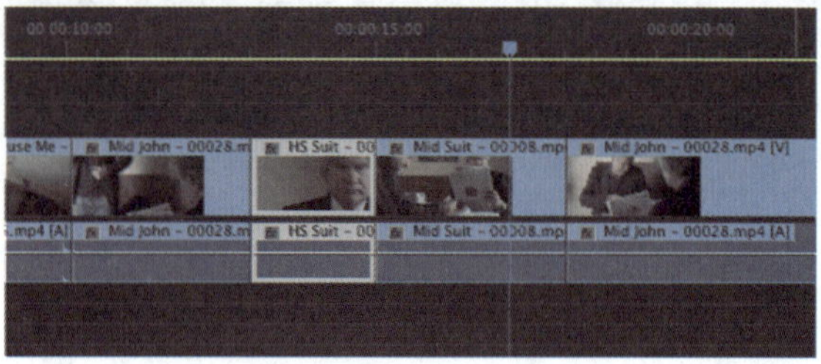

图6.35

这次，序列中不会留下间隙。播放剪辑以查看结果。

6.9.4 使用剪贴板

与在文字处理器中复制和粘贴文本一样，可以复制和粘贴 Teimeline 上的剪辑片段。

1. 在序列中选择想要复制的任意剪辑片段，然后按 Control + C（Windows）或 Command + C

（Mac OS）组合键将它们添加到剪贴板上。

2. 将播放头放在想要粘贴所复制剪辑的位置，然后按 Control + V（Windows）或 Command + V（Mac OS）组合键。

Premiere Pro 将根据启用的轨道为序列添加剪辑副本。启用的最底部轨道会接收剪辑。

6.10 提取和删除剪辑片段

知道了如何为序列添加剪辑，以及如何四处移动它们后，现在来学习如何删除它们。再一次在 Insert（插入）或 Overwrite（覆盖）模式下进行操作。

有两种方法可以选择想要删除的序列部分。可以组合使用入点 / 出点标记与轨道选择，也可以选择剪辑片段。如果使用入点和出点标记，则选择的剪辑会覆盖选择的轨道，所以如果要仔细选择剪辑，需要忽略轨道选择。

6.10.1 执行提升编辑

提升编辑（lift edit）会删除序列的所选部分，并留下空白。它与覆盖编辑很相似，但是顺序相反。

打开 Sequences 素材箱中的序列 Theft Unexpected 02。该序列中有一些不需要的额外剪辑。它们具有不同的标签颜色，用于进行区分。

在 Timeline 上设置入点和出点标记，以选择想要删除的部分。方法是定位播放头并按 I 或 O 键；也可以使用方便的快捷方式。

1. 将播放头放置在第一个不想要的剪辑 Excuse Me Tilted 上。

2. 确保启用了 Video 1 轨道标题，并按 X 键。

Premiere Pro 会自动添加入点和出点标记以匹配剪辑的开头和结尾。可以看到突出显示了所选的序列部分，如图 6.36 所示。

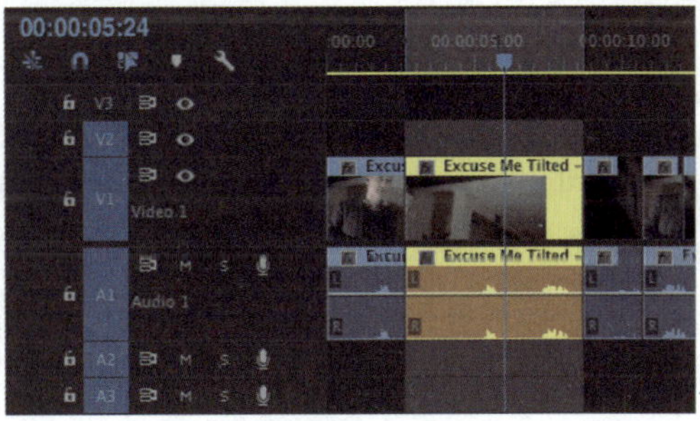

图6.36

选择了正确的轨道后，就可以准备执行提升编辑了。事实上，因为已经选择了一个剪辑，因此轨道选择不会有任何效果。将要执行的编辑会应用到所选择的剪辑上。

3. 单击节目监视器底部的 Lift（提升）按钮（）。如果键盘上有分号（;）键，也可以按该键。

Premiere Pro 会删除所选的序列部分，并留下间隙。在其他场合下，这可能没有问题，但是这里不想要间隙。可以右键单击间隙并选择 Ripple Delete（波纹删除），但是就这个例子来讲，要使用提取编辑。

6.10.2 执行提取编辑

提取编辑会删除所选的序列部分并且不会留下间隙。它与插入编辑类似，但过程相反。

1. 撤销上一次编辑。

2. 单击节目监视器底部的 Extract（提取）按钮（ ）。如果键盘上有撇号（'）键,也可以按该键。

这一次，Premiere Pro 会删除序列的所选部分，并且 Timeline 上的其他剪辑会移动，将间隙填充起来。

6.10.3 执行删除和波纹删除编辑

有两种通过选择片段来删除剪辑的方法：删除（Delete）和波纹删除（Ripple Delete）。

单击第二个不想要的剪辑 Cutaways，并尝试这两个选项。

- 按键盘上的退格键或 Delete 键以删除所选剪辑，这将留下间隙。这与提升编辑一样。
- 按 Shift + Delete/Shifte + Forward Delete 组合键删除所选剪辑，这样做不会留下间隙。这与提取编辑一样。如果使用的是没有 Forward Delete 键的 Mac 键盘，则可以按下 Function 键（Fn）和 Delete 键，将 Delete 键转换为 Forward Delete 键。

其结果与使用入点和出点标记达成的结果看上去相似，因为是使用入点和出点标记轻松选择了整个剪辑。使用入点和出点标记选择剪辑的任意部分，选择剪辑片段并按下 Delete 键将删除整个剪辑。

6.10.4 禁用剪辑

与可以打开或关闭轨道输出一样，也可以打开和关闭各个剪辑。禁用的剪辑仍然在序列中，只是在播放时看不到或听不到它们。

当想要查看背景图层或比较不同的版本时，这是一种选择性地隐藏复杂且多层序列的某些部分的有用功能。

下面就在 Video 2 轨道靠近序列末尾的切换镜头上尝试该功能。

1. 右键单击 Video 2 轨道上的剪辑 Mid Suit 并选择 Enable（启用），如图 6.37 所示，将其取消勾选。

播放这部分序列，会看到尽管剪辑存在，但是无法再看到它。

2. 再次右键单击剪辑，并选择 Enable，这会重新启用该剪辑。

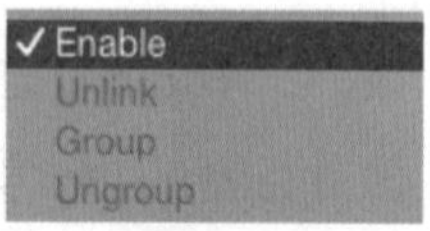

图6.37

复习题

1. 直接将剪辑拖动到 Timeline 面板中时，应该使用哪个修饰符键（Control/Command、Shift 或 Alt 键）来执行插入编辑而不是覆盖编辑？
2. 如何仅将剪辑的视频或音频部分拖放到序列中？
3. 在源监视器或节目监视器中如何降低播放分辨率？
4. 如何为剪辑或序列添加标记？
5. 提取编辑和提升编辑之间的区别是什么？
6. Delete（删除）和 Ripple Delete（波纹删除）之间的区别是什么？

复习题答案

1. 在将剪辑拖放到 Timeline 中时，按住 Control（Windows）或 Command（Mac OS）键，是执行插入编辑而不是覆盖编辑。
2. 不是在源监视器中捕捉图像，而是拖放电影胶片图标或音频波形图标以仅选择剪辑的视频或音频部分。针对想要排除在外的部分，也可以禁用 Source Patching（源修补）按钮。
3. 使用监视器底部的 Select Playback Resolution（选择播放分辨率）菜单来更改播放分辨率。
4. 要添加标记，单击监视器或 Timline 底部的 Add Marker（添加标记）按钮，或者按 M 键，或者使用 Marker（标记）菜单。
5. 使用入点和出点标记提取序列的一部分时，不会留下间隙。使用提升编辑时，会留下间隙。
6. 删除剪辑时会留下间隙。使用波纹删除功能来删除剪辑时，不会留下间隙。

第7课 添加切换

课程概述

在本课中，你将学习以下内容：

- 理解切换；
- 理解编辑点和手柄；
- 添加视频切换；
- 修改切换；
- 优化切换；
- 同时为多个剪辑应用切换；
- 使用音频切换。

本课大约需要 75 分钟。

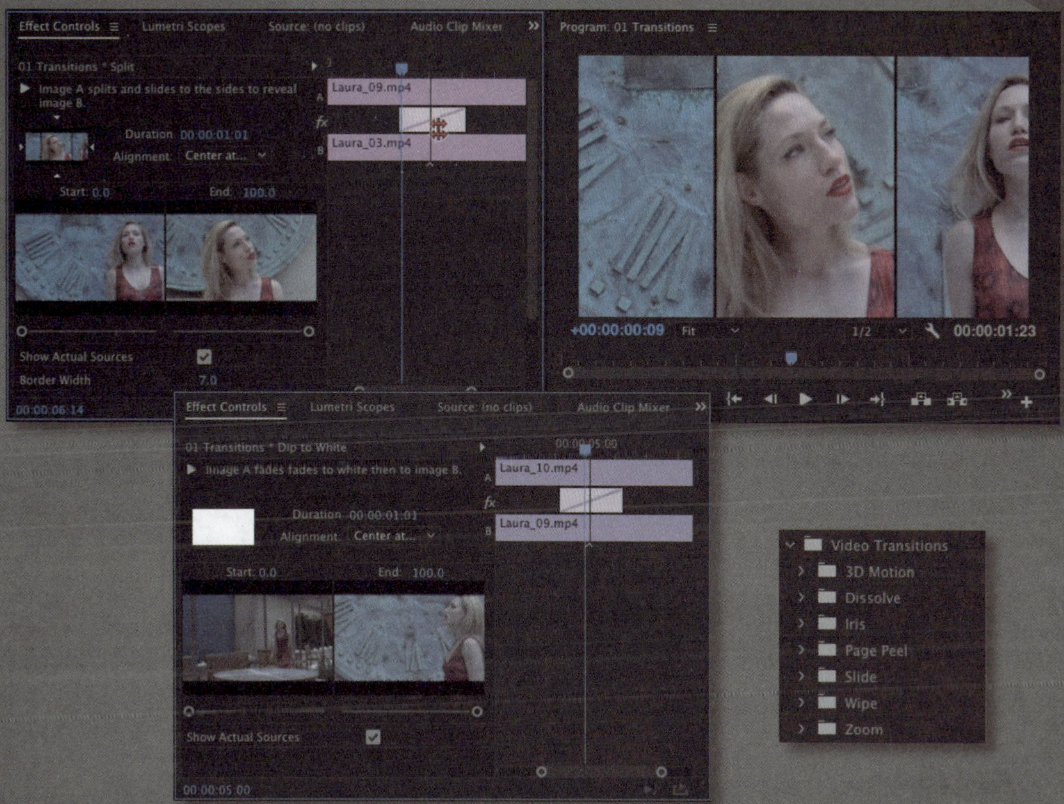

切换有助于在两个视频或音频剪辑之间建立无缝的流。视频切换通常用于表示时间或地点的更改。音频切换可有效避免生硬的编辑刺激听众。

7.1 开始

在本课中，将学习在视频和音频剪辑之间使用切换。视频编辑人员通常使用切换来让编辑流程更为顺畅。本课将介绍选择性地选择切换的最佳实践。

本课程将使用一个新项目文件。

1. 启动 Adobe Premiere Pro CC，打开项目 Lesson 07.prproj。

然后打开序列 01 Transitions。

2. 选择 Workspaces 面板中的 Effects，或者选择 Window（窗口）>Workspace（工作区）>Effects（效果）。

这会将工作区更改为创建的预设，让切换和效果的处理变得更简单。如果已经使用过 Premiere Pro，可能需要将工作区重置为已保存的版本，方法是单击 Workspaces 面板中的 Effects 菜单。

该工作区使用了堆叠式面板，以便屏幕上可以同时显示最大数量的面板，如图 7.1 所示。

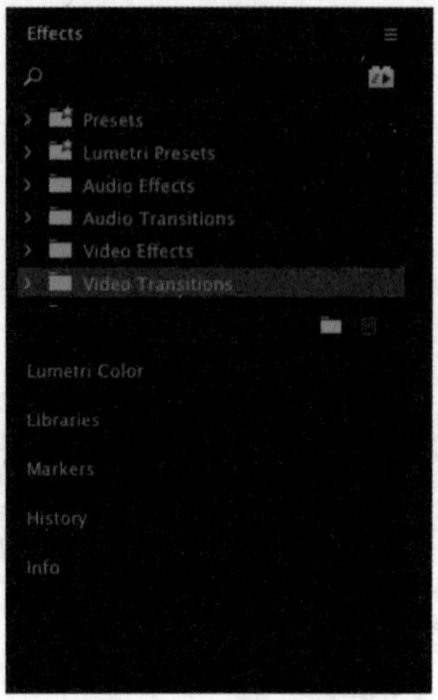

图7.1　堆叠式面板节省了空间——可以在面板菜单中启用或禁用它们

进入面板菜单，并选择 Panel Group Settings（面板组设置）>Stacked Panel Group（堆叠式面板组），可以为任何面板组启用堆叠式面板。该命令也可以禁用堆叠式面板。

单击堆栈中任何面板的名字，可以查看该面板。首先从 Effects（效果）面板开始。

7.2 什么是切换

Adobe Premiere Pro 提供了几种特效和预设动画来帮助用户在 Timeline 中连接相邻的剪辑，如图 7.2 所示。这些切换（比如溶解、翻页和蘸色 [dips to color] 等）提供了一种让观看者轻松地从一个场景切换到另一个场景的方式。有时，切换还可以用于引起观看者的注意力，来表示故事中的大变化。

为项目添加切换是一门艺术。开始应用它们很简单，只是一个拖放过程而已。技巧在于其位置、长度和参数，比如方向、运动和开始 / 结束位置。

可以在 Timeline 和 Effects Controls（效果控件）面板中调整切换的设置。除了每种切换特有的各种选项，Effects Controls 面板还显示了 A/B 时间轴，如图 7.3 所示。该功能使下列操作变得更简单：相对于编辑点移动切换，更改切换的持续时间，以及为没有足够头帧或尾帧（即用来提供覆盖的额外内容）的剪辑应用切换。也可以为一组剪辑应用切换效果。

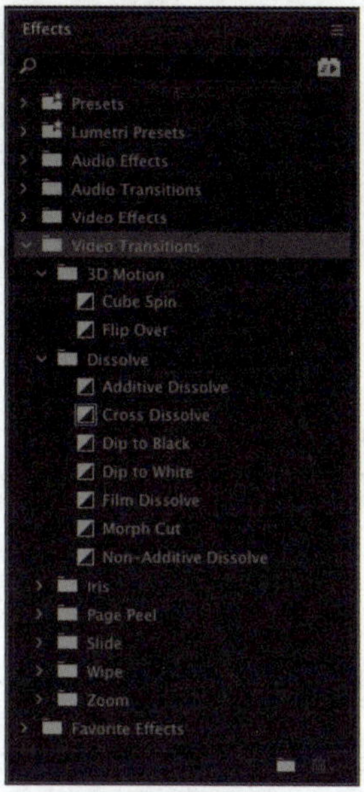

图7.2

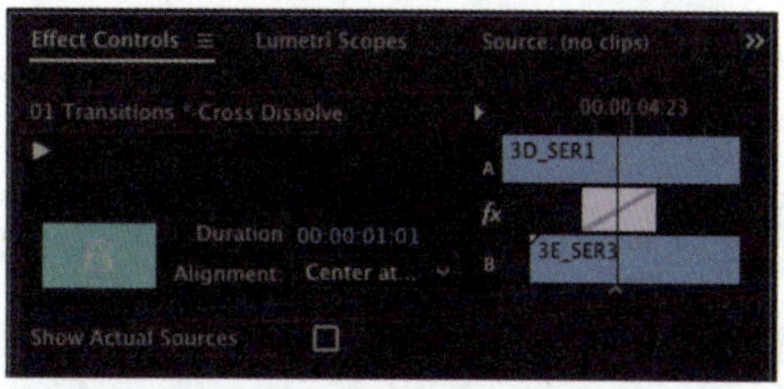

图7.3

7.2.1 何时使用切换

切换能够最有效地帮助观众理解故事。例如，在视频中，可以从室内切换到室外，或者向前跳几个小时。动画切换、褪为黑色或溶解可帮助观众理解时间已经流逝或者位置发生了变化。

在视频编辑中，切换是标准的故事讲述工具。大多数观众理解切换的语言，而且能够正确地解释所使用的切换。例如，场景末尾的缓慢变黑用来明确表示场景已经结束。使用切换的关键是使用约束，除非完全缺乏约束是想要展示的结果。更为重要的是，使用的效果应该看起来是故意的。

只有编辑自己知道什么才适合自己的创意工作。只要这看起来像是刻意包含一个特定的效果，则观众会倾向于相信这个决定（无论他们是否同意）。只有经过练习和体验，才能培养出敏感性，才能知道应该在什么时候使用效果，比如切换。

7.2.2 使用切换的最佳实践

新的编辑人员有时会过度使用切换，这样做可以很容易地使用切换来添加视觉趣味。千万别为每一个镜头都使用切换！或者至少在第一个编辑中不要使用切换。

大多数电视节目和故事片电影仅使用剪接编辑，很少看到切换。为什么呢？因为只有当一种效果能够带来额外的具体好处时，才应该使用效果，但是大多数情况下，切换效果并没有带来好处。事实上，切换效果会分散观众的注意力。

> **注意：**为项目添加切换很有趣。但是，过度使用它们会让视频看起来太业余。选择一种切换时，需确保切换会为项目添加意义。可以通过观看最喜欢的电影和电视剧来学习如何优雅地使用切换。

如果新闻编辑使用了一个切换效果，那肯定是有目的的。在新闻编辑室中，使用切换最频繁的地方是消除生硬编辑（通常称为跳跃剪辑），从而使新闻更容易被接受。

切换在精心策划的股市中占有一席之地。电影《星球大战》中，具有高度风格化切换效果，比如明显且缓慢的切换。每个切换都有目的。在这部电影中，George Lucas 故意创建了一种类似旧连载电影和电视节目的效果。切换效果向观众传达了一个明确的信息："注意，我们正在进行空间和时间切换"。

7.3 使用编辑点和手柄

要理解切换效果，需要理解编辑点和手柄。编辑点是 Timeline 中的一个点，表示一个剪辑结束，下一个剪辑开始（这通常称为剪接 [cut]）。它们很显眼，因为 Premiere Pro 绘制了垂直线来显示一个剪辑结束而另一个剪辑开始的位置（与相邻的两块砖很像），如图 7.4 所示。

图7.4

当将一个剪辑的一部分编辑到序列中时，位于剪辑开头和/或结尾的未使用部分仍然是可用的，只不过被隐藏了起来。剪辑手柄就是这些未使用的部分。

在第一次将剪辑编辑进序列中时，可以设置入点和出点标记来选择想要剪辑的那些部分，如图 7.5 所示。在剪辑最初的开始位置和设置的入点标记之间，有一个手柄；在剪辑最初的结束位置和设置的出点之间，也有一个手柄。

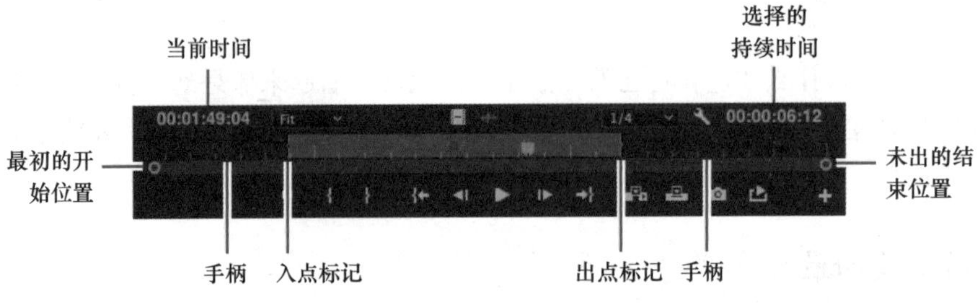

图7.5

当然，可能没有使用入点和出点，或者只是在剪辑的开头或结束设置了一个入/出点或其他标记。此时，你将没有未使用的媒体，或者是未使用的媒体在剪辑的一端。

在 Timeline 上，如果在剪辑的右上角或左上角看到了一个小三角形，则表示到达了原始剪辑的末尾，而且没有可用的其他帧（称为手柄），如图 7.6 所示。

要想让切换奏效，则需要手柄。当剪辑有手柄时，在剪辑的顶角不会显示三角形。

在应用切换时，使用的是通常不可见的剪辑部分。实际上，传出剪辑与传入剪辑重叠会创建发生切换的一个区域。例如，如果在两个视频剪辑的中间应用一个 2 秒的 Cross Dissolve（交叉溶解）切换，则需要两个剪辑都有一个 1 秒的手柄（每个剪辑的另外 1 秒在 Timeline 上通常是不可见的）。

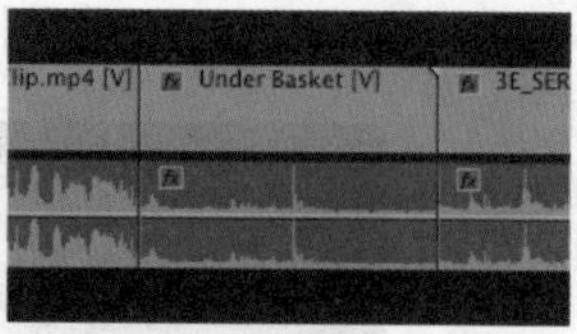

图7.6　在这个例子中，中间位置的剪辑在开始位置（左侧）有一个可用的手柄，但是在末尾（右侧）则没有手柄

7.4　添加视频切换

Premiere Pro 提供了多种视频切换效果。大多数选项位于 Effects 面板中的 Video Transitions 组中，如图 7.7 所示。

主要的切换被组织为 7 种效果子类。在 Effects 面板中的 Video Effects（视频效果）>Transition（切换）组中可以看到其他切换。这些效果用于一个完整的编辑，也可以用来显示素材（通常位于其开始帧和结束帧之间）。第二个类别适用于叠加文本或图形。

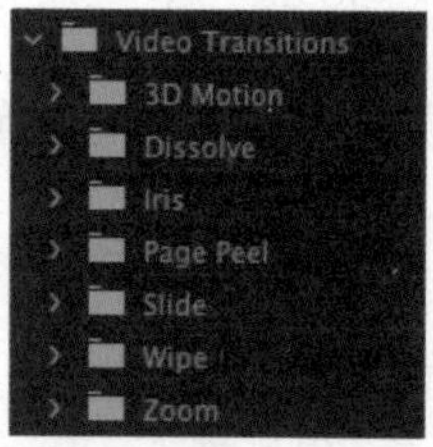

图7.7

> Pr | **注意**：如果需要更多切换，访问 http://helpx.adobe.com/premiere-pro/compatibility.html，并单击 Plug-ins（插件）链接，可以找到几种第三方效果。

7.4.1　应用单侧切换

最容易理解的切换是仅用于一个剪辑的一端的切换。可以是在序列的第一个剪辑上应用淡出切换（从黑色褪色为无色），或者是应用一个溶解到动画图形中的切换，使得最后只留下屏幕。

下面就来尝试一下。

1. 使用序列 01 Transitions。

该序列有 4 个视频剪辑。剪辑拥有足够长的手柄来应用切换效果。

2. 在 Effects 面板中，打开 Video Transitions（视频切换）>Dissolve（溶解）组，找到 Cross Dissolve（交叉溶解）效果。

> Pr | **注意**：可以使用面板顶部的 Search（搜索）字段按照名称或关键词进行查找，也可以手动打开存放效果的文件夹。

3. 将效果拖动到第一个视频剪辑的开头。对于第一个剪辑，只能将效果设置为 Start at Cut（开始位置对齐），如图 7.8 所示。

4. 将 Cross Dissolve 效果拖放到最后一个视频剪辑的结尾，如图 7.9 所示。

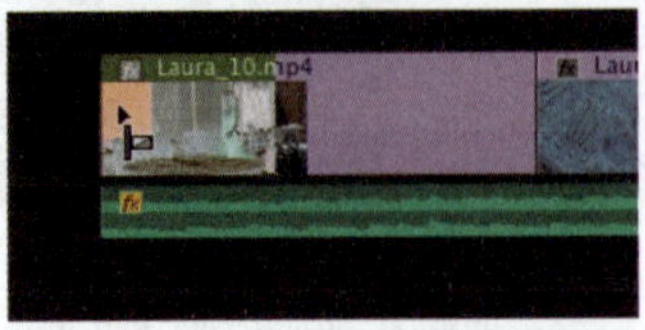

图7.8　高亮区域显示了要添加切换效果的位置

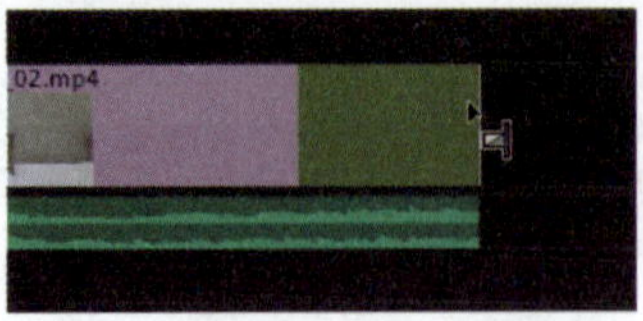

图7.9

对于最后一个剪辑，只能将效果设置为 End at Cut（结束位置对齐）。

Dissolve（溶解）图标表明效果将从剪辑结束之前开始，并在剪辑结束时完成。

因为是在剪辑的末尾应用了 Cross Dissolve 切换效果，这个位置没有链接的剪辑，所以图像将溶解在 Timeline 的背景中（背景恰好为黑色）。

这种类型的切换并不会将剪辑拉长（使用手柄），因为切换没有跨越剪辑的末尾。

5. 通过播放序列来查看结果。

应该在序列的开头看到一个淡出，并在结尾看到一个淡入。

以这种方式应用 Cross Dissolve 效果时，结果应该看起来与 Dip to Black 效果相似，后者将切换到黑色。然而，在现实中是让剪辑在黑色背景的前面逐渐变为透明。当处理剪辑的多个图层，而且剪辑有不同颜色的背景图层时，这一区别将更为明显。

7.4.2　在两个剪辑之间应用切换

接下来在几个剪辑之间应用切换。为了进行解释，本小节将打破常规，尝试一些不同的选项。

1. 继续处理之前的序列 01 Transitions。

2. 将播放头放在 Timeline 上剪辑 1 和剪辑 2 之间的编辑点，然后按 2~3 次等号(=)键进行放大，以便近距离地查看。

如果键盘上没有等号键，可以使用 Timeline 底部的缩放滑块控件执行放大操作。

> Pr | **提示：**记住等号键执行的是放大操作很容易，因为在同一个键上还有一个加号（+）。

3. 将 Dip to White 从 Effects 面板的 Dissolve 组中拖放到剪辑 1 和剪辑 2 之间的编辑点上，如图 7.10 所示。

4. 接下来，将 Push 切换从 Slide 组中拖放到剪辑 2 和剪辑 3 之间的编辑点上，如图 7.11 所示。

5. 在 Timeline 的 Push 切换效果上单击一次，将其选中，然后进入 Effects Controls 面板。单击位于控件左上角的小缩略图上的方向控件，将剪辑的方向由 West to East（由西向东）改为 East to West（由东向西），如图 7.12 所示。

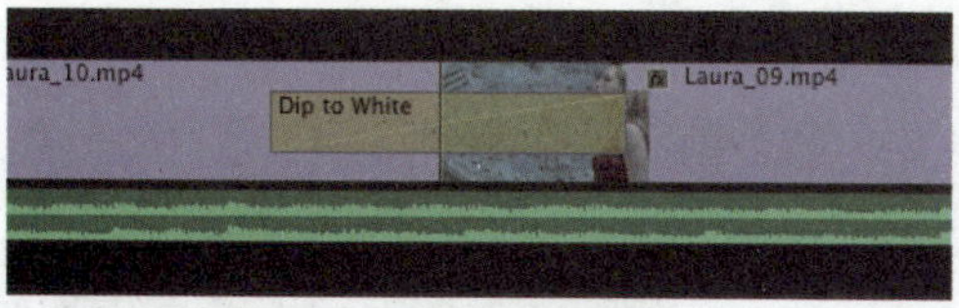

图7.10

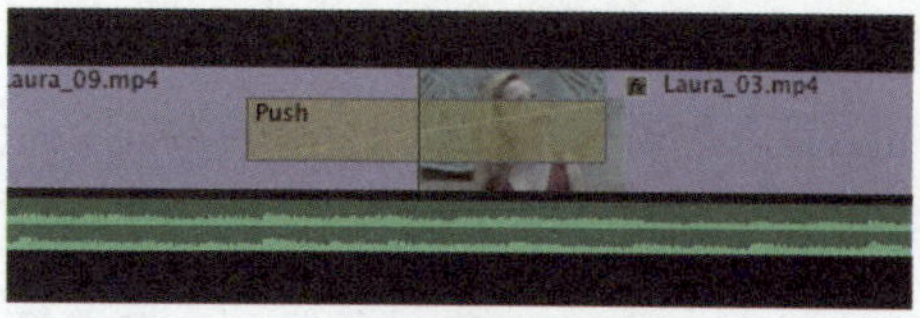

图7.11

6. 将 Flip Over 切换从 3D Motion 组中拖放到剪辑 3 和剪辑 4 之间的编辑点上。

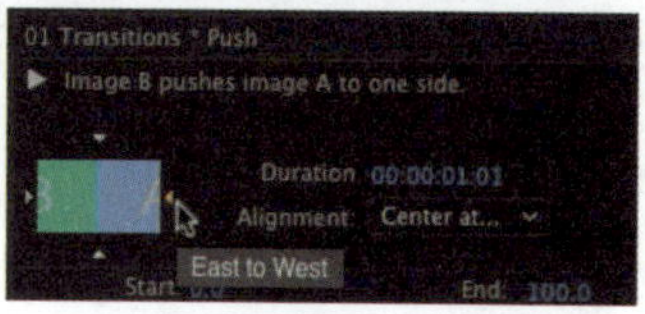

图7.12

7. 从头到尾播放几次序列，进行查看。

观看完序列之后就会明白，为什么在使用切换时要进行约束。

下面尝试替换一个现有效果。

8. 将 Split 切换从 Slide 组拖放到剪辑 2 和剪辑 3 之间的现有 Push 切换效果上。新的切换效果将取代旧的效果，并占据旧效果的持续时间。

> **注意**：在将新视频或音频切换效果从 Effects 面板拖动到现有切换的顶部时，它将替换现有效果。它还将保留之前切换的对齐方式和持续时间。这是一种交换切换效果并进行尝试的简单方式。

9. 在 Timeline 上选择 Split 切换效果。在 Effects Controls 面板中，将 Border Width（边框宽度）设置为 7，并将 Anti-aliasing Quality（抗锯齿质量）设置为 Medium（中等），以在剪辑切换的边缘创建一条细黑边，如图 7.13 所示。

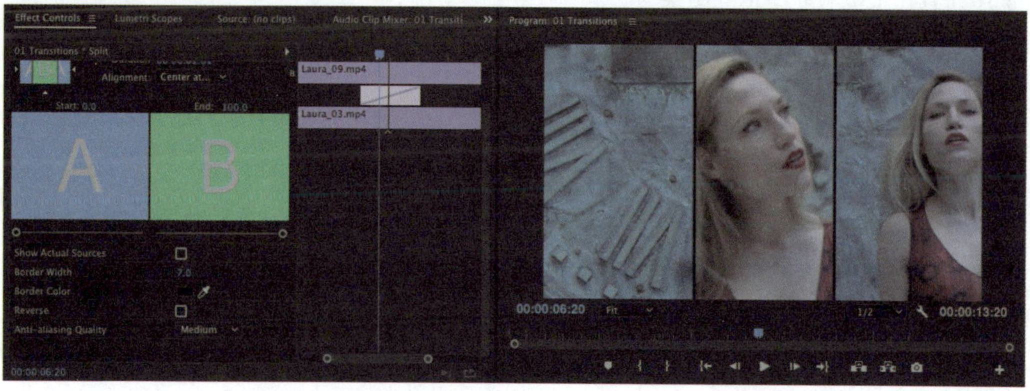

图7.13

抗锯齿功能减少了线条运动时的潜在闪烁。

10. 观看序列，查看新的切换效果。

切换都有默认的持续时间，可以按秒或帧的方式进行设置（默认是帧）。取决于序列的帧速率，切换效果的持续时间会发生改变（除非采用秒的方式来设置默认的持续时间）。可以在

Preferences（首选项）面板的 General（常规）选项卡中修改切换的默认持续时间。

11. 选择 Edit（编辑）> Preferences > Genera（Windows）或 Premiere Pro > Preferences > General（Mac OS），结果如图 7.14 所示。

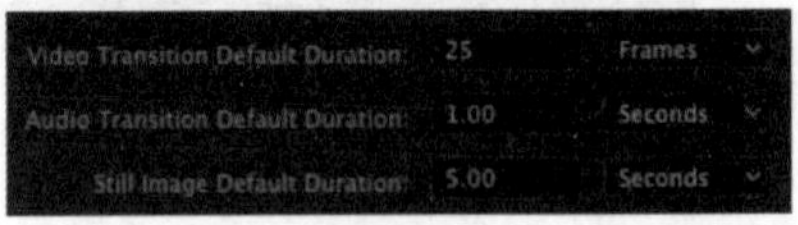

图7.14

12. 这是一个每秒 24 帧的序列，如果将 Video Transition Default Duration（视频切换默认持续时间）选项修改为 1 秒，则不会对序列造成影响。现在就这样做，然后单击 OK。

现有的切换效果仍与原来一样，但是未来添加的切换将使用新持续时间。

记住，专业编辑采用的切换效果在持续时间上很少有长达 1 秒钟的。本课稍后将介绍有关如何自定义切换。

7.4.3 同时为多个剪辑应用切换

到目前为止，一直是在为视频剪辑应用切换。当然，还可以对静态图像、图形、颜色蒙版甚至音频应用切换，本课的下一部分将介绍此内容。

编辑人员常遇到的一种项目类型是照片蒙太奇。在照片之间应用切换之后，这些蒙太奇通常看起来不错。一次为 100 张图像应用切换将花费大量的时间。Premiere Pro 通过对该过程进行自动化处理，使应用切换变得更轻松，方法是允许将（用户定义的）默认切换添加到任意连续或不连续的剪辑中。

1. 在 Project 面板中，找到并打开序列 02 Slideshow。

该序列有几张按顺序编辑的图像。

2. 按空格键来播放 Timeline。

可以看到，每对剪辑之间都有一个剪接。

3. 按反斜杠（\）键来缩小 Timeline，使整个序列可见。

4. 使用 Selection（选择）工具，在所有剪辑周围绘制一个选取框以选择它们，如图 7.15 所示。

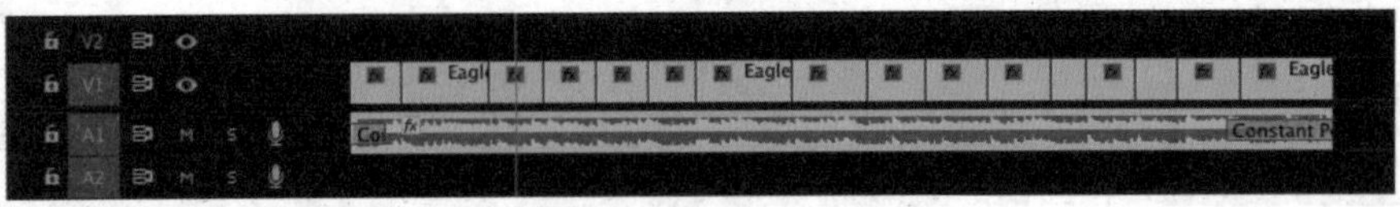
图7.15

5. 进入 Sequence（序列）菜单，然后选择 Apply Default Transitions to Selection（应用默认切换到选择项）。

这将在当前所选的所有剪辑之间应用默认切换，如图 7.16 所示。标准的默认切换效果是 1 秒的 Cross Dissolve（交叉溶解）效果。在 Effects 面板中右键单击一种效果，并选择 Set Selected as Default Transition（将所选切换设置为默认切换），可以更改默认切换。

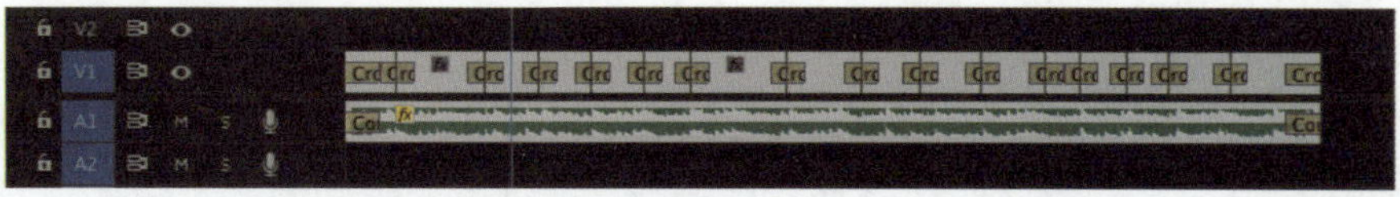

图7.16

6. 播放 Timeline，观看 Cross Dissolve（交叉溶解）切换在照片蒙太奇上产生的差别。

也可以使用键盘将一个现有的切换效果复制到多个编辑中。为此，选择切换效果，按下 Control + C（Windows）或 Command + C（Mac OS）组合键。在使用选择工具框选多个其他编辑（而非剪辑）时，按住 Control（Windows）或 Command（Mac OS）键。

在选中编辑后，可以按下 Control + V（Windows）或 Command + V（Mac OS）组合键，将切换效果粘贴到所有选择的编辑中。

这是一种在多个剪辑之间应用匹配的切换效果的绝佳方式。

> **注意：**如果正在处理的剪辑具有链接的音频和视频，可以仅选择视频或音频部分。方法是按住 Alt（Windows）或 Option（Mac OS）键并使用 Selection（选择）工具拖动，然后选择 Sequence（序列）> Apply Default Transitions to Selection（应用默认切换到选择项）。注意，此命令仅适用于双侧切换。

更改序列显示

为序列添加切换时，在Timeline面板的切换上方可能会出现一条红色或黄色的水平线。黄线表示Premiere Pro希望能够平滑地播放效果。红线表示在将序列的一部分录制到磁带或查看不丢帧的预览之前，必须先渲染这一部分序列。

在将序列导出为文件时渲染会自动发生，但是可以可选择在任意时刻进行渲染，以便能够在较慢的计算机上平滑地预览这些序列。

进行渲染的最简单的方法是按下Enter键（Windows）或回车键（Mac OS）。还可以添加入点和出点来选择序列的一部分，然后进行渲染。而且只有被选中的片段才进行渲染。如果有多个效果需要渲染，这会相当有用，但是现在只关心这一个片段即可，如图7.17所示。

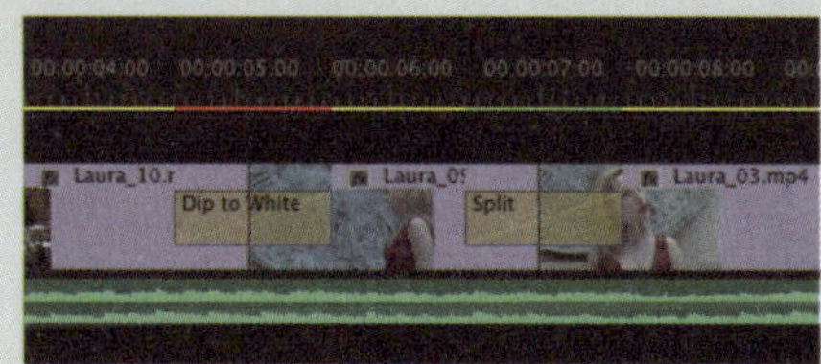

图7.17

Premiere Pro会创建该片段（隐藏在Preview Files文件夹中）的视频剪辑，并将红线或黄线改为绿线。只要是绿线，剪辑就可以平滑地进行播放。

7.5 使用 A/B 模式微调切换

Effect Controls（效果控件）面板的 A/B 编辑模式将单个视频轨道拆分为两个。通常在单个轨道上两个相邻且连续的剪辑现在显示为独立子轨道上的单独剪辑，从而可以在它们之间应用切换，处理它们的头帧和尾帧（或手柄），以及更改其他切换选项。

7.5.1 在 Effects Controls 面板中更改参数

Premiere Pro 中的所有切换都可以自定义。一些效果的自定义属性（比如持续时间和起点）很少，而其他效果则提供了方向、颜色和边框等更多选项。Effect Controls 面板的主要好处是可以看到传出和传入的剪辑手柄。这使调整效果的位置变得非常简单。

下面将修改切换。

1. 切换回序列 01 Transitions。

2. 将 Timeline 播放头放到在剪辑 1 和剪辑 2 之间添加的 Dip to White 切换，然后单击，选择切换。

3. 在 Effects Controls 面板中，选择 Show Actual Sources（显示实际源）复选框，以查看实际剪辑的帧。

现在更容易判断对切换的源剪辑所做的更改，如图 7.18 所示。

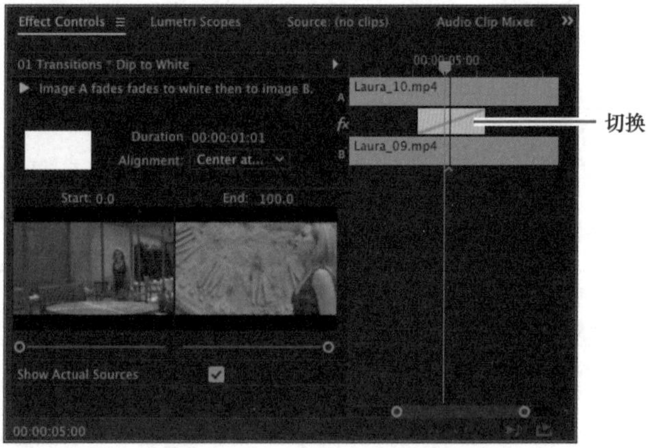

图7.18

> **注意**：可以调整 Effects Controls 面板的大小，让 Show/Hide Timeline View（显示 / 隐藏时间轴视图）按钮（▶）显示出来。Effects Controls Timeline 应该已经是可见的了。单击 Effects Controls 面板中的 Show/Hide Timeline View 按钮，可以将其打开或关闭。

4. 在 Effects Controls 面板中，单击 Alignment（对齐）菜单，然后选择 Start at Cut（开始位置对齐）。切换图标将显示新位置。

Pr 提示：可以通过拖动的方式不对称地定位一个溶解效果的开始时间。这意味着没有必要设置 Centered（居中）、Start at cut（开始位置对齐）和 End at Cut（结束位置对齐）选项。也可以直接在 Timeline 上拖动一个切换效果的位置，而没有必要使用 Effects Controls 面板。

5. 单击左上角的 Play the Transition（播放切换）小按钮，在 Effects Controls 面板中播放切换，如图 7.19 所示。

6. 现在修改 Duration（持续时间）字段，为持续时间为 1.5 秒的效果输入 1:12。

Alignment（对齐）菜单修改为 Custom Start，原因是剪辑的长度不足以在新的持续时间中播放切换。为了适应新的切换持续时间，Premiere Pro 会将开始时间设置得稍微早一些。播放剪辑，查看这一修改。

下面将自定义下一个效果。

7. 单击 Timeline 中剪辑 2 和剪辑 3 之间的切换。

8. 在 Effect Controls 面板中，将鼠标指针悬停在切换矩形中间的编辑线上，如图 7.20 所示。

图7.19

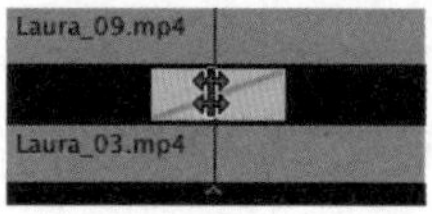

图7.20

这是两个剪辑之间的编辑点，出现的指针是 Rolling Edit（滚动编辑）工具。该工具允许重新定位编辑点。

Pr 提示：可能需要向前或向后移动播放头，才能看到两个剪辑之间的编辑点。

9. 将 Rolling Edit（滚动编辑）工具左右拖动，如图 7.21 所示。注意，只要释放鼠标按钮，左侧剪辑变化的出点和右侧剪辑变化的入点就会出现在节目监视器中。这也称为修剪（trimming），第 8 课将详细介绍修剪。

Pr 注意：修剪时，可以将切换的持续时间缩短为 1 帧。这会使捕捉和定位切换效果的图标变得更加困难，可以使用 Duration（持续时间）和 Alignment（对齐）控件进行尝试。如果想要删除切换，可在序列中选择它，然后按退格键（Windows）或 Delete 键（Mac OS）。

10. 将鼠标指针稍微移动到编辑线的左侧或右侧，注意，它更改为 Slide（滑动）工具，如图 7.22 所示。

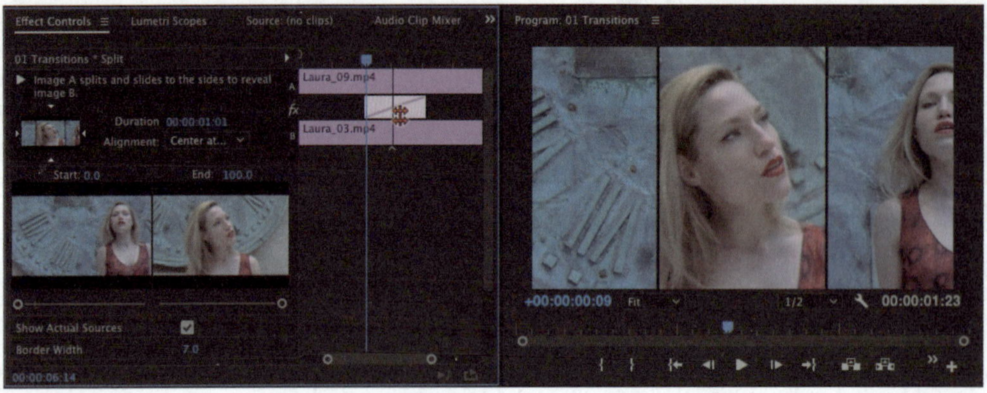

图7.21

使用 Slide（滑动）工具更改切换的开始点和结束点，无需更改总体长度。新的开始点和结束点编辑将显示在节目监视器中，但是与使用 Rolling Edit（滚动编辑）工具不同，使用 Slide（滑动）工具移动切换矩形不会更改两个剪辑之间的编辑点。相反，它只是修改切换效果的时机（timing）。

图7.22

11. 使用 Slide（滑动）工具左右拖动切换矩形。

7.5.2 使用 Morph Cut 效果

Morph Cut 是一种旨在提供不可见切换的特殊效果，它的设计目的是专门用于为"接受电视采访者"视频访谈提供帮助，其中一个单独的发言人看着摄像头的方向。如果受访者停顿了好长时间，或者素材中存在不合适的内容，则会将访谈中的部分内容删除。

这通常会产生跳跃剪辑（jump cut），但是借助于合适的媒体和一个小实验，Morph Cut 效果可能会产生一种不可见的切换，它能够无缝地隐藏删除的内容。下面就来试一下。

1. 打开 03 Morph Cut 序列，播放序列的开始位置。

该序列中有一个镜头，在靠近开始的位置有一个跳跃剪辑。尽管这个跳跃剪辑不大，但是足以对观众造成干扰。

2. 在 Effects 面板中，进入 Video Transitions（视频切换）>Dissolve（溶解）组，查找 Morph Cut 效果。将该效果拖放到剪辑两部分的连接处，如图 7.23 所示。

图7.23

Morph Cut 效果首先在后台分析两个剪辑。在分析的同时，用户可以继续处理序列。

当尝试使用不同的持续时间时，Morph Cut 切换效果工作得最好。取决于媒体，切换的一个持续时间可能会比切换的另外一个持续时间工作得更好。

3. 双击 Morph Cut 切换效果，打开 Set Transition Duration（设置切换持续时间）对话框，在其中将持续时间修改为 13 帧。

4. 当分析结束时，按 Enter 键（Windows）或 Carriage Return 键（Mac OS）渲染该效果（如果系统需要的话），然后预览效果。

尽管不完美，但是也不错，观众几乎不可能注意到这个连接处。

7.5.3 处理不足（或不存在）的头 / 尾手柄

如果剪辑没有足够的帧作为手柄，试图扩展该剪辑的切换时，则尽管会出现切换，但是也会出现对角线警告栏。这意味着 Premiere Pro 正在使用冻结帧来扩展剪辑的持续时间。

可以调整切换的持续时间和位置来解决这个问题。

1. 打开 04 Handles 序列。

2. 找到剪辑之间的编辑线处，如图 7.24 所示。

Timeline 上的两个剪辑都没有头或尾，可以从位于剪辑角落上的小三角形看出这一点：三角形指出了一个原始剪辑的最后帧。

3. 使用 Tools（工具）面板中的 Ripple Edit（波纹编辑）工具（），将第一个剪辑的右边缘向左拖动。拖动到大约 1:10 处以缩短第一个剪辑的持续时间，然后停止拖动，如图 7.25 所示。

图7.24

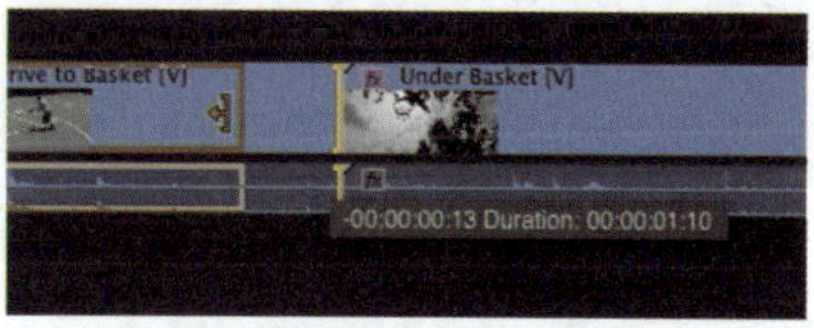

图7.25 在进行修剪以显示新剪辑的持续时间时，会出现一个工具提示

编辑点之后的剪辑将会波动以封闭间隙。注意，修剪过的剪辑末尾的小三角形不再可见。

4. 将 Cross Dissolve（交叉溶解）切换效果从 Effects 面板拖动到两个剪辑之间的编辑点上，如图 7.26 所示。

图7.26

只能将切换拖动到编辑点的右侧，因为如果不使用冻结帧，则没有可用的手柄来创建重叠了第一个剪辑末尾的溶解效果。

5. 按下键盘上的 V 键选择标准的 Selection（选择）工具，单击一次切换效果将其选中。可能需要放大以轻松选择切换。

6. 在 Effects Controls 面板中，将效果的持续时间设置为 1:12，如图 7.27 所示。

视频没有足够的帧来创建该效果，在 Effects Controls 面板和在 Timeline 的切换上，都会出现对角线，这表示已经自动添加的静态帧将填充设置的持续时间。无论在哪里看到对角线，结果都将是冻结帧。

播放切换，查看结果。

7. 将切换的对齐方式更改为 Center at Cut（居中对齐），如图 7.28 所示。

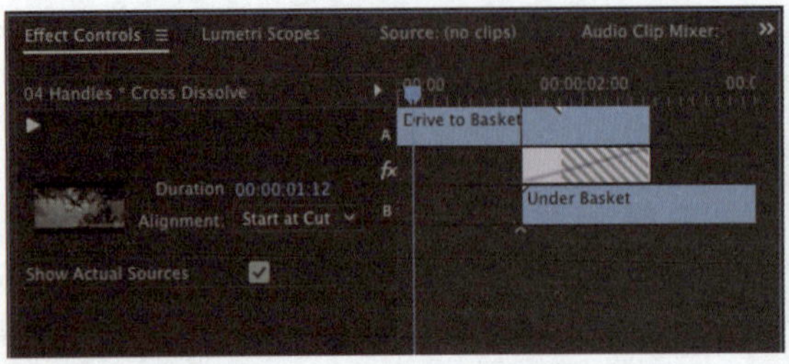

图7.27

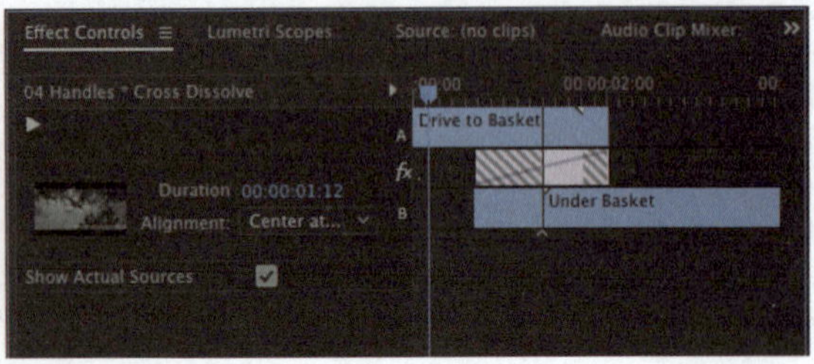

图7.28

8. 在切换中缓慢拖动播放头，并观察结果。

- 对于剪辑的前半部分（到编辑点为止），B 剪辑是冻结帧，而 A 剪辑则继续播放。
- 在编辑点的位置，A 剪辑和 B 剪辑开始播放。
- 在编辑后，使用了一个短冻结帧。

有以下几种方式可以用来修复该问题。

- 可以更改效果的持续时间或对齐方式。
- 可以使用 Rolling Edit（滚动编辑）工具（ ）（见图 7.29）来重新定位切换。
- 可以使用 Ripple Edit（波纹编辑）工具（ ）（见图 7.29）来缩短剪辑。

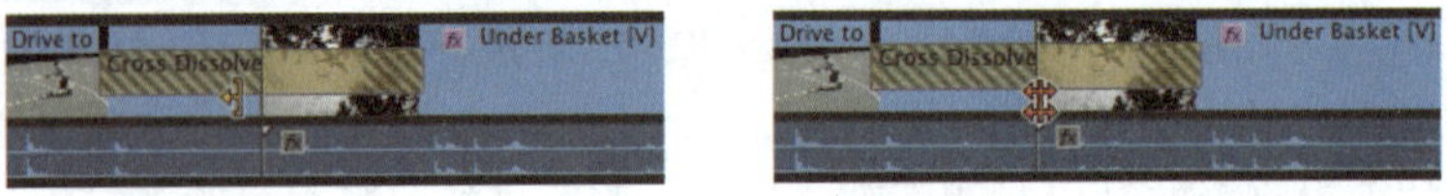

滚动编辑工具　　波纹编辑工具

图7.29

> Pr　注意：使用 Rolling Edit（滚动编辑）工具可以向左或向右移动切换，而且不会更改序列的总长度。

第 8 课将介绍有关 Rolling Edit（滚动编辑）和 Ripple Edit（波纹编辑）工具的更多信息。

7.6　添加音频切换

通过删除不想要的音频噪音或生硬编辑，音频切换可以显著以改进序列的音轨。在音频剪辑末尾（或之间）应用交叉淡化切换是一种在它们之间添加淡入、淡出和渐淡的快速方式。

7.6.1 创建交叉淡化

有三种交叉淡化可供选择。

- **Constant Gain（恒定增益）（见图 7.30）**：顾名思义，Constant Gain 交叉淡化在剪辑之间使用恒定音频增益（音量）来切换音频。。一些人认为这种切换类型很有用，但是它可能会在音频中创建一种突然的切换，这是因为传出剪辑的声音在淡出时，它的增益等于传入剪辑的声音渐入的增益。如果不希望混合两个剪辑，而想在剪辑之间应用淡出和淡入，则 Constant Gain（恒定增益）交叉淡化最为有用。
- **Constant Power（恒定功率）（见图 7.31）**：Premiere Pro 中的默认音频切换在两个音频剪辑之间创建了一种渐变的平滑切换。Constant Power 交叉淡化的工作方式与视频溶解非常类似。应用该交叉淡化时，首先缓慢淡出传出剪辑，然后快速接近剪辑的末端。对于传入剪辑，过程是相反的。传入剪辑开头的音频电平增加很快，然后缓慢接近切换的末端。当想要在两个剪辑之间混合音频时，则该交叉淡化很有用，而且在音频的中间部分不会有明显的音频下降。
- **Exponential Fade（指数淡化）（见图 7.32）**：该效果类似于 Constant Power 交叉淡化。Exponential Fade 切换在剪辑之间创建非常平滑的淡化。它使用对数曲线来淡出淡入音频。当执行单侧切换（比如在节目开始或结尾处，先沉默，然后淡入一个剪辑）时，有些编辑人员更喜欢使用 Exponential Fade 切换。

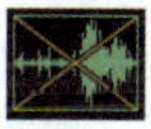
图7.30

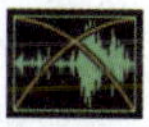
图7.31

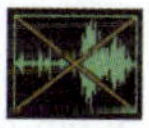
图7.32

7.6.2 应用音频切换

有几种方法可以为序列应用音频交叉淡化。当然，可以拖放一个音频切换（如同处理视频切换那样），但是还有一些有用的快捷方式可以加速操作过程。

音频切换有默认的持续时间（单位是秒或帧）。可以对默认的持续时间进行修改，方法是选择 Edit（编辑）>Preference（首选项）>General（常规）(Windows）或 Premiere Pro > Preferences > General（Mac OS）。

下面看一下应用音频切换的这三种方法。

1. 打开 05 Audio 序列。该序列有多个音频剪辑。
2. 在 Effects 面板中打开 Audio Transitions（音频切换）>Crossfade（交叉淡化）组。
3. 将 Exponential Fade（指数淡化）切换拖动到第一个音频剪辑的开始位置，如图 7.33 所示。
4. 移动到序列末尾。
5. 在 Timeline 中右键单击最终的编辑点，并选择 Apply Default Transitions（应用默认切换），

如图 7.34 所示。

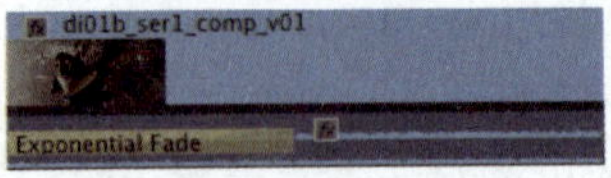

图7.33

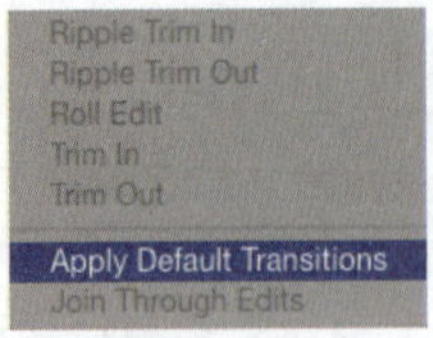

图7.34

这会添加新的视频和音频切换。要只添加音频切换，按住 Alt（Windows）或 Option（Mac OS）键，然后右键单击，只选择音频剪辑。

Constant Power（恒定功率）切换作为一个切换添加到末尾的音频编辑，以创建平滑混合作为音频的结尾。

6. 在 Timeline 中拖动切换的边缘，可以调整其长度。对创建的音频切换进行拖放，扩展其长度，然后收听结果。

7. 要完善项目，可在序列的开始位置添加 Video Cross Dissolve（视频交叉溶解）切换。将播放头移动到序列的近乎开始位置，选择第一个剪辑，然后按 Control + D（Windows）或 Command + D（Mac OS）组合键，添加默认的视频切换。

现在，在序列的开头位置创建了从黑色淡出的效果，而在末尾创建了黑色淡入的效果。然后，添加一系列短音频溶解，对背景声音进行平滑处理。

8. 使用 Selection（选择）工具，按住 Alt（Windows）或 Option（Mac OS）键，并选择轨道 Audio 1 上的所有音频剪辑，注意不要选择任何视频编辑。

利用 Alt（Windows）或 Option（Mac OS）键可以临时断开音频剪辑和视频剪辑之间的链接，以分离切换。要从音频剪辑下方拖动，以避免不小心选择了视频轨道上的项目。

9. 选择 Sequence（序列）> Apply Default Transitions to Selection（应用默认切换到选择项）。

> **Pr** | **注意**：选择的剪辑不需要是连续的。按住 Shift 键并单击剪辑，即可以在序列中选择单独的剪辑。

10. 播放序列，并查看和收听做出的修改。

一种很常见的情况是，音频编辑人员会为序列中的每一个剪辑添加一帧或两帧的音频切换，以免在音频剪辑开始或结束时出现刺耳的声音。如果将音频切换的默认持续时间设置为两帧，可以使用 Apple Default Transitions（应用默认切换）选项，对音频混合快速进行平滑处理。

> **Pr** | **提示**：按 Shift + Ctrl + D（Windows）或 Shift + Command + D（Mac OS）组合键是在靠近播放头的编辑点位置添加默认的音频切换的快捷方式。轨道选择（或剪辑选择）指出了切换效果的应用位置。

复习题

1. 如何为多个剪辑应用默认切换？
2. 在 Effects 面板中，如何根据名称查找切换？
3. 如何使用一个切换替换另一个切换？
4. 描述更改切换持续时间的三种方式。
5. 一种在剪辑开头或结尾淡化音频的简单方法是什么？

复习题答案

1. 选择已经在 Timeline 上的剪辑，然后选择 Sequence（序列）>Apply Default Transitions to Selection（应用默认切换到选择项）。
2. 在 Effects 面板的 Contains Text 文本框中输入切换的名称。在输入时，Premiere Pro 会显示名称中具有此字母组合的所有效果和切换（视频和音频）。输入更多字符后可以缩小搜索范围。
3. 将替换的切换拖动到想要扔掉的切换上，新切换会自动替换旧切换，而且也会采用旧切换的时间。
4. 在 Timeline 中拖动切换矩形的边缘，在 Effect Controls 面板的 A/B 时间轴显示中的操作与此相同；或者在 Effect Controls 面板中更改 Duration（持续时间）值；也可以双击 Timeline 面板中的切换图标。
5. 一种淡入或淡出音频的简单方法是在剪辑的开头或结尾应用音频交叉淡化切换。

第8课 执行高级编辑技术

课程概述

在本课中，你将学习以下内容：

- 执行四点编辑；
- 在 Timeline 中更改剪辑的速率或持续时间；
- 在序列中替换一个剪辑；
- 在项目中替换素材；
- 创建嵌套序列；
- 对媒体执行基本修剪，以完善编辑；
- 应用滑移和滑动编辑来完善剪辑；
- 动态修剪媒体。

本课大约需要 90 分钟。

Adobe Premiere Pro CC 中的主要编辑命令都很容易掌握。有些高级技术则需要花时间才能掌握，但这样做很值得。这些技术不仅可以加快编辑速度，还可以帮助用户生成最高水平的专业成果。现在，是时候让技能更上一层楼了。

8.1 开始

在本课中，将使用几个短序列来探究 Adobe Premiere Pro CC 中的高级编辑概念，旨在让读者动手体验高级编辑所需要的技术。

1. 打开项目 Lesson 08.prproj。

2. 在 Workspaces 面板中选择 Editing，或者选择 Window（窗口）>Workspace（工作区）>Editing（编辑）。

单击 Workspaces 面板中的 Editing 菜单，或者选择 Window > Workspaces > Reset to Saved Layout，将工作区重置为保存过的版本。

8.2 执行四点编辑

In 和 Out 标记也称为点（point）。在之前的课程中，已经使用过三点编辑的标准技术。即使用 3 个 In（入）点和 Out（出）点（分别在源监视器、节目监视器和 Timeline 中）描述编辑的源、持续时间和位置。

但是，如果定义了四个点会怎么样?

简单的回答就是，必须要做出选择。因为很有可能在源监视器中标记的持续时间，与在节目监视器或 Timeline 中标记的持续时间不同。

在这种情况下，当想要使用键盘快捷键或屏幕上的按钮执行编辑时，会出现一个警告对话框，说明这一差异，并让用户做出决定（通常是丢弃一个标记）。

> 提示：专业的编辑人员通常使用不同的语言来描述相同的事情。本书使用了编辑人员最常使用的名字，以便读者能更容易地识别工具、技术和其他项目。

8.2.1 四点编辑的编辑选项

如果执行四点编辑，Premiere Pro 会打开 Fit Clip（符合素材长度）对话框（见图 8.1），需要从 5 个选项中进行选择以解决问题。可以忽略四个点中的一个或者更改剪辑的速率。

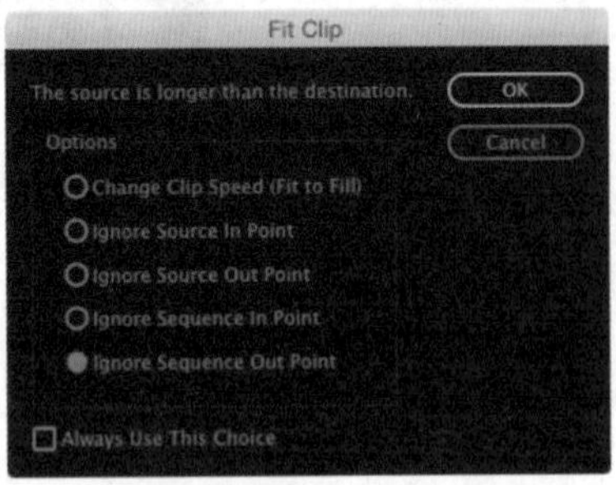

图8.1

- **Change Clip Speed（Fit to Fill）（更改剪辑速率（适合填充））：**第一个选项假设故意设置了具有不同持续时间的四个点。Premiere Pro 保留源剪辑的入点和出点，但会调整剪辑的播放速率，使其持续时间匹配在 Timeline 或节目监视器中使用入点和出点设置的持续时间。如果想调整剪辑的播放速率来填充间隙，这是一个很好的选择。

- **Ignore Source In Point（忽略源入点）：**如果选择该选项，Premiere Pro 会忽略源剪辑的入点，并将编辑转换回三点编辑。当在源监视器中有一个出点，但是没有入点时，将基于在 Timeline 或源监视器（或剪辑的末端）上设置的持续时间来计算入点。只有当源剪辑比序列中设置的范围要长时，才可使用该选项。

- **Ignore Source Out Point（忽略源出点）：**当选择该选项时，Premiere Pro 会忽略源剪辑的出点，并将编辑转换回三点编辑。当在源监视器中有一个入点，但是没有出点时，将基于在 Timeline 或源监视器（或剪辑的末端）上设置的持续时间来计算出点。只有当源剪辑比目标持续时间要长时，才可使用该选项。

- **Ignore Sequence In Point（忽略序列入点）：**该选项告诉 Premiere Pro 忽略在序列上设置的入点，并仅使用序列出点执行三点编辑。持续时间来自源监视器。

- **Ignore Sequence Out Point（忽略序列出点）：**该选项与上一个选项类似，它告诉 Premiere Pro 忽略在序列上设置的出点，然后执行三点编辑。持续时间依然来自源监视器。

8.2.2 执行四点编辑

下面将执行四点编辑，修改一个剪辑的播放速率，以匹配序列中设置的持续时间。

1. 打开序列 01 Four Point。

2. 滚动序列并找到已经设置了入点和出点的部分。在 Timeline 中应该能看到一个突出显示的范围，如图 8.2 所示。

3. 找到 Clips to Load 素材箱，在源监视器中打开 Laura_04 剪辑。

应该已经在该剪辑中设置了入点和出点。

4. 在 Timeline 中检查，确定 Source Selection 按钮已经使用链接到 Timeline Video 1 的 Source V1 进行了修复，如图 8.3 所示。

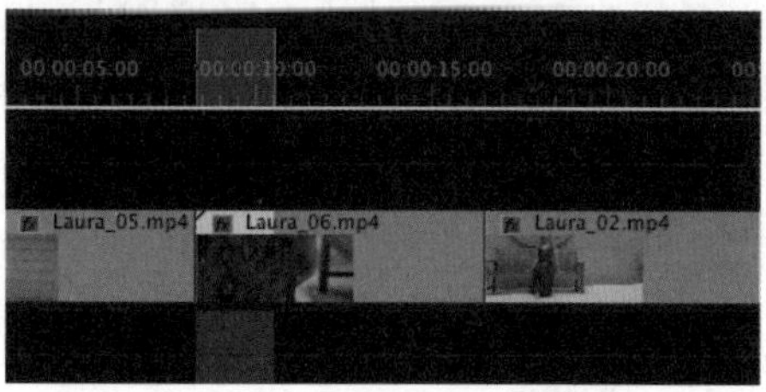

图8.2

图8.3

5. 在源监视器中，单击 Overwrite（覆盖）按钮以进行编辑。

6. 在 Fit Clip（符合素材长度）对话框中，选择 Change Clip Speed（Fit to Fill）（更改剪辑速率（适合填充））选项，然后单击 OK。结果如图 8.4 所示。

图8.4

编辑已经成功应用。在序列的 Laura_04 剪辑上，将看到显示新播放速率的数值。剪辑的速率已经进行了完美调整，以匹配新的持续时间。

> Pr | 注意：可以将修改剪辑的播放速率当作一种视觉效果。剪辑上的“fx”小标志会更改颜色，来指示已经应用的效果。

7. 现在观看序列，查看编辑和速率变化的效果。

> Pr | 提示：在执行四点编辑时，可以选择设置一种默认的行为，方法是选择一个剪辑片段，然后选择 Always Use This Choice（总是使用该选择）。如果改变了主意，可以打开 Premiere Pro 首选项中的 General（常规）选项卡，然后选择 Fit Clip，在打开的 Fit Clip 对话框中，对不匹配的范围进行编辑。

8.3 改变播放速率

在视频制作中，慢动作是最常使用的一种效果。常会出于技术原因或艺术效果来修改剪辑的速率。这是一种增加戏剧性或者给观众更多时间来研究或品味的有效方式。

Fit to Fill 编辑只是修改剪辑播放速率的一种方式。实现高质量慢动作的最佳方法是，以高于序列播放的帧速率来录制。如果在播放视频时，其帧速率低于录制时的速率，将会看到慢动作。

例如，假设一个 10 秒钟的视频剪辑是在每秒 48 帧的速率下录制的，但是序列被设置为每秒 24 帧。可以对素材进行设置，使其以每秒 24 帧的速率播放，从而匹配序列。在将剪辑添加到序列中时，播放将会很平滑，也不需要转换帧速率。但是，剪辑是在以原始帧速率的一半进行播放，从而产生 50% 的慢动作。因为在播放时将占用两倍的时间，所以现在剪辑的持续时间将为 20 秒。

过度转动

该技术称为过度转动（over-cranking），原因是早期的摄影机是通过转动摇把来驱动的。

摇把转动得越快，每秒捕获的帧越多；转动得越慢，每秒捕获的帧越少。这样一来，当以正常速率播放电影时，电影制片人能够通过转动摇把实现快动作或慢动作。

> 现代的摄像机允许以较快的帧速率进行录制，这样就可以在后期制作时提供优质的慢动作。摄像机也可以为剪辑分配一个不同于真实录制速率（使用系统帧速率）的帧速率。
>
> 这意味着在将剪辑导入Premiere Pro中时，剪辑能够自动以慢动作播放。在Interpret Footage（解释素材）对话框中可以设置Premiere Pro如何播放剪辑。

下面就来试一下。

1. 打开序列 02 Laura In The Snow，播放序列中的剪辑。

出于下述原因，剪辑将以慢动作的方式播放。

- 剪辑是以每秒 96 帧的速率录制的。
- 剪辑被设置为以每秒 24 帧的速率播放（这是通过摄像机设置的）。
- 序列的播放速率被配置为每秒 24 帧。

2. 在 Project 面板中，查看 Clips to Load 素材箱，找到 Laura_01.mp4 剪辑。右键单击该剪辑，然后选择 Modify（修改）>Interpret Footage（解释素材），出现如图 8.5 所示的界面。

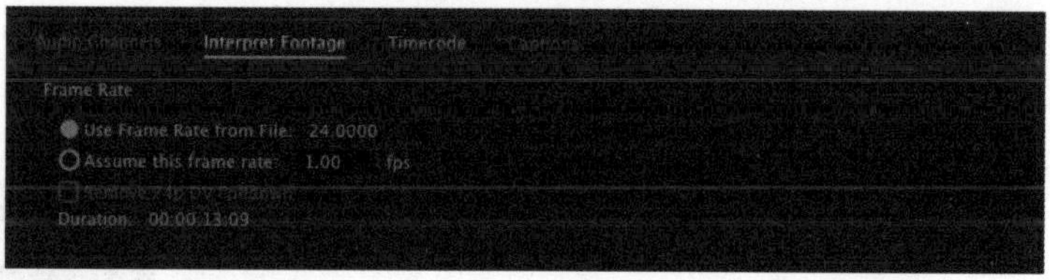

图8.5　在Interpret Footage对话框中设置Premiere Pro如何播放剪辑

3. 选择 Assume this frame rate 选项，在文本框中输入 96，即 Premiere Pro 将以每秒 96 帧的速率播放剪辑。然后单击 OK。

再看一下 Timeline，剪辑的外观发生了改变，如图 8.6 所示。

已经给剪辑指定了一个更快的帧速率，因此不再使用原始的剪辑持续时间。对角线表明了没有媒体的那部分剪辑。

Premiere Pro 没有更改 Timeline 剪辑的持续时间，因为这样做会更改编辑的时序。相反，没有媒体的那部分序列剪辑现在是空的。

4. 再次播放序列。

剪辑以正常速率播放，因为它最初是使用每秒 96 帧的速率录制的。播放时不太平滑。

5. 将 Laura_01.mp4 剪辑拖放到靠近第一个实例的 Timeline 上，如图 8.7 所示。

图8.6　剪辑上的对角线表示有媒体缺失

图8.7

> **注意：**如果使用的系统内存较小，可能需要在节目监视器中降低播放分辨率，以便能以全帧速进行播放。

8.3.1　更改剪辑的速率 / 持续时间

尽管降低剪辑的播放速率是很常见的事情，但是加快剪辑的速率也是一种有用的效果。Speed/Duration（速率 / 持续时间）命令可以两种不同的方式更改剪辑的播放速率。可以设置剪辑的持续时间，使其与一个特定的时间相匹配，也可以采用百分比的方式设置播放速率。

例如，如果将一个剪辑设置为以 50% 的速率播放，则它会以半速播放；设为 25% 则为以 1/4 的速率播放。在设置播放速率时，Premiere Pro 允许保留两位小数，所以，如果愿意，可以设置为 27.13%。

下面来探究这种技术。

1. 打开序列 03 Speed and Duration。播放序列，先对其正常的播放速率有一个感知。

2. 右键单击 Eagle_Walk 剪辑，并选择 Speed/Duration（速率 / 持续时间）。可以在 Timeline 中选择剪辑，然后选择 Clip（剪辑）>Speed/Duration（速率 / 持续时间）。

3. Clip Speed/Duration 对话框（见图 8.8）中有几个控制剪辑播放速率的选项。

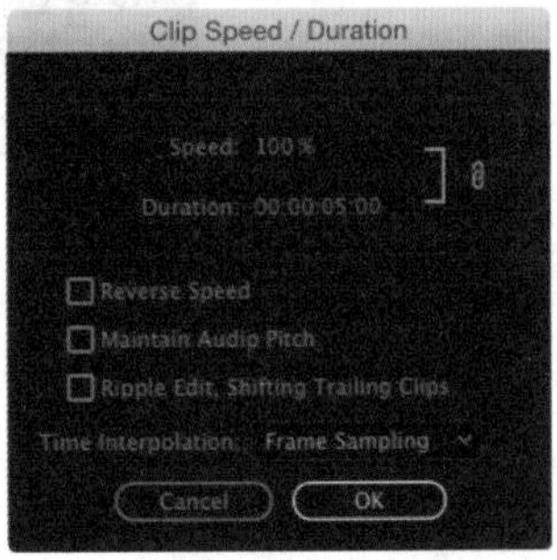

图8.8

- 如果单击锁链图标，可以保持剪辑的持续时间和速率之间的联动，也可以断开两者之间的联动。如果该图标为链接状态，则对其中一个进行修改时，另外一个也随之更新。
- 单击锁链图标，使其显示为一个断开的链接。现在，如果输入一个新的速率，则时序时间不会更新。如果一个更大的新速率大大缩短了持续时间，以至于使用了所有的原始剪辑媒体，且造成持续时间比 Timeline 剪辑要短，则 Timeline 剪辑会缩短，以使其匹配。这样一来，在序列中将不会有空白的视频帧。
- 一旦断开了两者之间的联动，则在修改持续时间时不会改变速率。如果 Timeline 上在该剪辑后面紧跟着另外一个剪辑，则缩短剪辑时会留下间隙。默认情况下，如果让剪辑比可用空间长，则速率的改变不会有任何影响。原因是在修改持续时间和速率时，编辑不会移动下一个剪辑，从而为新的持续时间留下空间。如果选择 Ripple Edit, Shifting Trailing Clips 选项，则可以让剪辑为它自己留出空间。

- 要倒放剪辑，可选择 Reverse Speed（倒放速率）选项。这时会在序列中显示的新速率旁边看到一个负号。
- 如果正在改变速率的剪辑带有音频，可以考虑勾选 Maintain Audio Pitch（保持音频音调）复选框。这将在新速率下保持剪辑原来的音调。如果没有勾选此选项，则音调会自然地上升或下降。对于较小的速率改变来说，这选项相当有效。迅速地重新采样将生成不自然的结果。如果想要做出更为显著的速率变化，可以考虑在 Adobe Audition 中调整音频。

4. 确保 Speed（速率）和 Duration（持续时间）链接在一起（即锁链图标 [ ] 为链接状态），将速率修改为 50%，单击 OK。

在 Timeline 中播放剪辑。可能需要按下 Enter（Windows）或 Carriage Return（Mac OS）键来渲染剪辑，才能看到流畅的播放。注意，剪辑现在的长度是 10 秒。这是因为将剪辑的播放速率放慢了 50%；播放速率降低一半，则意味着长度是原来的两倍。

5. 选择 Edit（编辑）>Undo（撤销），或者按 Control + Z（Windows）或 Command + Z（Mac OS）组合键。

6. 在 Timeline 上选中剪辑，按 Control + R（Windows）或 Command + R（Mac OS）组合键，打开 Clip Speed/Duration（剪辑速率 / 持续时间）对话框。

7. 单击锁链图标（ ），确保 Speed（速率）和 Duration（持续时间）的链接是断开的，如图 8.9 所示。然后将 Speed（速率）更改为 50%。

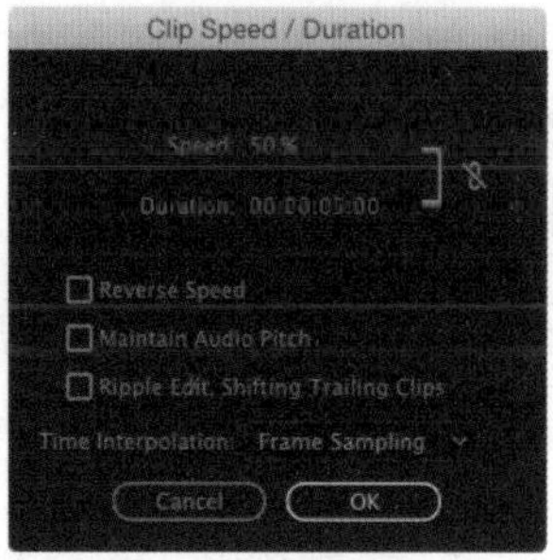

图8.9

8. 单击 OK，然后播放剪辑。

剪辑现在以 50% 的速率播放，因此其播放时长是原来的两倍（即 10 秒）。因为已经关闭了播放速率和持续席间的链接，所以已经对第 2 个 5 秒进行了修剪，以在序列中维护 5 秒的持续时间。

现在尝试倒向播放。

9. 再次打开 Clip Speed/Duration（剪辑速率 / 持续时间）对话框。

10. 将 Speed（速率）保持为 50%，但这一次要选中 Reverse Speed（倒放速率）选项，然后单击 OK。

11. 播放剪辑，注意，它以 50% 的慢动作进行播放。

> **提示：**可以同时更改多个剪辑的速率。为此，选择多个剪辑，进入 Clip 菜单，选择 Speed/Duration（速率 / 持续时间）。当更改多个剪辑的速率时，要注意 Ripple Edit, Shifting Trailing Clips（波纹编辑，移动尾部剪辑）选项。在速率发生改变后，该选项将自动为所有选择的剪辑缩小或扩大间隙。

8.3.2 使用 Rate Stretch 工具更改速率和持续时间

当有一个其内容能够完美填充序列中一个间隙的剪辑，但是它的长度有点太短或太长时，Rate Stretch（速率伸展）工具就派上用场了。

1. 打开序列 04 Rate Stretch。

该序列与音乐同步，而且剪辑包含所需的内容，但是第一个剪辑太短了。可以猜测并尝试调整 Speed/Duration（速率 / 持续时间），但是使用 Rate Stretch（速率伸展）工具可以更容易、迅速地来拖动剪辑的尾部，以填充间隙。

2. 在 Tools（工具）面板中选择 Rate Stretch 工具（ ）。
3. 使用该工具拖动第一个视频剪辑的右端，直到它与第二个视频剪辑相接为止，如图 8.10 所示。

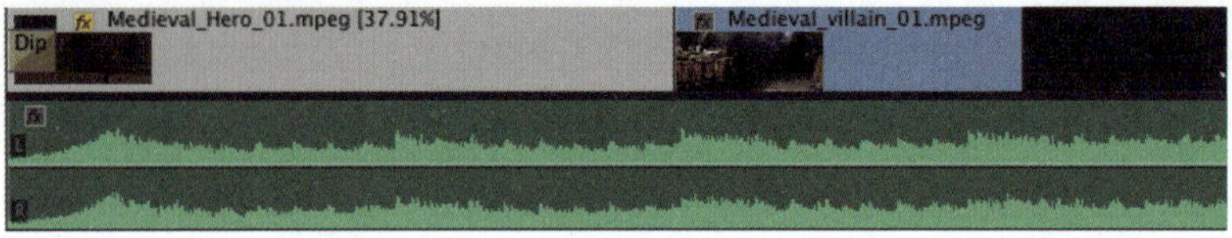

图8.10

第一段剪辑的速率发生了改变，以填充间隙。但是其内容没有改变，只不过剪辑的播放速率变慢了。

> Pr **提示：**如果打算对 Rate Stretch（速率伸展）工具做出的调整进行修改，可以总是使用它恢复剪辑。或者，使用 Speed/Duration（速率 / 持续时间）命令并为 Speed（速率）输入 100%，以将剪辑恢复到默认的速率。

4. 继续使用 Rate Stretch（速率伸展）工具，拖动第二段剪辑的右端，直到它与第三段剪辑相接为止。
5. 拖动第三段剪辑的右端，直到它与音频结束点相匹配为止。
6. 在 Timeline 上播放，查看结果。
7. 按下 V 键，或者单击 Selection 工具，选中序列。

8.3.3 用时间重映射更改速率 / 持续时间

时间重映射可以用关键帧来改变剪辑的速率。这意味着剪辑的一部分可以以慢动作播放，而同一个剪辑的另外一部分可以以快动作进行播放。

除了这种灵活性之外，变速时间重映射允许剪辑从一种速率平滑过渡到另一种速率，无论是由快变慢，还是从正向运动变为反向运动。

1. 打开序列 05 Remapping。该序列有一个镜头。

2. 调整 Video 1 轨道的高度，让它更高一些。为此，向下拖动音频和视频轨道之间的水平分隔符，增大视频轨道的空间。然后，向上拖动 Video 1 轨道和 Video 2 轨道之间的标题，如图 8.11 所示。

图8.11

> **提示：**也可以将鼠标指针放置在轨道标题上，然后进行滚动，来调整轨道的高度。

增加轨道高度使得调整 Timeline 中剪辑的关键帧变得更加简单。

3. 右键单击剪辑上的 fx 徽标，然后选择 Time Remapping（时间重映射）>Speed（速率）。

选择该选项之后，一条细白色线将横穿剪辑，它表示播放速率，如图 8.12 所示。这条线的位置越高，剪辑播放得就越快。

图8.12

4. 将 Timeline 播放头拖动到这对夫妇已经相遇并正在转身的位置（大约为 00:00:15:00 位置）。

5. 按住 Control（Windows）或 Command（Mac OS）键，将鼠标指针悬停在白线上，鼠标指针变为小十字形。

6. 在大约 15 秒的位置单击剪辑中的白线，创建关键帧，在该剪辑的顶部可以看到这个关键帧。

这时，还没有改变速率，只是添加了关键帧。

> **提示：**默认情况下，Premiere Pro 不会显示视频剪辑关键帧。可以单击 Timeline 设置菜单，然后选择 Show Video Keyframes（显示视频关键帧），将其显示出来。

7. 使用同样的方法，在大约 00:00:24:00 位置（就在这对夫妇分别时）添加另一个速率关键帧，如图 8.13 所示。

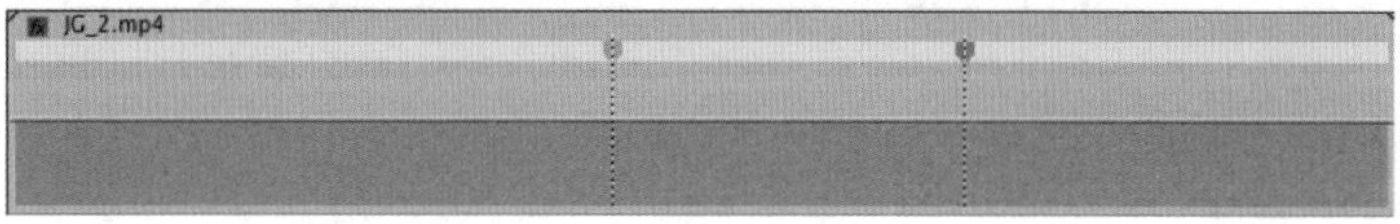

图8.13

通过添加两个速率关键帧，已经将剪辑分为 3 个“速率部分”。现在将在关键帧之间设置不同的速率。

8. 将 Selection 工具放置在第一个和第二个关键帧之间的白线上，然后向上拖动到大约 300% 的位置。在调整速率时，将出现一个工具提示，用于显示速率设置，如图 8.14 所示。

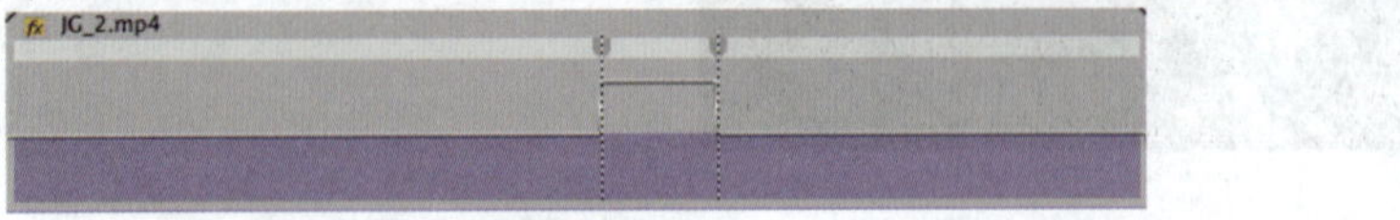

图8.14

由于播放加快，因此剪辑被缩短。

9. 选择 Sequence（序列）>Render Effects In to Out（渲染入点和出点内的效果），渲染该剪辑，以便能平滑地播放。如果启用了 Timeline Work Area（工作区）选项，该菜单选项将变成 Sequence（序列）>Render Effects in Work Area（渲染工作区内的效果）。

10. 播放剪辑。速率从 100% 变为 30%，然后又变回 100%。

剪辑速率的更改可以非常显著。目前为止，已经应用了一种速率更改，即从一种速率立即切换到另一种速率。这种切换效率很高，但是也可以从一种速率平滑地过渡到另外一种速率。

11. 速率关键帧实际上分为两部分，可以通过拖动的方式将它们分离开。现在试一下：将第一个速率关键帧的右半部分向右拖动，创建一个速率切换坡度。

现在白线以坡度的方式上升，而不是从 100% 突然变到 300%。

12. 将第二个速率关键帧的左半部分向左拖动，也创建一个过渡，如图 8.15 所示。

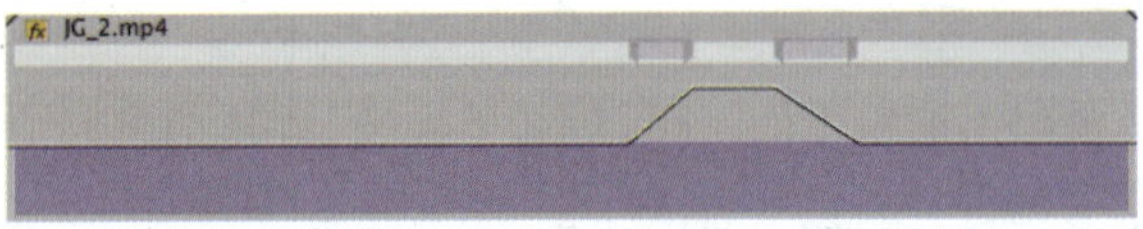

图8.15

改变时间产生的下游影响

在将多个剪辑汇集到序列中之后，如果在Timeline的开始位置更改剪辑的速率，要重点理解剪辑速率的改变对“下游”序列的影响。速率变化可能会引起下述问题。

- 由于剪辑的播放速率要比最初时快，因此剪辑变短，引入了不想要的间隙。
- 由于使用了 Ripple Edit（波纹编辑）选项，总体序列的持续时间将发生变化。
- 速率变化导致的潜在音频问题——包括音调的更改。

- 如果使用 Time Remapping，则剪辑音频不会受到影响，这意味着需要单独处理音频的时序。

更改速率或持续时间时，要仔细查看对序列的总体影响。可以通过更改 Timeline的缩放级别，来立刻查看整个序列或部分序列。

13. 右键单击剪辑，然后选择 Time Interpolation（时间插值）>Optical Flow（光流）。在修改剪辑速率时，这可以让剪辑平滑地播放。它是一种用于渲染运动变化的高级系统，在渲染时将花费更长的时间。

14. 渲染并播放序列，查看效果。

> **注意**：要删除时间重映射效果，需要选择剪辑，然后查看 Effect Controls 面板。单击 Time Remapping（时间重映射）效果旁边的提示三角形来打开它。单击 Speed（速率）旁边的切换动画按钮（秒表），这会将它设置为关闭。这时出现一个警告对话框，单击 OK 即可删除效果。

8.4 替换剪辑和素材

在编辑过程中，一种常见的情况是将序列中的一个剪辑换成另一个剪辑，以尝试不同的编辑版本。

这有可能是进行全局替换，比如使用一个新文件替换一个动画徽标版本。也可以将序列中的一个剪辑替换成素材箱中的另一个剪辑。取决于手头上的任务，将用到不同的方法。

8.4.1 在替换剪辑中拖放

可以将一个新镜头拖动到打算进行替换的现有序列剪辑上。

下面就来试一下。

1. 打开序列 06 Replace Clip。

2. 播放 Timeline。

注意，同样的剪辑作为画中画（PIP）被播放了两次。该剪辑有一些动画关键帧，使它旋转到屏幕上，之后又旋转出去。下一课将介绍如何创建这些效果。

这里使用名为 Boat Replacement 的新剪辑来替换 V2 轨道中的第一个剪辑实例（SHOT4），但是不想重复创建效果和动画。这个场景很适合替换一个序列剪辑。

3. 在 Clips to Load 素材箱中，将 Boat Replacement 剪辑拖动到 Timeline 上 SHOT4 剪辑的第

一个实例上，但是不要松开鼠标按钮，如图 8.16 所示。

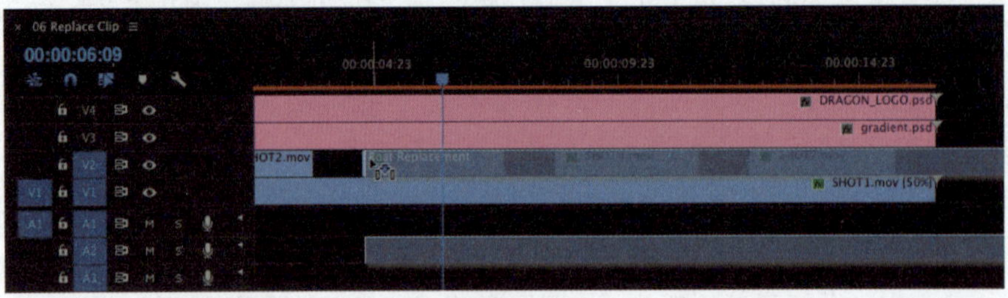

图8.16

该剪辑比打算替换掉的原有剪辑长。

4. 按 Alt（Windows）或 Option（Mac OS）键，结果如图 8.17 所示。

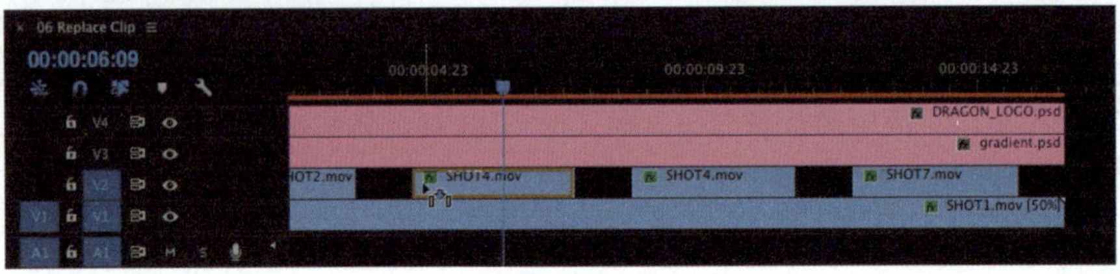

图8.17

在按住修饰符键时，用来替换的剪辑会适应原来剪辑的精确长度。松开鼠标按钮，即替换剪辑。

5. 播放 Timeline。注意，所有 PIP 剪辑将相同的效果应用到了不同的素材上。新的剪辑继承了原来剪辑的设置和效果。这是一种在序列中尝试不同镜头的快速且简单的方法。

8.4.2 执行替换编辑

在使用拖放的方式来替换序列剪辑时，Premiere Pro 会将替换剪辑中的第一个帧（或入点）与序列中剪辑的第一个可见帧进行同步处理。通常情况下这很好，但是如果想要同步动作中的一个特定时刻，比如拍手或关门，该怎么处理?

如果想更多地控制一个替换编辑，可以使用 Replace Edit（替换编辑）命令。该命令可以对替换剪辑中的一个特定帧与原有剪辑中的一个特定帧进行同步处理。

1. 打开序列 07 Replace Edit。

这是之前修复的同一个序列，但是这次将精确放置替换剪辑。

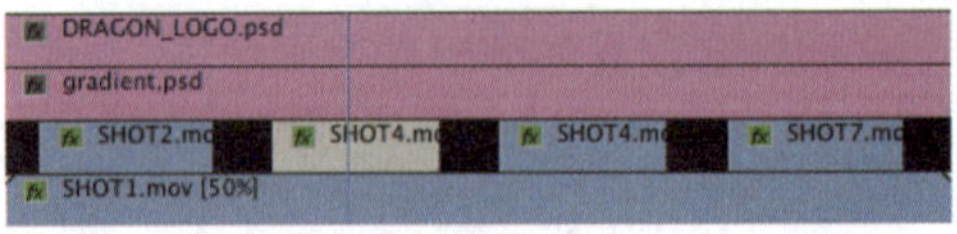

图8.18

2. 将播放头放在序列中大约 00:00:06:00 位置。播放头是将要执行的编辑的同步点。

3. 单击序列中 SHOT4 剪辑的第一个实例，将其选中，如图 8.18 所示。

4. 在源监视器中，打开 Clips to Load 素材箱中的 Boat Replacements 剪辑。

5. 在源监视器中，拖动播放头以选择要替换的部分动作。在剪辑上有一个标记用作参考，如图 8.19 所示。

图8.19

6. 确保 Timeline 是活动的，并且选中 SHOT4.move 的第一个实例，然后选择 Clip（剪辑）>Replace With Clip（使用剪辑替换）>From Source Monitor, Match Frame（从源监视器，匹配帧）。

可以看到剪辑被替换掉，如图 8.20 所示。

图8.20

7. 播放新编辑的序列，观察结果。

播放头的位置在源监视器和节目监视器中得到了同步处理。序列剪辑的持续时间、效果和设置都应用到了替换剪辑上。利用该技术可以节省大量的时间。

8.4.3 使用替换素材功能

Replace Footage（替换素材）功能会替换 Project 面板中的素材，以便剪辑链接到不同的媒体文件。当需要替换一个或多个序列内多次出现的剪辑时，这非常有用。可以使用该功能来更新一个动画徽标或一段音乐。

当替换 Project 面板中的剪辑时，不管该剪辑用在何处，其所有示例都将发生改变。

1. 载入序列 08 Replace Footage。

2. 播放序列。

下面用更有意思的东西来替换图形。

3. 在 Clips to Load 素材箱中，在 Project 面板中选择剪辑 DRAGON_LOGO.psd。

4. 选择 Clip（剪辑）>Replace Footage（替换素材），或者右键单击剪辑，然后选择 Replace Footage，如图 8.21 所示。

5. 导航到 Lessons/Assets/Graphics 文件夹，选择 DRAGON_LOGO_FIX.psd 文件，然后双击，将其选中，如图 8.22 所示。

图8.21

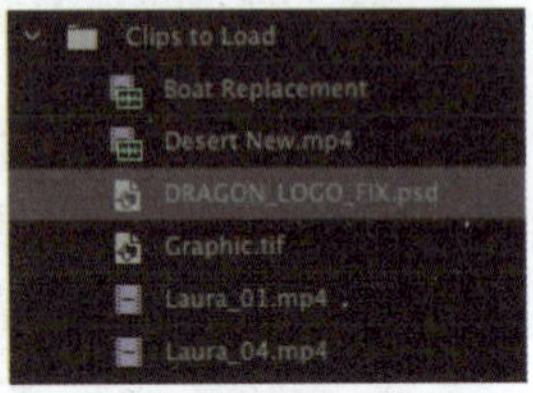

图8.22

6. 播放 Timeline。可以看到，已经更新了序列和项目中的图形，甚至 Project 面板中的剪辑名字也进行了更新，以匹配新文件，结果如图 8.23 所示。

图8.23

> 注意：Replace Footage（替换素材）命令是无法撤销的。如果想要切换回原始剪辑，请再次选择 Clip（剪辑）>Replace Footage（替换素材），以导航到原始文件并重新链接它。

8.5 嵌套序列

嵌套序列是一个包含在其他序列中的序列。通过为每一个部分创建单独的序列，可以将一个长期的项目拆分成可管理的部分。然后可以将每一个序列（包含其所有剪辑、图形、图层、多个音频 / 视频轨道和效果）拖放到另外一个“主”序列中。嵌套序列的外观和行为与单个音频 / 视频剪辑很像，但是可以编辑它们的内容，并在主序列中看到更新后的变化。

嵌套序列有许多潜在用途，如下所示。

- 通过单独创建复杂的序列来简化编辑工作。这有助于避免冲突，防止因意外移动剪辑而破坏编辑。
- 允许在一个单独的步骤中将一种效果应用到一组剪辑中。
- 允许在多个其他序列中将序列用作一个源。可以为由多个部分组成的序列创建一个用于介绍目的的序列，然后将它添加到每一个部分中。如果需要修改这个介绍目的的序列，在修改一次之后，就能在它嵌套的所有位置看到更新后的结果。
- 允许采用与在 Project 面板中创建子文件夹相同的方式来组织作品。
- 允许为一组剪辑应用过渡（这一组剪辑作为单个项目）。

在将一个序列剪辑到另外一个序列中时，Timeline 面板左上角的按钮可以用来选择是将序列的内容添加进去（ ），还是将它进行嵌套处理（ ）。

8.5.1 添加嵌套序列

使用嵌套的一个原因是重用已经编辑的序列。现在，将一个已经编辑过的开场字幕添加到序列中。

1. 打开序列 09 Bike Race，确保选项被设置为嵌套序列（ ）。

2. 在序列的开始位置设置一个入点。

3. 确保 Timeline 中源轨道 V1 被修复到 Video 1 轨道。可能需要在源监视器中打开一个剪辑，来查看源轨道启用按钮。

4. 在 Project 面板中找到序列 09A Race Open。

5. 将序列 09A Race Open 拖放到节目监视器中（而不是 Timeline 上），将剪辑拖放到 Insert（插入）选项上，如图 8.24 所示。

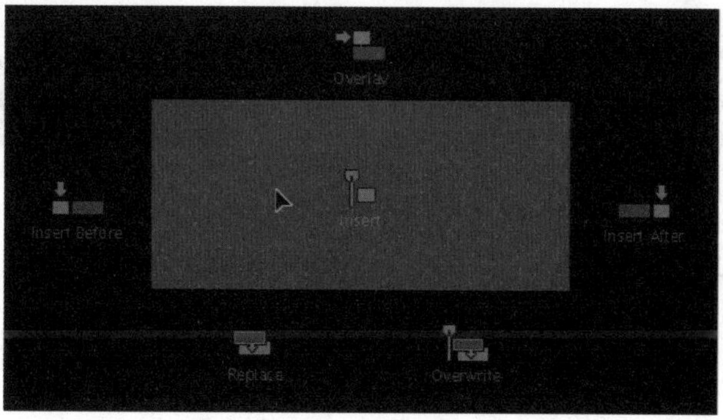

图8.24

这将执行一个插入编辑。

> 提示：一种快速创建嵌套序列的方法是将序列从 Project 面板拖放到当前的活动序列相应的轨道上。还可以将序列拖放到节目监视器中，应用入点和出点，然后执行插入编辑和覆盖编辑，将它添加到另外一个序列中。

6. 播放 09 Bike Race 序列，查看结果。

可以看到，09A Race Open 序列作为单个剪辑被添加进来，即使它包含多个视频轨道和音频剪辑。

> 提示：如果需要对一个嵌套的序列进行更改，可以双击它，它将在一个新 Timeline 中被打开。

8.6 执行常规修剪

可以使用几种方式来调整序列中使用的剪辑的长度，该过程通常称为修剪。修剪时，可以使选择的原始剪辑的部分变长或变短。有些修剪类型仅影响一个剪辑，而其他修剪类型可以调整两个相邻剪辑之间的关系。

8.6.1 在源监视器中修剪

可以通过双击的方式查看一个序列剪辑（也就是在序列中的一个剪辑的实例）。一旦在源监视器中打开一个剪辑，就可以调整其入点和出点标记，剪辑将在序列中更新。在源监视器中，有两种基本的方法可以更改已有的入点和出点。

- **标记新的入点和出点**：只是添加新的入点和出点。在 Timeline 上双击一个剪辑，将其载入。载入剪辑之后，定位播放头，然后按下 I 或 O 键添加入点和出点标记。也可以使用源监视器底部的 Mark In 和 Mark Out 按钮进行添加。如果在 Timeline 中该剪辑有一个与之相邻的剪辑，则只能让当前剪辑更短，这会在进行修剪的那一侧留下一个间隙。
- **拖动入点和出点**：可以通过拖动的方式更改入点和出点。只需将鼠标指针放在源监视器中迷你 Timeline 中的入点或出点上，鼠标指针会变为红黑色图标，表示可以执行一个修剪，如图 8.25 所示。

图8.25

可以向左或向右拖动以更改入点或出点。如果在 Timeline 中该剪辑有一个与之相邻的剪辑，则只能让当前剪辑更短，这会在修剪后留下一个间隙。

8.6.2 在序列中修剪

另一种修剪剪辑的快速方式是直接在 Timeline 上进行修剪。让一个剪辑变得更短或更长被称为常规修剪，这相当简单。

1. 打开序列 10 Regular Trim。

2. 播放序列。

最后一个镜头被删除了，所以需要对该序列进行扩展，以匹配音乐的末尾。

3. 选择 Selection（选择）工具（V）。

4. 将鼠标指针放在序列中最后一个剪辑的出点上，如图 8.26 所示。

鼠标指针更改为带有双向箭头的红色 Trim In（头侧）或 Trim Out（尾侧）工具。将鼠标指针悬停在剪辑边缘会在修剪剪辑的出点（向左）或入点（向右）之间切换。

5. 向右拖动剪辑的一个边，直到遇到音频文件的末尾为止。

将会有一个工具提示来显示修剪的程度，如图 8.27 所示。

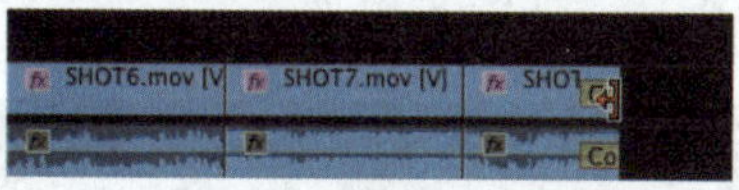

图8.26

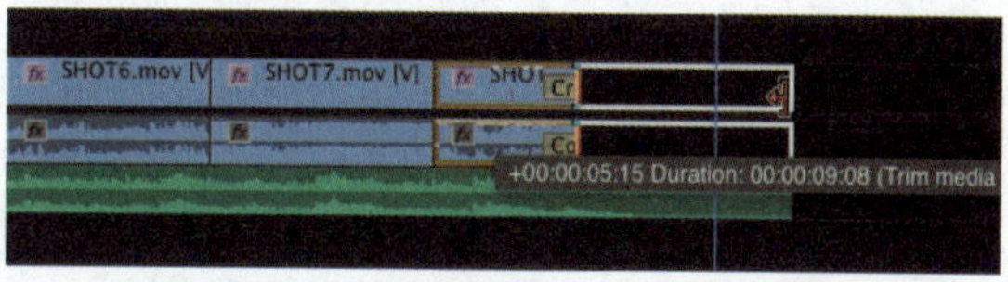

图8.27

> 注意：常规修剪也称为单侧或覆盖修剪。

6. 释放鼠标按钮，应用修剪。

> 注意：如果让一个剪辑变得更短，则会在该剪辑与相邻剪辑之间留下间隙。本课稍后将介绍使用 Ripple Edit（波纹编辑）工具来自动删除任意间隙，或者移动后面的剪辑以避免覆盖它们。

8.7 执行高级修剪

到目前为止，所学的修剪方法都有其局限性。它们会因为缩短剪辑而在 Timeline 中留下不想要的间隙。如果待修剪的剪辑还有相邻的剪辑，它们还将阻止用户延长剪辑。

幸运的是，Premiere Pro 还提供了几种修剪方式。

8.7.1 执行波纹编辑

使用 Ripple Edit（波纹编辑）工具（![]），可以避免在修剪时创建间隙。该工具是 Tools（工具）面板中的一个工具。

使用 Ripple Edit（波纹编辑）工具修剪剪辑的方法与使用 Selection（选择）工具一样。当使用 Ripple Edit 工具更改剪辑的持续时间时，会在序列中产生波纹调整。也就是说，位于所调整剪辑后面的剪辑将向左滑动以填充间隙，或者向右滑动，为更长的剪辑预留空间。

下面就来试一下。

> **注意：**执行波纹编辑时，会让其他轨道上的项变得不同步。在进行波纹修剪时，要小心使用同步锁定。

1. 打开序列 11 Ripple Edit。

2. 选择 Ripple Edit（波纹编辑）工具（或按键盘上的 B 键）。

3. 将 Ripple Edit（波纹编辑）工具悬停在第七段剪辑（SHOT7）的右边缘上，直至它变成一个黄色且向左的大方括号和箭头为止，如图 8.28 所示。

这个镜头太短了，需要从剪辑中再添加一些素材。

4. 向右拖动，直到工具提示中的时间码读数为 +00:00:01:10，如图 8.29 所示。

图8.28

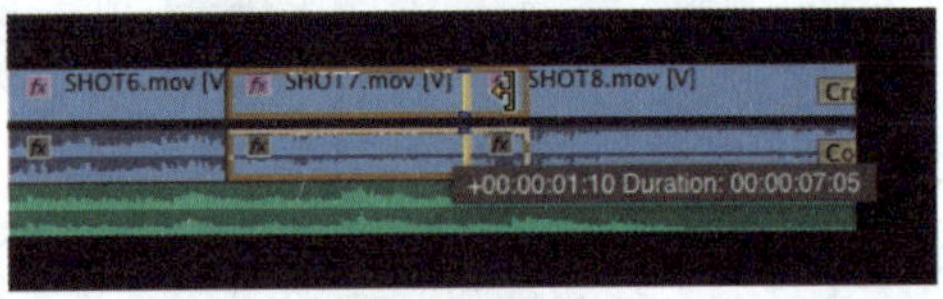

图8.29

请注意，使用 Ripple Edit（波纹编辑）工具时，节目监视器左侧显示第一个剪辑的最后一帧，右侧显示第二个剪辑的第一帧，如图 8.30 所示。请观察节目监视器左半部分上移动的编辑位置。

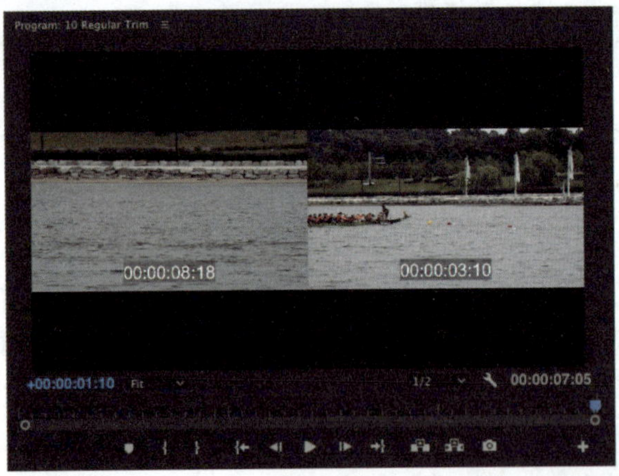

图8.30

5. 释放鼠标按钮，完成编辑。

该剪辑进行了扩展，而且其右侧的剪辑也随之移动。请播放这部分序列，查看编辑是否可以平滑地工作。编辑显示摄像机有轻微的晃动，接下来将处理它。

> 提示：通过按下 Control（Windows）或 Command（Mac OS）键，可以临时将 Selection 工具用作 Ripple Edit（波纹编辑）工具。要确保单击的是编辑的一侧，以免执行滚动编辑（下文将讲解）。

8.7.2 执行滚动编辑

使用 Ripple Edit（波纹编辑）工具时，它会改变序列的总长度。这是因为当一个剪辑变短或变长时，序列中的其他剪辑会发生移动，以封闭间隙（或者预留空间）。

还有另外一种方式可以用来更改编辑的时序：滚动编辑。

滚动编辑不会改变序列的总长度，相反，滚动编辑在缩短一个剪辑的同时，会延长其他剪辑，使用相同的帧数量来同时调整它们。

> 注意：滚动编辑修剪有时也称为双边修剪。

例如，如果使用 Rolling Edit 工具将一个剪辑延长了 2 秒钟，则与其相邻的剪辑会缩短 2 秒钟。

1. 继续处理序列 11 Ripple Edit。

在 Timeline 上已经存在几个剪辑，并且具有足够的处理帧来支持将要进行的编辑。

2. 在 Tools 面板中选择 Rolling Edit（滚动编辑）工具（），其键盘快捷键是 N。

3. 将编辑点拖放到 SHOT7 和 SHOT8（Timeline 中的最后两个剪辑）之间，使用节目监视器拆分屏幕以寻找这两个镜头之间更好的匹配编辑。向左拖动编辑，删除摄像机抖动。

> 提示：放大 Timeline 可以进行更为精准的调整。

> 注意：修剪时，可以将剪辑的持续时间修剪为 0（从 Timeline 上删除它）。

尝试将编辑向左滚动到 00:17（17 个帧）。可以使用节目监视器时间码或 Timeline 中的弹出时间码来查找该编辑，如图 8.31 所示。

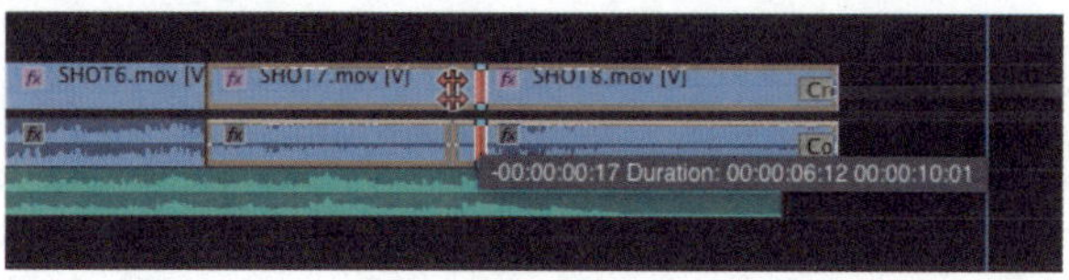

图8.31

8.7.3 执行滑动编辑

滑动编辑是一种特殊的修剪类型。它不常用，但是在有些情况下使用它会节省大量的时间。Slide（滑动）工具会正在滑动的剪辑的持续时间保持不变。它会以同样的量，以相反的方向，将剪辑的出点向左移动，将剪辑的入点向右移动。这是另外一种形式的双滚动修剪。

因为使用了相同数量的帧来更改其他剪辑的持续时间，所以序列的长度不会发生变化。

1. 继续处理序列 11 Ripple Edit。
2. 选择 Slide（滑动）工具（），其键盘快捷键为 U。
3. 将 Slide（滑动）工具定位到序列中第二段剪辑 SHOT2 的中间位置。
4. 向左或向右拖动剪辑。
5. 在执行滑动编辑时，请注意观察节目监视器，如图 8.32 所示。

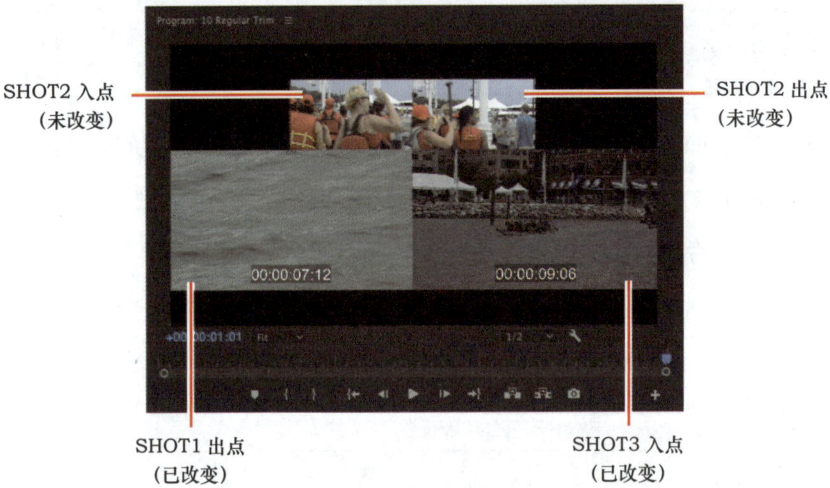

图8.32 Slide工具在两个相邻的剪辑上移动一个剪辑，节目监视器会进行更新，以显示新的剪接点

顶部的两幅图像是正在拖放的 SHOT2 剪辑的入点和出点，它们都没有改变，因为没有更改 SHOT2 的选择部分。

两幅较大的图像分别是上一个剪辑和下一个剪辑的出点和入点。这些编辑点会随着在那些相邻剪辑上滑动所选的剪辑而改变。

8.7.4 执行滑移编辑

滑移编辑（slip trim）采用相同的量在适当的位置滚动可见的内容，从而在同一时刻更改序列剪辑的入点和出点。因为滑移修剪以相同的量修改了开始位置和结束位置，所以它并没有修改序列的持续时间。就这方面来讲，它与滚动修剪和滑动修剪一样。

滑移修剪只更改选择的剪辑，在它之前或之后的相邻剪辑不会受到影响。使用 Slip（滑移）工具调整剪辑有点像移动传输带：原始剪辑的可见部分在 Timline 剪辑片段内发生变化，但是剪辑或序列的长度没有发生变化。

1. 继续处理序列 11 Ripple Edit。
2. 选择 Slip（滑移）工具（![]），其键盘快捷键为 Y。
3. 左右拖动 SHOT5。
4. 在进行滑移编辑时，请注意观察节目监视器，如图 8.33 所示。

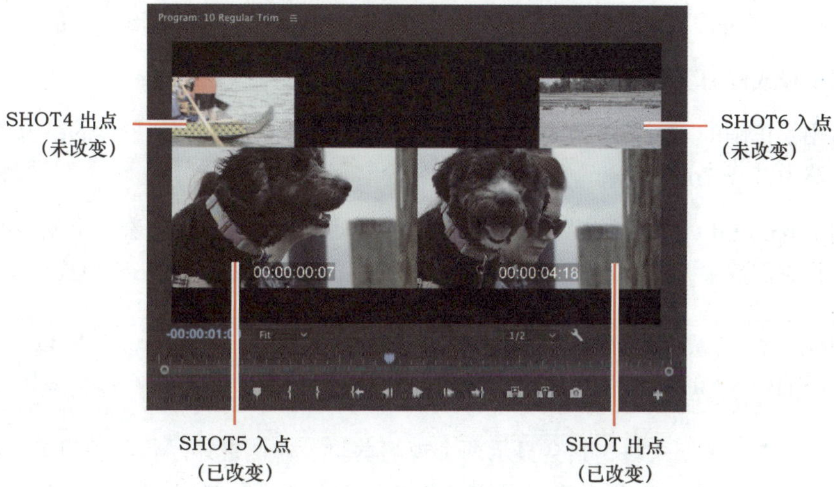

图8.33 Slip（滑移）工具在适当的位置修改了剪辑的内容

顶部的两幅图像分别是SHOT4和SHOT6的出点和入点，它们分别在所调整剪辑的前面和后面，而且没有改变。两幅较大的图像是 SHOT5 的入点和出点，这些编辑点发生了改变。

有必要花些时间来学习掌握 Slip 工具，在对动作进行剪接时，它可以迅速调整动作的时序。

8.8 在节目监视器中修剪

如果想在执行修剪时拥有更多的控制，可以使用节目监视器的 Trim（修剪）模式。该模式允许用户查看正在处理的修剪的传出帧和传入帧，而且有专用按钮用来进行精确调整。

当将节目监视器设置为 Trim（修剪）模式时，在所选择的编辑的周围，播放会循环出现，直到停止播放为止。这意味着可以不断调整一个编辑的修剪工作，并立即查看结果。

可以使用节目监视器的 Trim 模式控件执行以下三种类型的修剪。

- **常规修剪**：这种基本的修剪类型会删除所选剪辑的边缘。该方法仅修剪编辑点的一侧。它会在 Timeline 中向前或向后移动所选的编辑点，但是它不会改变任何其他剪辑。
- **滚动修剪**：滚动修剪将移动一段剪辑的尾部和相邻剪辑的头部，从而可以调整一个编辑点（如果有手柄的话）。该方法不会创建任何间隙，并且序列的持续时间也不会改变。
- **波纹修剪**：该方法将向前或向后移动编辑中选中的边缘。该编辑之后的剪辑会发生移动，来封闭间隙，或者为一个更长的剪辑留出空间。

8.8.1 使用节目监视器中的修剪模式

在使用 Trim（修剪）模式时，节目监视器中的一些空间会发生改变，以便更容易专注于修剪。要使用 Trim（修剪）模式，首先需要激活它，方法是选择两个剪辑之间的编辑点。选择编辑点的方式有以下三种。

- 使用选择或修剪工具，在 Timeline 中双击编辑点。
- 在启用了正确的 Track 选择工具时，按下 T 键。播放头会移动到最近的编辑点，并在节目监视器中打开 Trim 模式。
- 使用 Ripple Edit（波纹编辑）或 Roll Edit（滚动编辑）工具围绕着一个或多个编辑进行拖动，将它们选中，然后打开 Program Monitor（节目监视器）的 Trim 模式。

> Pr | **注意**：在使用 Selection（选择）工具时，可以按下 Control（Windows）或 Command（Mac OS）键，作为 Ripple Edit 工具或 Roll Edit 工具的快捷方式。

调用 Trim（修剪）模式时，它会显示两个视频剪辑。左侧框显示传出剪辑（也称为 A 侧）；右侧显示传入剪辑（也称为 B 侧），帧下面是 5 个按钮和 2 个指示器，如图 8.34 所示。

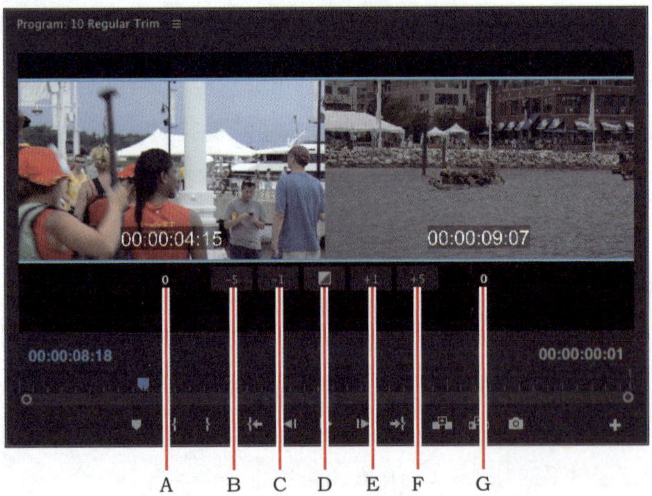

图8.34

A. **Out Shift counter（出点移动计数器）**：显示 A 侧的出点有多少帧改变了。

B. **Trim Backward Many（大幅向后修剪）**：单击时，将执行所选修剪并向左移动多个帧。所移动的帧数取决于 Preferences（首选项）的 Trim Preferences（修剪首选项）选项卡中 Large Trim Offset（最大修剪幅度）选项。

C. **Trim Backward（向后修剪）**：执行所选修剪类型，并每次向左移动一个帧。

D. **Apply Default Transitions to Selection（应用默认过渡到选择项）**：这会为选择了编辑点的视频和音频轨道应用默认过渡（通常是溶解效果）。

E. **Trim Forward（向前修剪）**：与 Trim Backward（向后修剪）一样，但它是将编辑向右移动一个帧。

F. **Trim Forward Many（大幅向前修剪）**：与 Trim Backward Many（大幅向后修剪）一样，但它是向右移动了多个帧。

G. **In Shift counter（入点移动计数器）**：显示 B 侧的入点有多少帧改变了。

8.8.2 在节目监视器中选择修剪方法

前面学习了可以执行的三种修剪类型（常规、滚动和波纹修剪），还在 Timline 中尝试了每种修剪。在节目监视器中使用 Trim（修剪）模式可以让过程变得更加简单，因为它提供了更丰富的视觉反馈。在拖放时，无论 Timeline 的视图如何缩放，它都提供了微妙的控制：即使 Timelinc 缩小到很小，也能够在节目监视器的 Trim（修剪）视图中进行精确的帧修剪。

1. 打开序列 12 Trim View。

2. 使用 Selection（选择）工具，按住 Alt（Windows）或 Option（Mac OS）键并双击序列中第一个剪辑和第二个剪辑之间的视频编辑。按住修饰符键盘将只选择视频编辑，而保留音频轨道。

3. 在节目监视器中，在 A 和 B 剪辑之间缓慢拖动鼠标指针。

当从左向右移动鼠标指针时，会看到工具从 Trim Out（左侧）变为 Roll（中间），再变为 Trim In（右侧）。

4. 在节目监视器中，在两个剪辑之间拖动鼠标，执行滚动编辑修剪。

调整修剪，直到节目显示器右下角的时间显示为 01:26:59:01，如图 8.35 所示。

> Pr | **注意**：单击 A 或 B 侧将切换修剪的边缘；单击中间则切换为滚动编辑。

5. 按向下箭头键，在编辑之间进行跳转，直到选择了第 3 个剪辑和第 4 个剪辑之间的编辑。

传出镜头太长了，并且显示演员坐下了两次。

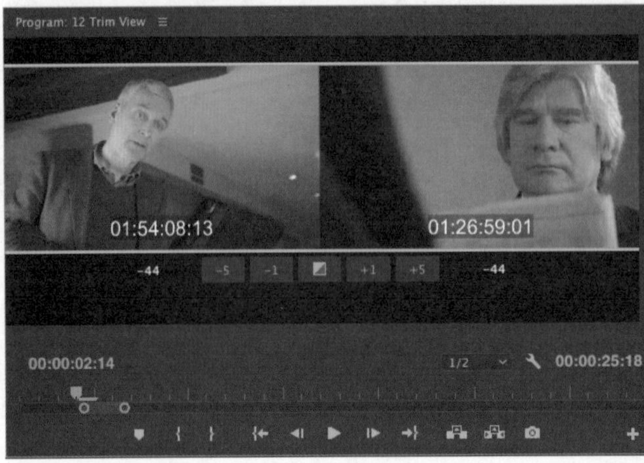

图8.35

6. 针对传输剪辑，将修剪方法更改为波纹编辑（在 Trim 视图中向左侧拖动），如图 8.36 所示。

也可更改修剪方法，其方法是按下 Shift + T（Windows）或 Control + T（Mac OS）组合键，以在修剪模式之间进行循环切换。有 5 个循环选项，按组合键一次可进入下一个修剪模式。当 Trim（修剪）工具显示为一个黄色的修剪箭头时，就表明选择了波纹编辑。

7. 将传入剪辑向左拖动，并让编辑变得短一些。

确保左侧显示的时间为 01:54:12:18，如图 8.37 所示。

图8.36

图8.37

其余剪辑会进行波动调整，以封闭间隙。现在，编辑的时序又正常工作了。

> **注意**：默认情况下，使用的修剪类型看起来是随机的，但其实不是这样的。所选的最初设置是由选择编辑点的工具确定的。如果使用 Selection（选择）工具单击，则 Premiere Pro 会选择常规的 Trim In（修剪入点）或 Trim Out（修剪出点）工具；如果使用 Ripple Edit（波纹编辑）工具单击，则会选择 Ripple In（波纹入点）或 Ripple Out（波纹出点）工具。在这两种情况下，在滚动块之间循环（cycling the roller）会导致使用滚动修剪。如果使用键盘快捷键 T，将总是选择滚动编辑。

修饰键

有多个修饰键可以用来完善修剪选择。

- 当选择剪辑以暂时断开视频和音频的链接时，按住 Alt（Windows）或 Option（Mac OS）键。这使得仅选择剪辑的视频或音频部分变得更简单。
- 按住 Shift 键可以选择多个编辑点。从而可以同时修剪多个轨道或多个剪辑。无论在哪里看到一个修剪“手柄”，在应用修剪时，都将进行调整。
- 组合使用两组修饰符键可以针对修剪做出高级选择。

8.8.3 执行动态修剪

执行的大多数剪辑工作都会调整编辑的节奏。在许多方面，实现一个剪接的完美时序可以让编辑技艺成为一种艺术。

修剪模式的循环播放便于用户知道该怎么调整剪辑的时序，但是在实时播放序列时，也可以使用键盘快捷键或按钮对修剪进行更新。

由于修剪通常涉及恰当的编辑节奏，因此在播放序列时完成修剪会更简单一些。在实时播放序列时，Adobe Premiere Pro 允许使用键盘快捷键或按钮来更新修剪。

1. 继续处理序列 12 Trim View。

2. 按向下箭头，以移动到下一个视频编辑点（位于第 4 个和第 5 个视频剪辑之间），如图 8.38 所示。将修剪类型设置为滚动修剪。也可以使用快捷键 Shift + T（Windows）或 Control + T（Mac OS）在修剪模式中进行循环。

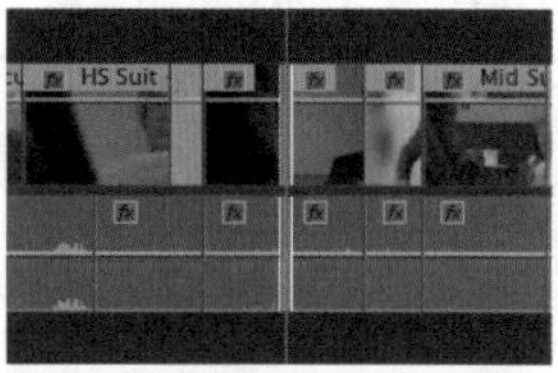

图8.38

在编辑点之间切换时，可以停留在 Trim（修剪）模式下。

3. 按空格键以循环播放。

会看到一个播放循环会持续几秒钟，而且在播放的剪辑前后都有镜头。这有助于了解编辑的内容。

> **注意：**要控制预滚动（pre-roll）和后滚动（post-roll）的持续时间，可以打开 Premiere Pro 的 Preferences（首选项）并选择 Playback（播放）类型，然后用秒设置持续时间。大多数编辑发现，2~5 秒的持续时间最有用。

4. 在循环播放时，尝试使用之前学到的方法调整修剪。

Trim（修剪）模式视图底部的 Trim Forward（向前修剪）和 Trim Backward（向后修剪）按钮工作得很好，并且可以用来在播放剪辑时调整编辑。

现在，尝试使用键盘来进行动态的控制。控制播放所用的 J、K 和 L 键也同样可以用来控制修剪。

5. 按 Stop 或空格键，停止播放循环。

6. 按 L 键向右进行修剪。

按一次会实时进行修剪，按多次可以更快速地修剪。

7. 按 K 键来停止修剪。

现在向左修剪，并完善修剪。

> Pr | 注意：当按下 K 键停止修剪时，Timeline 中的剪辑持续时间会随之更新。

8. 按住 K 键并按 J 键以缓慢地向左修剪。

9. 释放这两个键来停止修剪。

10. 要退出 Trim（修剪）模式，单击 Timeline 中编辑之外的位置，取消选中编辑。也可以使用 Deselect All（取消选中所有）的键盘快捷键，该快捷键是 Control + Shift + A（Windows）或 Command + Shift + A（Mac OS）。

8.8.4 使用键盘进行修剪

表 8.1 显示了在修剪时可以使用的一些最有用的键盘快捷键。

表 8.1 在 Timeline 中修剪

Mac	Windows
向后修剪：Alt + 向左箭头键	向后修剪：Control + 向左箭头键
大幅向后修剪：Alt + Shift + 向左箭头键	大幅向后修剪：Control +Shift + 向左箭头键
向前修剪：Alt+ 向右箭头键	向前修剪：Control+ 向左箭头键
大幅向前修剪：Alt + Shift + 向右箭头键	大幅向前修剪：Control + Shift + 向右箭头键
将剪辑选择项向左内滑 5 帧：Alt + Shift + 逗号键	将剪辑选择项向左内滑 5 帧：Alt + Shift + 逗号键
将剪辑选择项向左内滑 1 帧：Alt + 逗号键	将剪辑选择项向左内滑 1 帧：Alt + 逗号键
将剪辑选择项向右内滑 5 帧：Alt + Shift + 点号键	将剪辑选择项向右内滑 5 帧：Alt + Shift + 点号键
将剪辑选择项向右内滑 1 帧：Alt + 点号键	将剪辑选择项向右内滑 1 帧：Alt + 点号键
将剪辑选择项向左外滑 5 帧：Command + Alt + Shift + 向左箭头键	将剪辑选择项向左外滑 5 帧：Control + Alt + Shift + 向左箭头键
将剪辑选择项向左外滑 1 帧：Command +Alt + 向左箭头键	将剪辑选择项向左外滑 1 帧：Control + Alt + 向左箭头键
将剪辑选择项向右外滑 5 帧：Command + Alt + Shift + 向右箭头键	将剪辑选择项向右外滑 5 帧：Control + Alt + Shift + 向右箭头键
将剪辑选择项向右外滑 1 帧：Command + Alt + 向右箭头键	将剪辑选择项向右外滑 1 帧：Control + Alt + 向右箭头键

复习题

1. 将一个剪辑的播放速率更改为 50%，对剪辑的持续时间有何影响？
2. 哪种工具可用于延伸一个序列的剪辑，以更改其播放速率？
3. 可以在 Timeline 上直接进行时间重映射更改吗？
4. 如何创建从慢动作到正常速率的平滑坡度渐变？
5. 滑动编辑和滑移编辑之间的区别是什么？
6. 替换剪辑（clip）和替换素材（footage）之间的区别是什么？

复习题答案

1. 剪辑的持续时间是原来的两倍。降低剪辑的速率会让剪辑变长，除非在 Clip Speed/Duration（剪辑速率 / 持续时间）对话框中断开了 Speed（速率）和 Duration（持续时间）之间的链接，或者是剪辑受到另一个剪辑的约束。
2. Rate Stretch（速率伸展）工具允许用户调整播放速率（如同在进行修剪）。当需要填充序列中一个额外的小时间量时，这相当有用。
3. 是的。事实上，最好在 Timeline 上执行时间重映射，可以更容易地看到结果。
4. 添加一个速率关键帧，并通过拖离关键帧的另一半来拆分关键帧，以在两个速率之间创建过渡。
5. 当执行滑动编辑时，会保留所选剪辑的原始入点和出点；在执行滑移编辑时，会更改所选剪辑的入点和出点。
6. 替换剪辑会使用 Project 面板中的新剪辑替换 Timeline 上的单个序列剪辑。替换素材会使用新的源剪辑替换 Project 面板中的剪辑。项目中任意序列的任意剪辑实例都会被替换。在这两种情况下，仍然会保留被替换剪辑的效果。

第9课 让剪辑动起来

课程概述

在本课中，你将学习以下内容：

- 调整剪辑的运动效果；
- 更改剪辑大小，添加旋转效果；
- 调整锚点以改善旋转效果；
- 处理关键帧插值；
- 使用阴影和斜边增强运动效果。

本课大约需要60分钟。

利用 Motion（运动）效果空间可以为剪辑添加运动。对于使图形动起来或者在帧内调整视频剪辑的大小和位置来说，这很有用。可以使用关键帧让对象的位置运动起来，并通过控制位置值之间的插值来增强运动效果。

9.1 开始

视频项目通常都是面向运动图形的，经常会看到多个镜头被组合为复杂的合成项目，并且这些项目通常都是运动的。

可能会看到多个视频剪辑流过浮动框，或者看到一个视频剪辑被缩小后放置在相机主文件（on-camera host）旁边。在 Adobe Premiere Pro CC 中，可以使用 Motion（运动）设置或能提供 Motion 设置的一些基于剪辑的效果来创建这些效果（和更多效果）。

Motion（运动）效果控件允许在帧内定位、旋转或缩放剪辑。有些调整可以直接在节目监视器中进行。重要的是要清楚，在 Effect Controls（效果控件）面板中所做的调整只与选择的剪辑有关，而与剪辑所在的序列无关。序列设置可以被认为是输出设置，它们位于 Sequence（序列）菜单中的 Sequence Settings（序列设置）中。

关键帧是一种特殊类型的标记，它在一个特定的时间点定义了设置。如果使用两个或更多的关键帧，Premiere Pro 可以自动对关键帧之间的设置进行动画处理。也可以使用高级的贝塞尔控件对一个效果的时序（timing）或设置进行细微调整。

> Pr | 注意：贝塞尔曲线控件最初用于自动化设计，但是因为它们能够对自然的曲线进行精细的控制，所以在其他设计应用中也变得流行起来。

9.2 调整运动效果

Premiere Pro 序列中的每一个视频剪辑都应用了大量的固定效果（有时也称为内在 [intrinsic] 效果）。Motion（运动）效果就是这些效果中的一个。

要调整效果，在序列中选择剪辑，然后查看 Effect Controls 面板，展开 Motion 效果，调整其设置。

> Pr | 提示：与其他效果控件不同，如果展开或折叠 Motion 效果的设置，则所有剪辑的设置会保留为展开或折叠状态。

Motion 效果允许定位、缩放或旋转一个剪辑。下面来看一下在序列中调整剪辑的位置时，是如何使用该效果的。

1. 打开 Lesson 09 文件夹中的 Lesson 09.prproj。

2. 在 Workspaces 面板中选择 Effects，或者选择 Window > Workspaces > Effects。

在这个工作区可以更容易地处理切换和效果。如果曾经使用过 Premiere Pro，可能需要将工作区重置为保存过的版本，方法是单击 Workspaces 面板中的 Effects 菜单。

3. 打开序列 01 Floating。

4. 确保节目监视器中的 Selection Zoom Level（选择缩放级别）菜单被设置为 Fit（适合），如图 9.1 所示。在设置视觉效果时，要看到整个合成图像，这很重要。

5. 播放序列。

这个剪辑的 Position（位置）、Scale（缩放）和 Rotation（旋转）属性都发生了改变，还添加了关键帧，并在不同的时间点使用了不同的设置，因此剪辑能够运动起来。

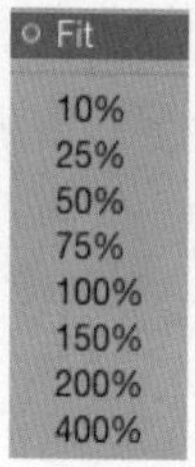

图9.1

9.2.1 理解运动设置

尽管这些控件都称为 Motion（运动），但是在添加它们之前没有运动效果。默认情况下，剪辑以 100% 的缩放显示在节目监视器的中央位置。

下面是一些选项（见图 9.2）。

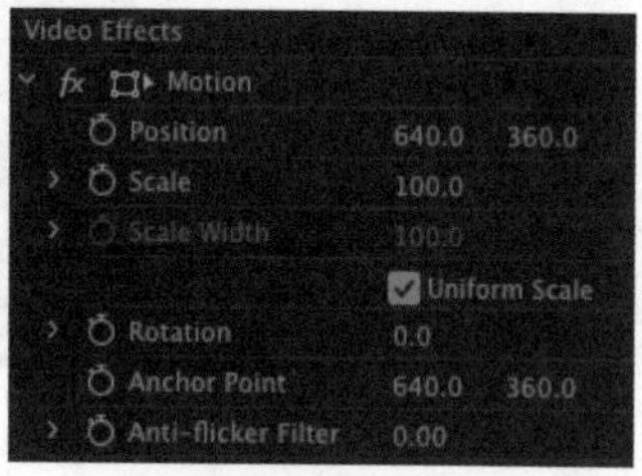

图9.2

- **Position（位置）：** 这将沿着 x 和 y 轴来放置剪辑。坐标将根据图像左上角一个锚点的像素位置进行计算。因此，对于 1 280 × 720 剪辑来说，默认的位置是（640,360），也就是精确的中心位置。
- **Scale（缩放，当取消选择 Uniform Scale[均匀缩放] 时，会缩放高度）：** 剪辑默认设置为全大小（100%）。要缩小剪辑，可减小该数字。也可以将剪辑放大到 10000%——但是这样会让图像像素化且不清楚。
- **Scale Width（缩放宽度）：** 取消选择 Uniform Scale（均匀缩放）后，才能让 Scale Width（缩放宽度）可用。这样可以独立地改变剪辑的宽度和高度。
- **Rotation（旋转）：** 可以沿着 z 轴旋转图像，这会生成平旋（就像是从顶部查看转盘或旋转木马）。可以输入旋转的度数和数值，例如 450° 或 1 × 90（两者相同，因为 1 表示一个完整的 360° 旋转）。正数代表顺时针方向旋转，负数代表逆时针方向旋转。
- **Anchor Point（锚点）：** 旋转和位置调整都是基丁锚点来进行的，而锚点在默认情况下是一个剪辑的中心。该点可以更改为任何点，比如剪辑的一个角，甚至是剪辑外的一个点。例如，如果将锚点设置为剪辑的一个角，当调整 Rotation（旋转）设置时，剪辑将围绕着这个角点（而非图像的中心）进行旋转。如果要更改的锚点与图像相关，则需要在帧内重新定位剪辑，以弥补这一调整。
- **Anti-flicker Filter（防闪烁滤镜）：** 这个功能对于交错的视频剪辑和具有高细节（比如很细的线、锐利的边缘、引发莫尔效应的平行线）的图像特别有用。这些具有高细节的图像在运动期间会出现闪烁现象。要添加一些模糊并消除闪烁，请将参数改为 1.00。

仔细看一下动画剪辑，继续处理序列 01 Floating。

1. 在 Timeline 上单击剪辑，确保将其选中。

2. 确保 Effect Controls 面板是可见的，如图 9.3 所示。在重置 Effects 工作区时，该面板应该已经出现了。如果没有看到它，可在 Window 菜单中寻找。

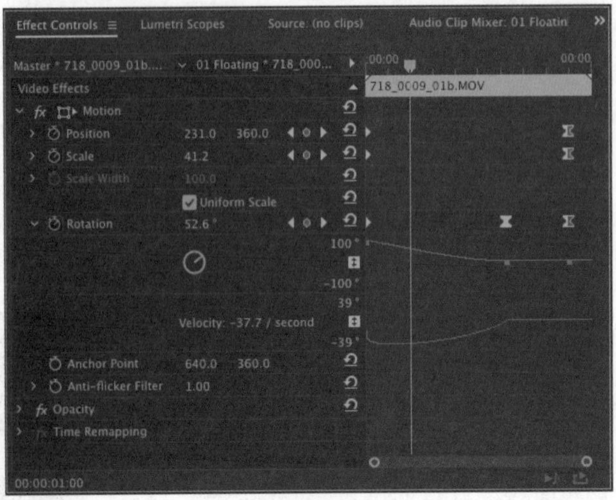

图9.3

> **注意**：如果包含 Effect Controls 面板的框架太窄，有些控件会重叠显示，这使得使用这些控件时会比较困难。如果遇到这种情况，可在使用 Effect Controls 面板之前，先增加框架的宽度。

3. 在 Effect Controls 面板中，单击靠近 Motion 标题的倾角标记（>），展开 Motion 效果控件。

4. 在 Effect Controls 面板设置的右上方，大约在主剪辑名字和序列剪辑名字的右侧，有一个小三角形控制着一个集成 Timeline 的显示与隐藏。确保 Effect Controls 面板中的 Timeline 是可见的，如图 9.4 所示。

如果不可见，单击这个三角形将 Timeline 显示出来。Effect Controls 面板中的 Timeline 显示了关键帧。

5. 单击 Go to Previous Keyframe（转到上一关键帧）或 Go to Next Keyframe（转到下一关键帧）箭头，在现有的关键帧之间跳转（见图 9.5）。每一个控件都有自己的关键帧。

图9.4

图9.5

> **注意**：在将播放头与现有的关键帧对齐时，可能会比较困难。使用 Previous/Next Keyframe（上一个 / 下一个关键帧）按钮有助于防止添加不想要的关键帧。

现在，知道了如何查看动画后，接下来重置剪辑。本课稍后会从头开始进行动画处理。

6. 单击 Position（位置）属性的切换（Toggle）动画秒表按钮，关闭其关键帧，如图 9.6 所示。

7. 如果系统提示“在应用操作之后，所有的关键帧都将被删除”时，单击 OK。

8. 关闭 Scale（缩放）和 Rotation（旋转）属性的关键帧。

9. 单击 Reset（重置）按钮（位于 Effect Controls 面板中 Motion 效果的右侧），如图 9.7 所示。

图9.6

图9.7

现在，Motion 设置都被恢复为默认的设置。

注意：每一个控件都有自己的 Reset 按钮。如果重置了整个效果，则每个控件都将返回其默认状态。

注意：当 Toggle 动画按钮为打开状态时，单击 Reset 按钮时不会修改任何现有的关键帧。相反，会添加一个带有默认设置的新关键帧。在重置效果时，要关闭 Toggle 动画按钮，以避免发生这种情况。

9.2.2 检查运动属性

Position（位置）、Scale（缩放）和 Rotation（旋转）属性是空间属性，这意味着做出的任意更改都轻松可见，因为对象的大小和位置将改变。可以输入数值，使用可选的文本，或者拖放 Transform（变换）控件，来调整这些属性。

1. 打开序列 02 Motion。

2. 在节目监视器中，确保将缩放级别设置为 25% 或 50%（或者是能够看到活动框架周围空间的一个缩放量）。

将缩放级别设置得很小，可以更容易定位框架外面的项目。

3. 将播放头拖到剪辑内的任意位置，以便能够在节目监视器中看到视频。

4. 单击 Timeline 中的剪辑，以便选中它，并在 Effect Controls 面板中显示它的设置。

如果有必要，展开 Motion 设置。

5. 单击 Effect Controls 面板中的 Motion（运动）效果标题，将其选中。

当选择运动效果时，在节目监视器中，会在剪辑周围显示一个带有十字准星和手柄的包围方框，如图 9.8 所示。

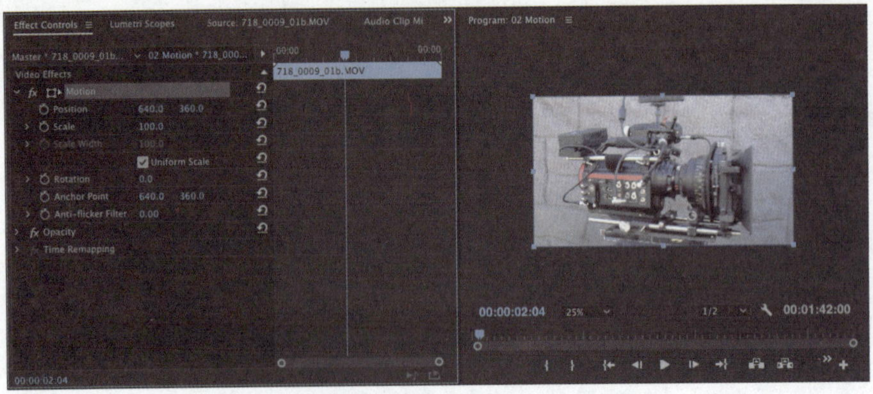

图9.8

> **注意**：有好几个效果（比如 Motion 效果）都有一个 Transform（切换）图标（），来表示在选择效果标题时，可以直接在节目监视器中操纵这些效果。可以用 Corner Pin（边角定位）、Crop（裁剪）、Mirror（镜像）、Transform（切换）和 Twirl（旋转扭曲）效果试一下。

6. 在节目监视器中，在剪辑包围方框内部的任意位置单击，并四处拖动此剪辑，如图 9.9 所示。

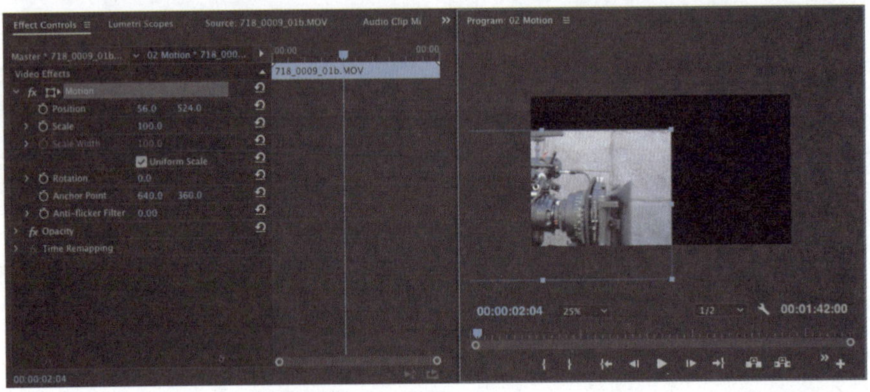

图9.9

拖动剪辑时，Effect Controls 面板中的 Position（位置）值也随之更新。

7. 将剪辑定位到屏幕的左上角，使用屏幕中心的圆圈和十字准星（）将剪辑与图像的边缘对齐，如图 9.10 所示。

这个十字准星是一个锚点，用于位置和旋转控件。注意不要单击锚点，否则操作就变成了相对于图像的位置来移动锚点。

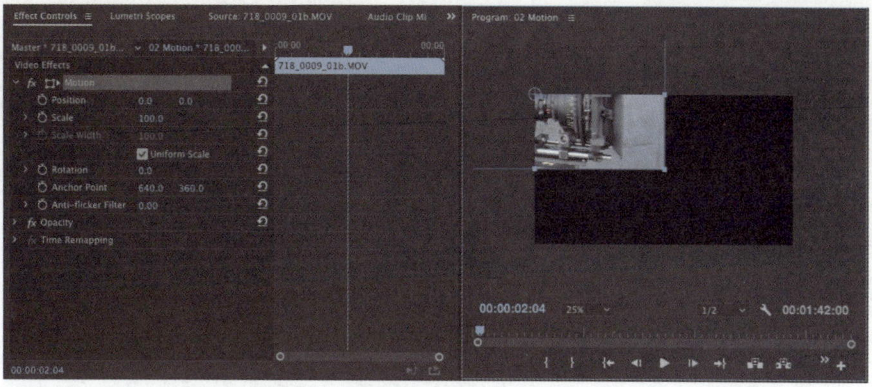

图9.10

在 Effect Controls 面板中，可以看到 Position（位置）设置为 0,0（或接近该值，这取决于该剪辑中心点的放置位置）。

这是一个 720p 的序列，因此屏幕的右下角是 1 280,720。

> **注意**：在 Premiere Pro 使用的坐标系统中，屏幕左上角的坐标是 0,0。该点左侧和上方的所有 *x* 和 *y* 值都是负值；该点右侧和下方的所有 *x* 和 *y* 值都是正值。

8. 单击运动设置的 Reset（重置）按钮，将剪辑恢复到其默认位置。

9. 在 Effect Controls 面板中，拖动 Rotation（旋转）设置的蓝色数字。当向左或向右拖动时，剪辑都会旋转，如图 9.11 所示。

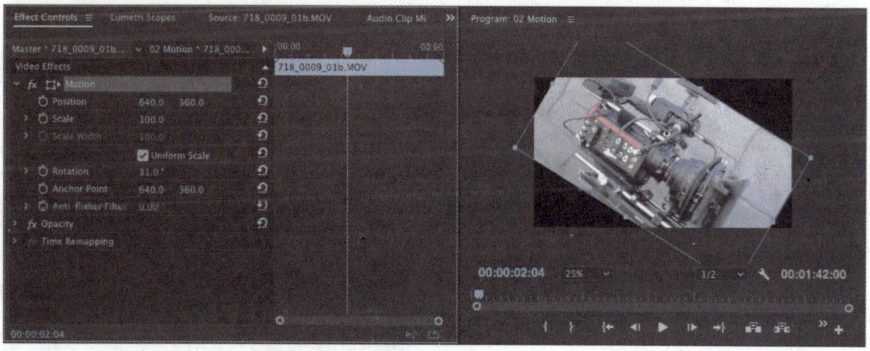

图9.11

10. 在 Effect Controls 面板中，单击 Motion 标题的 Reset（重置）按钮，将剪辑恢复到其默认位置。

9.3 更改剪辑位置、大小和旋转

在屏幕上滑动一个剪辑仅仅是利用 Motion（运动）效果的一个开端。让 Motion 效果真正有用的是它能够缩放以及旋转剪辑。在本例中，将为 DVD 的幕后特性构建一个简单的介绍性片段。

9.3.1 更改位置

将使用关键帧对图层的位置进行动画处理，对本练习来说，要做的第一件事情是更改剪辑的位置。图像首先从屏幕之外开始运动，然后从左到右穿越屏幕。

1. 打开序列 03 Montage。

该序列有多个轨道，其中有些当前为禁用状态，后面将会使用它们。

2. 将播放头移动到序列的开始位置。

3. 将节目监视器的缩放级别设置为 Fit（适合）。

4. 单击一次，选择 V3 上的第一个视频剪辑，如图 9.12 所示。

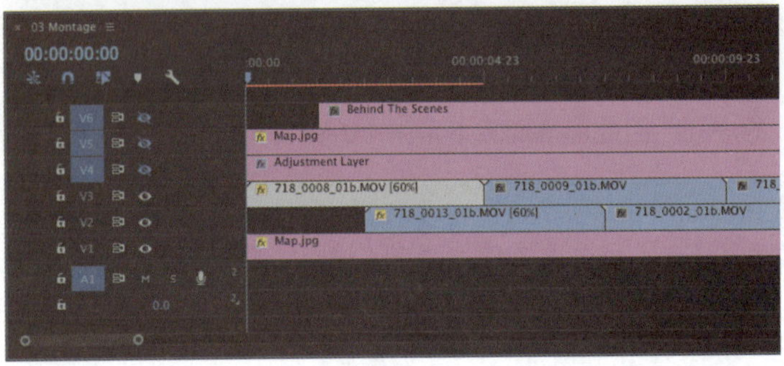

图9.12

增加轨道的高度，可以更好地看到它。

剪辑的控件出现在 Effect Controls 面板中。

5. 在 Effect Controls 面板中，单击 Position（位置）的 Toggle（切换）动画秒表按钮。这将打开该设置的关键帧，并在播放头的位置添加一个关键帧。

图9.13 但凡一个控件有两个数值的地方，这两个数值通常都表示x轴和y轴

从现在起，当更改设置时，Premiere Pro 会自动添加（或更新）一个关键帧。

6. Position（位置）控件有两个数值。第一个是 x 轴，第二个是 y 轴。在 x 轴（第一个数值）中输入 -640 作为起始位置，如图 9.13 所示。

剪辑向左移动出屏幕，并露出了 V1 和 V2 轨道上的剪辑，如图 9.14 所示。

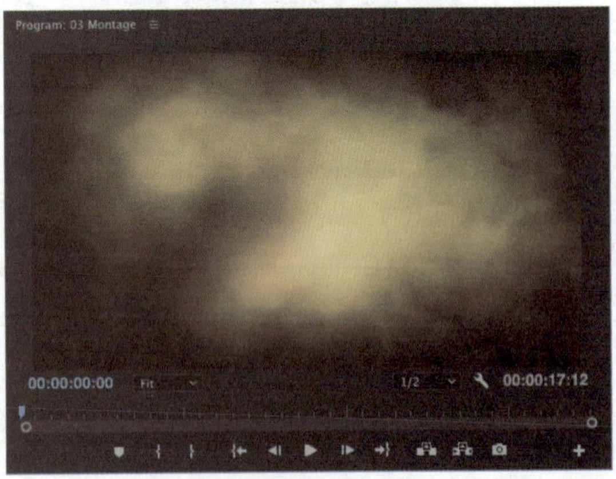

图9.14

7. 将播放头拖动到剪辑的最后一帧（00:00:4:23）。可以在 Timeline 面板或 Effect Controls 面板中执行此操作。

8. 在 x 轴中为位置输入一个新的设置值。如果输入 1 920，剪辑将移出屏幕的右边缘。

9. 播放序列，可以看到剪辑从屏幕左侧进来，并从屏幕右侧移动出去。

V3 上的第二个剪辑突然出现。需对该剪辑以及后面的其他剪辑进行动画处理，如图 9.15 所示。

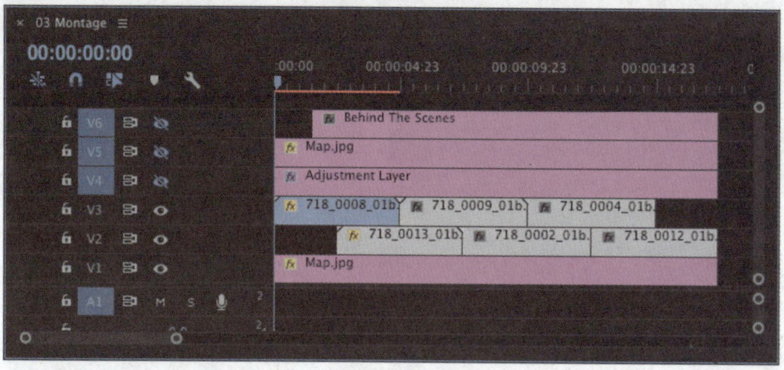

图9.15

9.3.2 重用 Motion 设置

由于已经对一个剪辑应用了关键帧和效果，因此可以在其他剪辑上重用它们来节省时间。将一个剪辑的效果应用到一个或多个其他剪辑就像复制和粘贴那么简单。在本例中，可以对项目中的其他剪辑应用同样的从左到右浮动动画。

重用效果的方法有几种。下面将尝试其中一种方法。

1. 在 Timeline 中，选择想要进行动画处理的剪辑。它是 V3 上的第一个剪辑。

2. 选择 Edit（编辑）>Copy（复制）。

现在剪辑及其效果和设置临时存储在计算机剪贴板上。

3. 使用 Selection（选择）工具（V），从右向左拖动以选中位于 V2 和 V3 轨道上的其他 5 个剪辑（可能需要在缩小之后才能看到所有的剪辑）。也可以按住 Shift 键，然后选择 5 个剪辑中的第 1 个和第 5 个。

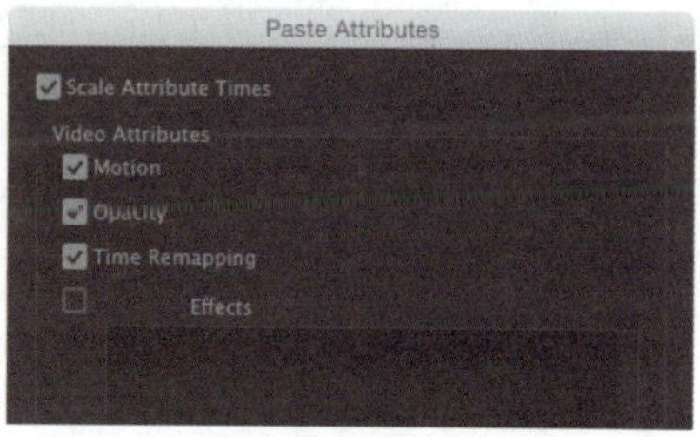

图9.16

4. 选择 Edit（编辑）>Paste Attributes（粘贴属性），出现图 9.16 所示的对话框。

> Pr 注意：作为在 Timeline 中选择一个剪辑的替代方法，可以总是在 Effect Controls 面板中选择一个或多个效果标题。按住 Control（Windows）或 Command（Mac OS）键单击，来选择多个不连续的效果。然后选择其他的剪辑，并选择 Edit > Paste，将效果粘贴到其他剪辑中。

5. 这将打开 Paste Attributes（粘贴属性）对话框，从而可以有选择性地应用从其他剪辑中复制来的效果和关键帧。这里只勾选 Motion 和 Scale Attribute Times 复选框，然后单击 OK。

6. 播放序列以查看结果，如图 9.17 所示。

图9.17

9.3.3 添加旋转并更改锚点

尽管在屏幕上四处移动剪辑很有效，但是通过使用两个属性，可以让剪辑动真地起来。下面来试一下 Rotation（旋转）。

Rotation 属性可以让一个剪辑围绕着它在 z 轴上的锚点旋转起来。默认情况下，锚点位于图像的中心。可以通过更改锚点和图像之间的关系，来获得更有趣的动画。

接下来，向一个剪辑添加一些旋转效果。

1. 在 Timeline 上，单击 V6 的 Toggle Track Output（切换轨道输出）按钮（ ），将其启用。图层上的剪辑有一个名为 Behind The Scenes 的标题。

2. 将播放头移动到标题的开头（00:00:01:13）。在移动播放头时，试着按住 Shift 键。

3. 在 Timeline 中选择标题。标题的控件出现在 Effect Controls 面板中。

4. 选择 Motion 效果标题，在节目监视器中查看锚点和边界框控件。注意锚点的位置。

现在调整 Rotation（旋转）属性，查看其效果。

5. 在 Rotation（旋转）字段中输入值 90.0。标题在屏幕中间旋转。

6. 选择 Edit（编辑）>Undo（撤销）。

7. 确保 Motion 设置标题在 Effect Controls 面板中仍然为选中状态。

8. 在节目监视器中，拖动锚点，直到十字准星位于第一个单词的字母 B 的左上角，如图 9.18

所示。

图9.18

Position 设置控制着锚点，现在由于已经在图像中移动了锚点，因此 Position 的设置也进行了自动更新。

9. 播放头应该还在剪辑的第一帧上。单击 Rotation 的 Toggle 动画秒表，来切换动画，这将自动添加一个关键帧。

10. 将 Rotation 字段设置为 90.0，这将自动更新刚添加的关键帧，如图 9.19 所示。

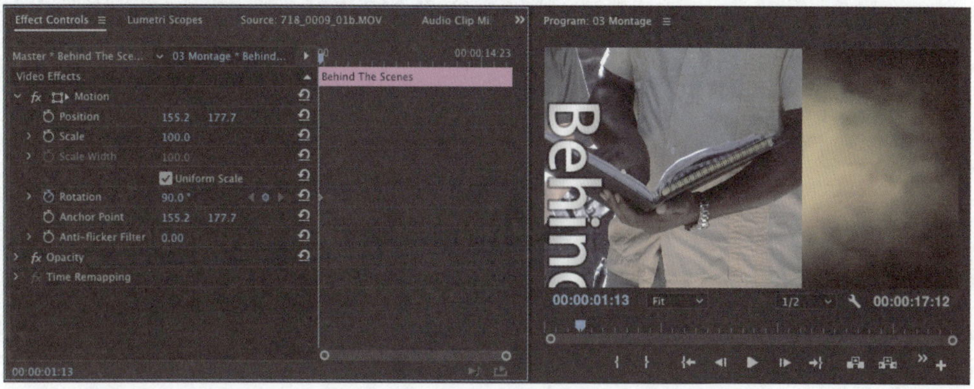

图9.19

11. 将播放头向前移动到 00:00:06:00 位置，然后在 Effect Controls 面板中将剪辑的旋转设置为 0.0。这将自动添加另外一个关键帧，如图 9.20 所示。

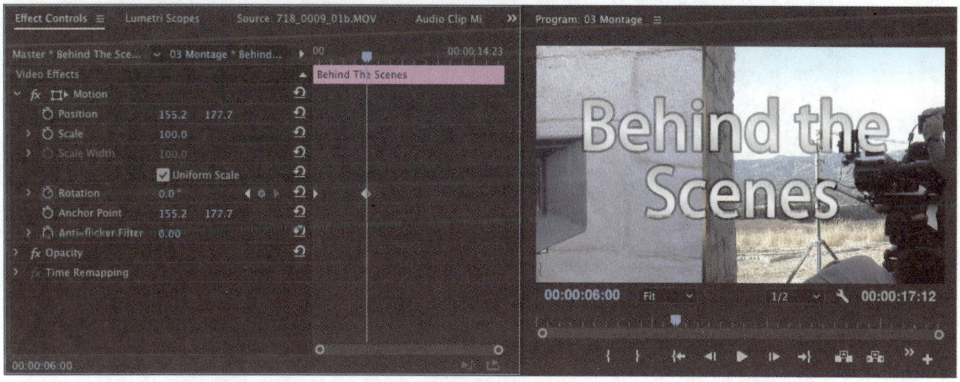

图9.20

12. 播放序列，查看动画。

9.3.4 更改剪辑的大小

有几种方法可以更改 A 序列中项的大小。默认情况下，添加到序列的项的大小都是 100% 的原始大小。可以选择手动调整大小，或者是让 Premiere Pro 自动执行此操作。

下面是可选的方法。

- 在 Effect Controls 面板中，使用 Motion（运动）效果的 Scale（缩放）属性。
- 如果剪辑的帧大小与序列不同，在 Timeline 上右键单击剪辑，然后选择 Set to Frame Size（设置为帧大小）。这将自动调整 Motion 效果的 Scale（缩放）属性，使剪辑的帧大小与序列的帧大小相匹配。
- 如果剪辑的帧大小与序列不同，在 Timeline 上右键单击剪辑，然后选择 Scale to Frame Size（缩放为帧大小）。该选项与 Set to Frames Size 选项类似，但是 Premiere Pro 会以新的（通常为较低的）分辨率来重新采样图像。如果现在使用 Motion（运动）>Scale（缩放）设置缩减了图像，则即使原来的剪辑具有非常高的分辨率，图像也可能看起来不清晰。
- 默认情况下，也可以在首选项中选择 Scale to Frame Size。方法是选择 Edit（编辑）>Preferences（首选项）>General（常规）（Windows）或 Premiere Pro > Preferences > General（Mac OS），然后选择“Default scale to frame size”（默认缩放为帧大小），再单击 OK。这设置将应用到导入的素材中。

为了获得最大的灵活性，使用第一种或第二种方法，以便可以根据需要进行缩放，而且不会影响图像品质。下面就来试一下。

1. 打开序列 04 Scale。
2. 浏览序列，以查看剪辑，如图 9.21 所示。

图9.21

V1 轨道上的第二个和第三个剪辑要比前两个大很多。事实上，系统可能会在不丢帧的情况下努力播放这些剪辑，但是帧的边缘会明显地剪切这些剪辑。

3. 右键单击 V1 轨道上序列中的最后一个剪辑，然后选择 Scale to Frame Size，结果如图 9.22 所示。

图9.22

尽管因该方法重新对图像进行了采样，而丢失了原来的图像质量，但是它方便地对图像进行了缩放，来匹配序列的分辨率。然而，这里有一个问题：该剪辑是4K的，其分辨率为4 096×2 160，而这并不是完美的16:9的图像。它不匹配序列的宽高比，会在图像的顶部和底部留下黑边。这些黑边通常称为边框化（letterboxing）。

当处理的内容与序列具有不同的宽高比时，这个问题很常见，而且也没有容易的方法可以解决它，需要进行手动调整。

4. 再次右键单击剪辑，并再次选择Scale to Frame Sizc，将其取消选中，如图9.23所示。可以随时打开和关闭该选项。

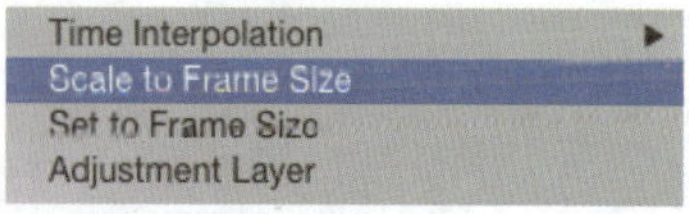

图9.23

5. 在选中剪辑的情况下，打开Effect Controls面板。

6. 使用Scale（缩放）设置来调整帧的大小，直到剪辑的图像与序列的帧相匹配，不再具有边框化效果为止（见图9.24）；大约34%的缩放应该可以奏效。如果有必要，可以选择任何成帧（framing）方式，并调整Position的位置，来重构剪辑。

图9.24

当拖放一个图像以避免边框化效果时，需要裁切剪辑的两侧。当高宽比不匹配时，需要在边框化、剪切或更改图像的宽高比（在 Effect Controls 面板中取消选中 Uniform Scale 选项）之间进行选择。

9.3.5 对剪辑大小的更改进行动画处理

在前面的例子中，剪辑图像的高宽比与序列不同。

下面来尝试一个不同的例子。

1. 将播放头定位到序列 04 Scale 中第二个剪辑的第一帧上面，位置为 00:00:05:00。

该剪辑具有 3 840 × 2 160 像素的超高清晰度（UHD），其图像的高宽比与序列相同，为 1 280 × 720。它的高宽比还与全高清相同，为 1 920 × 1 080。如果打算在一个高清作品中包含 UHD 的内容，这可以方便地进行拍摄。

2. 选择剪辑并在 Effect Controls 面板中打开，将缩放设置为 100%。

3. 在 Timeline 面板中右键单击剪辑，选择 Set to Frame Size，结果如图 9.25 所示。

图9.25

> Pr **注意：**如果 Effect Controls 面板中的设置是像素、百分比或度数，则它们不会显示出来。这可能需要花些时间来习惯，但是随着经验增多，就会发现控件对每一个设置都有意义。

当选择 Set to Frame Size 时，Premiere Pro 会使用 Scale 设置重新调整剪辑的大小，以便它能被放在序列的帧内。调整的量会因为剪辑的图像大小和序列的分辨率不同而有所不同。

将剪辑缩放到 33.3% 以匹配图像。现在可以在 33.3% 和 100% 之间缩放该剪辑，并且在剪辑仍能适配帧的情况下，其质量保持不变。

4. 在 Effect Controls 面板中单击 Scale 的 Toggle 动画秒表按钮，打开 Scale 的关键帧。

5. 将播放头定位到剪辑的最后一帧。

6. 在 Effect Controls 面板中单击 Scale 设置的重置按钮（），结果如图 9.26 所示。

图9.26

7. 浏览剪辑，查看结果。

这为剪辑创建了一个缩放效果的动画。因为剪辑从来不会缩放到 100%，因此其质量得以保留。

8. 打开 V2 轨道的 Track Output（轨道输出）选项，结果如图 9.27 所示。

图9.27

该轨道上面有一个调整图层剪辑。调整图层将效果应用到较低视频轨道上的所有素材。选择 Adjustment Layer 剪辑，在 Effect Controls 面板中显示该剪辑的值，会发现已经添加了两个效果：Black and White（黑白）效果，该效果移除了色彩饱和度；Luma Curve（亮度曲线）效果，该效果增加了对比度。第 13 课将讲解关于调整图层的更多知识。

9. 播放序列。

可能需要渲染序列，才能看到平滑的播放，原因是有些剪辑具有较高的分辨率，这会占用大量的计算机处理资源来播放。要渲染序列，可以访问 Sequence（序列）菜单，然后选择 Render In to Out（渲染到输出）。

9.4 处理关键帧插值

本课中已经使用了关键帧定义动画。术语“关键帧”来自传统动画，艺术总监会绘制关键帧（或主要动作），然后助理动画师会在之间的帧中应用动画。在 Premiere Pro 中进行动画处理时，用户是主动画师，而计算机在设置的关键帧之间插入值，完成剩下的工作。

9.4.1 使用不同的关键帧插值方法

前面已经使用关键帧制作了动画，但只是触及了其基本功能。关键帧的一个最有用但却最少使用的功能是其插值方法。这只是一种从点 A 移动到点 B 的奇特方式。可将它视为跑步者从起点快速加速和在越过终点线时逐渐变慢的过程。

Premiere Pro 中有 5 种插值方法，使用不同的方法可以创建完全不同的动画。右键单击关键帧即可轻松访问可用的插值方法。然后，可以查看 5 种选项（一些效果提供了空间和时间选项）。

- （ ）**Linear（线性）插值：**这是关键帧插值的默认方法。该方法在关键帧之间创建了一种匀速变化。使用线性关键帧时，会从第一个关键帧立刻开始变更，并以恒定速度继续处理下一个关键帧。在第二个关键帧处，变化速度会立即切换到它和第三个关键帧之间的速度，以此类推。该方法很有效，但是看起来会有些机械化。
- （ ）**Bezier（贝塞尔曲线）插值：**该方法对关键帧插值拥有最强的控制。贝塞尔关键帧（以法国工程师 Pierre Bézier 的名字命名）提供了手动手柄（handle），可以调整关键帧任意一侧的值图（value graph）或运动路径部分的形状。通过拖动贝塞尔手柄，可以创建平滑的曲线调整或锋利的角度。例如，可以让一个物体平滑移动到屏幕上的一个位置，然后急剧地从另外一个点离开。
- （ ）**Auto Bezier（自动贝塞尔曲线）插值：**Auto Bezier（自动贝塞尔曲线）选项在关键帧中创建平滑的速率变化，并在更改设置时自动进行更新。这是贝塞尔关键帧的一个快速修复版本。
- （ ）**Continuous Bezier（连续贝塞尔曲线）插值：**该选项与 Auto Bezier（自动贝塞尔曲线）选项类似，但提供了一些手动控件。运动或值图总是拥有平滑过渡，但是可以使用控制手柄在关键帧的两侧调整贝塞尔曲线的形状。
- （ ）**Hold（定格）插值：**它是仅可供时间（基于时间的）属性使用的一种方法。定格类型的关键帧会在时间跨度上保留它们的值，而不应用渐变过渡。如果想创建不连贯的运动或使对象突然消失，则这种方法非常有用。使用定格插值时，将保留第一个关键帧的值，直到遇到下一个定格关键帧，此时会立刻改变值。

时间插值和空间插值

一些属性和效果为在关键帧之间应用过渡提供了时间插值和空间插值的方法（见图9.28）。所有属性都有时间控件（与时间相关）。一些属性还提供了空间插值（与空间或运动相关）。

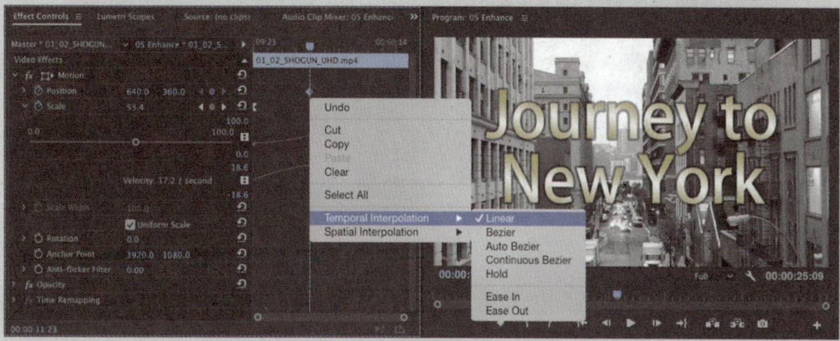

图9.28

下面是每种方法的要点。

- **时间插值**：时间插值处理时间变更。它是一种确定对象移动速度的有效方式。例如，可以使用 Ease（缓和）或 Bezier（贝塞尔）关键帧进行加速或减速。
- **空间插值**：空间插值处理对象位置的变更。它是一种在对象跨过屏幕时控制其路径形状的有效方式。该路径称为运动路径。例如，对象在从一个关键帧移动到下一个关键帧时是否会创建硬角弹跳，或者对象是否会有一个带有圆角的更倾斜的运动？

9.1.2 添加缓和运动

为剪辑运动添加惯性感觉的一种快速方式是使用一个关键帧预设。例如，可以为速度创建一种加速效果，方法是右键单击一个关键帧，然后选择 Ease In（缓入）或 Ease Out（缓出）。Ease In（缓入）用于接近关键帧，而 Ease Out（缓出）用于远离关键帧。

1. 继续处理前面的序列。
2. 选择序列中的第二个视频剪辑。
3. 在 Effect Controls 面板中，找到 Rotation（旋转）和 Scale（缩放）属性。
4. 单击 Scale（缩放）属性旁边的提示三角形以显示控制手柄和速度图，如图 9.29 所示。

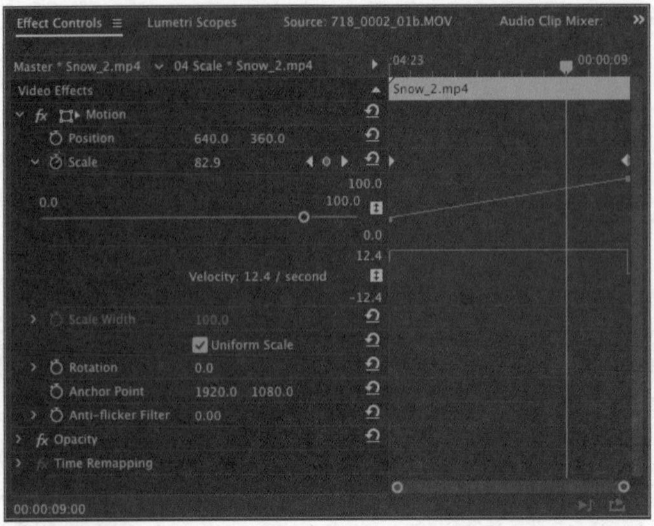

图9.29

可以增加 Effect Controls 面板的高度，来为额外的控件留出更多空间。

不要畏惧下面的数值和图形。一旦理解了其中一个，就会理解所有的内容，因为它们使用了共同的设计。

通过图形可以很容易地查看关键帧差值的效果。直线表示实际上没有任何速度或加速变化。

5. 右键单击显示在 Effect Controls 面板中迷你时间轴上的第一个 Scale 关键帧，并选择 Ease Out（缓出），如图 9.30 所示。

6. 右键单击第二个 Scale 关键帧，并选择 East In（缓入），结果如图 9.31 所示。

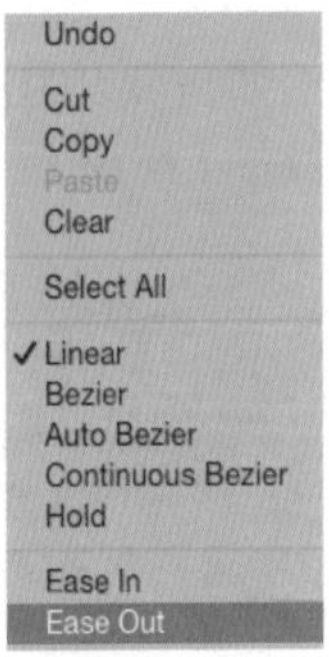

图9.30

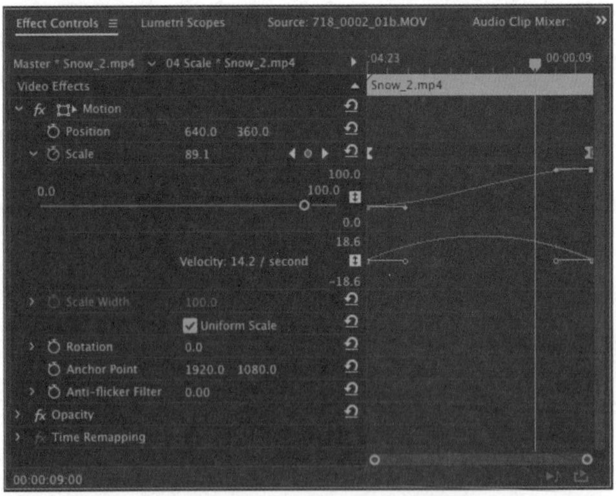

图9.31

图形现在显示为一条曲线，表示动画的逐步加速和减速。

7. 播放序列，查看动画。

8. 尝试拖动 Effect Controls 面板中的蓝色贝塞尔手柄，查看它们对速度和图形的影响。

创建的曲线越陡，动画的移动或速度增加得就越快。完成尝试后，如果不喜欢变化，可以选择 Edit（编辑）>Undo（撤销）。

> **提示**：如果想创建惯性（比如火箭起飞），请尝试使用 Ease（缓和）。方法是右键单击关键帧，选择 Ease In（缓入）或 Ease Out（缓出），它们分别表示接近和远离关键帧。

9.5 使用其他运动相关的效果

Premiere Pro 提供了很多控制运动的其他效果。尽管 Motion（运动）效果是最直观的，但有时可能会想要更多的效果。

Transform（变换）和 Basic 3D（基本 3D）效果也非常有用，可以用来更好地控制一个对象（包括 3D 旋转）。

9.5.1 添加投影

投影通过在对象后面添加小阴影来创建透视图。这通常用来在前景和背景元素之间创建分离感。

下面来尝试添加投影。

1. 打开序列 05 Enhance。

2. 确保节目监视器中的缩放级别被设置为 Fit（适合）。

3. 在 Effects 面板中，浏览 Video Effects（视频效果）>Perspective（透视），结果如图 9.32 所示。将 Drop Shadow（投影）效果拖放到 V3 轨道中的 Journey to New York Title 剪辑上。

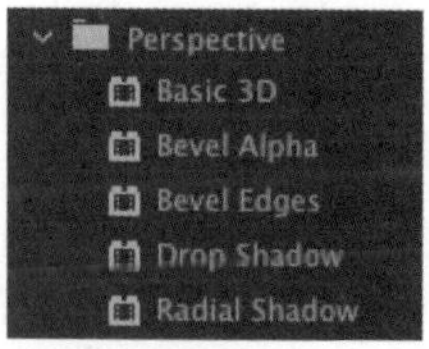

图9.32

4. 在 Effect Controls 面板中尝试 Drop Shadow 设置。可能需要向下滚动，才能看到所有设置。尝试结束之后，选择下述设置（见图 9.33）。

> **注意**：要让阴影远离任何光源，请从光源方向增加或减少 180°，以为投下的阴影创建正确的方向。

- 将 Distance（距离）值设置为 15，以便阴影进一步与剪辑相偏移。
- 将 Direction（方向）值改为 320°，以查看阴影的角度变化。
- 将 Opacity（不透明度）更改为 85%，使阴影变暗。

- 将 Softness（柔和度）设置为 25，使投影边缘变柔和。通常，Distance（距离）参数越大，应用的 Softness（柔和度）值也应该越大。

图9.33

5. 播放序列以查看动画。

9.5.2 添加斜边

另一种增强剪辑边缘的方法是添加斜边。这种效果对画中画效果或文本很有用。有两种斜边可供选择：当对象是一个标准视频剪辑时，Bevel Edges（斜角边）效果很有用；Bevel Alpha 效果则更合适文本或徽标，因为它将在应用斜角边之前检测图像中复杂的透明区域。

> Pr | 注意：与 Bevel Alpha 效果相比，Bevel Edges（斜角边）效果会生成更生硬的边缘。这两种效果都适用于矩形剪辑，但是 Bevel Alpha 效果更适合用于文本或徽标。

下面就来对字幕进行增强。

1. 继续处理序列 05 Enhance。

2. 选择 V3 上的 Journey to New York Title 剪辑，在 Effect Controls 面板中查看其控件。

3. 在 Effects 面板中，选择 Video Effects（视频效果）>Perspective（透视），将 Bevel Alpha 效果拖放到 Effect Controls 面板中，并使其位于 Drop Shadow 效果下面。

文本的边缘看起来有些倾斜。

> Pr | 提示：可以通过将效果拖放到剪辑上的方式来应用效果，方法是将它们拖放到 Effect Controls 面板，或者在 Effects 面板中单击它们。

4. 在 Effect Controls 面板中，将 Bevel Alpha Edge Thickness（边缘厚度）增加到 10，让边缘更加明显。可能需要在 Effect Controls 面板中向下滚动，才能看到所有设置。

5. 将 Light Intensity（光线强度）增加到 0.80，以查看更亮的边缘效果，结果如图 9.34 所示。

图9.34

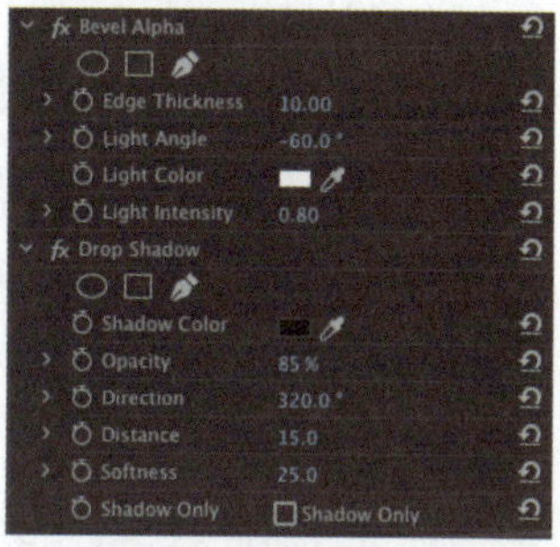

图9.35

效果看起来相当不错，但是它当前应用到了文本和投影上。这是因为效果在Effect Controls面板中位于投影的下方（堆叠顺序很重要）。

6. 在 Effect Controls 面板中，将 Bevel Alpha 效果标题向上拖动，直到正好位于 Drop Shadow 效果的上方，如图 9.35 所示。这时会在将要放置效果的位置看到一条黑线。这将更改渲染的顺序。

> **Pr** **注意**：为剪辑应用多种效果时，如果得到的不是自己想要的效果，则可四处拖动顺序，并查看是否生成了所需的结果。

7. 将 Edge Thickness 减小到 8。

8. 检查斜边的细微差别，结果如图 9.36 所示。

图9.36

9. 播放序列以查看动画。

> 注意：由于剪辑的分辨率很高，而且没有加速效果，因此可能需要渲染序列，才能看到平滑的播放。

9.5.3 在运动中添加变换效果

Motion（运动）操作的一个替代是 Transform（变换）效果。这两种效果提供相似的控件，但是它们之间有三个差别。

- 与 Motion（运动）效果不同，Transform（变换）效果将处理对剪辑的 Anchor Point（锚点）、Position（位置）、Scale（缩放）或 Opacity（不透明度）设置所做的任何更改。这意味着投影和斜边等效果的行为将完全不同。
- Transform（变换）效果包含 Skew（倾斜）、Skew Axis（倾斜轴）和 Shuttle Angle（快门角度）设置，允许为剪辑创建一种视觉角度变换。
- Transform（变换）效果不使用水银回放引擎 GPU 加速，因此处理时间会更长一些，并且不会提供太多实时性能。

下面通过使用一个预构建的序列来比较两种效果。

1. 打开序列 06 Motion and Transform。

2. 播放序列，以便熟悉它。

序列中有两个部分。每一个部分都有一个画中画（PIP），画中画（PIP）从左向右移动时，都会在背景剪辑上旋转两周。请在这两部分剪辑中仔细观察阴影的位置。

- 在第一个例子中，阴影跟随 PIP 的底边，并且在旋转时阴影会出现在剪辑的所有四个侧面。这显然不真实，因为产生阴影的光源不会移动。
- 在第二个例子中，阴影停留在 PIP 的右下角，这显得很逼真。

3. 单击 V2 轨道上的第一个剪辑，在 Effect Controls 面板中查看 Motion（运动）和 Drop Shadow（投影）的效果，如图 9.37 所示。

4. 现在单击 V2 轨道上的第二个剪辑。这次将看到 Transform（变换）效果产生运动效果，而 Drop Shadow（投影）效果又产生出阴影，如图 9.38 所示。

Transform（变换）效果具有许多和 Motion（运动）效果相同的选项，但同时增加了 Skew（倾斜）、Skew Axis（倾斜轴）和 Shutter Angle（快门角度）。正如刚才所看到的，由于应用效果的顺序，Transform（变换）效果与 Drop Shadow（投影）效果的配合将比采用 Motion（运动）效果的效果更逼真；Motion 效果总是在其他效果之后应用。

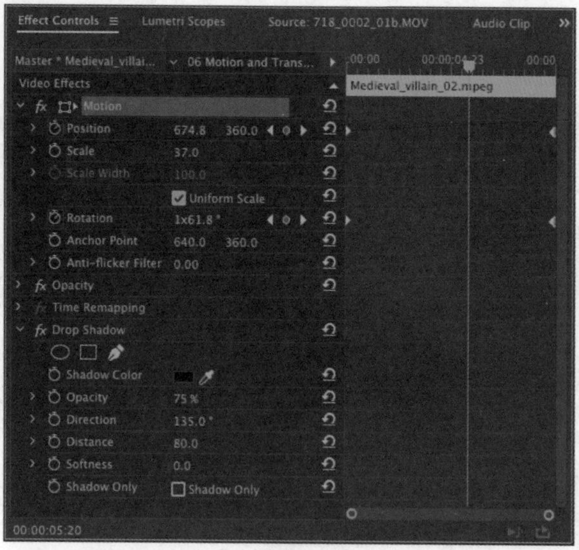

图9.37

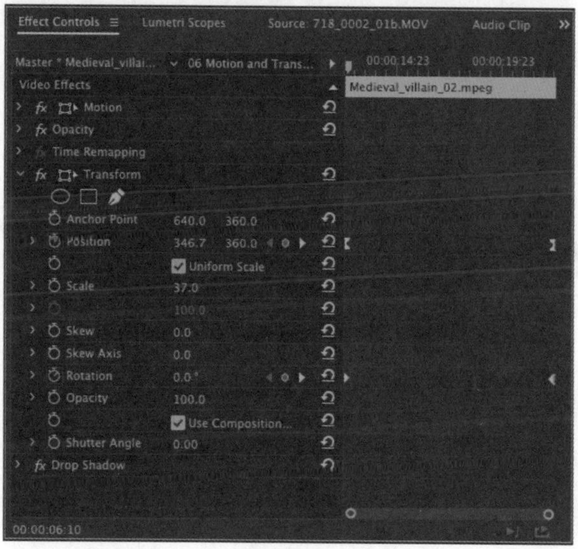

图9.38

9.5.4 使用 Basic 3D 效果在 3D 空间中操纵剪辑

另一种创建运动的选项是 Basic 3D（基本 3D）效果，它可以在 3D 空间中操控剪辑。可以围绕水平和垂直轴旋转图像，以及朝靠近或远离用户的方向移动它。还可以找到一个启用镜面高光的选项，用于创建从旋转表面反射的光照效果。

下面使用一个预构建的序列来了解其效果。

1. 打开序列 07 Basic 3D。

2. 在 Timeline 上，将播放头在序列上拖动，以查看内容，结果如图 9.39 所示。

图9.39

跟随运动的光线来自于观众的上方、后方或左侧。当光来自上方时，看不到效果，直到图像向后倾斜，捕获到反射为止。这种类型的镜面高光可以增强 3D 外观的真实感。

下面是 Basic 3D（基本 3D）效果的 4 个主要属性（见图 9.40）。

图9.40

- **Swivel（旋转）：**控制围绕垂直 y 轴的旋转。如果旋转 90°，则会看到图像的背面，这是图像正面的镜像。
- **Tilt（倾斜）：**控制围绕水平 x 轴的旋转。如果旋转超过 90°，则将显示图像的背面。
- **Distance to Image（与图像的距离）：**沿着 z 轴移动图像以模拟深度。距离值越大，图像的距离就越远。
- **Specular Highlight（镜面高光）：**添加从旋转图像的表面反射的一个闪光，就像在表面上方有一盏灯在发光一样。可以打开或关闭此选项。

3. 使用 3D 选项进行尝试。

复习题

1. 哪个固定效果（fixed effect）将移动帧中的剪辑？
2. 让剪辑满屏显示几秒钟后旋转消失。如何让 Motion（运动）效果的 Rotation（旋转）功能从剪辑内启动，而不是在开始处启动？
3. 如何让对象开始慢慢旋转，再慢慢停止旋转？
4. 如果想要为一个剪辑添加投影，为什么想要使用一个不同于 Motion（运动）固定效果的运动相关的效果？

复习题答案

1. Motion（运动）参数允许用户为剪辑设置一个新位置。如果使用关键帧，则可以对效果进行动画处理。
2. 将播放头定位到想要旋转开始的地方，单击 Add/Remove Keyframe（添加 / 删除关键帧）按钮或秒表图标。然后移动到想要旋转结束的地方，并更改 Rotation（旋转）参数，此时就会出现另一个关键帧。
3. 使用 Ease Out（缓出）和 Ease In（缓入）参数更改关键帧插值，让它们开始慢慢旋转，而不是突然旋转。
4. Motion（运动）效果是应用到剪辑的最后一个效果。Motion（运动）使在它之前应用的所有效果（包括投影）生效，将它们和剪辑作为一个整体进行旋转。要在旋转的对象上创建逼真的投影效果，请使用 Transform（变换）或 Basic 3D（基本 3D）效果，然后在 Effect Controls 面板中将 Drop Shadow（投影）放置在其中一种效果的下方。

第10课 多机位编辑

课程概述

在本课中，你将学习以下内容：

- 基于音频同步剪辑；
- 为序列添加剪辑；
- 创建多机位目标序列；
- 在多台摄像机之间切换；
- 录制多机位编辑；
- 完成一个多机位编辑项目。

本课大约需要 45 分钟。

多机位编辑的过程从同步多个摄像机角度开始。可以使用时间码或常见的同步点（比如合上场记板或常见的音频轨道）执行此操作。同步了剪辑之后，在 Premiere Pro CC 中，就可以在多个角度之间进行无缝剪接。

10.1 开始

在本课中，将学习如何快速编辑同步拍摄的素材的多个角度。由于剪辑是同时拍摄的，因此 Adobe Premiere Pro CC 可以无缝地从一个角度剪接到另一个角度。

在编辑拍摄到的素材或者是使用多个摄像机捕捉的素材时，利用 Adobe Premiere Pro 多机位编辑功能可以节省大量时间。

1. 打开项目 Lesson 10.proproj。

本项目从 5 个角度拍摄了音乐演奏会，并且有一个同步的音频轨道。

2. 在 Workspaces 面板中，单击 Editing（编辑）。然后单击 Editing 选项旁边的菜单，并选择 Reset to Saved Layout（重置为保存的样式）。

10.2 多机位编辑过程

多机位编辑过程有一个标准化的工作流。一旦知道了如何做之后，多机位编辑就很简单了。多机位编辑有以下 6 个阶段。

1. 导入素材。理想情况下，摄像机与帧速率和帧大小高度匹配，但是可以根据需要进行混合和匹配。

2. 确定同步点。目的是让多个角度保持同步，以便可以在它们之间无缝切换。需要识别在所有角度上的时间点以进行同步或使用匹配时间码。或者，如果所有剪辑有相同的音频，可以自动进行同步。

3. 创建一个多机位源序列。剪辑被添加到名为多机位源序列的特殊序列类型中。这实际上是一个嵌套序列剪辑，它包含堆叠在不同视频轨道上的多个视频角度。

4. 将多机位序列嵌套进其他序列中进行编辑（将多机位序列编辑到其他序列中）。这个新序列是多机位主序列，将在该序列中执行编辑。原始多机位序列现在是一个有效的多层源剪辑。

5. 录制多机位编辑。节目监视器中的一个特殊视图（多机位视图），允许在播放期间，在摄像机角度之间切换。

6. 调整并完善编辑。粗略进行编辑后，可以使用标准的编辑和修剪命令完善序列。

使用多机位编辑的人员

由于高品质摄像机价格的下降，多机位编辑变得非常受欢迎。多机位拍摄和编辑有许多潜在用途，从简单的小说对话到大型的真人秀电视节目，不一而足。

- **视觉和特效**：由于许多特效镜头的价格很高，因此常见的做法是使用多个角度进行拍摄。这意味着拍摄时成本较低，并且在编辑时拥有很大的灵活性。
- **动作场面**：对于涉及大量动作的场景，制作方通常会使用多个摄像机。这样做可以减少需要执行的特技或危险动作的次数。
- **一生一次的事件**：婚礼和体育比赛等事件严重依赖多角度的报道，以确保拍摄者捕捉事件的所有关键元素。
- **音乐和戏剧表演**：如果之前看过音乐电影（concert film），就会习惯用于显示表演的多个摄像头角度。多机位编辑也可以改进戏剧表演的节奏。
- **脱口秀节目形式**：采访节目通常会在采访记者和采访对象之间剪接，并使用广角镜头来同时呈现采访记者和采访对象。这样做不仅可以保持视觉趣味，并且可以更轻松地将采访编辑为较短的时间。

10.3 创建一个多机位序列

可以同时播放多个摄像机角度，唯一的限制因素是播放剪辑所需的计算能力。如果计算机和硬盘的速度足够快，那么应该能够实时播放几个数据流。

10.3.1 确定同步点

在创建多机位序列时，需要确定如何同步素材的多个角度。有 5 个选项可以用作同步参考。所选择的方法取决于用户自己以及拍摄素材的方式。

- **入点**：如果有一个共同的起点，则可以在想要使用的所有剪辑上设置入点。在关键动作开始之前，只要开启所有摄像机，这种方法就有效。
- **出点**：该方法与使用入点同步类似，但是使用的是共同的出点。当所有摄像机捕捉关键动作的结尾（比如跨越终点线），并且在不同时间开始时，最适合使用出点同步。
- **时间码**：许多专业摄像机允许跨多个摄像机同步时间码。通过将多个摄像机连接到一个共同的同步源，可以同步多个摄像机。在许多情况下，小时数是确定摄像机编号的偏移。例如，摄像机 1 将从 1:00:00:00 开始，而摄像机 2 将从 2:00:00:00 开始。出于这个原因，当使用时间码同步时，可以选择忽略小时数。
- **剪辑标记**：剪辑上的入点和出点可能会被意外删除掉，如果想要以一种更可靠的方法标记剪辑，则可以使用标记来确定共同的同步点因为标记很难因为意外而从剪辑中删除。标记可以基于动作的任何部分，或者是录制进行到一半时的事件。如果没有同步时间码或音频，则标记可能是最有效的同步方式。

> Pr 提示：如果视频中没有好的视觉线索来同步多个剪辑，则可以在音频轨道中寻找鼓掌声或嘈杂的声音。通过在音频波形中寻找常见高峰，通常可以更轻松地同步剪辑。在每个点处添加标记，然后使用标记进行同步。

- **音频：**如果每台摄像机都在录制音频（即使是通过安装在摄像机上的录音设备或通过集成麦克风录制的低质量参考音频），Premiere Pro 也可能够自动同步剪辑。这种方法的结果取决于音频有多干净。

使用标记进行同步

考虑这样一个场景，从4个不同的角度拍摄同一场自行车赛的4段剪辑，但这4台摄像机的开始拍摄时间不同。第一个任务是在4段剪辑中找到相同的时间点，使它们同步。

可以使用共同的事件（比如发令枪响或摄像机闪光灯）完成此任务。只需将每个剪辑载入到源监视器中，并为事件的每个实例添加一个标记（M），然后使用这些标记来同步视频。

在录制多机位媒体时，要避免不停地停止和开始录制。摄像机每一次开始录制，都会创建一个新的剪辑，都需要在Premiere Pro中重新创建同步。

10.3.2 为多机位源序列添加剪辑

确定了想要使用的剪辑（和共同的同步点）后，就可以创建多机位源序列了，这是一种为多机位编辑设计的特殊序列类型。下面来试一下。

1. 选择 Multicam Media 素材箱中的所有剪辑，如图 10.1 所示。

图10.1

选择剪辑的顺序也是它们被添加到序列中的顺序，而且这也设置了摄像机角度的编号。通过按下 Control（Windows）或 Command（Mac OS）键，可以依次选择剪辑，将它们定义为具体的摄像机角度。例如，通过单击的方式选择剪辑 1，然后是剪辑 2、剪辑 3，它们将变为摄像机角度（Camera Angle）1、摄像机角度 2、摄像机角度 3。当然，后续也可以轻松进行更改。

本例中，按照剪辑的编号顺序进行单击，在最后选择纯音频剪辑。

2. 右键单击选中的一个剪辑，然后选择 Create Multi-Camera Source Sequence（创建多机位源序列）。也可以选择 Clip（剪辑）> Create Multi-Camera Source Sequence。

这将打开一个新的对话框，询问是否想要创建多机位源序列。

3. 在 Synchronize Point（同步点）下面，选择 Audio（音频）方法，让 Track Channel（轨道通道）设置为 1。

4. 将 Sequence Preset（序列预设）设置为 Automatic（自动）。新创建的序列将匹配正在使用的媒体文件。所有可用的序列预设都在这里列了出来，可以选择喜欢的一个特定预设。

5. 将 Audio（音频）>Sequence Settings（序列设置）菜单设置为 Camera 1（摄像机 1）。事实上，由于一个剪辑是纯音频的，它将自动用作新创建的多机位序列的音频。如果没有这个纯音频剪辑，Premiere Pro 会使用选择的第一个剪辑。

> **提示**：当选择角度时（甚至当更改角度时），在素材箱中首先单击的剪辑将成为多机位源序列使用的音频轨道，除非包含了一个纯音频的剪辑（Premiere Pro 会假定将使用该剪辑）。

另外一种方式是在另一个轨道上放置一个专用的音频文件，然后进行同步。第三种方式是使用 Audio Follows Video（音频跟随视频），可以从 Multi-Camera Monitor（多机位监视器）视图（位于面板的右上角）中选择它，将音频与视频进行同步。

6. 剪辑的名字可以用作 Camera Angele（摄像机角度）的名字。在 Camera Names 下，选择 Use Clip Names（使用剪辑名字），然后单击 OK，如图 10.2 所示。

Premiere Pro 会分析剪辑，并在素材箱中添加一个新的多机位源序列。

7. 双击新的多机位源序列，在源监视器中查看，如图 10.3 所示。

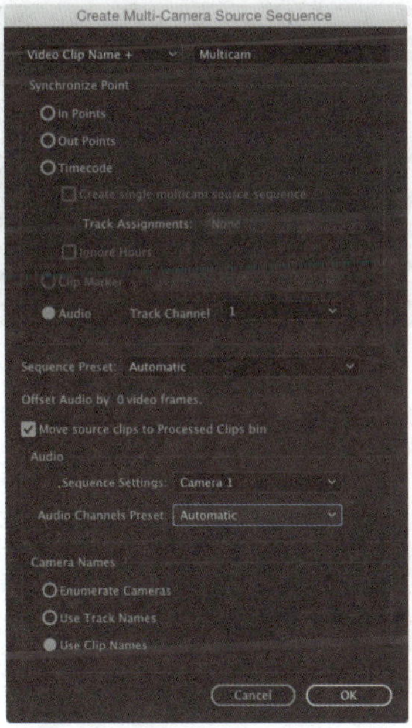

图10.2

图10.3

8. 在剪辑中拖动源监视器的播放头，查看多个角度。

剪辑显示在一个网格中，并立刻显示所有的角度。一些角度在开始时是黑色的，因为摄像机是在不同时间开始录制的。

在这个工作流中，使用的是 Project 面板中的一个自动选项来创建多机位序列。也可以手动创建一个多机位序列，这可以让控制精确，但是花费的时间也会多一些。有关多机位编辑的更多信息，请参阅 Adobe Online Help（Adobe 在线帮助）。

> **注意**：Adobe Premiere Pro 会自动调整多机位网格以适应使用的角度数。例如，如果有 4 个剪辑，将会看到网格为 2×2；如果在第 5 个和第 9 个剪辑之间使用，将看到网格为 3×3；如果使用 16 个角度，则网格将为 4×4，以此类推。

10.3.3 创建多机位目标序列

制作了多机位源序列后，则需要将它放置到另一个序列中嵌套进去。嵌套序列的行为与主序列中其他剪辑的行为很像。但是，该剪辑具有多个素材角度，可在编辑时进行选择。

1. 找到刚创建的多机位源序列，它的名字应该类似于 C1_Master.mp4Multicam。

2. 右键单击该多机位源序列，并从 Clip（剪辑）中选择 New Sequence（新建序列），或者将剪辑拖到 Project 面板底部的 New Item（新建项目）菜单上。

现在就拥有了一个现成的多机位目标序列，如图 10.4 所示。

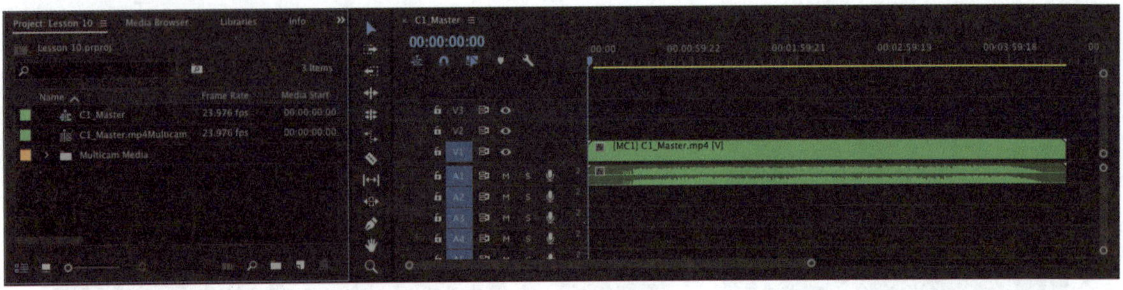

图10.4

3. 在 Timeline 上右键单击嵌套的多机位序列，查看 Multi-Camera（多机位）选项，如图 10.5 所示。

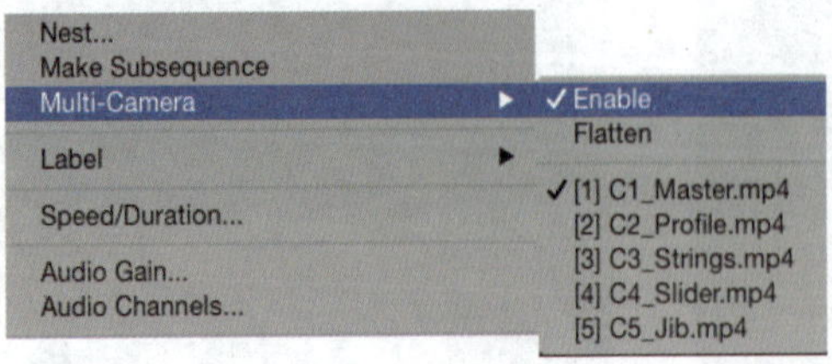

图10.5

要想让多机位序列剪辑工作，必须启用 Multi-Camera 选项。

对于该剪辑来讲，创建该剪辑的方式将自动启用 Multi-Camera 模式。可以在任何时刻关闭或打开该选项。

4. 已经选中了一个摄像机角度，再来尝试另外一个角度，然后看一下节目监视器中的更新。可以看到序列中剪辑的名字也进行了更新，如图 10.6 所示。

图10.6　当选择不同的角度时，剪辑的名字会在序列中更新

> 提示：要查看多机位序列中的内容，可以按住 Control（Windows）或 Command（Mac OS）键，然后双击该序列。也可以像编辑其他内容一样来编辑序列中的内容。所做的更改将自动在目标序列中更新。

10.4　多机位切换

在构建了多机位源序列并将它添加到多机位目标序列后，就可以准备编辑了。使用节目监视器中的 Multi-Camera（多机位）视图可以实时处理此任务。通过在节目监视器中单击或使用键盘快捷键，可以在不同的角度之间切换。

10.4.1　执行多机位编辑

在节目监视器中使用一种特殊的 Multi-Camera（多机位）模式，然后在 Timeline 上为当前的剪辑选择摄像机角度，就可以进行多机位编辑了。

如果播放停止了，单击节目监视器左侧的一个角度，序列中的当前剪辑即进行更新，以与之匹配。

在播放期间，当单击节目监视器中的一个角度时，序列剪辑也将相应更新。但是这一次会将一个编辑应用到剪辑上，它会将之前选择的摄像机角度与通过单击选择的新角度分离开来。只有在播放结束之后，才能看到添加的编辑。

下面就来试一下。

1. 单击节目监视器中的 Settings（设置）菜单，然后选择 Multi-Camera（多机位），结果如图 10.7 所示。

2. 播放序列，以熟悉该序列。

3. 将鼠标指针悬停在节目监视器上，然后按下重音符号（`）键，将面板最大化。如果键盘上没有重音符号键，可以单击面板菜单，然后选择 Panel Group Settings（面板组设置）>Maximize Panel Group（最大化面板组）。

图10.7

4. 将播放头放在序列的开始位置，然后按下空格键开始播放。

序列的前几秒钟没有声音，直到信号轨道（click track）开始之后才有声音。将听到一连串短促的嗡鸣声，然后是专业录制的轨道。

5. 在播放期间，单击左侧的图像，在多个摄像机角度之间切换。也可以使用键盘快捷键1~5（与想要选择的摄像机角度一一对应）。

> **注意**：默认情况下，在英文键盘上，前 9 个摄像机角度分配了键盘（不是数字键盘）顶部的数字按键 1~9。例如，按下数字键 1 将选择 Camera 1，按下 2 将选择 Camera 2，以此类推。

在序列播放完毕后，它将有多个编辑。每一个单独的剪辑的标签都是从一个数字开始的，该数字表示这个剪辑使用的摄像机的角度，如图 10.8 所示。

图10.8

6. 按下重音符号（`）键，或者单击面板菜单，选择 Panel Group Settings > Maximize Panel Group，将节目监视器面板恢复正常大小。

7. 播放序列，查看编辑。

假设这个作品的导演觉得音频的声音要比计划发布的媒体声音大。

8. 右键单击音频轨道，然后选择 Audio Gain（音频增益）。

这将打开一个新的对话框。

9. 在 Adjust Gain By（调整增益值）字段中，输入 -8 并单击 OK 以降低音频声音。

> **注意**：如果为剪辑应用了效果，这些效果将在节目监视器中正常显示。当应用了颜色调整来匹配不同的角度时，这将会很有用。

> Pr 注意：在完成编辑之后，可以在节目监视器的 Multi-Camera 视图中或者在 Timeline 上进行更改。甚至可以像对待其他剪辑那样，对多机位序列的部分内容进行修剪。

10.4.2 重新录制多机位编辑

第一次录制多机位编辑时，很可能会丢失一些编辑。可能是对一个角度剪接得太迟（或太早）了，也可能是发现自己更喜欢另一个角度。这些都可以很容易地进行改正。

1. 将播放头移动到 Timeline 的开始位置。

2. 在 Multi-Camera（多机位）视图中按 Play（播放）按钮，开始播放。

Multi-Camera（多机位）视图中的角度会进行切换，以匹配 Timeline 中的现有编辑。

3. 当播放头到达想要更改的位置时，切换到活动的摄像机。

如果键盘带有数字键，可以按其中一个键盘快捷键（在本例中是 1~5），或者在节目监视器的 Multi-Camera（多机位）视图中单击想要的角度，如图 10.9 所示。

图10.9

4. 完成编辑后，按空格键停止播放。

5. 单击节目监视器的 Settings（设置）菜单，选择 Composite Video（复合视频），返回到普通的查看模式。

10.5 完成多机位编辑

在 Multi-Camera（多机位）视图中执行了多机位编辑后，可以完善并完成它。生成的序列与构建的其他序列一样，因此可以使用迄今为止所学的任意编辑或修剪方法。但是，还有其他一些可用的选项。

10.5.1 切换角度

如果对一个剪辑的时序感到满意，但对所选的角度不满意，可以切换到另一个角度。有几种方式可以做到这一点。

- 右键单击一个剪辑，选择 Multi-Camera（多机位），并指定角度。
- 使用节目监视器的 Multi-Camera（多机位）视图（如本课前面所述）。
- 如果启用了正确的轨道，或者选择了一个嵌套的多机位序列剪辑，并且键盘上有数字键，则可以使用键盘快捷键 1~9。

10.5.2 合并多机位编辑

可以合并一个多机位编辑，以降低播放时需要的处理能力，并简化序列。在合并编辑时，嵌套的多机位序列剪辑将使用最初选择的摄像机角度剪辑进行替换，如图 10.10 所示。

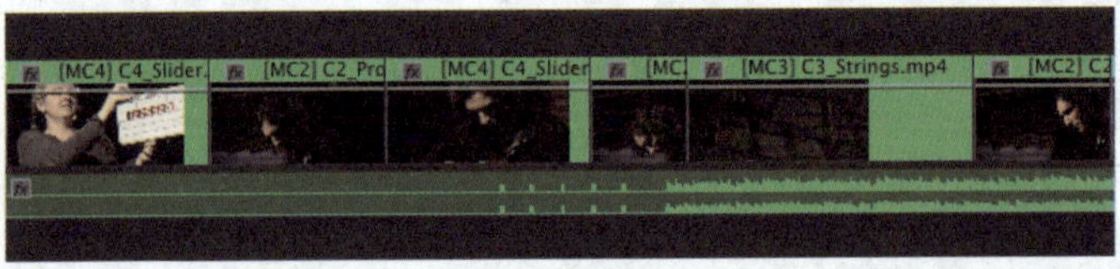

图10.10

> **注意：**如果合并多机位序列，则会丢失音频调整。但现在先不管音频。

这个过程很简单。

1. 选择想要合并的所有多机位剪辑。
2. 右键单击任何剪辑，然后选择 Multi-Camera（多机位）>Flatten（合并），结果如图 10.11 所示。

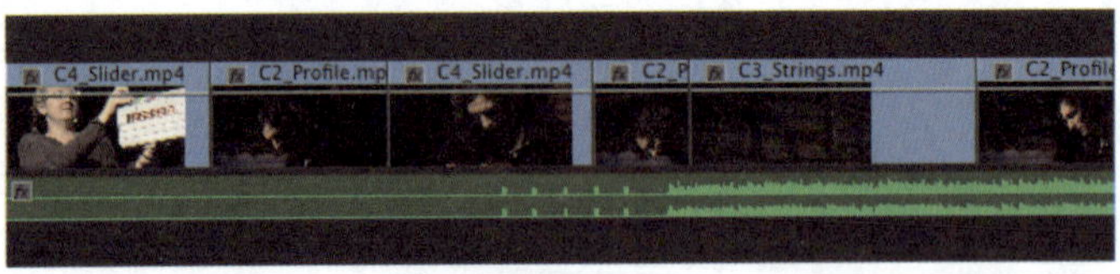

图10.11

在剪辑合并之后，这个过程无法逆转，除非使用 Edit（编辑）>Undo（撤销）。

复习题

1. 描述为多机位剪辑设置同步点的 5 种方式。
2. 描述让多机位源序列和多机位目标序列的设置相匹配的两种方式。
3. 说出在 Multi-Camera（多机位）视图中在角度之间切换的两种方式。
4. 关闭了 Multi-Camera（多机位）视图后，如何选择一个不同的角度？

复习题答案

1. 这 5 种方式是入点、出点、时间码、音频和标记。
2. 可以右键单击多机位源序列并从 Clip（剪辑）中选择 New Sequence（新建序列）；也可以将多机位源序列拖放到一个空白序列中，让它自动适应设置。
3. 要切换角度，可以在监视器中单击预览角度；或者，如果键盘上有数字键，可以为每个角度使用相应的快捷键（1~9）。
4. 可以使用 Timeline 中的任意标准修剪工具来调整角度的编辑点。如果想要替换摄像机角度，在 Timeline 中右键单击它，并从弹出的菜单中选择 Multi-Camera（多机位），然后选择想要使用的摄像机角度，或者按下相应的键盘快捷键（1~9）。

第11课 编辑和混合音频

课程概述

在本课中，你将学习以下内容：

- 在音频工作区中工作；
- 理解音频特征；
- 调整剪辑音频的音量；
- 在序列中调整音频电平；
- 使用音频剪辑混合器。

本课大约需要60分钟。

在本课中，将学习使用Adobe Premiere Pro CC提供的强大工具来进行音频混合的基础知识。不管信不信，好的声音有时可以让图像看起来更好。

到目前为止，主要关注的是处理视觉效果。毋庸置疑，图像很重要，但是专业编辑人员认为，声音至少和屏幕上的图像一样重要，有时甚至更加重要！

11.1 开始

摄像机录制的音频很少可以完美地进行最终输出。在 Premiere Pro 中，可能想对声音做以下几件事情。

- 将 Premiere Pro 设置为以与摄像机录制不同的方式解释录制的音频通道。例如，可以将录制为立体声的音频解释为单独的单声道。
- 清除背景声音。无论是系统嗡嗡声还是空调装置的声音，Premiere Pro 中都有调整和优化音频的工具。
- 使用 EQ 效果在剪辑（不同的音调）中调整不同音频的音量。
- 调整素材箱中的剪辑和序列中剪辑片段的音量级别。在 Timeline 上进行的调整可能会随时间变化，创建复杂的声音混合。
- 在音乐剪辑之间添加音乐并混合印量。
- 添加音频现场效果，比如爆炸、关门声或环境声音。

如果在观看恐怖片时关掉声音，就可以体会到有无声音的差别。没有不祥的音乐，刚才还很可怕的场景，现在看起来可能像喜剧一样。

音乐能够影响人们的判断能力，并且直接影响情绪。实际上，身体会无意识地对声音做出反应。例如，倾听音乐时，心率经常会受到音乐节奏的影响。快节奏的音乐会让心跳加快，而慢节奏的音乐会让心跳变慢。音乐非常强大！

在本课中，首先会介绍如何使用 Premiere Pro 中的音频工具，然后介绍如何使用工具对剪辑和序列进行调整。在播放序列时，还可以使用 Audio Mixer（音频混合器）立即更改音量。

11.2 设置界面以处理音频

先切换到 Audio（音频）工作区。

1. 打开 Lesson 11.prproj。

2. 在 Workspaces 面板中，单击 Audio（音频），然后单击 Audio 选项附近的菜单，选择 Reset to Saved Layout（重置为保存的样式），结果如图 11.1 所示。

图11.1

11.2.1 在音频工作区中工作

在使用过的视频编辑工作区中，可以识别出 Audio（音频）工作区中的大多数组件。一个明显的不同之处是，Audio Clip Mixer（音频剪辑混合器）替代了源监视器。源监视器仍然位于框架中，但被隐藏了，并且与 Audio Clip Mixer 分在一组。

这时会注意到音量指示器（audio meter）也不见了。这是因为 Audio Mixer（音频混合器）具有其自己的音频指示器。

可以修改 Timeline 轨道标题的外观，为每一个轨道包含一个音量指示器，并包含基于轨道的电平（level）和平移控件。

要将音量指示器添加到轨道中，请执行如下步骤。

1. 单击 Timeline Settings（设置）菜单（🔧），选择 Customize Audio Header（自定义音频标题）。

这将出现 Audio Header Button Editor（音频标题按钮编辑器），如图 11.2 所示。

2. 将 Track Meter（轨道电平）按钮（▮）拖放到音频标题上，然后单击 OK。

可能需要在垂直方向和水平方向调整音频标题，才能看到新的指示器，如图 11.3 所示。

了解 Audio Clip Mixer（音频剪辑混合器）和 Audio Tracker Mixer（音频轨道混合器）之间的差别很重要，如图 11.4 所示。

它们看起来相似，但是应用了不同的调整。

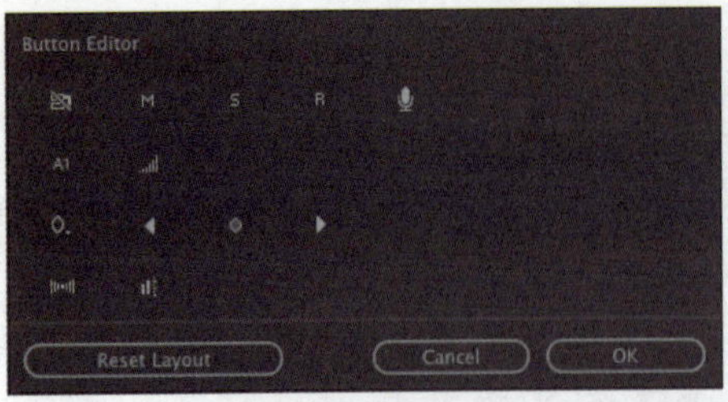

图11.2

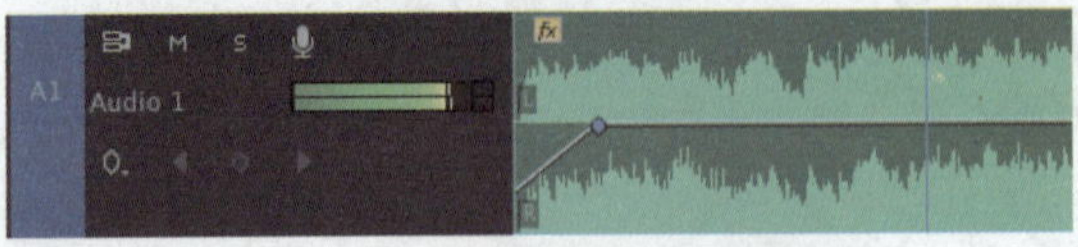

图11.3

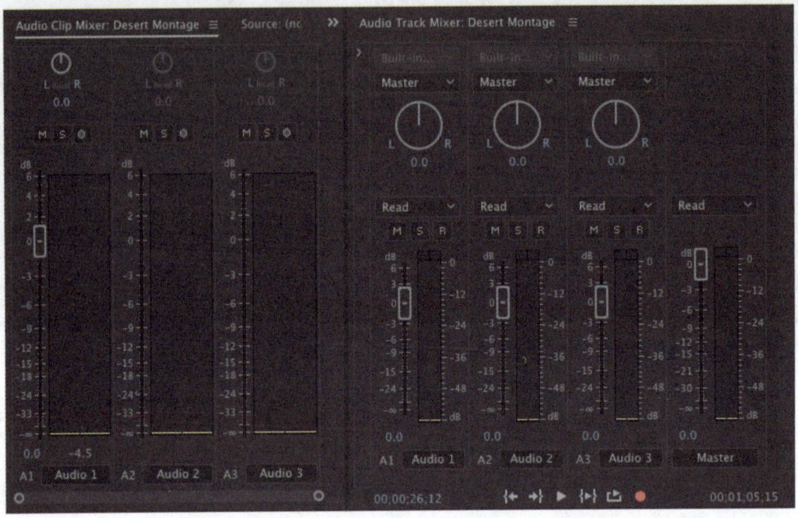

图11.4

- **Audio Clip Mixer（音频剪辑混合器）：**提供了调整音频电平和平移剪辑的控件。在播放序列时，可以进行调整，Premiere Pro 将为剪辑添加关键帧。
- **Audio Tracker Mixer（音频轨道混合器）：**工作方式与 Audio Clip Mixer（音频剪辑混合器）类似，但是在轨道上调整音频电平并进行平移。剪辑调整和轨道调整组合生成了最终输出。因此 ，如果将剪辑的音频电平减小 3dB，也将轨道音频电平减小 3dB，将总计减少了 6dB。更为高级的 Audio Track Mixer 还提供了基于轨道音频效果和子混合，允许组合多个轨道的输出。

可以在 Effects Controls 面板中应用基于剪辑的音频效果，并修改其设置。应用的音频调整（使用基于剪辑的效果）和 Audio Track Mixer 效果将混合起来，但是先应用基于剪辑的效果。

11.2.2 定义主轨道输出

在创建新序列时，通过选择音频主设置可以定义它输出的声道数量。可以将序列当做一个媒体文件，它有一个帧速率、帧大小、音频采样速率和通道配置。

音频主设置是指在将序列当做一个文件时，它拥有的声道的数量（见图 11.5）。

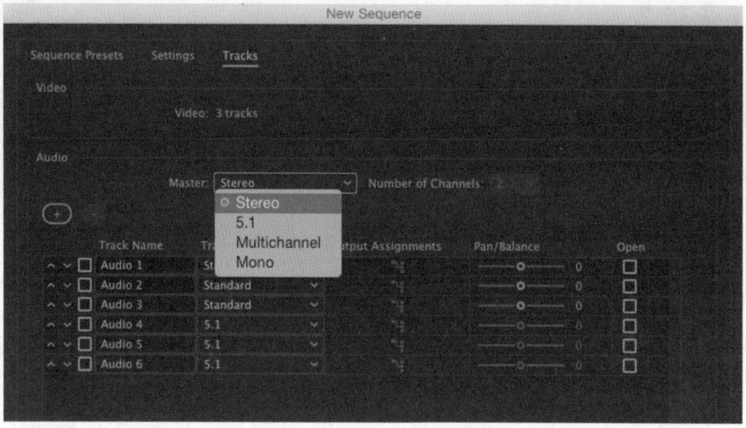

图11.5

- Stereo（立体声）有两个声道：Left（左）和 Right（右）。
- 5.1 有 6 个声道：Middle（中间）、Front-Left（前左）、Front-Right（前右）、Rear-Left（后左）、Rear-Right（后右）和 Low Frequency Effects（低频效果，LFE）——即低音炮。
- Multichannel（多声道）的声道为 1~32 个，可以从中选择。
- Mono（单声道）有一个声道。

什么是声道

如果认为Left（左）和Right（右）声道在某种程度上是不同的，那就错了。实际上，它们都是单声道，只是被命名为Left或Right。录制声音时，标准配置是Audio Channel 1是Left（左），而Audio Channel 2是Right（右）。

Audio Channel 1之所以是Left（左），是由下列原因造成的。

- 它是从指向左侧的麦克风录制的。
- 它在 Premiere Pro 中被解释为 Left（左）。
- 它输出到位于左侧的扬声器。

所有这些因素都不会改变它是单声道的事实。这只不过是惯例而已。

如果对从指向右侧的麦克风执行同样的录制（使用的是Audio Channel 2），则将具有立体声音频。事实就是，它们是两个单声道。

可以更改大多数的序列设置，但是无法更改音频主设置。这意味着，除了多声道序列外，无法更改序列将输出的声道数。

可以随时添加或删除音频轨道，但是音频主设置是固定的。如果需要更改音频主设置，可以将具有某种设置的序列复制并粘贴到具有不同设置的新序列中。

11.2.3 使用音量指示器

音量指示器的主要功能是提供序列的总体混合输出音量。在播放序列时，将看到音量指示器会动态变化，以反映音量，如图 11.6 所示。

要查看音量指示器，请执行如下步骤。

1. 选择 Window（窗口）>Audio Meters（音量指示器）。

在默认的 Audio（音频）工作区，音量指示器非常小，需要让它们变大以方便使用。

2. 拖动面板左边缘，让音量指示器变得更宽，以便可以看到面板底部的按钮。在学习本课时，需要将它们保持在屏幕上。

右键单击音量指示器，可以选择不同的显示比例（见图 11.7）。默认的范围是 0dB~-60dB，这能够清晰显示想要看到的主音量信息。

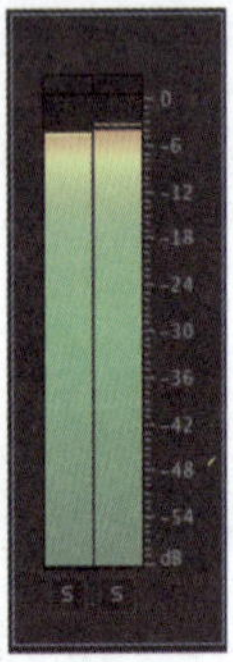

图11.6

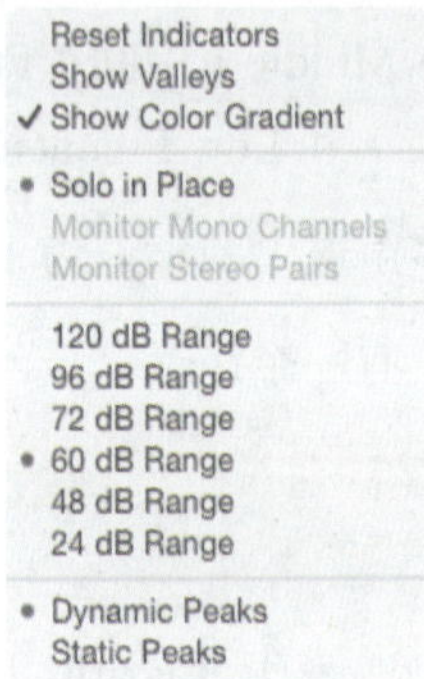

图11.7

也可以在静态峰值和动态峰值之间进行选择。当音量电平中出现一个响亮的峰值时再看指示器，声音就已经过去了。而对于静态峰值，则会在指示器中标记并保持最高峰值，这样，在播放到这个位置时就可以看到最大的音量。

可以单击音量指示器来重置峰值。动态峰值会不断更新峰值电平，要继续查看，以检测音量电平。

11.2.4 查看采样

本练习中要来看一个音频采样。

1. 在 Project 面板中打开 Music 素材箱，双击剪辑 Cooking Montage.mp3，以在源监视器中打开它。

因为该剪辑没有音频，所以 Premiere Pro 会显示两个音频轨道的波形。

在源监视器和节目监视器底部，有一个时间标尺用来显示剪辑的总持续时间。

关于音频电平

音频指示器上显示的刻度是分贝，用dB表示。分贝刻度有点反常的地方是，最高的音量被指定为0。较低的音量会变为越来越大的负数，直到变为负无穷大。

如果录制的声音很小，则可能会淹没在背景噪声中。背景噪声可能是环境噪声，比如空调系统的嗡嗡声；也可能是系统噪声，比如没有播放声音时从音响听到的安静的嘶嘶声。

当增加音频的总体音量时，背景噪声也会变大。当降低总体音量时，背景噪声也会变小。这意味着，最好以比所需声音更大的音量录制音频，稍后降低音量以删除（或至少降低）背景噪声。

取决于音频硬件，可能具有一个较大或较小的信噪比。信噪比表示想听到的声音（信号）与不想听到的声音（系统噪声）之间的差别。信噪比通常显示为SNR，单位为dB。

2. 单击源监视器 Settings（设置）菜单，并选择 Time Ruler Numbers（时间标尺数字）以启用时间标尺，如图 11.8 所示。

图11.8

现在时间标尺上方显示时间码指示器。使用滚动条放大时间标尺到最大之后，显示了一个单独的帧。

3. 再次单击源监视器 Settings（设置）菜单，并选择 Show Audio Time Units（显示音频时间单位）。

这一次，将在时间标尺上看到各个音频采样，可以尝试放大一点。现在，可以放大到一个单独的音频采样，在本例中是 1 秒的 1/48000，如图 11.9 所示。

图11.9

> **注意**：音频采样速率是每秒钟内对录制的声源进行采样的次数。专业的摄像机音频每秒的采样次数通常是 48000 次。

4. Timeline 的面板菜单中有查看音频采样的相同选项。现在，在源监视器中使用 Settings（设置）菜单关闭 Time Ruler Numbers（时间标尺数字）选项和 Show Audio Time Units（显示音频时间单位）选项。

11.2.5 显示音频波形

在 Source Monitor 中打开仅有音频（没有视频）的剪辑时，Premiere Pro 会自动显示音频波形，如图 11.10 所示。

在源监视器或节目监视器中使用波形显示选项时，将看到每个声道有一个额外的导航缩放控件。这些控件与面板底部的导航缩放控件的工作方式很类似。可以重新调整垂直导航条的大小以查看更大或更小的波形，如果音频很安静，那么这种方法很有用。

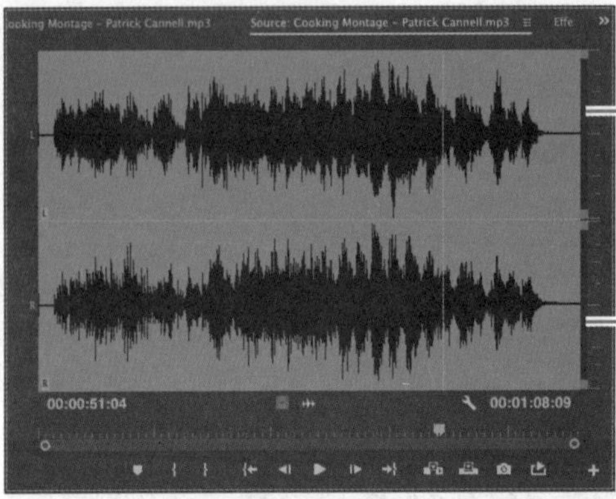

图11.10

可以在源监视器和节目监视器的 Settings（设置）菜单中选择 Audio Waveform（音频波形），来选择显示具有音频的任何剪辑的音频波形。

如果剪辑同时具有视频和音频，默认情况下视频显示在源监视器中。可以单击 Drag Audio Only（只拖放音频）按钮（）进行切换，以查看音频波形。

> **注意**：如果正在查找一些特定的对话，而且不关心视觉效果的话，该选项相当有用。

1. 打开 Theft Unexpected 素材箱中的剪辑 HS John。

2. 单击源监视器的 Settings（设置）菜单，选择 Audio Waveform（音频波形），结果如图 11.11 所示。

可以轻松看到对话的开始和结束位置。

3. 使用源监视器中的 Settings（设置）菜单切换回去，查看 Composite Video（合成视频）。

也可以在 Timeline 上打开和关闭剪辑波形的显示。

4. 在 Master Sequence 素材箱中打开 Theft Unexpected 序列。

5. 单击 Timeline 的 Settings（设置）菜单，确保启用了 Show Audio Waveform（显示音频波形）。

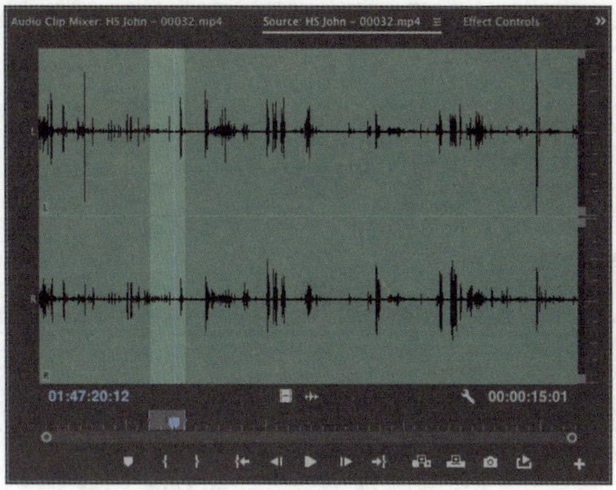

图11.11

6. 调整 Audio 1 轨道的大小，直到波形可见，如图 11.12 所示。注意，在此序列的一个音频轨道上显示了两个声道——该剪辑有立体声音频。

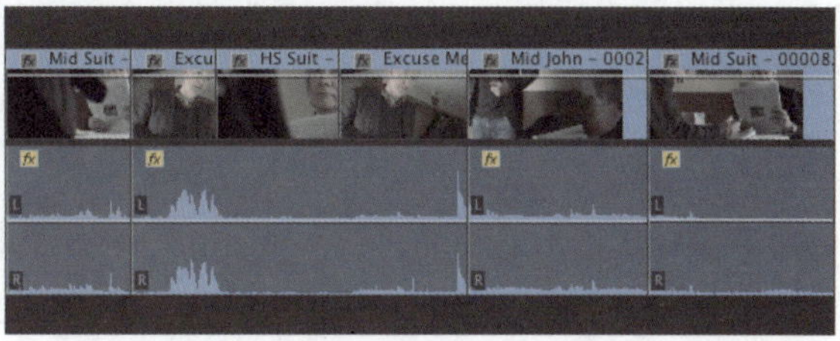

图11.12

剪辑上的音频波形看起来与源监视器中的波形有些不同。这是因为它是整流后（Rectified）的音频波形，该波形更容易查看较低音量的音频，比如该场景的对话。可以在整流音频波形和常规音频波形之间切换。

7. 进入 Timeline 的面板菜单，选择 Rectified Audio Waveforms（整流音频波形），将其取消选中，结果如图 11.13 所示。

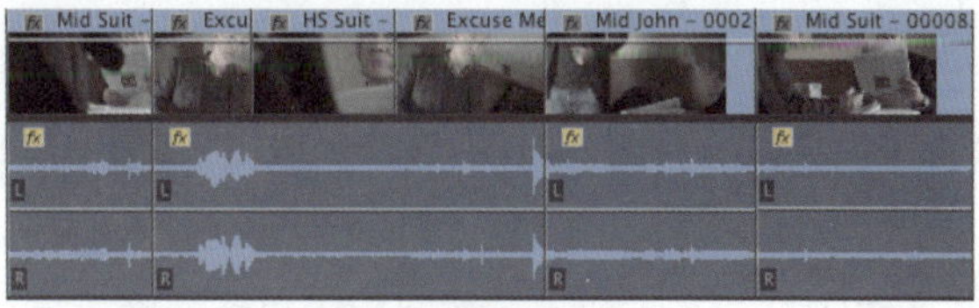

图11.13

对于较高音量的音频，常规波形的显示也相当不错，但是要注意对话中安静的部分，此时很难跟踪音量的变化。

8. 进入 Timeline 的面板菜单，恢复 Rectified Audio Waveforms 选项。

11.2.6 处理标准的音频轨道

标准的音频轨道类型可以包含单声道音频剪辑和立体声剪辑（见图 11.14）。Effect Controls 面板的控件、Audio Clip Mixer（音频剪辑混合器）和 Audio Track Mixer（音频轨道混合器）都可以处理这两种类型的媒体。

如果处理的是单声道剪辑和立体声剪辑的混合，会发现使用标准轨道类型比使用传统的单独的单声道或立体声轨道类型更方便。

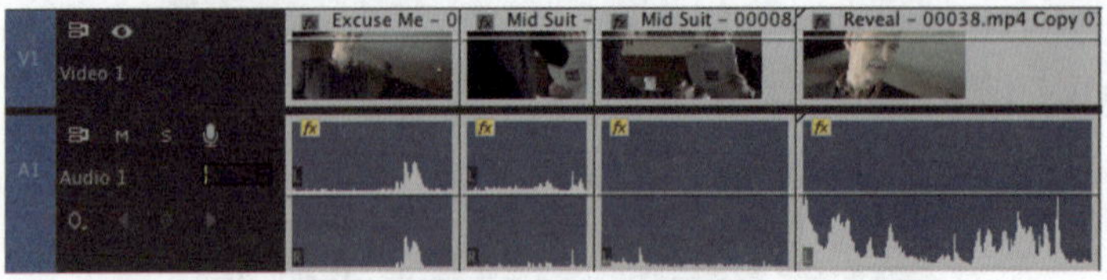

图11.14　该标准音频轨道混合了立体声和单声道剪辑

11.2.7　监控音频

在监控音频时，可以选择聆听哪个声道。

下面使用一个序列来尝试一下。

1. 打开序列 Desert Montage。

2. 播放剪辑并在播放时单击音量指示器底部的每一个 Solo（独奏）按钮，如图 11.15 所示。

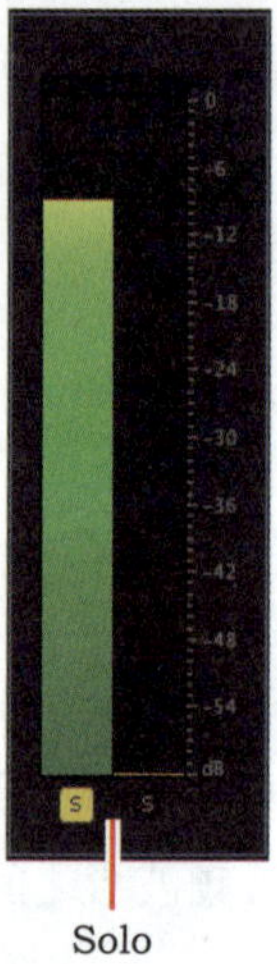

图11.15

每个 Solo（独奏）按钮仅允许用户聆听所选的声道。也可以独奏多个声道，以聆听一个特定的音频混合（当然在本例中这没有多大帮助，因为只有两个两个声道可供选择）。在处理多声道序列时，将经常独奏输出声道。

如果正在处理的音频的声音来自不同的麦克风并录制在不同轨道上，则这种方法特别有用。这在专业录制的现场录音中很常见。

所能看到的声道数量以及相关的 Solo（独奏）按钮取决于当前的序列音频主设置。

还可以为单独的音频轨道使用轨道标题 Mute（静音）按钮（M）或 Solo（独奏）按钮（S），来精确控制混音中包含或排除在外的内容。

还可以将 Mute（静音）按钮或 Solo（独奏）按钮用于单个音频轨道。

11.3　检查音频特征

在源监视器中打开一个剪辑并查看波形时，可以看到显示的每个声道。波形越高，声道的音量就越大。

影响耳朵聆听音频的方式的因素有 3 个。要从电视扬声器的方面考虑它们。

- **Frequency（频率）**：这指的是扬声器表面的移动速度。扬声器表面每秒拍打空气的次数用赫兹（Hz）测量。人类的听觉范围大约是在 20Hz~20000Hz。许多因素（包括年龄）会影响可以听到的频率范围。频率越高，人感知到的音调就越高。
- **Amplitude（振幅）**：这指的是扬声器的移动距离。移动距离越大，声音越大，因为这会生成高压波，将更多能量传递到耳朵。
- **Phase（相位）**：扬声器的表面向外或向内移动的精确时序。如果两个扬声器同时向外或向内移动，则可以将它们视为"同相位"。如果它们的移动不同步，则就变为"异相"，这在重现声音时会产生问题。一个扬声器在另一个扬声器试图增加空气压力的同时减少空气压力，结果是可能听不到部分声音。

扬声器表面的移动在扬声器发出声音时，提供了一个生成声音的简单示例，当然，同样的规则适用于所有声源。

什么是音频特征

假设扬声器的表面在拍打空气时是移动的。在它移动时，会创建在空中移动的高压波和低压波，直到它到达人的耳朵，就像是涟漪在池塘表面移动一样。

当气压波到达耳朵时，这仅是移动的一小部分，并且该移动会转换为电子能量传递给大脑并解读为声音。这具有极高的精度，并且由于人有两只耳朵，大脑会不可思议地平衡这两组声音信息，以生成可以聆听到的总体感觉。

人们的聆听是主动而不是被动的。也就是说，大脑会不断过滤掉它认为不相关的声音，这样就可以关注重要的事情。例如，参加聚会时，嘈杂的谈话听起来像一堵噪音墙，直到房间里的某个人提到你的名字。你可能没有意识到大脑一直在聆听对话，因为你正在集中精力听旁边的人讲话。

有一个研究机构正在研究此主题，这基本上属于心理声学。本练习中关注的是声音的结构而不是心理学，尽管心理学是一个值得研究的有趣主题。

录音设备没有这种微妙的辨别能力，这也是用耳机聆听现场录音并尽可能获得最佳录制声音很重要的部分原因。尝试在没有任何背景噪音的情况下录制现场录音的做法很常见。在后期制作中会精确地以合适的音量添加背景噪音，以为场景添加气氛，但又不会淹没对话。

11.4 创建一个画外音临时轨道

如果设置好了一个麦克风，则可以使用 Audio Track Mixer 或音频轨道标题上一个特殊的 Voice-over Record（画外音录制）按钮，将声音直接录制到 Timeline 上。要以这种方式录制音频，要检查一下，将 Audio Hardware（音频硬件）首选项设置为允许输入。可以选择 Edit（编辑）>Preferences（首选项）>Audio Hardware（音频硬件）（Windows）或 Premiere Pro > Preferences > Audio Hardware（Mac OS），来检查音频硬件设置。

接下来，按照如下步骤尝试 Voice-over Record（画外音录制）按钮。

1. 在 Master Sequences 素材箱中打开 Voice over 序列，这是一个只带有视频的简单序列，需要添加画外音。

2. 看一下 A1 轨道的标题。增大轨道的高度，以便看到所有可用的控件。如果没有看到 Voice-over Record 按钮（），可单击 Timeline Settings 菜单，选择 Customize Audio Header（自定义音频标题）。

3. 如果有必要，将 Voice-over Record 按钮拖放到 Audio 1 轨道标题上，然后关闭 Button Editor（按钮编辑器）。可能需要调整标题的大小，来为按钮预留出足够的空间。

4. 在录制画外音时，需将扬声器静音或者带着戴上耳机，以免声音进入麦克风。

5. 将播放头定位到序列的开始位置，单击 Voice-over Record 按钮。节目监视器中出现一个简短的计时，然后可以准备开始，描述随之出现的视频，以创建一个伴随的画外音。

在录制时，节目监视器将显示录制的内容，Audio Meter（音量指示器）将显示输入的音量电平，如图 11.16 所示。

图11.16

6. 在准备结束录制时，按下空格键，或者单击 Voice-over Record 按钮，停止录制。

新音频出现在 Timeline 上，而且一个相关的剪辑出现在 Project 面板上，结果如图 11.17 所示。在项目设置中的 Scratch Disk（临时硬盘）设置中指定了一个位置，Premiere Pro 会在这个位置创建一个新的音频文件。默认情况下，该位置与项目文件的位置相同。

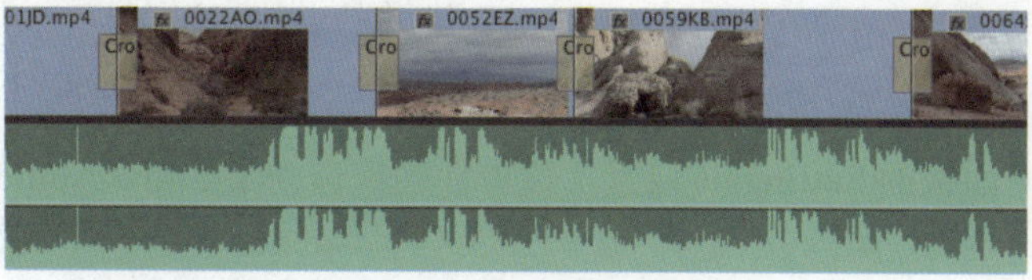

图11.17

借助该技术，可以使用一个录音麦克风和隔声室来录制具有专业质量的音频。或者，也可以使用笔记本中内置的麦克风来录制导轨（guide-track）画外音。这个画外音可以形成一个编辑大纲的基础，从而为后续节省大量的时间。

11.5 调整音量

在 Premiere Pro 中有几种调整剪辑音量的方式，并且它们都是非破坏性的。做出的更改不会影响到原始的媒体文件，因此可以随意体验。

11.5.1 在 Effect Controls 面板中调整音频

之前，曾使用 Effect Controls 面板调整了序列中剪辑的比例和大小。现在，还可以使用 Effect Controls）面板调整音量。

1. 从 Master Sequences 素材箱打开 Excuse Me 序列。

这是一个非常简单的序列，只有两个剪辑。事实上，是同一个剪辑被添加到序列中两次。一个版本被解释为立体声，而另一个版本被解释为单声道。

2. 单击第一个剪辑以选择它，然后进入 Effect Controls 面板。

3. 在 Effect Controls 面板中，展开 Volume（音量）、Channel Volume（声道音量）和 Panner（声像器）控件（见图 11.18）。

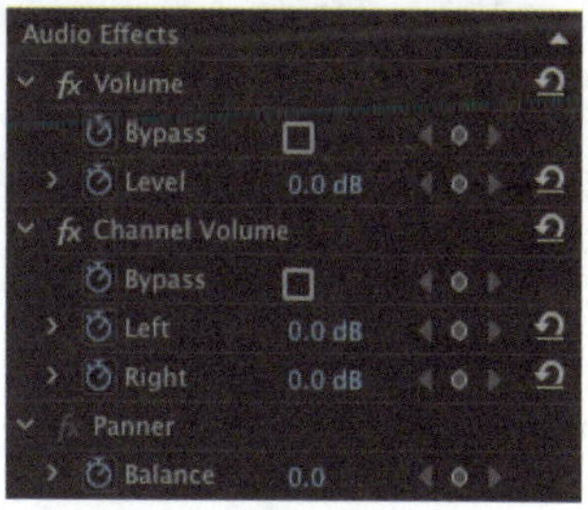

图11.18

每一个控件都有适用于所选音频类型的选项。

- **Volume（音量）**：调整所选剪辑中所有声道的组合音量。
- **Channel Volume（声道音量）**：允许调整所选剪辑中各个声道的音频电平。
- **Panner（声像器）**：提供所选剪辑的总体立体声左 / 右均衡控制。

注意，所有控件的关键帧切换秒表图标是自动开启的。这意味着所做的每次更改都将添加一个关键帧。

但是，如果只添加一个关键帧并使用它设置音频电平，则调整会应用到整个剪辑上。

4. 将 Timeline 的播放指示器放置在想要添加关键帧的剪辑上（如果仅想进行一次调整，则不会产生太大差别）。

5. 单击 Timeline 面板的 Settings（设置）菜单，确保选中了 Show Audio Keyframes（显示音频关键帧）。

6. 增加 Audio 1 轨道的高度，以便看到波形以及用于添加关键帧的特殊的白色细线，这条白色细线通常称为橡皮带。

7. 在 Effect Controls 面板中，将设置音量级别的蓝色数字向左拖动，如图 11.19 所示。

图11.19

Premiere Pro 会添加一个关键帧，而橡皮带会向下移动以显示降低的音量。区别很不明显，但是随着越来越熟悉 Premiere Pro 界面，这一区别也将越来越清晰，如图 11.20 所示。

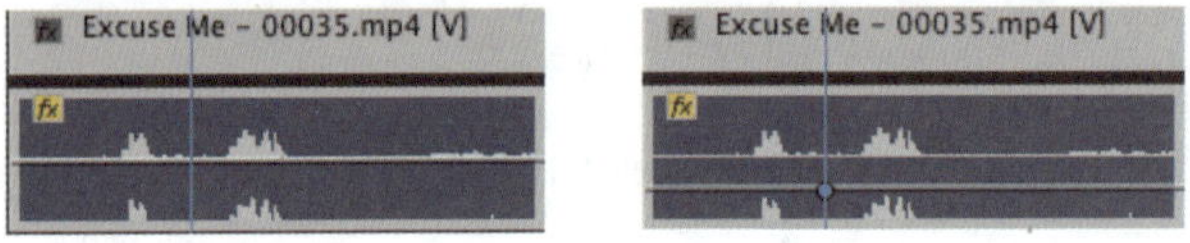

之前　之后

图11.20

> **注意**：橡皮带使用了音频剪辑的整个高度来调整音量。

8. 现在，在序列中选择 Excuse ME 剪辑的第二个版本。

可以注意到，在 Effect Controls 面板中有类似的控件可用，但是现在没有 Channel Volume（声道音量）选项，如图 11.21 所示。这是因为每个声道都是其自己剪辑的一部分，因此每个声道的 Volume（音量）控件是单独的。

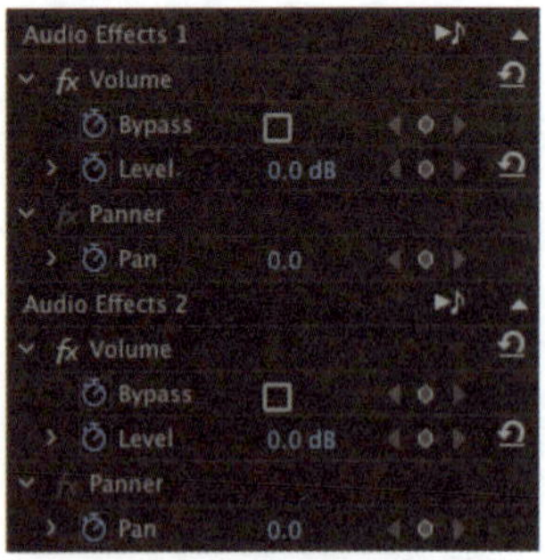

图11.21

9. 尝试调整这两个独立剪辑的音量。

11.5.2 调整音频增益

大部分音乐在制作时都具有可能的最大信号以最大化信号和背景噪声之间的差别。在大部分视频序列中，声音可能太大了。要解决此问题，需要调整剪辑的音频增益。

1. 打开 Music 素材箱中的剪辑 Cooking Montage.mp3。注意波形的大小，如图 11.22 所示。

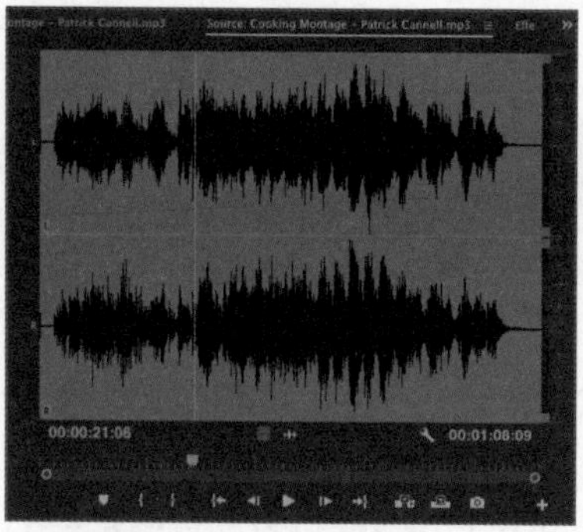

图11.22

> **Pr** | 注意：可能需要调整源监视器的缩放级别，才能看到波形。

2. 在素材箱中右键单击剪辑，并选择 Audio Gain（音频增益）。

Audio Gain（音频增益）面板中与本练习有关的两个选项如下（见图 11.23）。

- **Set Gain to（将增益设置为）**：使用该选项指定剪辑的具体调整。
- **Adjust Gain by（调整增益值）**：使用该选项指定剪辑的增量调整。例如，如果应用 -3dB，这会将 Set Gain to（将增益设置为）数量调整为 -3dB；如果第二次访问该菜单并应用另一个 -3dB 调整，那么 Set Gain to（将增益设置为）数量将更改为 -6dB，以此类推。

3. 将增益设置为 -12dB，并单击 OK。

会在源监视器中立刻看到波形变化（见图 11.24）。

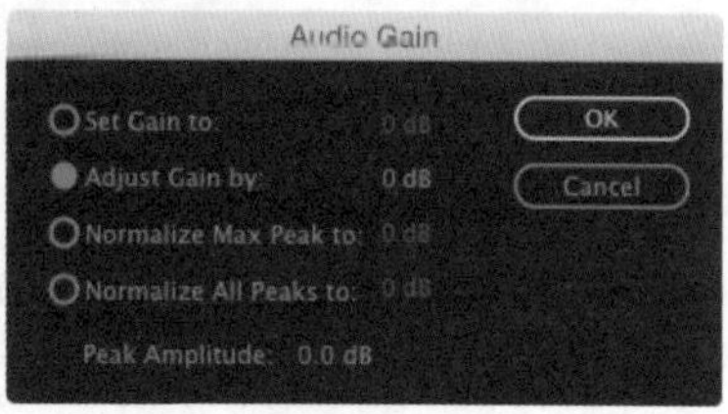

图11.23

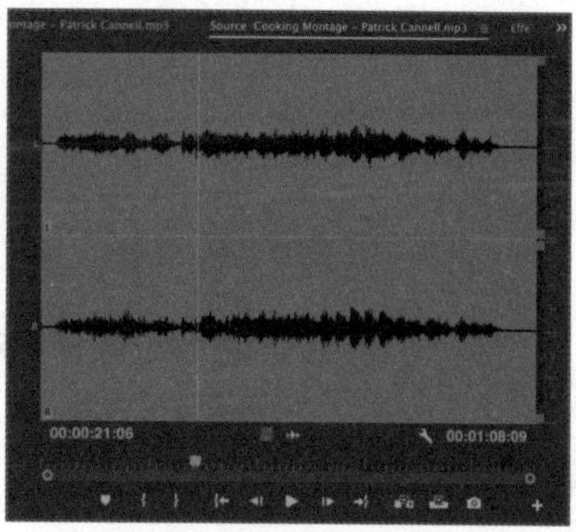

图11.24

> **Pr** | 注意：对剪辑音量的任何更改都不会更改原始媒体文件。可以在素材箱中或在 Timeline 上更改总体增益，除了使用 Effect Controls 面板进行的更改外，原始媒体文件将保持不变。

类似于在素材箱中调整音频增益这样的更改，不会更新已经编辑到序列中的剪辑。但是，可以右键单击序列中的一个或多个剪辑，选择 Audio Gain（音频增益），在那里进行同样的调整。

11.5.3 标准化音频

标准化音频（normalizing audio）与调整增益很类似。实际上，标准化的结果是调整剪辑增益。差别是标准化基于自动分析过程，而不是用户的主观判断。

在对剪辑进行标准化时，Premiere Pro 会分析音频以确定一个最高峰值，即音频最洪亮的部分。然后，会自动调整剪辑的增益，以便最高峰值与指定的级别相匹配。

可以让 Premiere Pro 调整多个剪辑的音量，以便它们与喜欢的感知音量相匹配。

假设正在处理过去几天录制的画外音的多个剪辑。也许是由于录制设置不同，或者使用了不同的麦克风，几个剪辑具有不同的音量。可以用一个步骤选择所有剪辑，然后让 Premiere Pro 自动设置音量，使其匹配。这节省了手动浏览每个剪辑以进行调整所花费的大量时间。

执行下述步骤，对一些剪辑进行标准化处理。

1. 打开 Journey to New York 序列。

2. 播放序列，观察音量指示器上的级别。

声音的音量级别变化很大，尤其是第 3 个和第 4 个剪辑。

3. 选择序列中的所有画外音剪辑。为此，使用套索工具进行选择，或者逐个进行选择，如图 11.25 所示。

4. 右键单击所选剪辑中的任意一个，并选择 Audio Gain（音频增益）或按 G 键。

5. 在 Normalize All Peaks to（标准化所有峰值为）字段中输入 -8，单击 OK，并再听一次，如图 11.26 所示。

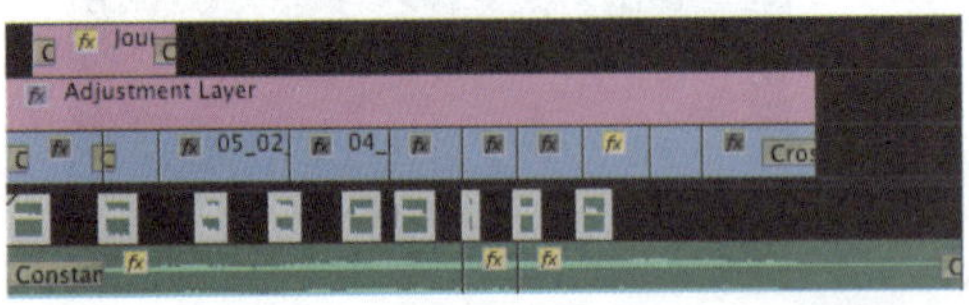

图11.25

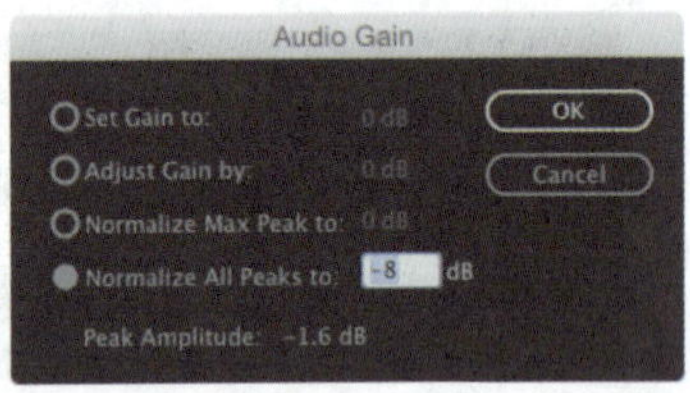

图11.26

Premiere Pro 会调整每个剪辑，以便使最响亮的峰值是 -8dB。

> **注意：**可能需要调整轨道的大小，才能看到音频波形。为此可以拖放 Track Header（轨道标题）上的分隔线进行调整。

> **提示**：也可以在素材箱中应用标准化。只需选择想要自动调整的所有剪辑，转到 Clip（剪辑）菜单，并选择 Audio Options（音频选项）>Audio Gain（音频增益），或者按 G 键。

注意对剪辑的波形进行平整化的方式。如果选择 Normalize Max Peak to（标准化最大峰值为）而不是 Normalize All Peaks to（标准化所有峰值为），则 Premiere Pro 将基于所有剪辑相结合的最响亮时刻进行调整，就像它们是一个剪辑一样（见图 11.27）。

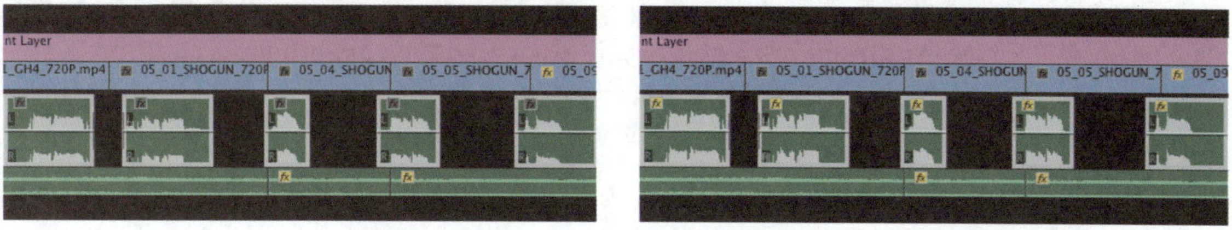

之前　　之后

图11.27

将音频发送到Adobe Audition CC

尽管Premiere Pro中有高级工具可帮助实现大部分音频编辑任务，但是它无法与Adobe Audition相比，后者是专用的音频后期制作应用程序。

Audition是Adobe Creative Cloud的一个组件。与Premiere Pro一起编辑时，它可以巧妙地集成到工作流中。

可以自动将当前序列发送到Adobe Audition，使用所有剪辑和一个基于序列的视频文件来制作跟随图片的音频混合。

要将序列发送到Adobe Audition，请执行以下步骤。

1. 打开想要发送到Adobe Audition的序列。
2. 选择Edit（编辑）>Edit in Adobe Audition（在Adobe Audition中编辑）>Sequence（序列）。
3. 这时，创建在Adobe Audition中使用的新文件，以保持原始媒体不变。选择名称并浏览位置，然后根据喜好选择其他选项，最后单击OK。
4. 在Video（视频）菜单中，可以选择Send Through Dynamic Link（通过动态链接发送），以便在Audition中实时查看Premiere Pro序列。

Adobe Audition具有处理声音的出色工具。它具有一个特殊的光谱显示，可帮助用户识别和删除不想要的噪音，还有一个高性能多轨道编辑器，以及高级音频效果和控件。

可以很容易地将一个独立的剪辑发送到Audition，并从其卓越的音频清理、编辑和调整功能中受益。要将一个剪辑发送到Audition，可右键单击Premiere Pro序列中的剪辑，然后选择Edit Clip in Adobe Audition（在Adobe Audition中编辑剪辑）。

Premiere Pro会复制音频剪辑，并使用复制的版本来替换当前的序列剪辑，并在Audition中打开副本，准备进行处理。

从现在起，每当在Audition中保存对剪辑所做的更改时，它们都将自动在Premiere Pro中更新。

有关Adobe Audition的更多信息，请访问www.adobe.com/products/audition.html。

11.6 创建拆分编辑

拆分编辑是一种简单经典的编辑技术，可以抵消（offset）视频和音频的剪接点（cut point）。在播放时，一个剪辑的音频会具有另一个剪辑的视觉效果，将一个场景的感觉带到了另一个场景中。

11.6.1 添加J剪辑

J剪辑（J-cut）的名字来自其编辑形状。可以在一个编辑上想象出字母J，会看到下半部分（音频剪接）位于上半部分（视频剪接）左侧。

1. 打开 Theft Unexpected 序列。

2. 播放序列中的最后一个剪接。最后两个剪辑之间的音频连接处非常突兀。可能需要调大音频器的音量来听到连接点处的声音。通过调整音频剪接的时序可以进行改善（见图 11.28）。

3. 选择 Rolling Edit（滚动编辑）工具（ ）。

4. 按住 Alt 键，单击音频片段编辑（而不是音频）并向左拖动一点，如图 11.29 所示。至此，就创建了 J 剪辑！

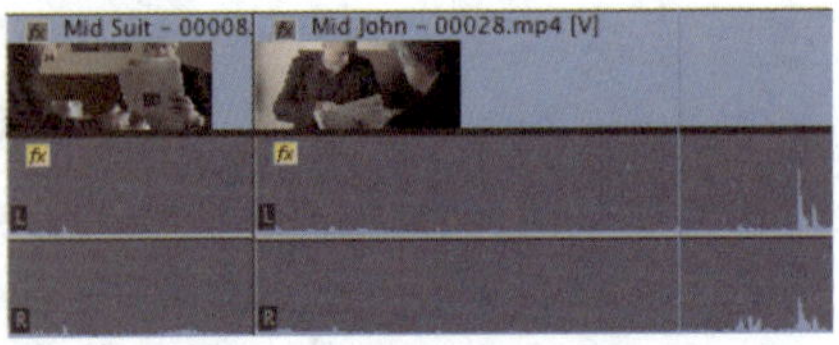

图11.28

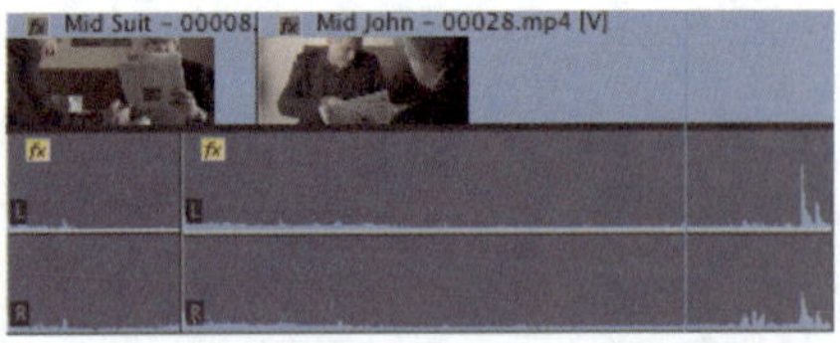

图11.29

提示：如果按住 Control（Windows）或 Option（Mac OS）键，则可以使用 Selection（选择）工具应用滚动编辑。

5. 播放编辑。

使用时序可以使剪接看起来更自然，但从实用目的来看，J 剪辑也够用了。可以在后续使用音频交叉淡化进行平滑处理，更进一步改善它。

记住切换回 Selection（选择）工具（V）。

11.6.2 添加 L 剪辑

L 剪辑（L-cut）与 J 剪辑的工作方式类似，但过程相反。重复上一个练习中的步骤，但是在将音频片段编辑向右拖动时，按住 Alt（Windows）或 Option（Mac OS）键。然后，播放编辑并查看结果。

11.7 调整剪辑的音频电平

与调整剪辑增益一样，可以使用橡皮带来更改序列中剪辑的音量。还可以更改轨道的音量，并且两次音量调整将组合生成一个总体的输出电平。

如果说有什么的区别的话，就是使用橡皮带调整音量比调整增益更简单，因为可以随时进行增量调整，并且会实时显示视觉反馈。

在剪辑上调整橡皮带和使用 Effect Controls 面板调整音量的结果一样。事实上，一个控件会自动更新另外一个控件。

11.7.1 调整总体剪辑电平

要调整总体剪辑电平，请执行以下操作。

1. 打开 Master Sequences 素材箱中的 Desert Montage 序列，结果如图 11.30 所示。

已经在音乐的开头和结尾应用了渐强和渐弱。接下来将调整它们之间的音量。

2. 使用 Selection（选择）工具在 Audio 1 轨道标题的底部向下拖动，或者将鼠标指针悬停到轨道标题上，然后进行滚动，让轨道变得更高。这样可以更容易地为音量应用细微的调整（见图 11.31）。

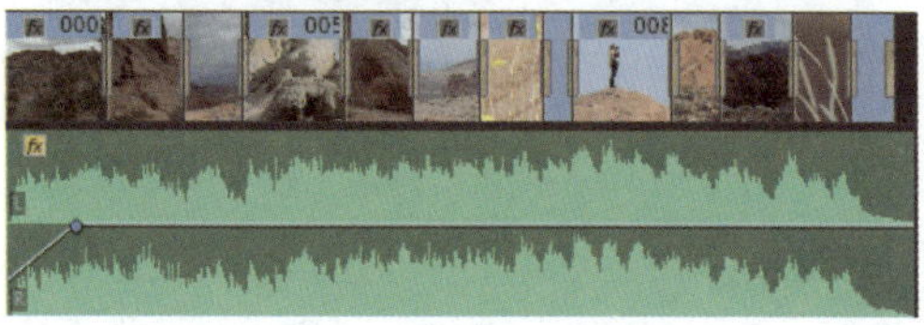

图11.30

图11.31

3. 音乐的声音有点太大了。单击序列中音乐剪辑上橡皮带的中间部分，向下拖动一点。

拖动时会出现一个工具提示，显示正在进行的调整量。

由于拖动的是橡皮带部分，而不是关键帧，因此是在调整两个现有关键帧之间的片段的总体电平。如果剪辑没有关键帧，那么会调整整个剪辑的总体电平。

使用键盘快捷键更改剪辑的音量

如果Timeline的播放头在剪辑上，可以使用键盘快捷键来增大或降低剪辑的音量。尽管不会看到用来显示调整量的一个工具提示，但是结果相同。这些快捷键在对音频的音量进行快速且精确的调整时，会相当方便。

- 使用 [键将剪辑音量减小 1dB。
- 使用] 键将剪辑音量增大 1dB。
- 使用 Shift + [组合键将剪辑音量减小 6dB。
- 使用 Shift +] 组合键将剪辑音量增大 6dB。

提示：通过选择 Edit（编辑）>Keyboard Shortcuts（键盘快捷键）(Windows）或 Premiere Pro > Keyboard Shortcuts（Mac OS），可以找到这些键盘快捷键以及更多的快捷键。

11.7.2 对音量更改应用关键帧

如果使用 Selection（选择）工具拖动一个现有关键帧，则会调整它。这与使用关键帧调整视觉效果一样。

利用 Pen（钢笔）工具（）可以为橡皮带添加关键帧。还可以使用它调整现有关键帧，或者使用套索工具选择大量关键帧，以便一起调整它们。

但是，无需使用 Pen（钢笔）工具，如果想要添加关键帧，可以在单击橡皮带的同时按住 Control（Windows）或 Command（Mac OS）键。

在音频剪辑片段上添加关键帧并向上或向下调整关键帧位置的结果是，重塑了橡皮带。与以前一样，橡皮带越高，声音越大。

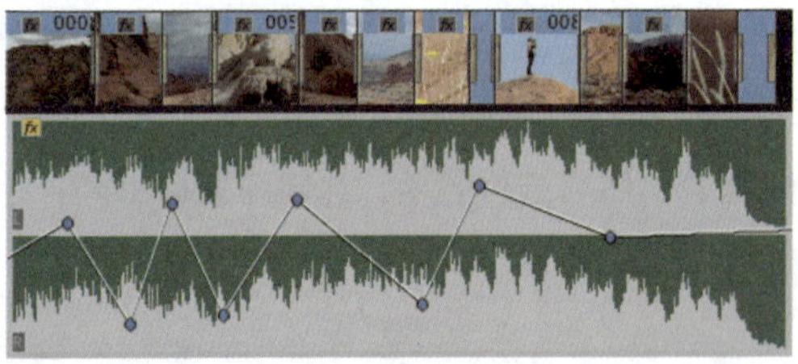

图11.32

现在为音乐添加一些关键帧并聆听结果，如图 11.32 所示。

提示：如果调整剪辑的音频增益，Premiere Pro 会将效果与关键帧调整动态地组合在一起。可以随时进行更改。

11.7.3 平滑关键帧之间的音量

在前面练习中做出的调整相当引人注目。如果想要随着时间对调整进行平滑处理，这也很容易做到。

为此，右键单击任意关键帧，将看到一系列标准选项，包括 Ease In（缓入）、Ease Out（缓出）和 Delete（删除）。如果使用 Pen（钢笔）工具，则可以使用套索工具选择多个关键帧，然后右键单击任意一个，以便为它们应用更改。

了解各种关键帧的最佳方式是选择每种关键帧，进行调整，并查看结果。

11.7.4 使用剪辑和剪辑关键帧

到目前为止，已经对序列剪辑片段应用了所有关键帧调整。Premiere Pro 为放置这些剪辑的音频轨道提供了类似的控件。基于轨道的关键帧与基于剪辑的关键帧工作方式相同，区别是它们不会随剪辑一起移动。

> Pr | **注意**：对剪辑进行的调整会在对轨道进行调整之前应用。

这意味着可以使用轨道控件设置音频电平的关键帧，并尝试不同的音乐剪辑。每次将新音乐放入序列中时，将通过对轨道应用的调整聆听音乐。

随着在 Premiere Pro 中编辑技能的提升，并且能够创建出更复杂的音频混合之后，就可以探究在将剪辑和轨道关键帧调整结合起来后所提供的灵活性。

11.7.5 处理音频剪辑混合器

Audio Clip Mixer（音频剪辑混合器）提供了直观的控件用来调整剪辑的音量和平移关键帧，如图 11.33 所示。

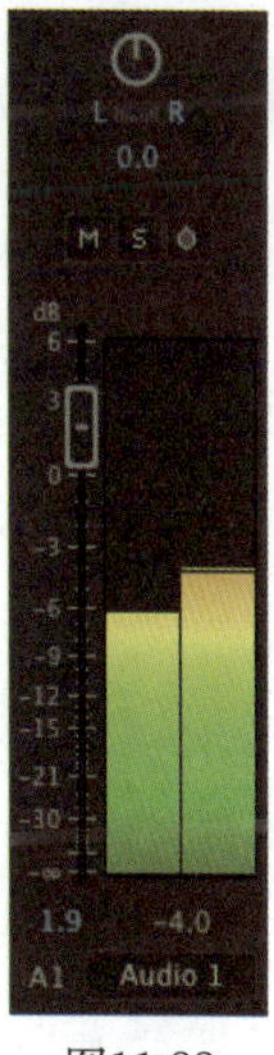

图11.33

每个序列音频轨道都由一组控件来表示。可以对轨道执行静音或独奏操作，在播放期间，也可以通过拖动音量控制器（fader）来启用将关键帧写入到剪辑中的选项。

音量控制器是行业标准的控件，以真实世界中的音频调音台为基础。可以向上移动音频控制器，来增大音量；也可以向下移动，来降低音量。在播放序列时，也可以使用音量控制器为剪辑音频橡皮带添加关键帧。

尝试下列操作。

1. 使用处理 Desert Montage 序列。确保将 Audio 1 轨道设置为显示剪辑关键帧。

2. 打开 Audio Clip Mixer（音频剪辑混合器），播放序列。

因为已经为该剪辑添加了关键帧，因此在播放期间 Audio Clip Mixer 的音量控制器将上下移动。

3. 将 Timeline 的播放头定位到序列的开始位置。

4. 在 Audio Clip Mixer 中，启用 Audio 1 的 Write Keyframes（写入关键帧）按钮（ ）。

5. 播放序列，在播放序列时，对 Audio 1 音量控制器做出一些调整。停止播放时，将看到添加的新关键帧。

> Pr | **注意**：在停止播放前看不到新的关键帧。

6. 如果重复该过程，将看到音量控制器将跟随现有关键帧，直到进行手动调整。

与调整使用 Selection（选择）工具或 Pen（钢笔）工具创建的关键帧一样，也可以调整以这种方式创建的关键帧。

> Pr | **提示**：与使用 Audio Clip Mixer（音频剪辑混合器）调整音量一样，可以相同的方式调整平移。只需播放序列，并使用 Audio Mixer（音频混合器）的 Pan（平移）控件进行调整。

至此，已经介绍了在 Premiere Pro 中添加和调整关键帧的几种方式。处理关键帧的方法无所谓对错，只是个人喜好问题。

复习题

1. 如何隔离一个单独的序列音频声道，以便以只聆听该声道？
2. 单声道音频和立体声音频之间的区别是什么？
3. 在源监视器中，如何查看具有音频的任意剪辑的波形？
4. 标准化和增益之间的区别是什么？
5. J 剪辑和 L 剪辑之间的区别是什么？
6. 在播放序列剪辑期间，在向序列剪辑添加关键帧之前，必须在 Audio Track Mixer（音频轨道混合器）中启用哪个选项？

复习题答案

1. 使用音量指示器底部的 Solo（独奏）按钮可以选择性地聆听一个声道。
2. 立体声音频有两个声道，而单声道音频只有一个声道。在录制立体声时，通用标准是将左侧麦克风的音频录制为 Channel 1，而将右侧麦克风的音频录制为 Channel 2。
3. 使用源监视器上的 Settings（设置）菜单来选择 Audio Waveform（音频波形）。可以在程序监视器上执行同样的操作，但是可能不需要这样做；在 Timeline 上可以显示剪辑的波形。也可以单击源监视器底部的 Drag Audio Only（只拖放音频）按钮。
4. 标准化根据原始的音量峰值振幅自动调整剪辑的 Gain（增益）设置。可以使用 Gain（增益）设置进行手动调整。
5. 使用 J 剪辑时，下一个剪辑的声音在视觉效果之前开始（有时描述为“音频引导视频”）。使用 L 剪辑时，在视觉效果开始之前，会保留上一个剪辑的声音（有时描述为“视频引导音频”）。
6. 为想要添加关键帧的每一个轨道启用 Write Keyframes（写入关键帧）选项。

第 12 课 美化声音

课程概述

在本课中，你将学习以下内容：

- 使用音频效果美化声音；
- 调整均衡；
- 在音频轨道混合器中应用效果；
- 清除噪音。

本课大约需要 60 分钟。

利用 Adobe Premiere Pro CC 中的音频（Audio）效果能显著地改变项目的效果。要使声音达到更高的水平，请利用 Adobe Audition CC 的功能。

12.1 开始

Adobe Premiere Pro CC 中有许多音频效果。这些效果可以用来改变音调、制造回声、添加混响和删除磁带的嘶嘶声。也可以为效果设置关键帧，并随着时间调整它们的设置。

1. 打开项目 Lesson 12.prproj。

2. 在 Workspaces 面板中，单击 Audio（音频）。然后单击 Audio 选项附近的菜单，选择 Reset to Saved Layout（重置为保存的样式），结果如图 12.1 所示。

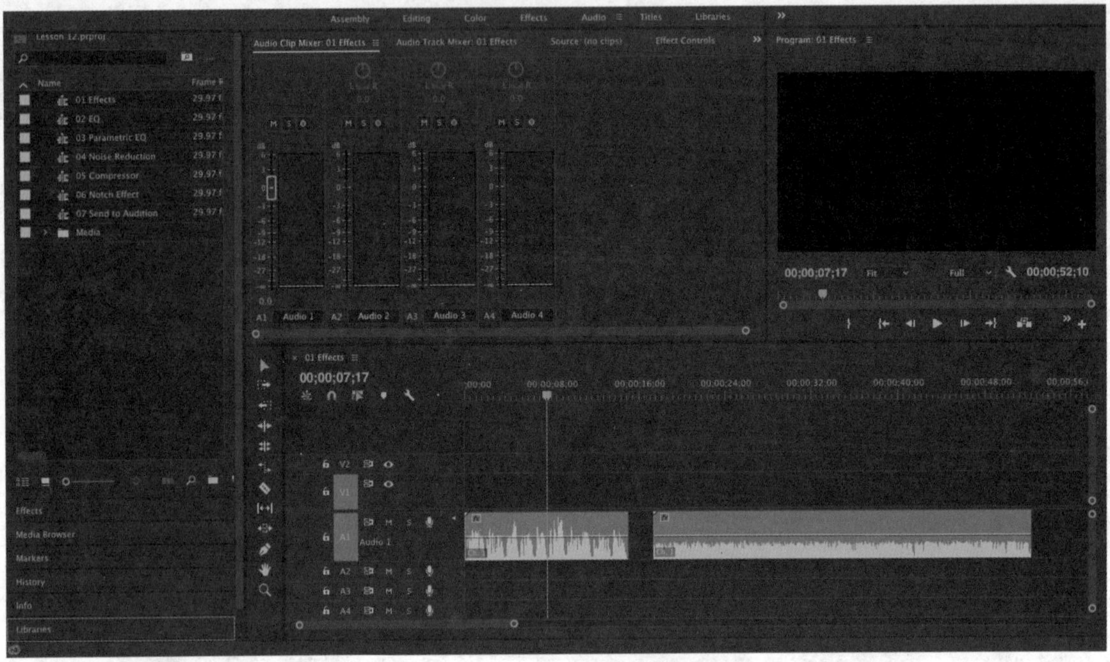

图12.1

12.2 使用音频效果美化声音

理想情况下，音频会完美地出现。不幸的是，视频制作很少是一个理想的过程。有时，需要求助于音频效果来解决问题。在本课中，将尝试 Premiere Pro 中几个最有用的效果。

> **注意：**一定要尝试 Premiere Pro 中的各种音频效果，以扩展自己这一方面的知识。这些效果是非破坏性的，这意味着它们不会更改原始音频文件，因此可以为一个剪辑添加任意数量的效果，更改设置，然后删除这些效果并重新开始。

并非所有的音频硬件都能均匀地播放所有音频。例如，在笔记本上聆听低音与在大型扬声器上聆听效果就不会相同。

要使用高品质的耳机或播音室监听扬声器来聆听音乐，以免在调整声音时，会对播放硬件的缺陷进行意外的补偿。专业的音频监控硬件都经过了仔细校准，以确保所有音频能均匀播放，从而可以为听众产生一致的声音。

Premiere Pro 提供了多种有用的效果，包括下面这些。

- **EQ**：该效果允许在不同的频率下对音频电平做出微妙、精确的调整。
- **Reverb（混响）**：该效果使用混响来增加录制的“临场效果”，使用它模拟大房间中的声音。
- **Delay（延迟）**：该效果可以为音频轨道添加轻微（或明显）的回声。
- **Bass（低音）**：该效果可以放大一个剪辑的低频。它适用于叙事剪辑，尤其是男人的声音。
- **Treble（高音）**：该效果可以调整音频剪辑中较高范围的频率。

12.2.1　调整低音

调整较低频率的振幅可以改善男性声音。本例中来修改播音员的声音。

1. 播放 01 Effects 序列。

2. 播放序列中的第一个剪辑 Ad Cliches Mono.wav，熟悉它的声音。听起来还不错，但是如果使用一个更低频率来播放，效果会更好。

如果剪辑名称不可见，请单击 Timeline 的 Settings（设置）按钮（），并确保选中了 Show Audio Names（显示音频名称）（图 12.2）。

3. 在 Effects 面板中浏览 Audio Effects 文件夹，查找 Bass（低音）效果。

4. 将 Bass 效果拖动到 Timeline 的 Ad Cliches Mono.wav 剪辑上。注意剪辑上 fx 图标的颜色发生了变化，以指示应用了一个效果，如图 12.3 所示。

图12.2

图12.3

5. 打开 Effect Controls 面板。

6. 增加 Boost（提升）属性以增加更多低音，如图 12.4 所示。

尝试使用不同的值以增加或减少低音效果，直到听到自己喜欢的声音为止。一定要注意总体音频电平，因为这种类型的调整可以改变剪辑的音量。可能需要使用 Audio Clip Mixer（音频剪辑混合器）面板来维持恰当的音频电平。

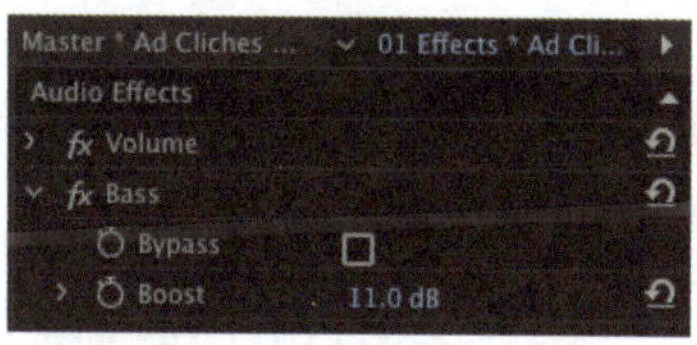

图12.4

12.2.2 添加延迟

延迟是一种风格化的效果。对播音员的声音使用此效果可以增加魅力，也可以使用此效果创建具有风格化回声的空间感。

1. 在 Effects 面板的 Audio Effects 文件夹中，找到 Delay 效果。然后将该效果应用到 Ad Cliches Mono 剪辑上。

2. 在 Timeline 面板中，在 Ad Cliches Mono 剪辑的开始位置设置一个入点标记，在末尾位置设置一个出点标记。也可以通过选择剪辑并按下斜杠（/）键迅速执行该操作。

3. 在 Effect Controls 面板的右下方，有一个播放剪辑音频的按钮和一个 Loop Play（循环播放）按钮（）。在启用 Loop Play 选项后，会在入点和出点标记之间循环播放。打开 Loop Play 选项，单击 Effect Controls 面板的播放按钮，收听 Delay 效果。默认情况下，有一个偏移为 1 秒的回声。在进行尝试时，可以让剪辑按这种方式播放。

4. 尝试调整下面这些参数。

- Delay（延迟）：指播放回声之前的时间。
- Feedback（反馈）：添加到原始音频的回声百分比，用于创建回声的回声。
- Mix（混合）：回声的相对强度。

5. 按空格键，停止播放。

当使用 Effect Controls 面板底部的按钮选择性地播放音频时，做出的任何音频调整都将自动创建关键帧。利用这个方便快捷的方式可以加速音频的处理，但是目前还不需要刚才创建的关键帧。

6. 在 Effect Controls 面板中单击 Delay（延迟）、Feedback（反馈）和 Mix（混合）控件的秒表图标，删除不需要的关键帧。

7. 输入下列值以获得经典的体育场播音员效果（见图 12.5）。

- Delay（延迟）：0.250 秒。
- Feedback（反馈）：20%。
- Mix（混合）：10%。

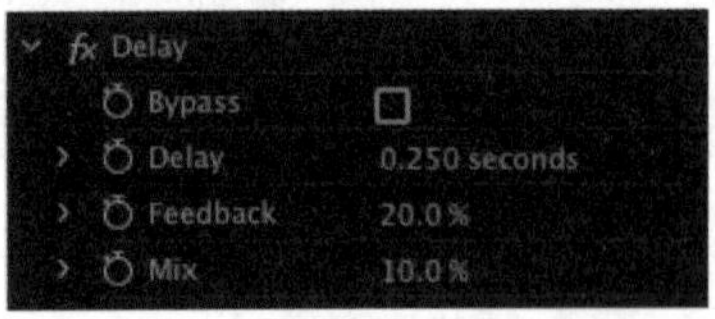

图12.5

8. 播放剪辑，移动滑块以尝试各种效果。

较低的值产生的效果更好，对这段音频剪辑也是这样。一般来说，细微的效果会让听众更加愉快。记住，与糟糕的图像相比，听众可能更无法容忍糟糕的音频。

9. 在 Effect Controls 面板中选择 Delay 效果，然后按下退格键（Windows）或 Delete 键（Mac OS），将它删除。

12.2.3 调整音高

可以进行的另一种调整是音高。这是一种更改声音总体音调的有用方式。通过修改音高，可以更改说话人的精力水平、外在年龄，甚至是性别。

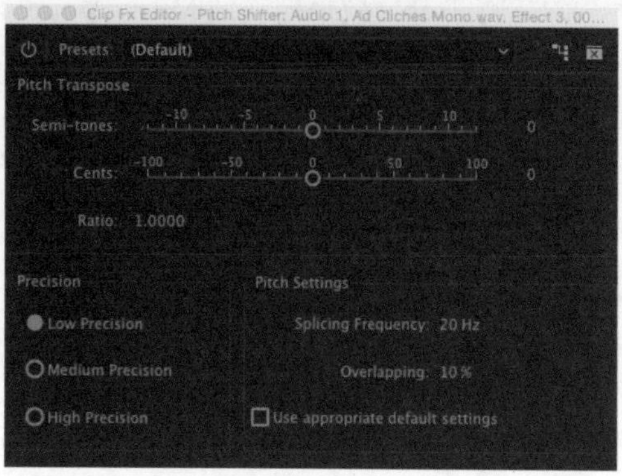

图12.6

1. 在 Effects 面板中，找到 Pitch Shifter（变调）效果——要确保使用的是 Pitch Shifter，而不是 Pitch Shifter（Obsolete）。该效果的新版本最初只能用于 Adobe Audition。

2. 将 Pitch Shifter 效果拖动到 Ad Cliches Mono.wav 剪辑上。

3. 在 Effect Controls 面板中，单击 Custom Setup（自定义设置）属性旁边的 Edit（编辑）按钮，显示效果的参数。

这将打开一个浮动面板，如图 12.6 所示。

> **提示**：相当多的音频效果都有额外的界面元素，可以通过单击合适的设置按钮来访问这些元素。

4. 调整几个设置并收听结果。尝试使用 -12 ~ +12 半音程间截然不同的音高设置。然后关闭面板。

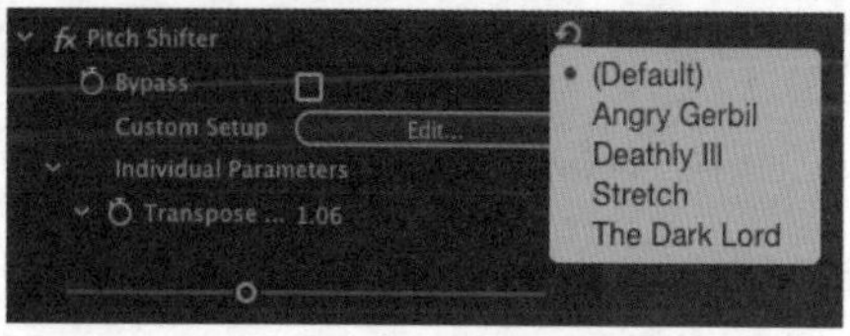

图12.7

5. 返回 Effect Controls 面板，在效果名字的右边有一个按钮，看起来有点像一个 Reset（重置）按钮，但它实际上是一个菜单，包含了该效果的一系列预设（ ）。单击该按钮以查看选项，如图 12.7 所示。

6. 不必关闭浮动面板就能使用这些预设。现在尝试一些预设，然后注意它们对浮动面板设置所做的更改。结束之后，关闭浮动面板。

12.2.4 调整高音

之前应用并调整了 Bass（低音）效果以修改音频剪辑的低频。要修改高频，则可以使用 Treble（高音）效果。

Treble 效果不仅仅是 Bass 效果的相反效果。Treble 可以增加或减少高频（4 000Hz 及更高），而 Bass 效果只更改低频（200Hz 及更低）。

1. 将播放指示器拖动到 Timeline 面板中的第二个剪辑（Music Mono）上。

2. 播放第二个剪辑以熟悉其声音。

3. 在 Effects 面板的 Audio Effects 文件夹中，找到 Treble 效果。

4. 将 Treble 效果拖动到 Music Mono 剪辑上。

5. 增加 Boost（提升）属性以添加更多高音，如图 12.8 所示。

图12.8

尝试使用不同的值增加或减少高音，直到听到自己喜欢的声音为止。

12.2.5 添加混响

Reverb（混响）与 Delay（延迟）效果类似，但是通常更微妙，并且可以模拟在不同类型的环境（比如不同大小的房间）中感知声音的方式。

它特别适合具有强劲乐器声音的片段，但可以在任何剪辑上使用。它是一种功能强大的效果，可以为在平坦的房间内录制的音频增加真实感，这在具有最少量反射表面的录音室中很常见。

1. 在 Effects 面板中，找到 Studio Reverb 效果。

2. 将 Studio Reverb 效果拖动到 Music Mono 剪辑上。

3. 在 Effect Controls 面板中，单击 Reverb（混响）效果的 Edit（编辑）按钮，如图 12.9 所示。

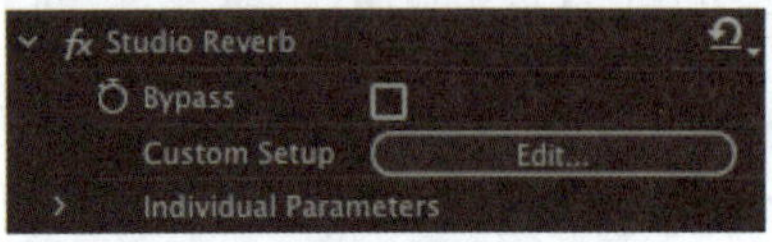

图12.9

在图 12.10 所示的面板中，对许多控件可能还不熟悉。不要着急，预设会帮助用户了解这些选项，而且大多数情况下可以从一个预设开始，然后再进行调整。

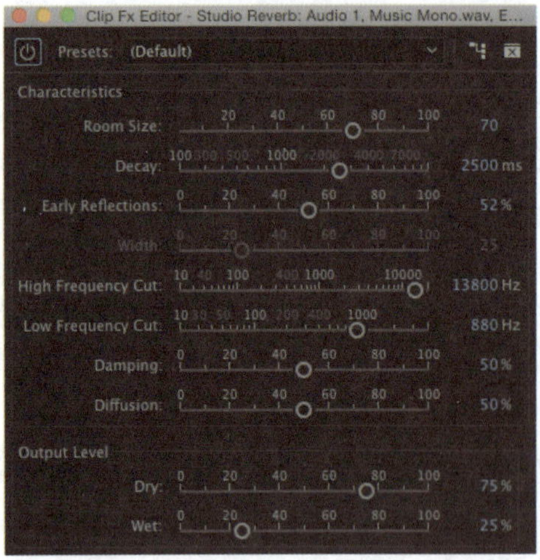

图12.10

4. 尝试几个预设，并注意它们在设置上的效果。

5. 体验这些设置。下面是对其功能的概述。

- **Room Size（房间大小）**：指定用于播放音频的虚拟房间有多大。
- **Decay（衰变）**：控制反射的声音以多快的速度衰变。衰变越小，混响消失得越快。
- **Early Reflections（早期反射）**：设置能立即听到多少反射的声音。该值设置得越大，混响越明显，但是如果设置得太高，则结果听起来会很虚假。将其值设置为房间大小的一半，可以得到自然的结果。
- **High Frequency Cut（高频剪接）**：高频声音有一个较高的音调，该控件可以为使用混响效果产生的反射声音设置一个最高的频率。

- **Low Frequency Cut（低频剪接）**：低频声音有一个较低的音调，该控件可以为使用混响效果产生的反射声音设置一个最低的频率。
- **Damping（衰减）**：设置随着时间而减少的高频声音的百分比。百分比越大，声音越暖。
- **Diffusion（扩散）**：模拟能够吸收更多声音的柔和表面——可以将较高的 Diffusion（扩散）设置想象成铺设了地毯的地板，而将较低的设置想象成瓷砖。
- **Output Level（输出电平）**：允许设置原始声音（Dry）和受影响的结果声音（Wet）的混合。如果 Wet 电平为 0%，则只能听到原始声音。

6. 结束体验之后，关闭面板。

12.3 调整 EQ

如果有一个好的扩音器或汽车音响，则它可能有一个图形均衡器（EQ）。EQ 控件不只包含简单的 Bass（低音）和 Treble（高音）控件，它还针对特定的频率（通常称为频段）增加了多个控件，以便更好地控制声音。Premiere Pro 中有几种音频均衡效果，接下来将介绍两种。

> Pr | **注意**：在下一个练习中，可使用建议的数字作为指导，但是也可自由尝试不同的值，因为每个用户的品位和扬声器可能不同。

12.3.1 简单的参数均衡

如果想要在特定的频率精确控制一个剪辑的音量，Simple Parametric EQ（简单的参数均衡）效果可以满足需求。使用简单的参数均衡只能选择一个频率范围，但是可以多次应用该效果，并且每次选择一个不同的频率范围。从而可以在 Effect Controls 面板中构建需要的复杂均衡器。

下面就来试一下。

1. 打开序列 02 Simple Parametric EQ。
2. 播放序列，熟悉其声音。然后选择序列中的剪辑，并在 Effect Controls 面板中查看。

该剪辑应用了 7 个简单的参数均衡效果，但是它们都启用了 Bypass（旁路）选项，这意味着没有应用效果。而且效果是按照从低频（在列表的顶部）到高频（在列表的底部）排列的。

3. 针对第一个参数均衡效果，取消选中第一个 Bypass 复选框。
4. 播放序列，收听其变化。
5. 继续取消选中参数均衡效果的 Bypass 复选框，每次取消一个，并且每取消一个就收听音频轨道中的变化。

随着添加的参数均衡调整越来越多，总体的音频电平有可能变得相当高。针对已经收听的效果，启用其 Bypass 复选框，这将阻止应用效果。

> **提示：** 使用参数均衡效果的另外一种方法是定位到一个特定的频率，或者提升（boost）它，或者剪切（cut）它。可以使用该效果剪切一个特定的频率，比如高频噪声或较低的嗡嗡声。

12.3.2 参数均衡

相较于简单的参数均衡效果，Parametric EQ（参数均衡）效果提供了更为细致入微和直观的界面，用来对音频电平进行精确的调整。

它包含了一个图形界面（见图 12.11），可以用来拖动链接到一起的电平调整。

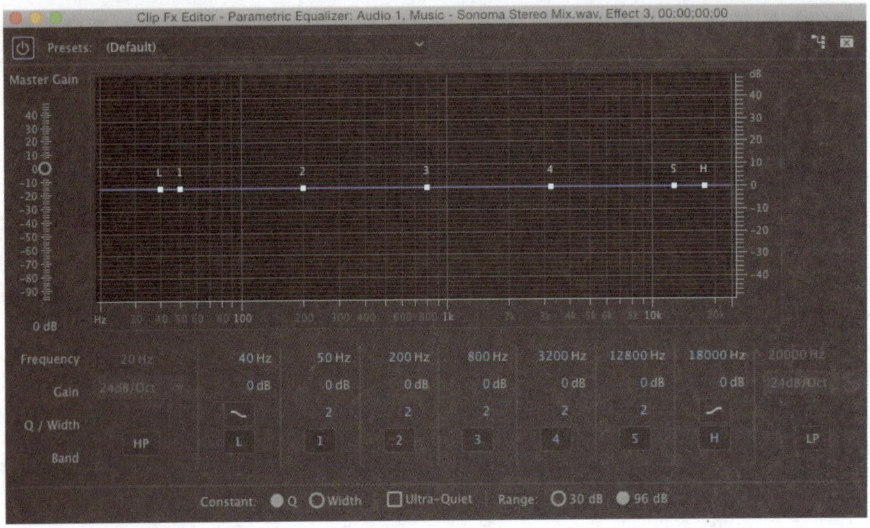

图12.11

图形界面的底部边缘显示频率，右侧的垂直边缘显示振幅。图形中间的蓝色线条表示用户做出的任何调整，可以直接调整这条线的形状。图形中蓝线较高或较低的地方，表示在这些频率上对音频电平进行了调整。

可以直接拖动任意 5 个控制点，以及末端的 Low Pass（低通）和 High Pass（高通）控件。

在图形的左侧，是一个总体的 Master Gain（主控增益）电平调整。当做出的调整导致音频过于大声或过于安静时，可以使用 Master Gain 进行快速的修复。

下面来试一下该效果。

1. 打开序列 03 Full Parametric EQ。该序列只有一个音乐剪辑。

2. 在 Effects 面板中找到 Parametric Equalizer（参数均衡）效果（试着使用窗口顶部的 Find 框），

然后将它拖到剪辑上。

3. 在 Effect Controls 面板中，单击 Edit（编辑）按钮，访问 Parametric Equalizer 效果的 Custom Setup（自定义设置）控件。

4. 播放剪辑，熟悉其声音。

5. 在图 12.12 所示界面中，将 Control Point（控制点）1 向下拖动很远的距离，在低频位置降低音频电平。再次收听音乐。

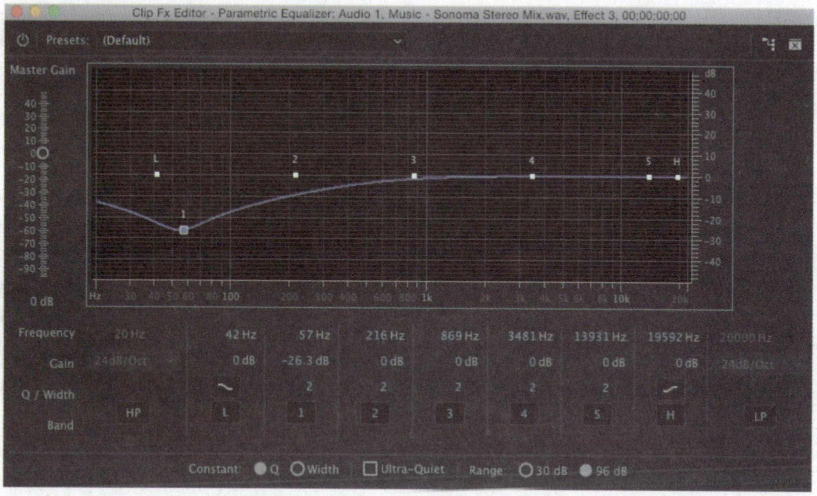

图12.12

该界面的一个特殊之处是，在蓝线的一个区域上做出的更改会影响周围的频率，从而产生更为自然的声音。

拖放的控制点有一个影响范围，这个影响范围由控制点的 Q 设置来定义。

在前面的例子中，Control Point 1 被设置为 57Hz（非常低的频率），其增益调整为 −26.3dB（这是一个很大的增益衰减），Q 值为 2（这个范围相当宽），如图 12.13 所示。

6. 将 Control Point 1 的 Q 因子由 2 修改为 7。可以单击 2，然后直接输入一个新的设置，结果如图 12.14 所示。

图12.13

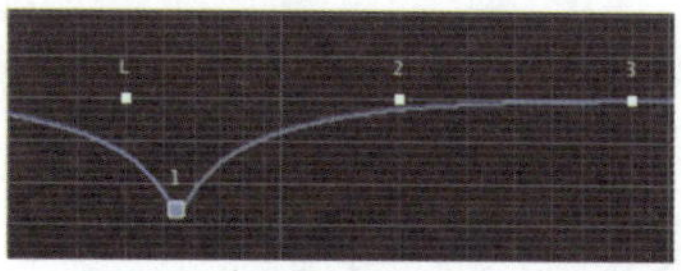

图12.14

图 12.14 所示中的蓝线具有一个非常尖锐的曲线，因此所做的调整现在应用到了更少的频率上。

7. 播放序列，收听所做的改变。

接下来对声音进行完善。

8. 将 Control Point 3 向下拖放到 -20dB，将 Q 因子设置为 1，进行更宽泛的调整，结果如图 12.15 所示。

9. 播放序列，收听这一改变——声音安静多了。

10. 将 Control Point 4 拖放到大约 1 500Hz，增益为 +6.0dB。将 Q 因子调整为 3，以便更精确地调整均衡，结果如图 12.16 所示。

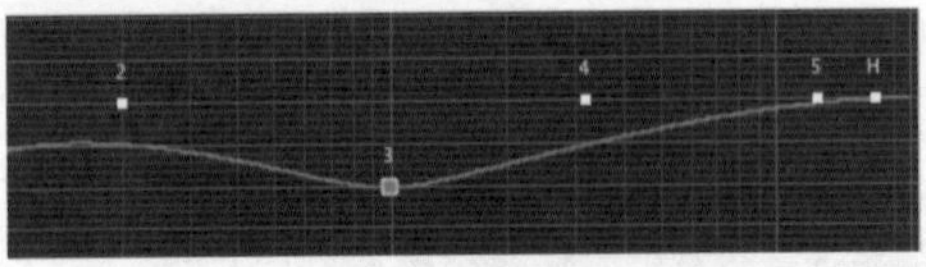

图12.15

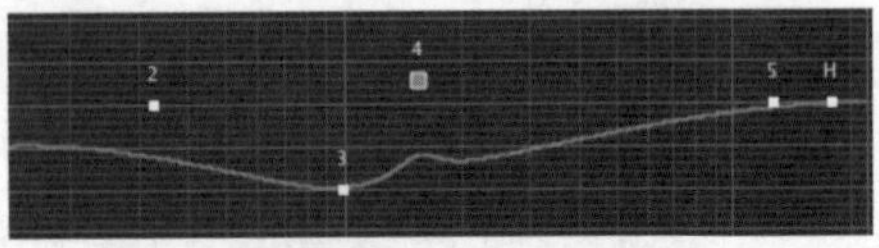

图12.16

11. 播放序列，收听所做的改变。

12. 拖动 High（高）频率滤波器（H 控件），将其增益设置为大约 -8.0dB，让最高的频率能够安静一些，结果如图 12.17 所示。

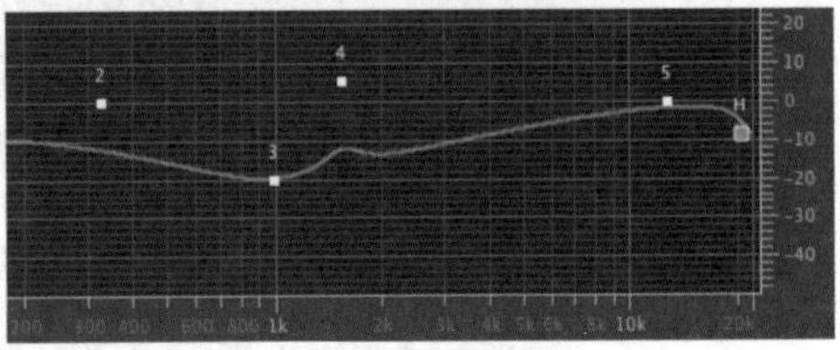

图12.17

13. 使用 Master Gain（主控增益）调整总体的电平。可能需要查看音量指示器，以确定调整是否正确。

> Pr | **提示**：如果没有显示音量显示器，可以选择 Window（窗口）>Audio Meters（音量指示器）。

14. 播放序列，收听所做的改变。

这里所做的显著改变只是为了对技术进行阐释。在一般的使用中，通常进行的是细微的调整。

> Pr | **注意**：不要将音量设置得太高（音量指示器的峰值线会变红，而且峰值监视器也会亮起来），这将会导致失真。

音频插件管理器

可以很容易地安装第三方插件。选择Edit（编辑）>Preferences（首选项）>Audio（音频）（Windows）或Premiere Pro > Preferences > Audio（Mac OS），然后单击Audio Plug-in Manager（音频插件管理器）的按钮。

1. 单击Add（添加）按钮以添加包含AU或VST插件的任意目录。AU插件仅供Mac使用。

2. 如果需要，单击Scan for Plug-ins（扫描插件）按钮以查找所有可用的插件。

3. 使用Enable All（全部启用）按钮或各个启用复选框来激活插件。

4. 单击OK以提交更改。

Pr 注意：在 Premiere Pro 中聆听所有音频效果的所有属性超出了本书的范围。有关音频效果的更多知识，请搜索 Premiere Pro Help。

12.4 清除噪音

在一开始就录制完美的音频当然是最好的。但是，有时既无法控制音源，又无法重新录制它，这时就需要修复糟糕的音频剪辑。Premiere Pro 中包含了修复常见音频问题的各种工具。

12.4.1 高通和低通效果

Highpass（高通）和 Lowpass（低通）效果通常用于改善剪辑，可以组合使用，也可以单独使用。Highpass（高通）效果用于消除低于指定频率的所有频率（可将它视为在所有的音频高于设置的阈值时，让这些音频通过）。Lowpass（低通）效果执行相反的操作，它只允许低于指定 Cutoff（屏蔽度）频率的频率。

1. 打开序列 04 Noise Reduction。

2. 播放该序列，熟悉其声音质量。

该序列有明显的嘶嘶声，还有听起来像电子干扰的嗡嗡声。

3. 在 Effects 面板中，找到 Highpass 效果，并将它拖动到剪辑上。该效果会让一个特定频率之上的音频通过（即可被听到）。

4. 播放序列。

由于 Highpass（高通）阈值设置得太高了，因此声音可能被处理过度了，因为移除了太多的频率。

5. 在 Effect Controls 面板中确保选中了剪辑，然后调整 Highpass（高通）效果的 Cutoff（屏蔽度）滑块以降低值。

可以在播放剪辑的同时进行调整，并实时聆听相应的结果。以最大程度地降低背景中的低频噪声来调整，值为 160.0Hz 左右就很好。

6. 在 Effects 面板中，找到 Lowpass 效果，并将它拖动到剪辑上。

7. 调整 Lowpass（低通）效果的 Cutoff（屏蔽度）滑块，值为 5 000.0Hz 左右就很好，如图 12.18 所示。

尝试不同的设置值，以熟悉两种效果如何相互影响。将两种效果设置为重叠的频率值可以删除所有噪音。要调低让录制声音变得细弱无力的一些高频值。

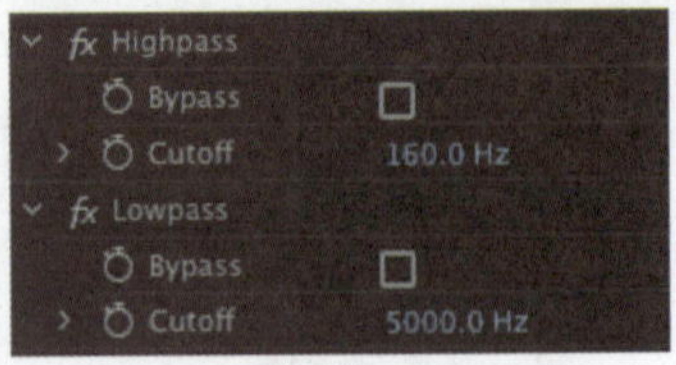

图12.18

12.4.2　多频段压缩器效果

MultibandCompressor（多频段压缩器）效果提供对 4 种频段的单独控制。每个频段通常包含独特的音频内容，这使它成为声音控制（audio mastering）的一种有用工具。此外，可以完善频段之间的交叉频率。并且，可以单独调整每个频段。

1. 打开序列 05 Compressor。

2. 播放序列，收听音频。听起来不错，但是有一些丝丝声——当扬声器在发 s 和 f 的声音时，会产生这样的高频声音。

3. 在 Effects 面板中，找到 MultibandCompressor（多频段压缩器）效果，并将其拖放到剪辑上。

4. 在 Effect Controls 面板中，单击 Edit（编辑）按钮，以查看 MultibandCompressor 的自定义设置控件，如图 12.19 所示。

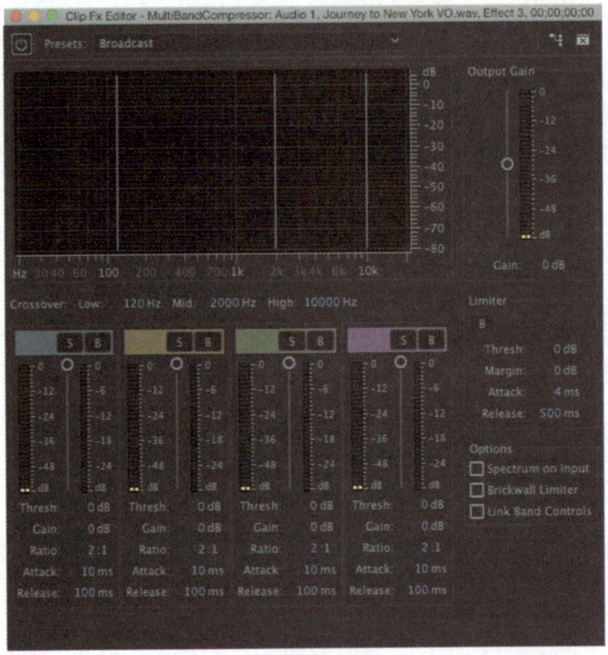

图12.19

该效果有多个预设。

5. 体验窗口顶部 Preset（预设）列表中的选项，了解它们的影响。

6. 在 Preset 列表中选择 De-Esser，这将自动调低一些高频，如图 12.20 所示。

7. 聆听音频以聆听结果。

效果更好一些了，但是可以进一步完善。

8. 单击 Band 2 的 Solo（独奏）按钮（橘色的那个），如图 12.21 所示。

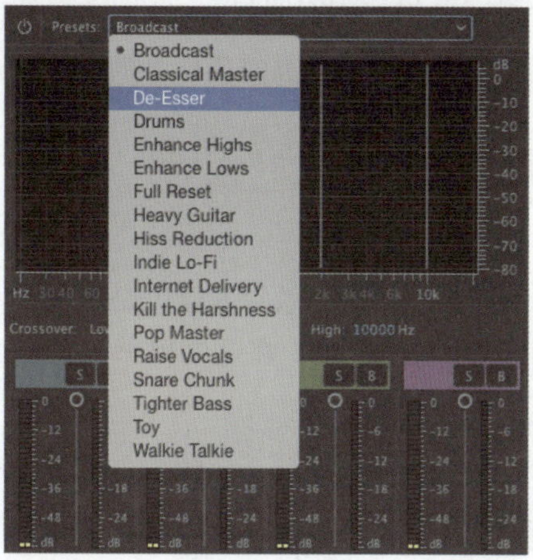

图12.20

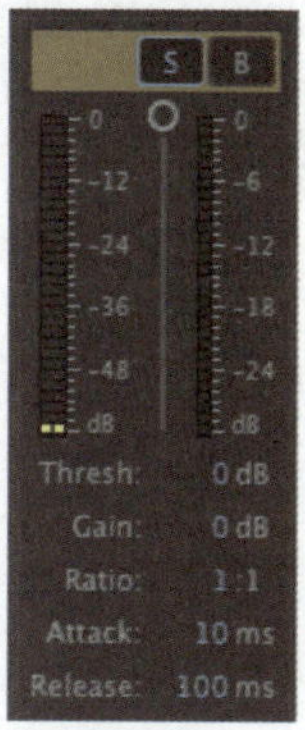

图12.21

9. 开始音频播放以便聆听结果。

10. 在播放音频时，拖动白色的垂直音频交叉（crossover）标记来完善中频频段，也就是由第二个频段控制的频率范围，如图 12.22 所示。

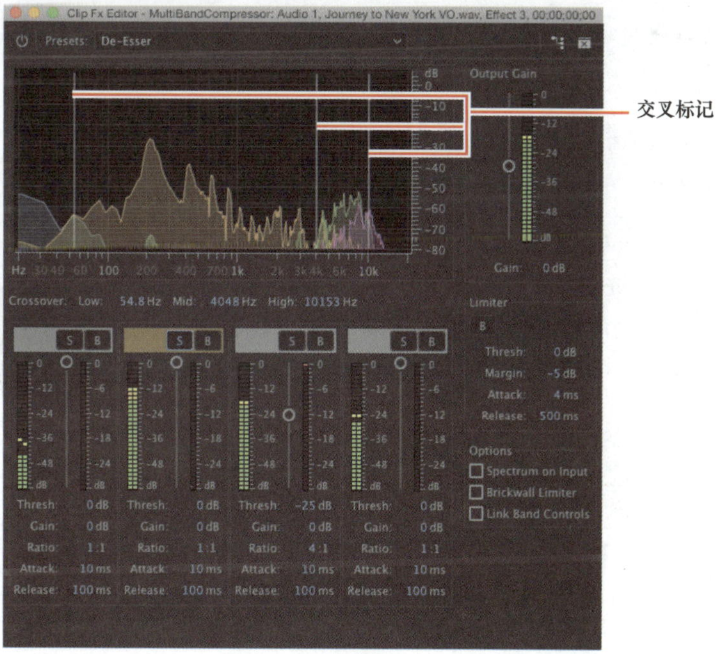

图12.22

11. 在 Band 2 的底部，有一系列数值控件。可以单击并拖放这些控件，就如同在 Premiere Pro 界面的其他地方看到的蓝色数字那样。尝试减小阈值并增加增益设置，让声音的强度更一致。

12. 关闭 Band 2 上的 Solo 开关。

13. 尝试使用交叉标记、阈值和增益控件。结束后关闭面板。

MultibandCompressor（多频段压缩器）效果可以在不提高峰值电平的情况下，增大音频的功率。这可以让听众更容易听到音频。

12.4.3 带通效果

Notch（带通）效果可用于删除指定值附近的频率。该效果实际上是定位频率范围，然后消除这些声音。该效果适用于消除电线嗡嗡声和其他电子干扰。在这个剪辑中，可以听到头顶上荧光灯泡的嗡嗡声。

1. 打开序列 06 Notch Effects。

2. 播放序列，聆听电线的嗡嗡声。可能需要调大扬声器的音量。

3. 在 Effects 面板中，找到 Notch 效果并将它应用到剪辑上。

4. 调整 Center（居中）设置，以定位到要删除的频率。如果通过单击提示三角形来展开 Center 控件，则可以使用滑块。

电线的嗡嗡声通常是在 50Hz 或 60Hz。在这里是 60Hz，所以选择该频率（见图 11.23）。

5. Q 调整允许在被选中的频率周围选中额外的频率。Q 值越高，选择的频率就越精确。在本例中，将 Q 值设置为最大值 10。

6. 播放序列，聆听结果。

电线的嗡嗡声经常发生在谐波频率上。这意味着可能在 50Hz、100Hz、150Hz 等，或者在 60Hz、120Hz、180Hz 等上有干扰。在本例中，听起来至少有一个谐波频率。

7. 重复该过程，将 Notch 效果添加到剪辑上，然后进行配置。这一次将 Center（居中）的值设置为 120Hz。

8. 再次聆听序列。

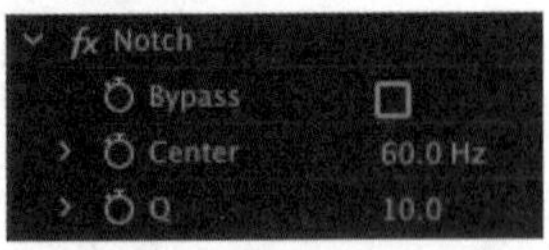

图11.23

尽管干扰发生在精确的频率上，但这使得很难听到声音。现在将干扰移除后，一切都听起来清晰多了。

> Pr | **注意**：60Hz 或 50Hz 的嗡嗡声可以由许多电气问题、电缆问题或设备噪声引起。频率之所以变化，是因为世界各地使用了不同的电气系统。

使用Adobe Audition删除背景噪声

Adobe Audition中提供了高级混合和效果来改进总体声音。如果安装了Adobe Audition，则可以尝试下列操作。

1. 在Premiere Pro中，从Project面板打开序列07 Send to Audition。

2. 在Timeline中右键单击Noisy Audio.aif剪辑，然后选择Edit Clip in Adobe Audition（在Adobe Audition中编辑剪辑），如图11.24所示。这会创建音频剪辑的一个部分，并将其添加到项目中。

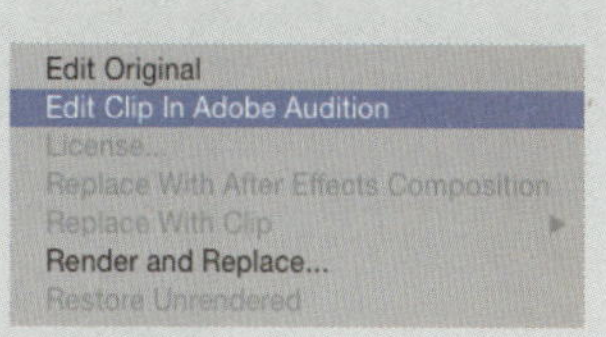

图11.24

这将打开Audition和新的剪辑。

3. 切换到Audition。

4. 这个立体声剪辑应该出现在Editor面板中。

Audition显示了剪辑的一个大波形。要使用Audition高级的降噪工具，需要识别剪辑中正好是噪声的那一部分，以便Audition知道要删除什么。

5. 如果没有在波形下面看到Spectral Frequency Display（频谱显示），则选择View（视图）>Show Spectral Frequency Display（显示光谱显示）。然后播放剪辑。剪辑的开始位置包含了几秒钟的噪声，这可以很容易地进行选择。

6. 使用Time Selection（时间选择）工具（工具栏中的I形工具），拖动以突出显示刚才识别出的噪声部分，如图12.25所示。

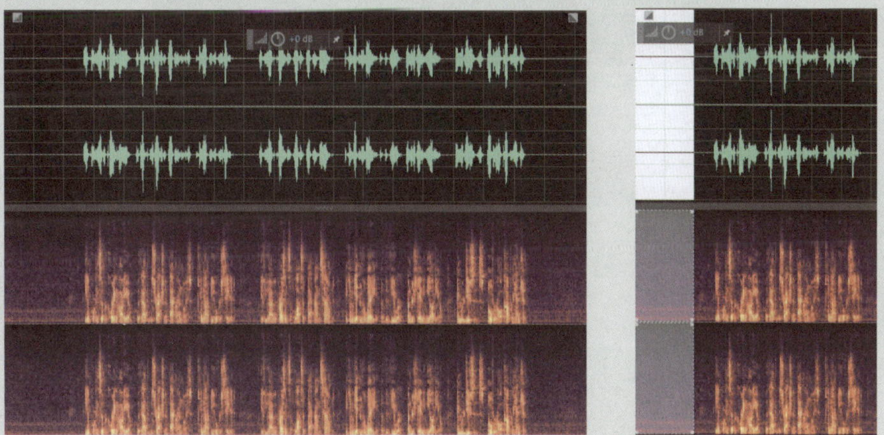

图12.25

7. 在选择为活跃状态时，选择Effects（效果）>Noise Reduction/Restoration（降噪/恢复）> Capture Noise Print（捕捉噪声片段）。还可以按Shift+P组合键。

出现一个对话框，提示将捕捉噪声片段，单击OK以确认。

8. 选择Edit（编辑）>Select（选择）>Select All（选择所有）以选择整个剪辑。

9. 选择Effects（效果）>Noise Reduction/Restoration（降噪/恢复）>Noise Reduction(process)（降噪（过程）），结果如图12.26所示。还可以按Shift + Control + P（Windows）或Shift + Command + P（Mac）组合键，将打开一个新对话框，以便可以处理噪声。

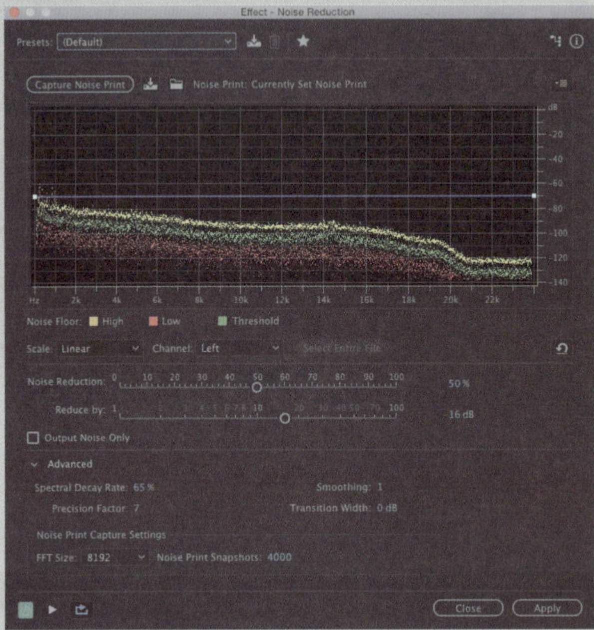

图12.26

10. 勾选Output Noise Only（仅输出噪声）复选框（见图12.27）。该选项允许仅聆听要删除的噪声，这有助于做出精确的选择，而不会因为意外删除想要保留的大部分音频。

11. 单击此窗口底部的Play（播放）按钮，调整Noise Reduction（降噪）和Reduce By（减少）滑块，从剪辑删除噪声。不要降低太多或任何声音。

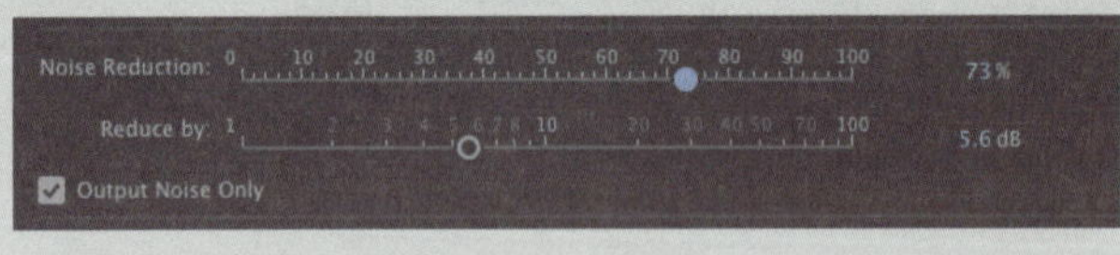

图12.27

12. 取消勾选Output Noise Only（仅输出噪声）复选框，聆听清理后的音频。

13. 有时候，降噪会导致声音失真。在Advanced（高级）部分，有大量的控件可以用来进一步完善降噪。可以尝试下述操作。

- 降低 Spectral Decay Rate（频谱衰减率）选项（这将会缩短降低的噪声和允许听到的噪声之间的延迟）。
- 增大 Precision Factor（精度因素）（这将增加处理时间，但是结果会得以提升）。
- 增大 Smoothing（平滑）（这将基于特定频率的自动选择，使从无降噪到完全降噪的调整变得更柔和）。
- 增大 Transition Width（转换宽度），在不应用完全降噪时，允许电平中有一些变化。

14. 对结果感到满意后，单击Apply（应用）按钮以应用清除。

15. 选择File（文件）>Close（关闭），并保存更改。

16. 在Audition中执行的保存操作将自动更新Premiere Pro中的剪辑。切换回Adobe Premiere Pro，在这里可以聆听整理后的音频剪辑。

12.4.4 响度雷达效果

如果是制作用于广播的内容，则很有可能要根据严格的交付要求来提供媒体文件。

其中一个要求与音频的最大音量有关，有多个方法可以实现该要求。

一种现代的衡量广播音频电平的常见方法称为响度测量（loudness scale）。用这种响度测量可以衡量序列音频。

可以衡量剪辑、轨道或整个序列的响度。与音频相关的精确设置将会作为一部分包含在交付规范内。

要衡量整个序列的响度，请执行下述步骤。

1. 切换到 Audio Track Mixer（音频轨道混合器）面板（而不是 Audio Clip Mixer[音频剪辑混合器]）。可能需要调整面板的大小，才能在 Audio Track Mixer 中看到所有的控件。

Audio Track Mixer 允许将效果添加到轨道中而不是剪辑中，Master（主）输出轨道也是如此。与 Audio Clip Mixer 不同，Audio Track Mixer 包含 Master（主）轨道，这是界面的一部分。

2. Audio Track Mixer 中的控件按列排放，每个轨道一列，外加右侧的 Master 轨道。在 Master 控件的顶部，单击小三角形，打开 Effect Selection（效果选择）菜单，然后选择 Special（特殊）>Loudness Rader（响度雷达），如图 12.28 所示。

3. 该效果出现在堆栈的顶部，其控件在底部，如图 12.29 所示。

4. 在 Audio Track Mixer 中右键单击 Loudness Radar（响度雷达）效果，然后选择 Post-Fader（后置衰减器），如图 12.30 所示。

Audio Track Mixer 上的 Fader（衰减器）控件用来调整轨道的音频电平。重要的是，Loudness Rader 会在进行衰减器调整之后再分析音频电平，否则将忽略使用衰减器所做的调整。

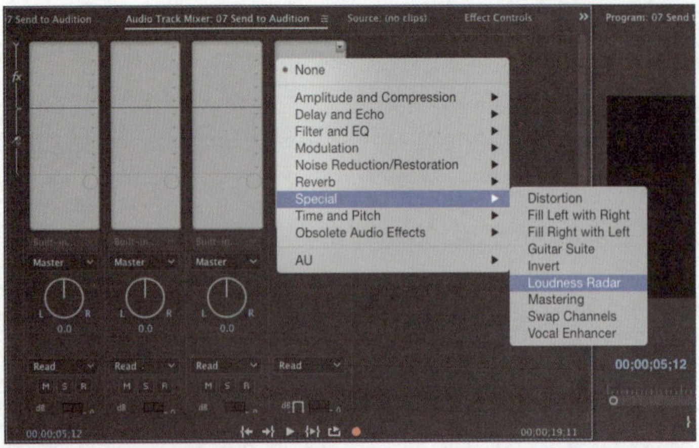

图12.28

5. 双击界面顶部的效果名字，以访问所有的控件，结果如图 12.31 所示。

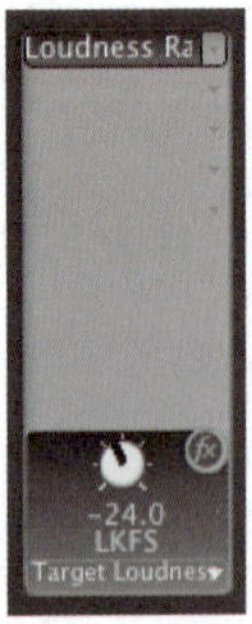

图12.29

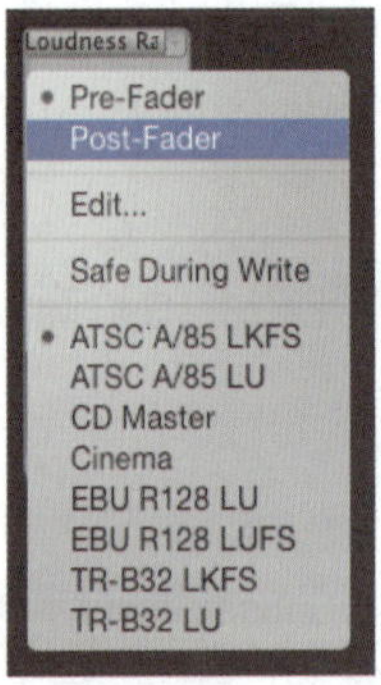

图12.30

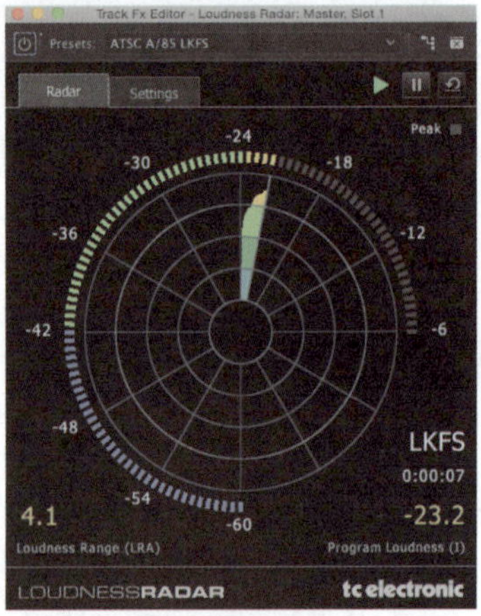

图12.31

6. 按下空格键，或者单击节目监视器中的 Play 按钮进行播放。在播放期间，Loudness Rader 将监视响度，并将其显示为用蓝、绿和黄色表示的一系列值（这里也有一个峰值指示器）。

这里的目标是让 Loudness Rader 上绿色频带内的响度保持均衡，尽管这个响度电平取决于处理的标准，而这个标准是由广播规范定义的。

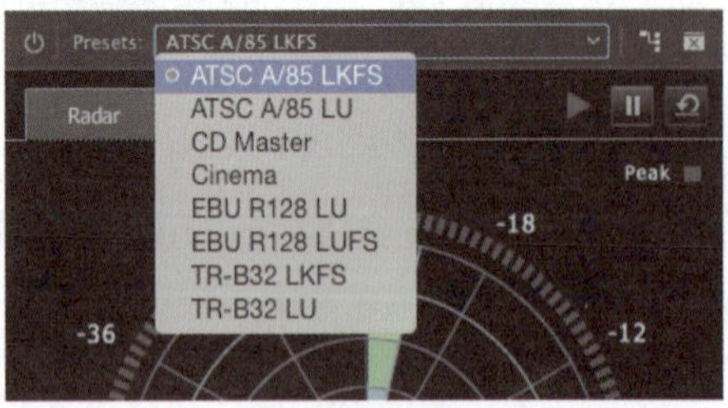

图12.32

通过单击 Settings（设置），可以更改 Loudness Rader 中由不同频带来指示的电平。可以选择 Presets（预设）菜单，选择一个基于广泛使用的标准的预设来更改电平，如图 12.32 所示。

有关 Loudness Rader 的更多信息，请参见 Premiere Pro Help。

复习题

1. 要更改音频剪辑的音调，而不更改其持续时间，可以使用哪种效果？
2. Delay（延迟）和 Reverb（混响）效果之间的区别是什么？
3. 说出三种从剪辑中删除背景噪音的方式。
4. 如何将一个剪辑从 Premiere Pro 的时间轴中直接发送到 Adobe Audition 中？

复习题答案

1. 利用 Pitch Shifter（变调）效果可以修改剪辑的音调或能量级别，同时仍与视频剪辑保持同步。
2. Delay（延迟）效果创建一种可以重复且逐渐淡出的独特回声。Reverb（混响）效果是一种更加复杂的效果，它可以创建混合的回声来模拟一个房间。它具有多个参数，可以删除在 Delay（延迟）效果中听到的生硬回声。
3. 可以使用 Premiere Pro 中的 Highpass（高通）、Lowpass（低通）、Multiband Compressor（多频段压缩器）和 Notch（带通）效果，也可以将剪辑发送到 Adobe Audition 中以使用其高级的降噪控件。
4. 可以很容易地将一个剪辑发送到 Audition 中。右键单击剪辑，然后选择 Edit Clip In Adobe Audition（在 Adobe Audition 中编辑剪辑）即可。

第13课 添加视频效果

课程概述

在本课中，你将学习以下内容：

- 使用固定效果；
- 使用 Effects 浏览器浏览效果；
- 应用和删除效果；
- 使用效果预设；
- 遮罩和跟踪视觉效果；
- 使用关键帧效果；
- 了解常用的效果；
- 渲染效果。

本课大约需要 120 分钟。

Adobe Premiere Pro CC 中提供了 100 多种视频效果。大多数效果都带有一组参数，这些参数都可以使用精确的关键帧控件进行动画处理（使它们随时间而变化）。

13.1 开始

使用视频效果的原因有很多。它们可以解决图像质量问题（比如曝光或色彩平衡），可以通过组合使用色度抠像等技术来创建复杂的视觉效果，也可以使用视频效果来解决各种制作问题，比如摄像机抖动和果冻效应。

还可以出于风格目的使用效果。可以改变色彩或扭曲素材，并且可以在帧内对剪辑的大小和位置进行动画处理。面临的挑战是知道何时使用效果和何时保持克制。

标准效果可以限制在椭圆形或多边形的蒙版（mask，又译作“遮罩”，后文会尽量使用“遮罩”来表示其动词词性）内，这些蒙版可以自动跟踪素材。例如，可能会对一个人的面部进行模糊处理，隐藏他的身份，并且当人的面部在镜头中移动时，这个模糊处理也一直跟随着。

13.2 使用效果

Adobe Premiere Pro 让使用效果变得很简单。可以将视觉效果拖放到剪辑上（与音频效果一样），或者选择一个剪辑并在 Effects（效果）面板中双击效果（见图 13.1）。知道了如何应用效果并更改效果的设置后，可以在一段剪辑中组合多种效果，这能创建出令人惊叹的结果。此外，可以使用调整图层为一组剪辑添加相同的效果。

当选择使用哪种视频效果时，Premiere Pro 中的选项可能会让人感到无所适从。有许多额外的效果还可以从第三方制造商处购买或免费下载。

尽管效果的范围以及效果的控件相当复杂，但是应用、调整和删除效果总是很简单的。

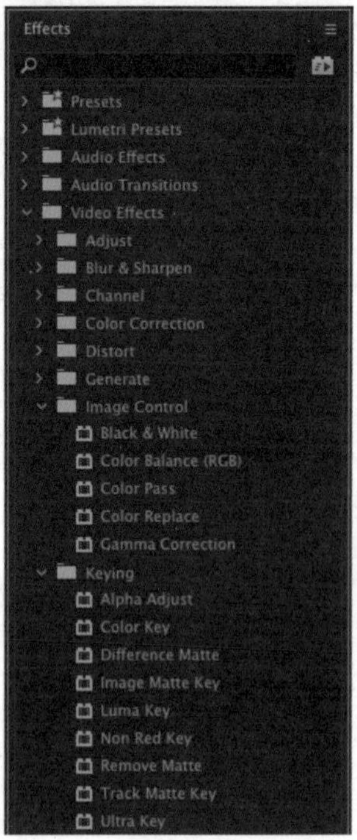

图13.1

13.2.1 固定效果

为序列添加剪辑时，将自动应用几种效果。这些效果就称为固定效果（fixed effect）或内在效果（intrinsic effect），可以将它们视为每个剪辑都有的标准几何、不透明度和音频属性的控件。所有固定效果都可以使用 Effect Controls 面板进行修改。

1. 打开 Lesson 13.prproj。

2. 打开序列 01 Fixed Effects。

3. 单击以选择 Timeline 中的第一个剪辑。

4. 单击 Workspaces 面板中的 Effects（效果），或者选择 Window（窗口）>Workspace（工作区）> Effects（效果），切换到 Effects（效果）工作区。

5. 单击 Workspaces 面板中的 Effects（效果）菜单，然后选择 Reset to Saved Layout（重置为保存的样式），或者选择 Window（窗口）>Workspaces（工作区）>Reset to Saved Layout（重置为保存的样式），重置工作区。

6. 在 Effect Controls 面板中，查看应用到该剪辑的固定效果。

固定效果会自动应用到序列中的每一个剪辑上，但是在修改其设置之前，它们不会改变任何事情。

7. 单击每种控件旁边的提示三角形以显示其属性，如图 13.2 所示。

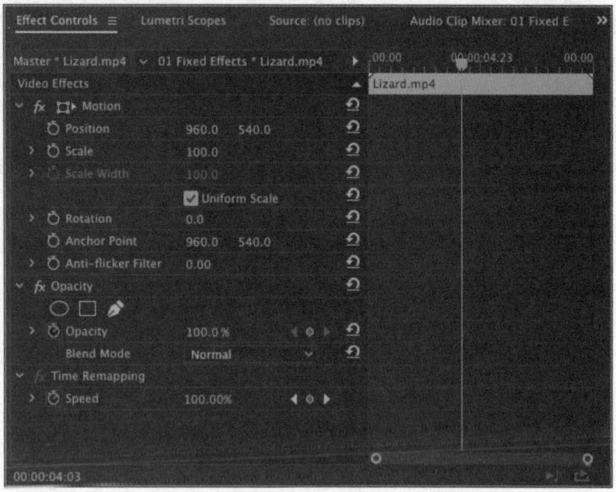

图13.2

- **Motion（运动）：** Motion（运动）效果可以动画化、旋转和缩放剪辑。还可以使用 Anti-flicker Filter（防闪烁）滤镜控件来减少一个动画对象闪闪发光的边缘。当缩放一个高分辨率源并且 Premiere Pro 必须重新采样图像时，这非常方便。

- **Opacity（不透明度）：** Opacity（不透明度）效果支持控制剪辑的不透明或透明程度。此外，可以访问特殊的混合模式，从视频的多个图层来创建视觉效果。第 15 课将详细介绍该效果。

- **Time Remapping（时间重映射）：** 该效果允许减速、加速或倒放剪辑，或者将帧冻结。第 8 课中介绍了其用法。

- **Volume Effects（音量效果）：** 如果一个剪辑有音频，Premiere Pro 会显示其 Volume（音量）、Channel Volume（声道音量）和 Panner（声像器）控件。第 11 课中已经讲解了这些内容。

8. 在 Timeline 中单击以选择第二个剪辑。仔细查看 Effect Controls 面板，如图 13.3 所示。

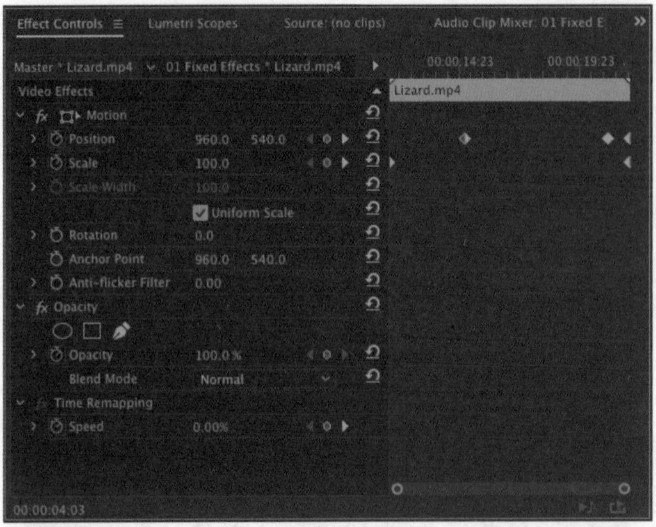

图13.3

这些效果拥有关键帧，这意味着它们的设置会随时间改变。在本例中，为剪辑应用了细微的 Scale（缩放）和 Pan（平移），以创建之前不存在的数码变焦并重新构图拍摄。

本课稍后将介绍关键帧。

9. 按 Play（播放），观看当前序列并比较两个剪辑。

13.2.2 Effects 面板

除了固定的视频效果，Premiere Pro 还有标准效果，它们可以更改剪辑的外观（见图 13.4）。由于可供选择的效果太多，因此组织为 16 个类别。如果安装了第三方效果，则选择会更多。

还有一个 Obsolete（废弃）效果的额外类别。这些效果已经使用了更新更好的版本进行了替换，但是它们还保留在 Premiere Pro 中，以确保与较老的项目文件相兼容。

效果按照其功能进行分组，其中包括 Distort（扭曲）、Keying（键控）和 Time（时期），这可以更容易地进行导航。

每一个类别在 Effects 面板中都有自己的素材箱。

1. 打开序列 02 Browse。

2. 在 Timeline 中单击以选择剪辑。

3. 打开 Effects 面板。可以按键盘快捷键 Shift + 7 来选择它。

4. 在 Effects 面板中，展开 Video（视频）效果。

5. 单击面板底部的 New Custom Bin（新建自定义素材箱）按钮（ ）。

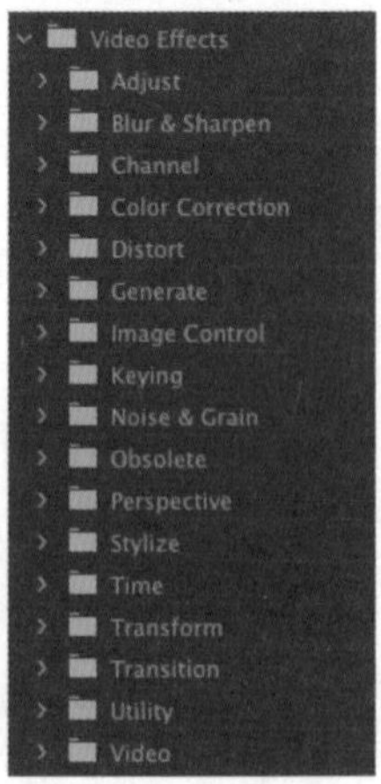

图13.4

> **Pr** 注意：因为 Video 效果有太多的子文件夹，所以有时可能不容易找到想要的效果。如果知道一个效果名字的一部分或完整的名字，可以在 Effects 面板顶部的 Find 框中输入该名字。Premiere Pro 会显示包含其字母组合的所有效果和切换，而且随着输入，其搜索范围也将变小。

新的自定义素材箱将出现在 Effects（效果）面板中效果列表的底部（可能需要向下滚动才能看到）。接下来，重新命名素材箱。

6. 单击一次以选择素材箱。

7. 直接在素材箱的名字（Custom Bin 01）上单击，以突出显示并更改它，如图 13.5 所示。

8. 将其名字更改为类似 Favorite Effects 的内容，如图 13.6 所示。

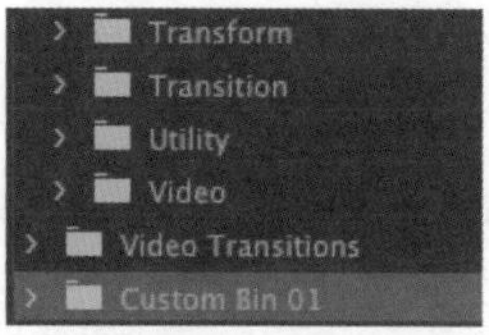

图13.5

图13.6

9. 打开 Video Effects 文件夹，并将几种效果拖动到自定义素材箱中。可能需要调整面板的大小，以便更容易拖放效果。选择感兴趣的任何效果，可以随时在自定义素材箱添加或删除。

> **Pr** 注意：当将效果添加到 Effects 面板的自定义素材箱中时，进行的是效果的复制操作，它们还保留在其原始的文件夹中。可以使用自定义素材箱来创建效果分类，以适合工作需求。

在浏览视频效果时，会注意到许多效果名字旁边有几个图标（见图 13.7）。了解这些图标的意义可能会影响选择使用的效果。

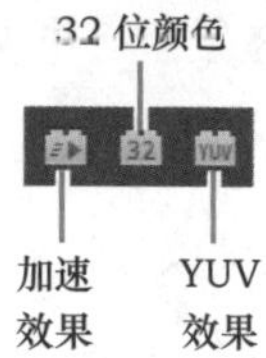

图13.7

1．加速效果

Accelerated（加速）效果图标（ ）表示可以使用图形处理单元（GPU）来加速效果。GPU（通常称为视频卡或显卡）可以极大提升 Premiere Pro 的性能。水银回放引擎支持的显卡范围非常广泛，在安装了正确的显卡后，这些效果通常提供加速甚至实时性能，并仅需要在最终导出时进行渲染。在 Premiere Pro 产品页面可以找到一个支持的显卡列表。

2．32 位颜色（高位深）效果

带有 32 位颜色支持图标（ 32 ）的效果可以在每通道 32 位模式中处理，这也称为高位深或浮点处理。

在下述情况中，应该使用高位深效果。

- 处理的视频镜头带有每通道 10 位或 12 位的编解码器时（比如 RED、ARRIRAW、AVC-Intra 100、10 位的 DNxHD、ProRes 或 GoPro CineForm）。
- 在对任意素材应用多种效果后，想要保持更大的图像保真度。

此外，在每通道 16 或 32 位色彩空间中渲染的 16 位照片或 Adobe After Effects 文件可以使用高位深效果。

如果在编辑时没有 GPU 加速，可以在 Software（软件）模式下利用高位深效果，但这要确保序列设置已经选中了 Maximum Bit Depth（最大位深）视频渲染选项。可以在 Export Settings（导出设置）对话框的 Video（视频）选项卡中找到该选项。

> **注意**：在剪辑上使用 32 位效果时，尝试仅使用 32 位效果以获得最佳质量。如果混合并匹配效果，则非 32 位的效果将切换回 8 位空间进行处理。

3. YUV 效果

带有 YUV 图标（ ）的效果在 YUV 中处理颜色。如果正在调整剪辑颜色，则这很重要。不带 YUV 图标的效果会在计算机的原生 RGB 空间中进行处理，而这会使调整曝光和颜色不是很准确。

> **注意**：有关 YUV 效果的更多知识，请阅读 http://bit.ly/yuvexplained 上的文章。

YUV 效果将视频分为 Y 通道（或亮度通道）和两个颜色信息通道，这是大多数视频素材的原生构建方式。这些滤镜使调整对比度和曝光变得更简单，并且不会改变颜色。

13.2.3 应用效果

几乎所有的视频效果设置都可以在 Effect Controls 面板中找到。可以对几乎每一个设置都添加关键帧，这可以很容易地让设置的变化随时间改变（只需查看具有秒表图标的设置）。此外，可以使用 Bézier（贝塞尔）曲线来调整这些更改的速度和加速度。

1. 打开序列 02 Browse。
2. 在 Effects 面板的 Find 框中输入 white，缩小搜索范围，找到 Black & White（黑白）视频效果。

> **提示**：如果在 Effects 面板的 Find 框中输入 black，而不是 white，将会看到一系列很棒的预设，用于移除镜头畸变。随着对 Premiere Pro 日渐熟悉，将会找到搜索效果的最有效的方法。

3. 将 Black & White 视频效果拖动到 Timeline 中的剪辑 JG_2 上。

该效果会立刻将全彩色的素材转换为黑白，或者更准确地说是灰度图像。

> **提示：**可以选择 Effects 面板顶部三种效果类型图标中的任何一种，以只显示具有这种类型的效果。

4. 确保在 Timeline 中选中了 JG_2 剪辑，打开 Effect Controls 面板。

5. 在 Effect Controls 面板中，单击 Black & White（黑白）效果名字旁边的 fx 按钮（fx），可以切换 Black & White（黑白）效果的开关状态。确保播放头位于此素材剪辑上，查看效果，如图 13.8 所示。

切换效果的开关状态是查看它与其他效果如何协同工作的一种好方式。

打开

关闭

图13.8

6. 需确保选中了剪辑，这样它的设置才会显示在 Effect Controls 面板中，然后单击 Black & White（黑白）效果标题以选择它，再按 Delete 键。

这将删除效果。

7. 在 Effects 面板的搜索框中输入 direction，找到 Directional Blur（方向模糊）视频效果。

8. 在 Effects 面板中，双击 Directional Blur（方向模糊）效果，将它应用到选中的剪辑上。

> **注意：**如果已经选择了剪辑，可以通过在 Effects 面板中进行双击的方式应用效果，或者是将效果直接拖放到 Effect Controls 面板中。

9. 在 Effect Controls 面板中，展开 Directional Blur（方向模糊）效果的控件。该效果有下面这些设置：Direction（方向）、Blur Length（模糊长度）和每个选项旁边的秒表（秒表图标可用于激活关键帧）。

10. 将 Direction（方向）设置为 90.0 度，并将 Blur Length（模糊长度）设置为 45，结果如图 13.9 所示。

11. 单击提示三角形，展开 Blur Length（模糊长度）控件，移动滑块，如图 13.10 所示。

在更改该设置时，结果会在节目监视器中显示。滑块的限制程度会比手动输入的数字要小。

如果不适当地应用视觉效果，则它们看起来会过于夸张。限制效果的一种方式是使用关键帧来控制何时以及如何应用关键帧（请参见 13.5 节）

图13.9

图13.10

> 注意：不会总是要使用视觉效果来创建引人注目的结果，有时候只是想使效果看起来是摄像机拍摄的结果。

12. 单击 Effect Controls 的面板菜单，并选择 Remove Effects（删除效果）。
13. 在弹出的询问想要删除哪种效果的对话框中，单击 OK。

这是一种从头开始的简单方式。

> 提示：Premiere Pro 中的固定效果是按照特定的顺序来处理的，这可能会导致不想要的缩放和大小调整。无法重新调整固定效果的顺序，但是可以绕过它们，并使用其他类似的效果。例如，可以使用 Transform（变形）效果来替代 Motion（运动）固定效果，或者可以使用 Alpha Adjust 效果（alpha 调整）来替代 Opacity（不透明度）固定效果。这些效果都不相同，但是它们都不相上下，具有相似的行为，而且可以以任何顺序进行添加。

应用效果的其他方式

为了更灵活地使用效果，有以下三种方式可以重用已经配置好的效果。

- 从 Effect Controls 面板中选择一种效果，选择 Edit（编辑）>Copy（复制），选择一个目标剪辑，然后选择 Edit > Paste（粘贴）。
- 可以复制一个剪辑的所有效果，以便将它们粘贴到另一个剪辑。在 Timeline 中选择剪辑，选择 Edit > Copy，然后选择目标剪辑，并选择 Edit > Paste Attributes（粘贴属性）。
- 可以创建一种效果预设，以保存带有设置的具体效果，以便未来使用。本课稍后将介绍这种技术。

13.2.4 使用调整图层

如果想将一种效果应用于多个剪辑，一种执行此操作的简单方式是使用调整图层（adjustment layer）。它的概念非常简单：创建一个包含效果且位于 Timeline 中其他剪辑上方的调整图层。调整图层剪辑下方的所有内容都将通过调整图层来查看，并接收它具有的任何效果。

如同调整任何图形剪辑一样，可以轻松地调整一个调整图层剪辑的持续时间和不透明度，以便更容易地控制哪些剪辑会透过这个调整图层被看到。借助于调整图层，也可以更快速地处理效果，因为可以修改它上面的设置，从而影响多个其他剪辑的外观。

下面为已经编辑好的序列添加一个调整图层。

1. 打开序列 03 Multiple Effects。

2. 在 Project 面板底部，单击 New Item（新建项）按钮并选择 Adjustment Layer（调整图层），如图 13.11 所示。

Adjustment Layer（调整图层）对话框允许用户为新创建的项目指定设置。默认情况下，这些设置以当前的序列为基础。

3. 已经为这个新项目打开了正确的序列，所以单击 OK，如图 13.12 所示。

Premiere Pro 将一个新的调整图层添加到 Project 面板中，如图 13.13 所示。

图13.11

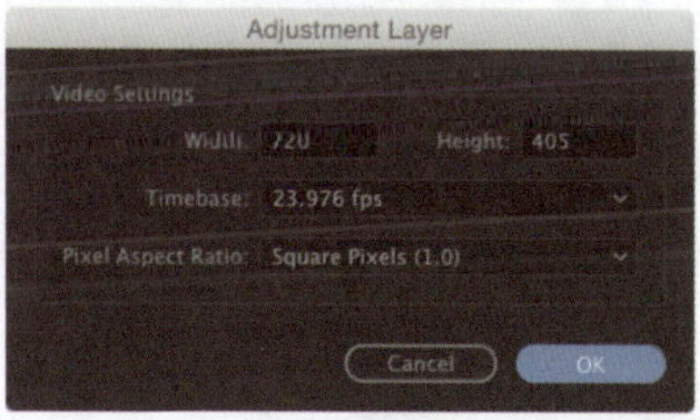

图13.12

图13.13

4. 在当前的 Timeline 中，将调整图层拖放到 Video 2 轨道的开始位置，如图 13.14 所示。

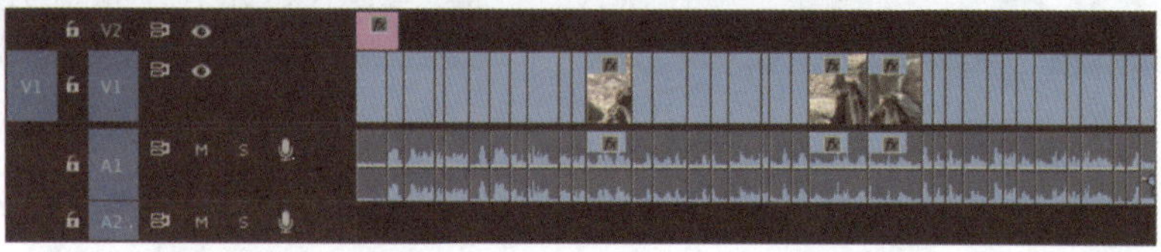

图13.14

5. 通过拖动的方式修剪调整图层轨道右边缘，使其延伸到序列的末尾。

调整图层看起来应该如图 13.15 所示。

接下来创建一种更为细致的外观，方法是先使用效果，然后修改调整图层的不透明度。

6. 在 Effects 面板中，找到 Gaussian Blur（高斯模糊）效果。

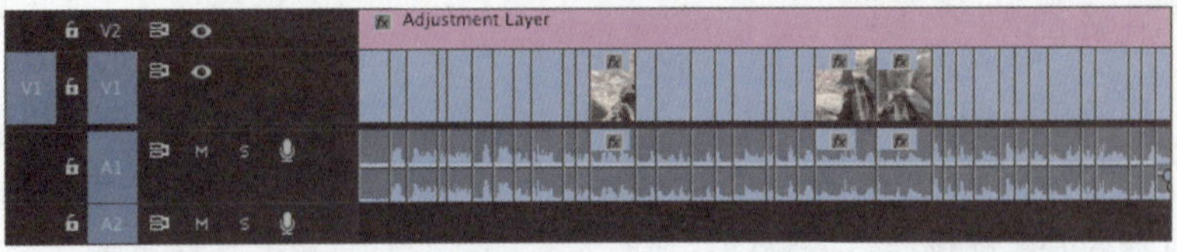

图13.15

7. 将该效果拖放到调整图层上。

8. 将播放头移动到 27:00 位置，以便在设计效果时能有一个比较好的特写镜头。

9. 在 Effect Controls 面板中，将 Blurriness（模糊强度）设置为一个较大的值，比如 25.0 像素。选择 Repeat Edge Pixels（重复边缘像素）选项，均匀地应用效果，结果如图 13.16 所示。

图13.16

使用一种混合模式将调整图层与它下面的剪辑进行混合，创建一种电影感觉。混合模式允许根据其亮度和颜色值将两个图层混合在一起。第 15 课将详细介绍混合模式。

10. 在依然选中序列中调整图层的情况下，单击 Effect Controls 面板中靠近 Opacity（不透明度）控件的提示三角形。

11. 将混合模式更改为 Soft Light（柔光）以创建柔和的混合效果，结果如图 13.17 所示。

12. 将 Opacity（不透明度）设置为 75% 以降低效果，如图 13.18 所示。

图13.17

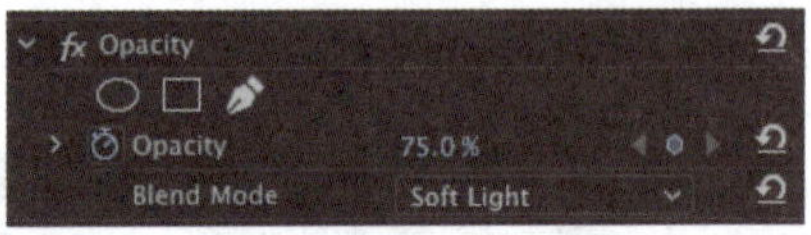

图13.18

在 Timeline 面板中，可以启用和禁用 Video 2 轨道的可见性图标（），以查看应用效果之前和之后的状态。

13.2.5 将剪辑发送到 Adobe After Effects

如果是在安装了 Adobe After Effects 的计算机上工作，则可以轻松地在 Premiere Pro 和 After Effects 之间来回发送剪辑。由于 Premiere Pro 和 After Effects 之间具有紧密的关系，因此与其他编辑平台相比，可以无缝地集成这两种工具。这是一种可显著扩展编辑工作流效果能力的有用方式。

用来共享剪辑的过程称为 Dynamic Link（动态链接）。使用 Dynamic Link，可以无缝地交换剪辑，无需不必要的渲染。

下面就来试一下。

1. 打开序列 04 Dynamic Link，如图 13.19 所示。

图13.19

2. 右键单击序列中的剪辑，然后选择 Replace With After Effects Composition（使用 After Effects 合成替换）。

3. 如果 After Effects 还未运行，请启动它。如果 After Effects 出现 Save As（另存为）对话框，则为 After Effects 项目输入名称和位置。将项目命名为 Lesson 13-01.aep 并将它保存到 Lessons 文件夹中的一个新文件夹。

After Effects 会创建一个新合成，并且该合成继承了 Premiere Pro 中的序列设置。这个新合成根据 Premiere Pro 的项目名称来命名，后面再加上 Linked Comp。

After Effects 中的合成与 Premiere Pro 中的序列类似。

4. 如果该合成还未打开，请在 After Effccts 项目面板中查找它，并双击以加载。它的名字应该是 Lesson 13-01 Linked Comp 01（如果之前尝试过该工作流，则这个数值可能会更大）。

剪辑在 After Effects 合成中变成图层，以便更容易地在 Timlines 上使用高级控件来处理。

使用 After Effects 应用效果的方式有很多。为简单起见，这里将使用动画预设。有关效果工作流的更多信息，请参见《Adobe After Effects CC 经典教程》。

5. 找到 Effects & Presets（效果与预设）面板（如果它还没有在屏幕上，可以在 Window 菜单中找到它）。单击提示三角形，展开 *Animation Preset（动画预设）分类。

After Effects 中的动画预设使用标准的内置效果来实现满意的效果。它们是一种优秀的可以产生专业作品的快捷方式。

6. 展开 Image – Creative 文件夹。可能需要略微增大面板，才能看到完整的预设名称，如图 13.20 所示。

图13.20

7. 双击 Contrast – saturation（对比度—饱和度）预设，将它应用到选中的图层中。

8. 在 Timeline 中单击选择剪辑，并按 E 键来查看应用的效果。可以单击每个效果的提示三角形，以便在 Timeline 面板内的右侧看到控件。

Constast – saturation 预设实际上使用了一个具有其他名字的预设（Calculations），对剪辑的外观进行更改，结果如图 13.21 所示。

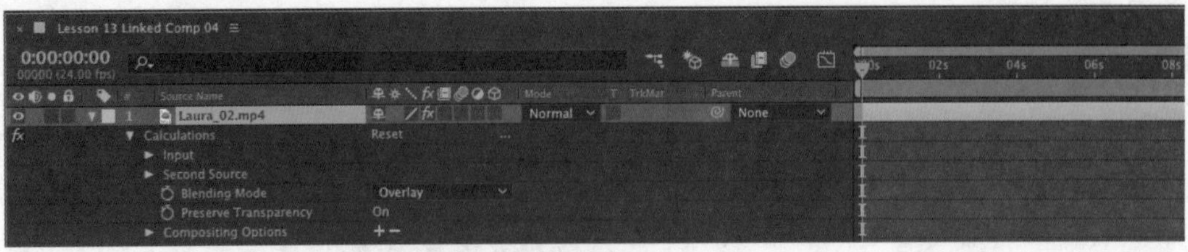

图13.21

9. 现在观看 Effect Controls 面板，这里显示了相同的效果，如图 13.22 所示。

图13.22

10. 按空格键播放剪辑。

After Effects 将尽可能快地显示应用了效果的剪辑（其速度取决于编辑系统的性能）。Timeline 面板顶部的绿色线条表示已经创建了一个临时的预览，如图 13.23 所示。在播放 Timeline 中高亮的剪辑部分时，播放会很平滑。

尽管效果很细微，但是它给镜头添加了丰富的色彩饱和度和更强的对比度，使得镜头不再平淡无奇。

11. 选择 File（文件）>Save（保存），捕捉更改。

12. 切换回 Premiere Pro，并播放序列，查看结果。

13. 退出 After Effects。

在 Premiere Pro 的 Timeline 中，原始剪辑已经被替换为动态链接的 After Effects 合成，如图 13.24 所示。

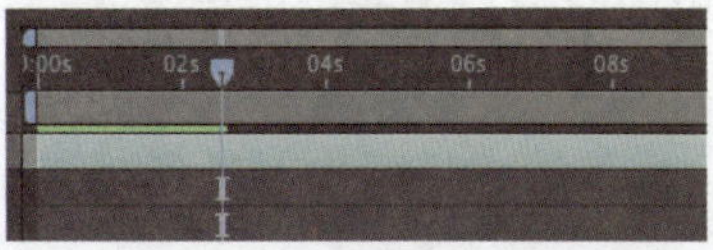

图13.23

图13.24

帧将在后台处理，并从 After Effects 移交给 Premiere Pro。还可以在 Timeline 中选择剪辑，并选择 Sequence>Render Effects In To Out，以提升播放性能。

13.3 主剪辑效果

目前为止执行的所有效果都应用到了 Timeline 的剪辑中，但是 Premiere Pro 也允许将效果应用到 Project 面板中的主剪辑（master clip）上。可以使用相同的视觉效果，并采用相同的方式来使用它们。在主剪辑中，添加到序列中的一个剪辑的任何实例都会继承应用的效果。

例如，在 Project 面板中为一个剪辑添加了颜色调整，以便它与场景中其他的摄像机角度相匹配。每次在序列中使用该剪辑或者该剪辑的一部分时，都将应用颜色调整。

要添加、调整和移除主剪辑效果，请执行如下步骤。

1. 继续使用序列 04 Dynamic Link。

2. 在 Project 面板中找到剪辑 Laura_03.mp4。将该剪辑编辑到序列中，使其位于现有剪辑的后面。将 Timeline 的播放头移动到剪辑上面，以便在节目监视器中看到它。

3. 在 Project 面板中，双击 Laura_03.mp4 剪辑，在源监视器中查看，如图 13.25 所示。不要双击序列中的剪辑，因为这将打开主剪辑效果的错误实例。

图13.25

注意：如果正在 Timeline 上查看一个剪辑，而且想打开这个剪辑实例的 Project 面板，可将播放头放到剪辑上面，选择该剪辑，然后按 F 键。这是 Match Frame（匹配帧）的键盘快捷方式，这将在源监视器中打开原始的主剪辑，而且它的帧与在节目显示器中显示的帧相同。

现在，在源监视器和节目监视器中打开并显示了同一个剪辑，所以在为剪辑应用更改时，可以同时在这两个监视器中看到。

4. 在 Effects 面板中，找到 Fast Color Corrector（快速颜色校正）效果。

5. 将 Fast Color Corrector 效果拖放到源监视器中，将其添加到主剪辑上。单击源监视器面板，确保它是活跃的。

6. 进入 Effect Controls 面板，查看 Fast Color Corrector 控件，如图 13.26 所示。

图13.26

> Pr | 提示：可以将效果应用到主剪辑上，方法是直接将效果拖动到 Project 面板中的主剪辑上。

因为将效果应用到了源监视器的剪辑上，然后选择了源监视器，使其成为活跃的，所以 Effect Controls 面板将显示应用到主剪辑（而不是 Timeline 上的剪辑实例）上的效果。

Timeline 上的剪辑实例（序列剪辑）没有应用效果，但是它会继承所做的任何更改。

7. 将 Fast Color Corrector 的色盘（color wheel puck）从中心位置向红色边缘拖动，如图 13.27 所示。

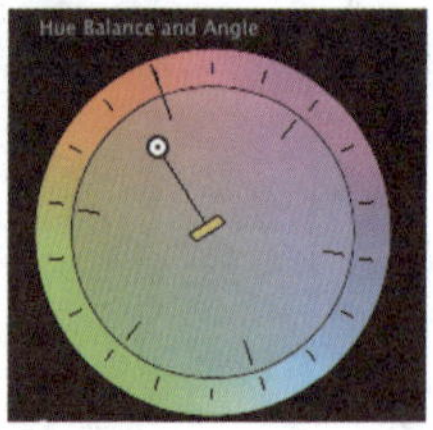

图13.27

可以在节目监视器中看到该效果造成的结果（见图 13.28）。

从现在开始，每次在序列中使用该剪辑或该剪辑的一部分时，Premiere Pro 将自动包含相同的效果。

知道 Timeline 上的剪辑与 Project 面板中的剪辑存在区别，有助于理解该工作流。

8. 单击 Timeline 上的剪辑实例一次，将其选中，然后在 Effect Controls 面板中查看——没有应用 Fast Color Corrector 效果。但是 Effect Controls 面板中出现了 Fixed（固定）效果，如图 13.29 所示。

图13.28

通过查看是否显示了 Fixed 效果控件，通常可以知道查看的是 Source（源）效果设置，还是序列剪辑效果设置。

Effect Controls 面板的顶部有两个选项卡，如图 13.30 所示。左侧的选项卡显示了主剪辑的名字，右侧的选项卡显示了序列的名字和剪辑的名字。

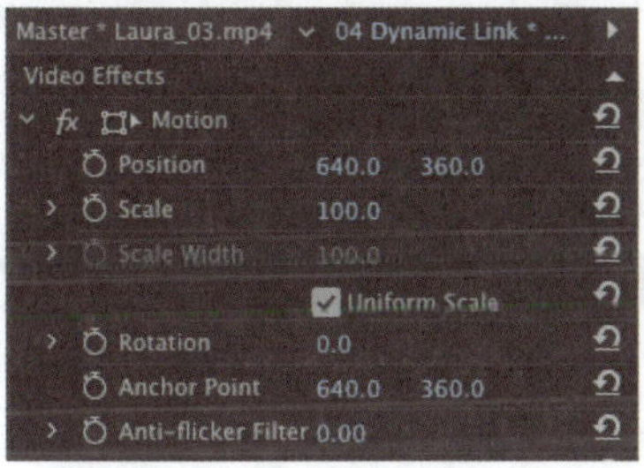

图13.29

图13.30

因为在序列中选择了剪辑，所以右侧的选项卡呈蓝色显示，表示正在处理这个剪辑实例。

这里没有显示 Fast Color Corrector 效果，原因是没有将该效果应用到 Timeline 上的剪辑实例中。

9. 在 Effect Controls 面板中，单击顶部的显示剪辑名字的选项卡，将再次看到效果。

10. 在 Effect Controls 面板中选择 Fast Color Corrector 效果的名字，然后按 Delete 键删除该效果，节目监视器会更新，以反映这一更改（见图 13.31）。

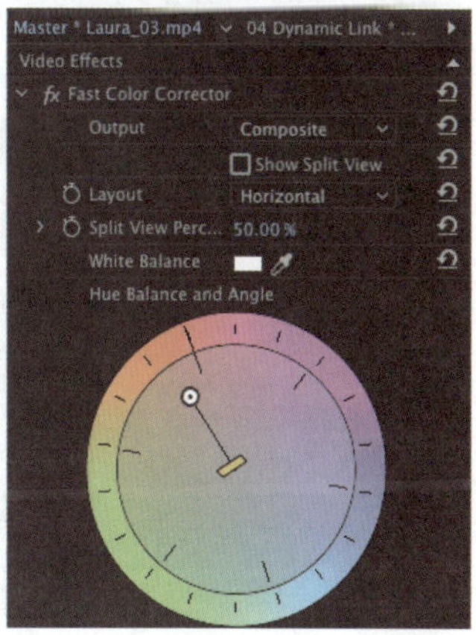

图13.31

在 Premiere Pro 中使用主剪辑是一种用来管理效果的强大方法。可能需要多加体验，才能充分使用它们。这里使用的视觉效果与 Timeline 上使用的相同，在本书中学到的技术也具有相同的工作方式，只不过规划有些许不同。如果 fx 徽章有一条红色的下划线（![fx]），就可以知道为剪辑应用了一个主剪辑效果。

13.4 遮罩和跟踪视觉效果

所有标准的视觉效果都可以限制为椭圆形、多边形或自定义的蒙版，并可使用关键帧对这些蒙版进行动画处理。Premiere Pro 中也可以动态跟踪（motion-track）镜头，对创建的蒙版的位置进行动画处理，使其跟随着被限制的特殊效果的动作。

遮罩和跟踪效果是将细节（比如人脸或 logo）隐藏在一种模糊后面的绝佳方式。使用该技术还可以应用微妙的创意效果，或者修改镜头中的光照。

下面将在序列 04 Dynamic Link 中进行尝试。

1. 在 Project 面板中，找到剪辑 JG_1.mp4。

> **Pr** **提示：** 可以单击 Project 面板顶部的 Find 框，然后输入 jg，迅速找到 JG_1.mp4 剪辑。

2. 将剪辑拖放到序列中，使其位于 Laura 03 剪辑的后面，如图 13.32 所示。

图13.32

该剪辑显示了演员 Andrea Sweeney 和 Matt Torrance。看起来还不错，但是 Matt 背后的日光很明亮，如果他身上有看起来很自然的高光，会更好。该剪辑的分辨率也比序列要高，因此边缘被裁切掉。

3. 右键单击序列中的 JG_1，然后选择 Set To Frame Size（设置为帧大小）。这将修复成帧（framing）的问题，结果如图 13.33 所示。

图13.33

4. 在 Effects 面板中搜索 Fast Color Corrector 效果，并将其应用到剪辑上。

5. 在 Effect Controls 面板中，向下滚动 Input Levels（输入级别）空间，选择如下所示的设置（见图 13.34）。

- Input Black Level（输入黑色级别）：10。
- Input Gray Level（输入灰色级别）：1.5。
- Input White Level（输入白色级别）：230。

通过单击滑块上方的蓝色数字，可以设置这些级别。也可以使用滑块控件来设置。

6. 将 Saturation（饱和度）设置为 120，如图 13.35 所示。

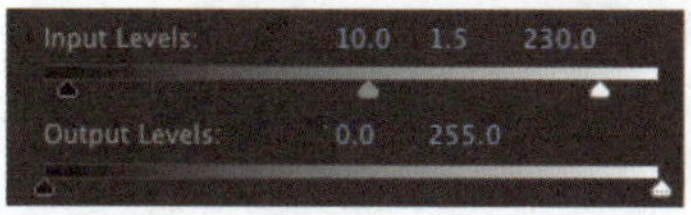

图13.34

图13.35

> Pr 注意：本例使用了一个鲜艳的调整来阐释该技术。通常进行的是更细微的调整。

该效果更改了整个画面，如图 13.36 所示。接下来需要将效果进行显示，使其只应用到画面的一个区域。

在 Effect Controls 面板 Fast Color Corrector 效果名字的下面，可以看到 3 个按钮，它们用来为效果添加蒙版，如图 13.37 所示。

图13.36

图13.37

7. 单击第一个按钮，添加一个椭圆形的蒙版。

效果将立即被限制到创建的蒙版中（见图 13.38）。可以将多个蒙版添加到一个效果上。如果在 Effect Controls 面板中选择了一个蒙版，可以在节目监视器中单击和修改蒙版的形状。

8. 将播放头定位到剪辑的开始位置，然后使用蒙版手柄调整蒙版的位置，使其覆盖 Matt 的面部，并与背景中的栏杆和树叶重叠，如图 13.39 所示。

图13.38

图13.39

9. 使用羽化的方式柔化蒙版的边缘。将 Mask Feather（蒙版羽化）设置为 240，如图 13.40 所示。

如果取消选中 Effect Controls 面板中的蒙版，将看到已经对 Matte 面板周围的区域进行了提升处理，而且图片的其余部分恢复为正常的光照。现在只需跟踪图片。

图13.40

10. 确保播放头仍然位于剪辑的第一帧上。单击 Effect Controls 面板中的 Track Selected Mask Forward（向前跟踪选择的蒙版）按钮（▶），该按钮位于蒙版名字 Mask（1）的下面。

运动非常轻微，因此 Premiere Pro 能够很容易地跟踪动作。如果蒙版停止跟踪剪辑，可单击 Stop（停止），然后重新调整蒙版的位置，并重新开始跟踪。

11. 播放序列，查看结果。

Premiere Pro 也可以向后跟踪，因此可以在一个剪辑的中途选择一个项目，然后以两个方向进行跟踪，从而为蒙版创建自然的跟踪路径。

13.5 关键帧效果

当向效果添加关键帧时，就是在这个时间位置设置了特定的值。一个关键帧会保存一个设置的信息。例如，如果需要针对 Position（位置）、Scale（缩放）和 Rotation（旋转）添加关键帧，则需要 3 个独立的关键帧。

在需要一个特殊设置的精确时刻设置关键帧，Premiere Pro 会计算出在关键帧之间对控件进行动画处理的方式。

13.5.1 添加关键帧

使用关键帧，几乎可以修改所有视频剪辑的所有参数，使其随着时间变化。例如，可以让剪辑逐渐虚焦，改变颜色，或者拉长其阴影。

> **注意**：应用效果时，一定要将播放指示器移动到正在处理的剪辑上，以便在工作时查看更改。如果仅选择剪辑，那么在节目监视器中将看不到它。

1. 打开序列 05 Keyframes。
2. 观看序列，以熟悉其素材，然后将 Timeline 播放头放到剪辑的第一帧上。
3. 在 Effects 面板中，找到 Lens Flare（镜头光晕）效果，并将它应用到序列中的视频图层。
4. 观看序列，以熟悉其素材。
5. 在 Effect Controls 面板中选择 Lens Flare 效果标题。在选中该效果时，节目监视器将显示一个小的控制手柄。使用该手柄调整镜头光晕的位置，使其与图 13.41 匹配，这样效果的中心将位于瀑布的顶部。

图13.41

> **提示：**可能需要关闭再打开 Lens Flare 效果后，才能看到控制手柄，因为它太小了。

6. 确保 Effect Controls 面板的 Timeline 是可见的。否则，单击面板右上角的 Show/Hide Timeline View（显示 / 隐藏时间轴视图）按钮（ ），将其显示出来。

7. 单击秒表图标，以切换 Flare Center（光晕中心）和 Flare Brightness（光晕亮度）属性的动画，如图 13.42 所示。

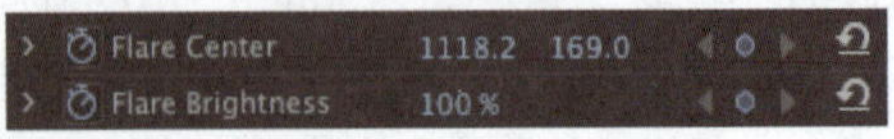

图13.42　单击秒表图标后，将使用当前的设置在当前的位置添加一个关键帧

8. 将播放头移动到剪辑末尾。

可以直接在 Effect Controls 面板中拖动播放头。需确保看到了视频的最后一帧，而且不是黑色的。

9. 调整 Flare Center（光晕中心）和 Flare Brightness（光晕亮度）设置，如图 13.43 所示，以便在摄像机平移时光晕在屏幕上飘过并变得更亮。

图13.43

10. 播放序列以观看效果动画。

> **提示：**一定要使用 Next Keyframe（下一个关键帧）和 Previous Keyframe（上一个关键帧）按钮在关键帧之间高效地移动。这将避免添加不必要的关键帧。

13.5.2　添加关键帧插值和速度

当效果使用不同的设置在关键帧之间移动时，关键帧插值将更改效果设置的行为。目前看到的默认行为都是线性的，也就是说，关键帧之间的变化是匀速的。通常较好的工作方式是让它符合生活体验，或者更夸张一些，比如逐渐加速或减速。

Premiere Pro 提供了两种控制变化的方法：关键帧插值和 Velocity（速度）图。关键帧插值最简单（只需单击两次），而调整 Velocity（速度）图则更有挑战性。掌握这种功能需要花时间并且不断练习。

1. 打开序列 06 Interpolation。

2. 将播放头放置到剪辑的开始位置，选择该剪辑。

该剪辑已经应用了个 Lens Flare 效果，当前是动态的。但是它的运动是在摄像机之前开始的，而这看起来不自然。

3. 单击 Effects Controls 面板中的 fx 按钮（fx）（在效果名字附近），关闭 Lens Flare 效果，然后再打开，查看结果。

4. 在 Effect Controls 面板的 Timeline 视图中，右键单击 Flare Center 属性的第一个关键帧。

5. 选择 Temporal Interpolation（时间插值）> Ease Out（缓出）方法，创建从关键帧移动的柔和过渡，如图 13.44 所示。

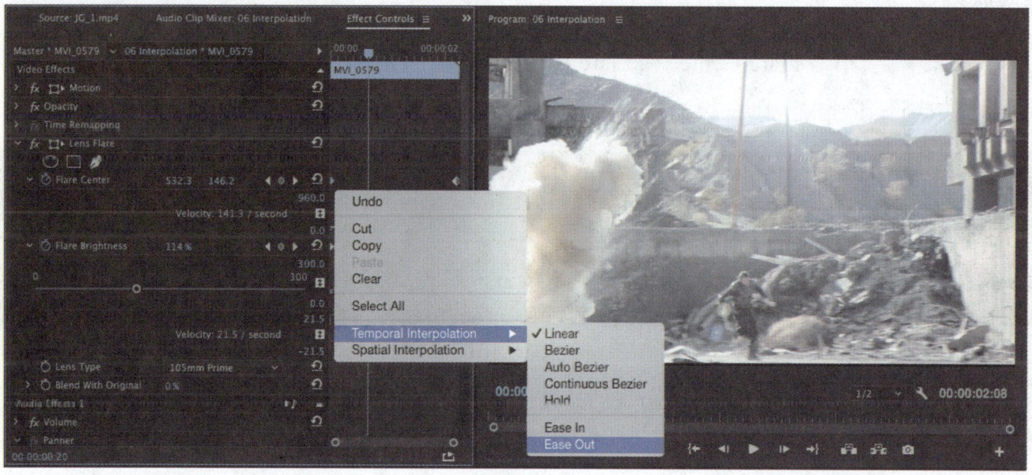

图13.44

6. 右键单击 Flare Center 属性的第二个关键帧，选择 Temporal Interpolation（时间插值）> Ease In（缓入）。这将创建从上一个关键帧的静止位置开始的柔和过渡。

下面将修改 Flare Brightness 属性。

7. 单击 Flare Brightness 的第一个关键帧，然后按住 Shift 键并单击第二个关键帧，这样两个关键帧都是活动的，如图 13.45 所示。

8. 右键单击任意一个 Flare Brightness 关键帧，并选择 Auto Bezier（自动贝塞尔），在两个属性之间创建柔和的动画效果。

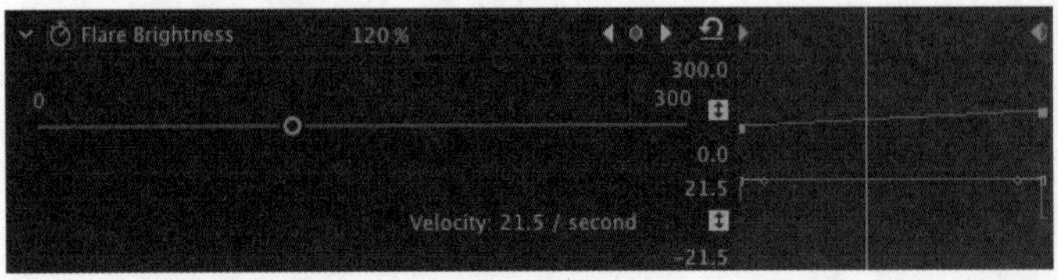

图13.45

> **注意：**当使用与位置相关的参数时，关键帧的上下文菜单将提供两种插值选项，即空间插值（与位置相关）和时间插值（与时间相关）。可以在节目监视器和 Effect Controls 面板中进行空间调整，在 Timeline 和 Effect Controls 面板中进行时间调整。第 9 课中介绍了这些与运动相关的主题。

9. 播放动画以观看所做的更改。

下面使用 Velocity（速度）图进一步改善关键帧。

10. 将鼠标指针悬停在 Effect Controls 面板上，然后按重音符号（`）键，或者单击面板菜单，选择 Panel Group Settings > Maximize Panel Group，将面板最大化为全屏显示，以便更好地查看关键帧控件。

11. 如果需要，单击 Flare Center 和 Flare Brightness 属性旁边的提示三角形，显示可调整的属性，如图 13.46 所示。

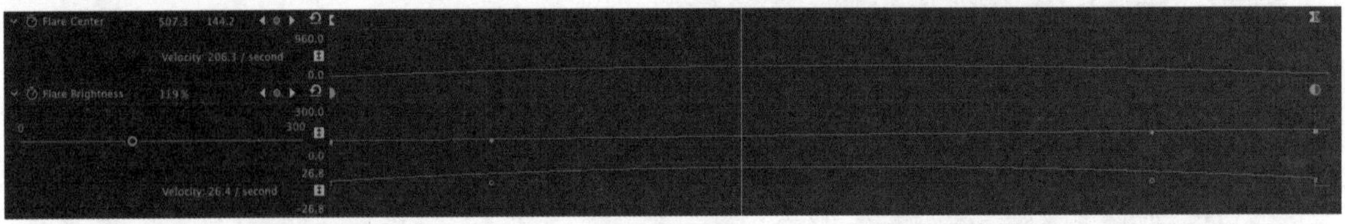

图13.46

Velocity（速度）图显示关键帧之间的速度。突然的下降或升起表示加速度的突然改变。点或线距离中心的位置越远，速度越大。

12. 选择一个不同的关键帧，然后调整其手柄以更改速度曲线的陡峭程度，如图 13.47 所示。

13. 按重音符号（`）键或者使用面板菜单，恢复 Effect Controls 面板的大小。

图13.47

14. 播放序列，以查看所做更改的影响。可以继续尝试，直到掌握了关键帧和插值的用法。

13.6 效果预设

为了在执行重复任务时节省时间，Premiere Pro 对效果预设提供了支持。其实已经包含了几种针对特定任务的预设，但是，其真正的力量在于创建自己的预设来解决重复任务。创建效果预设时，它可以存储多种效果，甚至可以为动画保存关键帧。

理解插值方法

下面总结了Premiere Pro中可用的关键帧插值方法。

- **Linear（线性）**：这是默认行为，将创建关键帧之间的匀速变化。
- **Bezier（贝塞尔曲线）**：该方法允许用户手动调整关键帧任一侧的图形形状。Bezier（贝塞尔曲线）允许在进、出关键帧时突然加速或平滑加速。
- **Continuous Bezier（连续贝塞尔曲线）**：该方法创建通过关键帧的平滑速率变化。与 Bezier（贝塞尔曲线）不同，如果调整连续贝塞尔曲线关键帧一侧的手柄，关键帧另一侧的手柄会以相反的方式移动，以确保通过关键帧时平滑过渡。
- **Auto Bezier（自动贝塞尔曲线）**：即使改变关键帧参数值，这种方法也能在通过关键帧时创建平滑的速率变化。如果选择手动调整关键帧的手柄，它将变为 Continuous Bezier（连续贝塞尔曲线）点，保持通过关键帧的平滑过渡。Auto Bezier（自动贝塞尔曲线）选项偶尔可能生成不想要的运动，因此可以先尝试其他选项。
- **Hold（定格）**：该方法改变属性值，而没有渐变过渡（效果突变）。应用了 Hold（定格）插值后，关键帧后面的图显示为水平直线。
- **Ease In（缓入）**：该方法减缓进入关键帧的数值变化，并将其转换为一个贝塞尔关键帧。
- **Ease Out（缓出）**：该方法逐渐增加离开关键帧的数值变化，并将其转换为一个贝塞尔关键帧。

13.6.1 使用内置预设

Premiere Pro 中提供的效果预设可以用于斜边、画中画效果和风格化过渡等任务。

1. 打开序列 07 Presets。

该序列有一个缓慢的开始——其重点是背景的纹理。使用一个预设对剪辑的开幕进行动画处理。

2. 在 Effects 面板中，浏览到 Presets（预设）>Solarizes（曝光）分类中，找到 Solarize In 预设。
3. 将 Solarize In 预设拖放到序列中的剪辑中。
4. 播放序列，观看 Solarize 效果对开幕所做的变换，如图 13.48 所示。

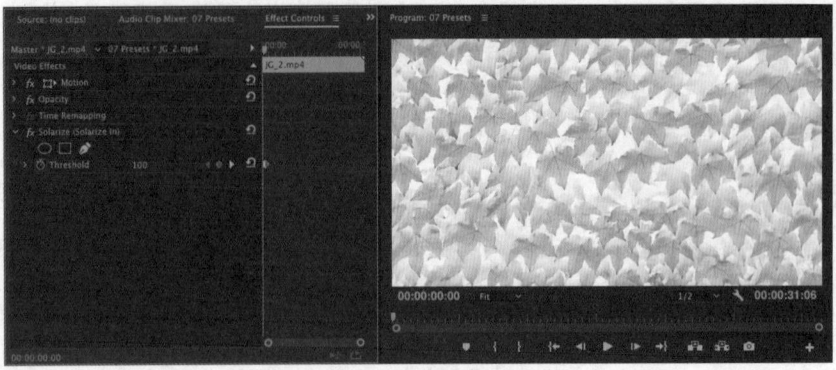

图13.48

5. 单击剪辑，在 Effect Controls 面板中查看其控件。

6. 在 Effect Controls 面板中尝试调整第二个关键帧的位置，自定义其效果。如果扩展效果的时间，它将为剪辑创建一个更满意的开始。

7. 将 Mosaic In 预设拖动到 Video 2 的 paladin-logo.psd 剪辑上。

8. 播放序列以观看徽标进入屏幕的方式。

9. 单击 Video 2 上的 paladin-logo.psd 剪辑，并在 Effect Controls 面板中查看其控件。

10. 在 Effect Controls 面板中，尝试调整关键帧的位置以自定义效果。

13.6.2 保存效果预设

尽管有几种效果预设可供选择，但创建自己的预设也很容易。还可以导入和导出预设，在编辑系统之间进行共享。

1. 打开序列 08 Creating Presets。

Timeline 有两个剪辑，每一个剪辑都有一个调整图层，还有一个开幕字幕的两个实例。

2. 播放序列以观看初始动画。

3. 选择 V3 上 Laura in the snow 剪辑的第一个实例。

4. 单击 Effect Controls 面板，使其进入活跃状态，然后选择 Edit（编辑）>Select All（选择全部），选择应用到剪辑中的所有效果。

如果只想包含预设中的部分效果，也可以选择单独的效果。

5. 在 Effect Controls 面板中，右键单击任何选中的效果，然后选择 Save Preset（保存预设），如图 13.49 所示。

6. 在 Save Preset 对话框中，将效果命名为 Logo Animation，如图 13.50 所示。

图13.49

7. 选择下列一种预设类型，指定 Adobe Premiere Pro 在预设中处理关键帧的方式。

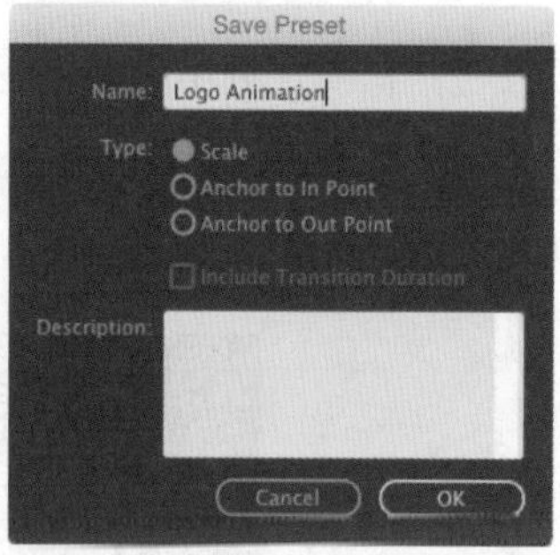

图13.50

- **Scale（缩放）：**按比例将源关键帧缩放为目标剪辑的长度。该操作会删除原始剪辑上的任何现有关键帧。
- **Anchor to In Point（定位到入点）：**保持第一个关键帧的位置及其与剪辑中其他关键帧的关系。会根据第一个关键帧的入点位置为剪辑添加其他关键帧。本练习使用该选项。
- **Anchor to Out Point（定位到出点）：**保持最后一个关键帧的位置及其与剪辑中其他关键帧的关系。会根据最后一个关键帧的出点位置为剪辑添加其他关键帧。

图13.51

8. 单击 OK，将效果和关键帧存储为一个新的预设。
9. 在 Effects 面板中，找到 Presets 分类。
10. 找到新创建的 Logo Animation 预设，如图 13.51 所示。
11. 在 Timeline 中，将 Logo Animation 预设拖动到 Laura in the snow 剪辑的第二个实例上。
12. 播放序列，查看新应用的字幕动画。

使用多个GPU

如果想加速效果渲染或者导出剪辑，可以考虑再添加一个GPU卡。如果使用的是放计算机的立体柜或工作站，则可能有一个额外的插槽来支持第二个显卡。Premiere Pro可以充分利用具有多个GPU卡的计算机，来明显缩短导出时间。可以在Adobe网站上找到与支持的显卡相关的更多信息。

13.7 常用的效果

前面已经介绍了几种效果。尽管本书不可能介绍所有效果，但是本节还将介绍在许多编辑情形下非常有用的几种效果。通过了解各种可能性，可以更好地了解前面的选项。

13.7.1 图像稳定和减少果冻效应

Warp Stabilizer（变形稳定器）效果可以删除摄像机移动造成的抖动（对于今天轻量级的摄像机来说，这种现象越来越普遍）。该效果非常有用，因为它可以删除不稳定的视差型移动（即图像在屏幕上看起来移位了）。

下面来看一下该效果。

1. 打开序列 09 Warp Stabilizer。

2. 播放序列中的第一个剪辑，查看摇晃的镜头。

3. 在 Effects 面板中，找到 Warp Stabilize（变形稳定器）效果，将它应用到镜头上。这将对剪辑进行分析，如图 13.52 所示。

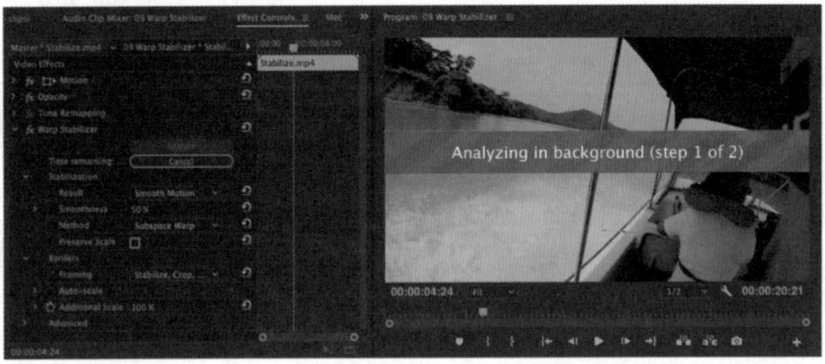

图13.52

分析分两个阶段。横跨素材的横幅提示，使用效果之前要先行等待。Effect Controls 面板中有一个详细的进度指示器。分析在后台进行，因此在等待分析结束的同时，可以继续处理序列。

4. 一旦分析结束，就可以在 Effect Control 面板中调整设置，并选择更适合镜头的选项来改善结果。

- **Result（结果）：**可以选择 Smooth Motion（平滑运动）保持常规摄像机的移动，或者选择 No Motion（不运动）来尝试消除拍摄中的所有摄像机运动。对于本练习，选择 Smooth Motion（平滑运动）。

- **Method（方法）：**有 4 种方法可供使用。功能最强大的两个方法是 Perspective（透视）和 Subspace Warp（子空间变形），因为它们会严重地扭曲和处理图像。如果这两种方法没有造成太多扭曲，则可以尝试切换到 Position, Scale, Rotation（位置、缩放、旋转）或仅仅是 Position（位置）。

- **Smoothness（平滑度）**：该选项指定应为 Smooth Motion（平滑运动）保持的摄像机原始运动的程度。该值越高，镜头越平滑。对镜头尝试此选项，直到对其稳定性感到满意为止。

5. 播放剪辑。

可以看到效果相当不错。

> **提示**：如果镜头中的一些细节是摇晃的，则可能想要改善总体效果。在 Advanced（高级）部分，选择 Detailed Analysis（详细分析）选项，这会让分析阶段做更多的工作来查找跟踪的元素。还可以使用 Advanced（高级）分类下 Rolling Shutter Ripple（果冻效应波纹）的 Enhanced Reduction（增强减小）选项，这些选项在计算时很慢，但是可以生成出色的结果。

6. 针对序列中的第二个剪辑重复上述过程。这次将 Warp Stabilizer 的 Result（结果）菜单设置为 No Motion。

这是一个打算对镜头进行稳定处理的常见案例，由于它们是手持拍摄的，所以会有一点摇晃。Warp Stabilize 能够有效地将这类镜头锁定在适当的位置。

13.7.2 时间码和剪辑名称

如果需要将序列的审查副本发送给客户或同事，则 Timecode（时间码）和 Clip Name（剪辑名称）效果将非常有用。可以为调整图层应用 Timecode 效果，并让它为整个序列生成可见的时间码。在导出媒体时，可以启用相似的时间码叠加（overlay），但是该效果会有更多的选项。

这非常有用，因为它允许其他人根据特定时间点做出具体的反馈。可以控制显示的位置、大小、不透明度、时间码本身，以及其格式和来源。Clip Name（剪辑名称）效果需要直接应用到每个剪辑上。

1. 打开序列 10 Timecode Burn-In。

2. 在 Project 面板中底部单击 New Item（新建项目）菜单，选择 Adjustment Layer（调整图层）。单击 OK。

一个新调整图层将添加到 Project 面板中，而且其设置与当前的序列相匹配。

> **注意**：如果在单个项目中处理具有不同设置的多个序列，最好对调整图层进行命名，以便更容易识别它们的分辨率。

3. 在当前序列中，将调整图层拖动到轨道 V2 的开始位置。

4. 向右拖动新调整图层的右边缘，以便它扩展到序列的结尾。调整图层应该覆盖所有的 3 个剪辑，如图 13.53 所示。

5. 在 Effects 面板中，找到 Timecode（时间码）效果，并将它拖动到调整图层以应用它。

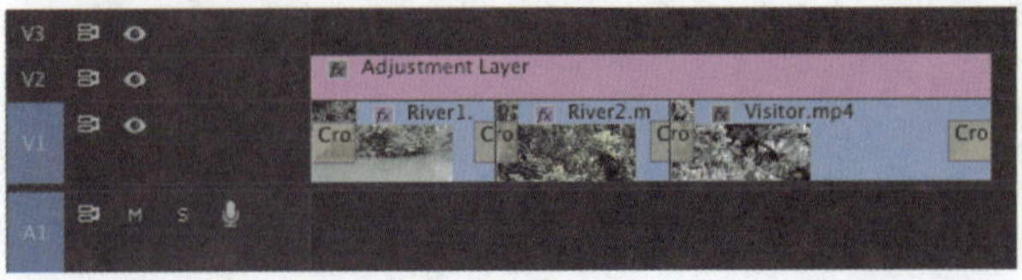

图13.53

6. 在 Effect Controls 面板中，将 Time Display（时间显示）设置为 24，以匹配序列的帧速率。

7. 选择一个时间码源。在本例中，使用 Generate（生成）选项并将 Starting Timecode（开始时间码）设置为 01:00:00:00 以匹配序列，然后取消选中 Field Symbol（字段符号）选项（该素材是渐进式的，所以不需要有字段），如图 13.54 所示。

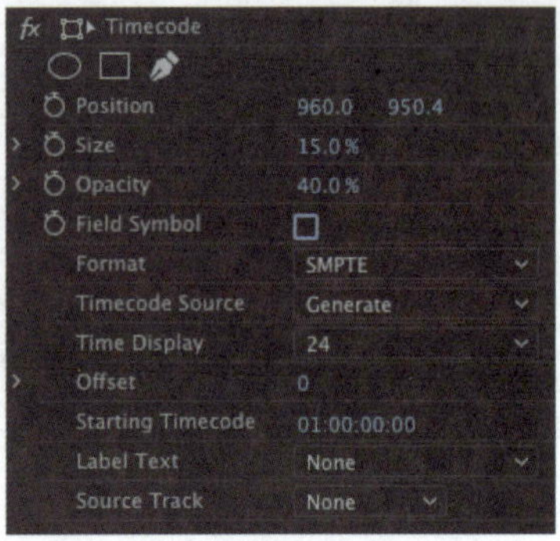

图13.54

8. 调整效果的 Position（位置）和 Size（大小）选项。

移动时间码窗口以便它不会遮挡场景中的关键动作或任意图形是个好主意。如果打算将视频发布到网站上进行审查，一定要调整时间码刻录的大小，以便它易于读取。

现在，应用一种效果，以在导出的影片中显示每个剪辑的名称。这将使从客户或协作者那里获得具体反馈变得更简单。

9. 序列中前两个剪辑引用应用了 Clip Name 效果。在序列中选择轨道 V1 上的最后一个剪辑。

10. 在 Effects 面板中，搜索 Clip Name 效果。

11. 双击 Clip Name 效果，将它应用于所选剪辑。可以使用这个工作流在单个步骤中将效果或预设应用到多个选定的剪辑上。

12. 调整效果属性以进行尝试，确保 Timecode（时间码）和 Clip Name（剪辑名称）效果都是可读的，结果如图 13.55 所示。

序列中的最后一个剪辑，带有时间码叠加

图13.55

13. 清空 Effects 面板搜索框。

13.7.3　阴影 / 高光

Shadow/Highlight（阴影 / 高光）效果是快速调整剪辑中对比度问题的一种有用方式。它可以使黑暗阴影中的对象变亮，还可以使稍微曝光过度的区域变暗。此效果基于周围的像素进行相对独立的调整。默认设置用于修复有逆光问题的图像，但是也可以根据需要修改设置。

下面将尝试效果。

1. 打开序列 11 Shadow/Highlight。
2. 播放序列以评估镜头。看起来有点暗。
3. 在 Timeline 面板中选择剪辑。
4. 在 Effects 面板中，找到 Shadow/Highlight（阴影 / 高光）效果，并将它应用到镜头中。
5. 播放序列以查看此效果的结果，如图 13.56 所示。

图13.56

默认情况下，此效果使用 Auto Amounts（自动数量）模式。该选项会禁用大部分控件，但通常可以快速地提供有用的结果。

6. 在 Effect Controls 面板中取消选中 Auto Amounts（自动数量）复选框。
7. 使用提示三角形，展开 More Options（更多选项）的控件以完善效果。

先调整阴影和高光的定义，然后完善各自的曝光。

8. 调整下列属性（如图 13.57 所示）以进行尝试。

- **Shadow Amount（阴影数量）**：使用该调整来控制阴影变亮的程度。
- **Highlight Amount（高光数量）**：使用该控件来使图像中的高光变暗。
- **Shadow Tonal Width（阴影色调宽度）和 Highlight Tonal Width（高光色调宽度）**：使用范围来定义高光或阴影的范围。较高的值会扩展可调范围，而较低的值会限制可调范围。这些控件有助于隔离要调整的区域。

图13.57

- **Shadow Radius**（阴影半径）和 **Highlight Radius**（高光半径）：调整半径控件以混合所选像素和未选像素。这可以创建平滑的效果混合。应避免使用太高的值，否则会出现不想要的发光效果。
- **Color Correction**（颜色校正）：调整曝光时，图像中的颜色会褪色，使用该滑块可以恢复素材调整区域的自然外观。
- **Midtone Contrast**（中间调对比度）：使用该控件为中间调区域添加更多对比。如果需要图像的中间部分更好地匹配调整的阴影和高光区域，那么该控件非常有用。

13.7.4 镜头畸变去除

运动相机和视点镜头（point-of-view，POV）相机（比如 GoPro 和 DJI Phantom）越来越流行，而且它们都带有价格合理的航空摄像机支架。尽管结果惊人，但是常见的广角镜头可会引入许多不想要的畸变。

Lens Distortion（镜头畸变）效果可以将镜头畸变的外观作为一种创意性的外观引入进来。它可以用来校正镜头畸变。事实上，Premiere Pro 有许多内置的预设用来校正流行摄像机产生的畸变。可在 Effects 面板中找到这些预设，它们位于 Lens Distortion Removal（镜头畸变去除）下面，如图 13.58 所示。

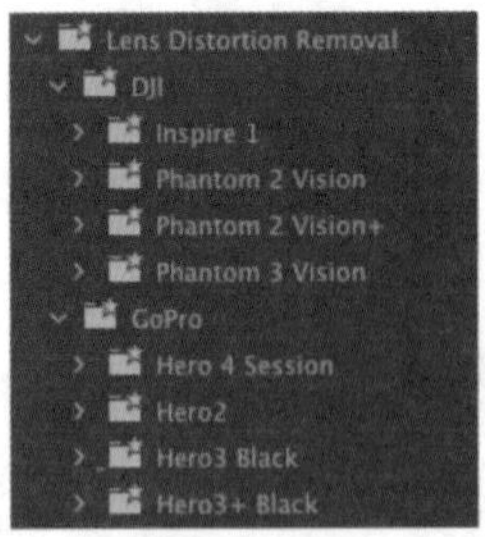

图13.58

要记住，可以将任何效果生成为预设，因此如果处理的摄像机没有预设，可以自行创建。

13.7.5 渲染所有序列

如果想渲染带有效果的多个预设，可以成批进行渲染，而没有必要打开每一个序列，然后单独渲染。

在 Project 面板中选择想要渲染的序列，然后选择 Sequence > Render Effects In to Out。

所选序列中需要渲染的所有效果都将被渲染。

13.8 渲染和替换

如果使用的系统具有较低的性能，而且媒体又是一个高分辨率文件，可能会发现在播放媒体时存在丢帧的情况。在处理动态链接的 After Effects 合成，或者不支持 GPU 加速的复杂的第三方视觉效果时，也会看到丢帧的情况。

如果所有的媒体都有很高的分辨率，可以使用 Proxy（代理）工作流。但是，如果只有一两个剪辑难以播放，则 Premiere Pro 会将这些剪辑渲染为新的媒体文件，然后在序列中替换原有的内容。

要使用一个更容易播放的版本来替换序列剪辑段，可右键单击剪辑，然后选择 Render and Replace（渲染和替换），如图 13.59 所示。

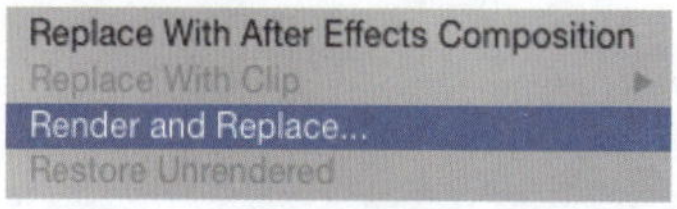

图13.59

Render and Rcplacc（渲染和替换）对话框（见图 13.60）具有与 Proxy 工作流类似的选项，下面是主要的设置。

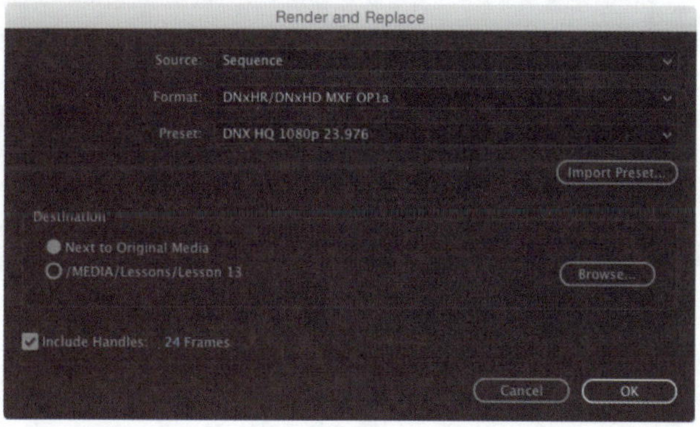

图13.60

- **Source（源）**：创建一个新的媒体文件，使其匹配序列或原始媒体的帧速率和帧大小，或者使用预设。
- **Format（格式）**：指定首选的文件类型。不同的格式使用不同的编码器。
- **Preset（预设）**：尽管可以使用由 Adobe Media Encoder 创建的自定义预设，但是这里默认包含了几个，可以从中选择。

选择一种预设，并为新文件指定了位置后，单击 OK，将替换序列剪辑。

被渲染和被替换的剪辑不再直接链接到原始的媒体。这意味着对动态链接的 AfterEffects 合成所做的更改不会在 Premiere Pro 中进行更新。要将链接恢复为原始的媒体，可右键单击剪辑，然后选择 Restore Unrendered。

复习题

1. 为剪辑应用效果的两种方式是什么？
2. 列出三种添加关键帧的方式。
3. 将效果拖动到剪辑上会在 Effect Controls 面板中打开其参数，但是无法在节目监视器中看到此效果。为什么？
4. 描述如何将一种效果应用于一组剪辑。
5. 描述如何将多种效果保存到一个自定义预设中。

复习题答案

1. 将效果拖动到剪辑上，或者选择剪辑并在 Effects 面板中双击效果。
2. 在 Effect Controls 面板中将播放头移动到想要添加关键帧的位置，并通过单击 Toggle animation（切换动画）按钮来激活关键帧；移动播放头，并单击 Add/Remove Keyframe（添加 / 删除关键帧）按钮；激活了关键帧后，将播放头移动到一个位置，并更改参数。
3. 需要将 Timeline 的播放头移动到所选剪辑以在节目监视器中查看它。只选择剪辑并不会将播放头移动到此剪辑。
4. 选择想要应用效果的剪辑，然后将效果拖动到剪辑组中。也可以在想要影响的剪辑上方添加一个调整图层。然后，应用一个将修改调整图层下方所有剪辑的效果。
5. 可以单击 Effect Controls 面板并选择 Edit（编辑）>Select All（选择全部），或者按住 Control（Windows）或 Command（Mac OS）键并在 Effect Controls 面板中单击多种效果以选择了多种效果，然后从 Effect Controls 面板菜单选择 Save Preset（保存预设）命令。

第14课 使用颜色校正和分级改善剪辑

课程概述

在本课中，你将学习以下内容：

- 在颜色工作区中工作；
- 使用 Lumetri Color 面板；
- 使用矢量示波器和波形；
- 使用颜色校正效果；
- 修复曝光和颜色平衡问题；
- 使用特效；
- 创建一个外观。

本课大约需要 90 分钟。

在本课中，将学习一些改进剪辑外观的主要技术。业内人士每天都会使用这些方法来让电视节目和电影给人眼前一亮的感觉，并让它们变得与众不同。本课不会深入介绍颜色的理论，而是立即使用 Adobe Premiere Pro CC 中的一些颜色工具。

将所有剪辑编辑在一起只是创意过程的第一步。现在，是处理颜色的时候了。

14.1 开始

到目前为止，你一直在组织剪辑，构建序列并应用特效。使用颜色校正时会用到所有这些技能。

思考眼睛记录颜色和光线的方式，摄像机录制颜色和光线的方式，以及计算机屏幕、电视屏幕、视频投影仪或电影院屏幕显示颜色和光线的方式。在考虑作品最终的样子时，有很多因素会造成影响。

Premiere Pro 有多个颜色校正工具，这使创建自己的预设非常简单。在本课中，首先将介绍一些基本的颜色校正技能，然后介绍一些最常见的颜色校正特效，然后使用它们来处理一些常见的颜色校正挑战。

1. 打开 Lesson 14 文件夹中的 Lesson 14.prproj。

2. 在 Workspaces 面板中选择 Color（颜色），或者选择 Window（窗口）> Workspaces（工作区）>Color（颜色）。重置工作区。

这将工作区重置为之前创建的预设，从而更容易处理颜色校正效果以及 Lumetri Color 面板和 Lumetri Scopes 面板。如果之前使用过 Premiere Pro，可能需要单击 Workspaces 面板中的 Color 菜单，将工作区重置为保存过的版本。

有关颜色科学的主题需要持续不断的学习和研究，但是通过本课可以对颜色科学中的一些重要概念有一个基本的了解。

8位视频

值得一提的是，普通的8位视频的工作范围为0~255。这意味着每一个像素在这个范围的某处有红色、绿色和蓝色（RGB）值，这3个值产生一种特定的颜色。可以将0当作0%，将255当作100%。一个像素的红色值为127，等同于其红色值为50%。

在处理视频时，会经常遇到数值0和255。没有必要深入这个数值范围背后的技术细节，这是一种用来衡量视频图像像素值的最常用的范围。

然而，我们讨论的是RGB图像，广播视频使用了一种类似但是范围不同的颜色系统，其名字为YUV。

如果将YUV视频与RGB视频相比较，将一个颜色系统的范围映射到另外一个颜色系统，就会发现YUV像素值的范围为16~235，对应于RGB的0~255范围。电视通常使用YUV颜色，而不是RGB。然而，计算机屏幕几乎肯定是RGB。如果要制作广播视频，这将带来问题，因为用来查看视频素材的屏幕类型不同于其最终被观看时所用的屏幕类型。只有一种确定的方法可以克服这种不确定性：将电视连接到编辑系统，然后在电视屏幕上观看素材。

这两者的区别有点像比较照片的打印版本和电子版本（即在屏幕上查看照片）。打印机和计算机屏幕使用了不同的颜色系统，在从计算机转换到打印机时，其转换并不完美。

在处理Lumetri Scopes面板时，可以检查媒体，确保它适合一种颜色系统。尤其是查看波形显示中的16~235范围，以及查看示波器中较小的内边框（指示了YUV颜色范围）或者较大的外边框（指示了RGB颜色范围）。

在普通电视屏幕上显示时，小于16或大于235的值将被砍掉，并显示为0%或100%。

这意味着有时会在一个RGB屏幕上（比如计算机显示器）查看带有可见细节的素材，而这些可见的细节在电视屏幕上观看时则不可见。需要进行颜色校正，将这些细节显示在电视屏幕范围中。

有些电视带有的选项使用一系列名字（比如Game Mode[游戏模式]或Photo Color Space[照片颜色空间]），可以将颜色显示为RGB，如果屏幕以这种方式设置，可能会看到0~255的完整范围。

14.2 遵循面向颜色的工作流

现在，切换到新工作区，是时候换种思考方式了。将剪辑放置到合适的位置后，要少关注它们的动作，而多关注它们是否适合在一起，是否具有更好的外观。

处理颜色有两个主要阶段。

- 确保每一个场景中的剪辑具有相匹配的颜色、亮度和对比度，以便看起来是使用相同的摄像机在相同的地点、相同的时间拍摄的。
- 为所有内容赋予一种外观，也就是一种特定音调或色调，如图 14.1 所示。

图14.1

可以使用同样的工具实现这两个目的，但是通常以上述顺序单独实现目的。如果同一场景的两个剪辑没有匹配的颜色，则会出现不和谐的连续性问题。

颜色校正和颜色分级

颜色校正和颜色分级这两者之间的区别通常令人困惑。事实上，它们使用了相同的工具，只不过方法不同。

颜色校正通常是对镜头进行标准化处理，确保它们适合在一起，并提升总体的外观，从而产生更为明亮的高光和更强的阴影，或者校正摄像机捕获的色彩偏移。这更多的是一种手艺（craft），而非艺术（art）。

颜色分级旨在实现一种外观，使其更完整地传达故事的氛围。这是一种艺术，而非手艺。

当然，这是一种“谁先谁后”的争论。

14.2.1 颜色工作区

Color（颜色）工作区（见图 14.2）显示 Lumetri Color 面板（提供了许多颜色调整控件），并且将 Lumetri Scopes 面板放置在源监视器后面。Lumetri Scopes 是一组图像分析工具。

剩余的屏幕区域用于节目监视器、Timeline 和 Project 面板。Timeline 会进行收缩，以适应 Lumetri Color 面板。

记住，可以随时打开和关闭任何面板，但是这个工作区关注的是整理工作，而不是组织或编辑项目。

图14.2

默认情况下，当 Timeline 上的播放头在剪辑上移动时，将自动选中这些剪辑。轨道上的剪辑只有具有轨道选择按钮时，才会被选中。这个特性非常重要，因为使用 Lumetri Color 面板所做的调整将应用到选中的剪辑上。可以应用一个调整，然后在 Timeline 上移动播放头，选择下一个剪辑，然后进行处理。

通过选择 Sequence（序列）>Selection Follows Playhead，可以启用或禁用自动剪辑选择。

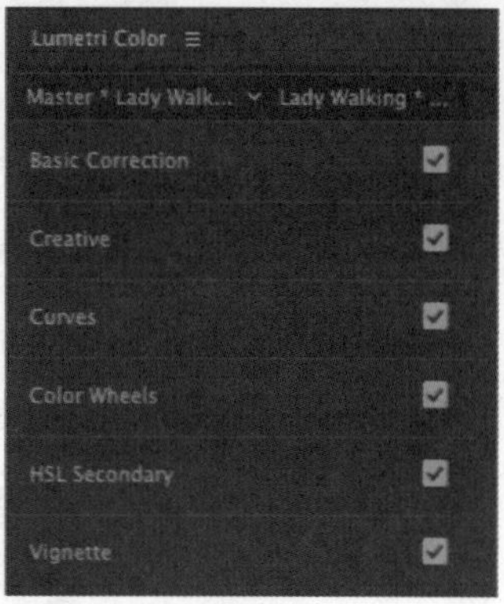

图14.3

14.2.2 Lumetri Color 面板

Lumetri Color 面板被分为 6 个区域（见图 14.3）。可以有选择地浏览颜色调整控件，或者按照自上而下的方式使用越来越高级的工具。

> **注意**：通过单击区域标题，可以展开或折叠 Lumetri Color 面板中的一个区域。

每一个区域提供了一组控件，并使用不同的方法进行颜色调整。下面来看一下每一个区域。

1. Basic Correction

Basic Correction（基本校正）区域（见图 14.4）提供了为剪辑快速应用修复的简单控件。

可以采用 Input LUT 文件的形式，为媒体应用一个预设调整（见图 14.5），这可以对看起来很单调的媒体应用标准调整。

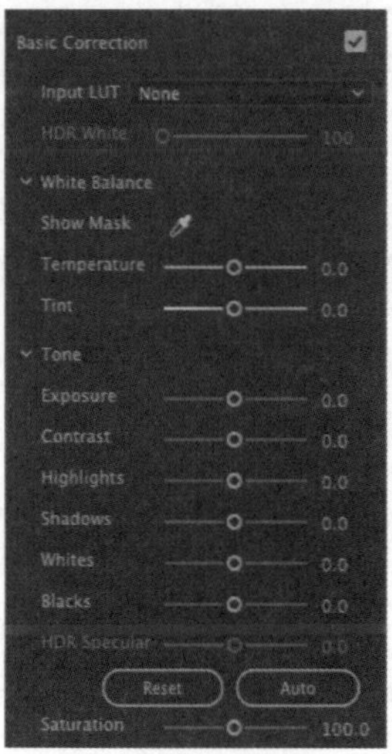

图14.4

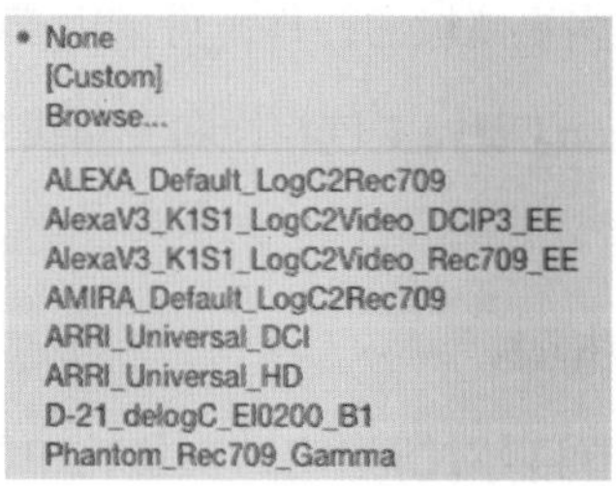

图14.5

如果熟悉 Adobe Lightroom，则可以在 Basic 区域识别出一系列简单的控件。可以按照从上往下的方式来进行调整，提升素材的外观，也可以单击 Auto（自动）按钮，让 Premiere Pro 自动处理。

2. Creative

顾名思义，Creative 区域允许用户对媒体的外观进行进一步的处理。

该区域包含了许多创意性外观，可以针对当前的剪辑记性预览。

在此可以对颜色强度进行细微调整，而且该区域还配置了色轮（color wheel）来调整图像中阴影（更暗的）像素或高亮（更亮的）像素的颜色，如图 14.6 所示。

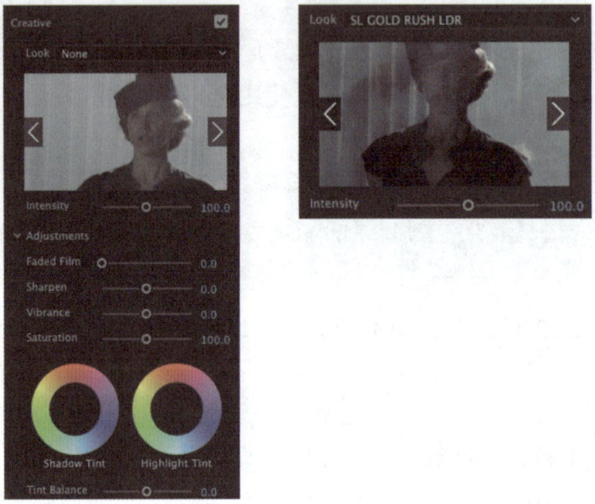

图14.6

3. Curves

Curves（曲线）区域（见图 14.7）允许对外观进行快速但精确的调整，而且只需几次点击，就可以很容易地实现更为自然的结果。

> Pr | **提示：**双击控件的空白区域，可以重置 Lumetri Color 面板中的大多数控件。

该区域有许多更高级的控件，可以用于对亮度、红色 / 绿色 / 蓝色像素进行细微调整。

Hue Saturation Curve（色相饱和度曲线）控件基于色相范围可以精确控制颜色的饱和度（见图 14.8）。

4. Color Wheels

在该区域中可以对图像中的阴影、中间色调和高光像素进行精确控制。将控制球（control puck）从色轮的中间位置拖向边缘，即应用了一个调整。

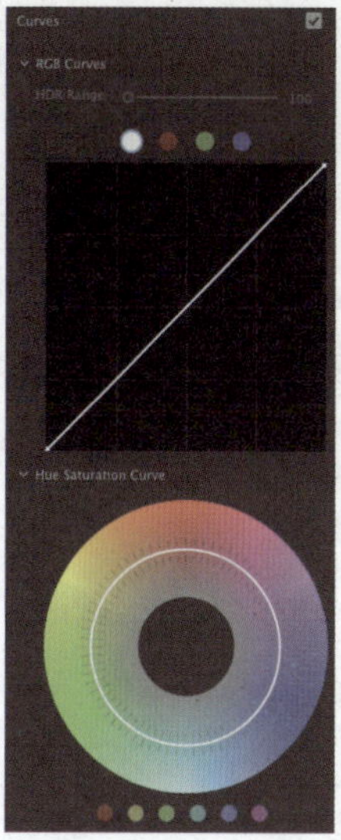

图14.7

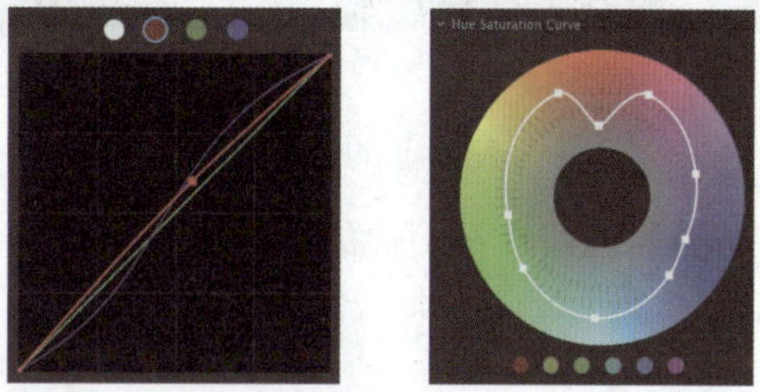

图14.8

每一个色轮都有一个亮度控制滑块，用于简单调整亮度，并可通过适当的调整来改变素材的对比度（见图 14.9）。

5. HSL Secondary

HSL Secondary（二级调色）是对一个图像中的特定区域所做的颜色调整，这个指定的区域是使用 Hue（色相）、Saturation（饱和度）和 Luminance（亮度）范围选择的（见图 14.10）。

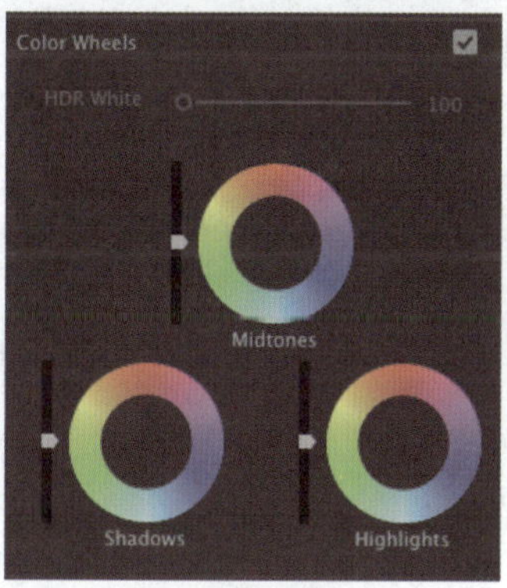

图14.9

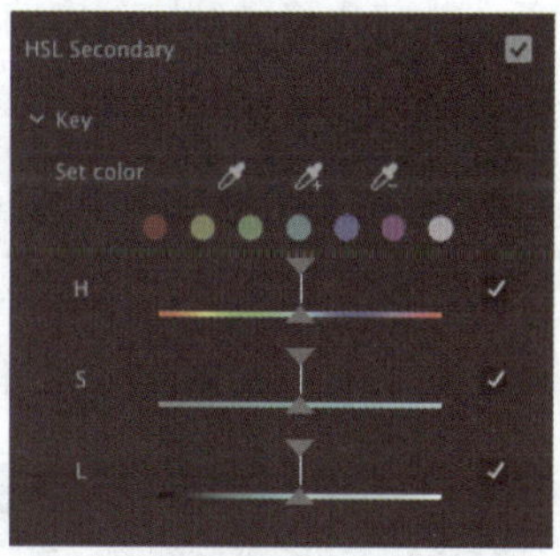

图14.10

可以使用 Lumetri Color 面板的这个区域让蓝天更烂，或者让草地更绿，而且无需影响到图像中的其他区域。

6. Vignette

一个简单的晕影效果（vignette effect）（见图 14.11）对图像所做出的改变令人惊异（见图 14.12）。

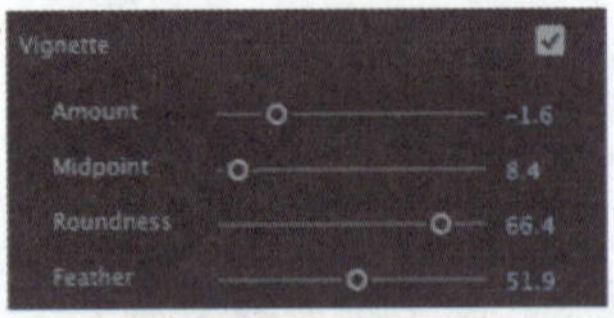

图14.11

图14.12

晕影最初是由相机镜头边框的较暗边缘引起的，但是现代的镜头很少再有这种问题。

相反，晕影通常用来在图像的中心位置创建焦点，即使所做的调整很细微，晕影也会卓有成效。

7. 使用 Lumetri Color 面板

当使用 Lumetri Color 面板进行调整时，它们全体将作为一个普通的 Premiere Pro 效果应用到选择的剪辑上。可以在 Effects Controls 面板中启用和禁用该效果，也可以创建一个效果预设。这些控件也会在 Effects Controls 面板中进行重复。

下面来看一些预设置的外观。

1. 打开 Sequences 素材箱中的序列 Jolie’s Garden，如图 14.13 所示。

这个简单的序列带有几个剪辑，而且这几个剪辑具有很好的颜色和对比度范围。

2. 将 Timeline 播放头移动到序列中的第一个剪辑上。剪辑应该自动呈高亮显示。

3. 单击 Lumetri Color 面板中的 Creative 区域标题，显示其控件。

4. 单击预览显示右侧的箭头，在多个预设置的外观中进行浏览。当看到喜欢的外观时，单击预览，应用该外观。

5. 尝试调整 Intensity（强度）滑块，改变调整的量，如图 14.14 所示。

图14.13

图14.14

可以尝试 Lumetri Color 面板中的其他控件。有些控件很容易掌握，而其他一些控件则需要花费一定的时间来掌握。可以将该序列中的剪辑用作一个试验场，以便通过体验的方式学习 Lumetri Color 面板；只需将所有控件从一个极端拖动到另外一个极端，就可以查看结果。本课后面将详细讲解这些控件。

14.2.3 Lumetri Scopes 基础

为什么 Premiere Pro 的界面这么灰？这里有一个很好的理由：视觉是非常主观的。事实上，它也是高度相关的。

如果查看彼此相邻的两个颜色，查看其中一个颜色的方式会因为另一个颜色的存在而受到影响。为了防止 Premiere Pro 的界面干扰到查看序列中颜色的方式，Adobe 制作了这个近乎全灰的界面。如果之前看到过专业的颜色分级工作室（艺术家在这个套间中对电影和电视节目进行最终的修饰），可能会注意到大多数房间都是灰色的。调色师会有一个非常大的灰色卡片或是一段墙体，在他们检查影片之前，会先查看灰色卡片或墙体，来“重置”他们的视觉。

主观视觉与计算机显示器或电视在显示颜色和亮度时发生的差异，这两者的结合产生了一种进行客观衡量的需求。

视频示波器为此而生。它们应用在整个媒体产业中。只需学习一次，后续就可以在其他地方使用它。

1. 打开序列 Lady Walking，如图 14.15 所示。

图14.15

2. 将 Timeline 播放头的位置放在序列中的剪辑上面。

3. Lumetri Scopes 面板应该与节目监视器共享同一个框架。单击选择该面板，使其处于活跃状态，或者在 Window 窗口中选择该面板。

4. 单击 Lumetri Scopes 面板中的 Settings（设置）菜单（ ），选择 Presets > Premiere 4 Scope YUV（float, no clamp），如图 14.16 所示。

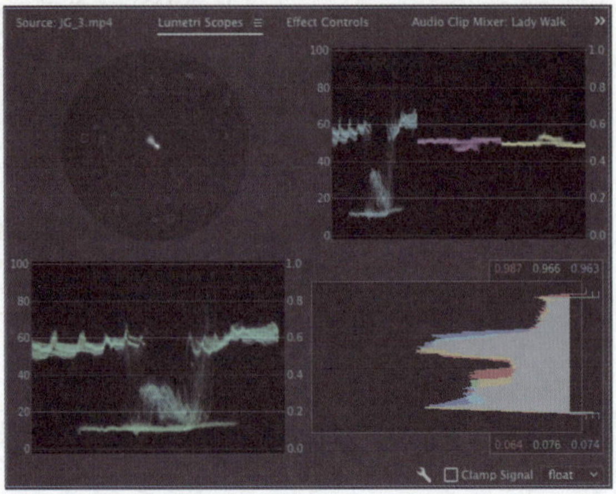

图14.16

在节目监视器中应该可以看到一位女士正在街道上步行，而且 Lumetri Scopes 面板中也在同步播放相同的剪辑。

14.2.4　Lumetri Scopes 面板

Lumetri Scopes 面板中显示了多个工业标准的仪表，从而提供了一个有关媒体的客观视图。

起初，全部显示的组件以及较小的图形会让人倍感压力。可以单击 Settings 菜单，然后选择列表中的选项，将个别选项关闭或打开。

也可以指定是在 ITU Rec. 2020（UHD）、ITU Rec. 709（HD），还是在 ITU Rec. 601（SD）颜色空间中进行处理。如果正在制作用于广播电视的内容，肯定会用到这些标准中的一个。如果不是，或者是不确定，则可能会满意于 Rec 709。这需要与摄取部门（ingest department）进行确认。

可以在 Settings 菜单中选择颜色空间（见图 14.17）。

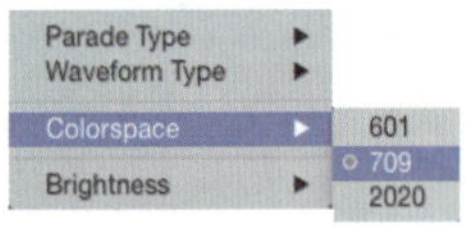

图14.17

也可以选择显示 8 Bit、默认的浮点（32 位的浮点数颜色），甚至是 HDR（High Dynamic Range，高动态范围），它在图像的最暗和最亮部分之间具有一个更高的范围。HDR 超出了本课的范围，但它是一种重要的新技术，而且随着新的摄像机和显示器为其提供支持，它将会越来越重要。

现在来简化视图。右键单击 Lumetri Scopes 面板的任何位置，可以访问 Settings 菜单。现在单击选中项目的任何一个，然后将它们从显示中移除。在面板上右键单击，选择 Presets（预设）> Waveform RGB（波形 RGB），如图 14.18 所示。

下面来看一下 Lumetri Scopes 面板中的两个主要组件。

1. 波形

如果不熟悉的话，波形看起来可能有些奇怪，但它们其实很简单。它们显示了图像的亮度和颜色饱和度（见图 14.19）。

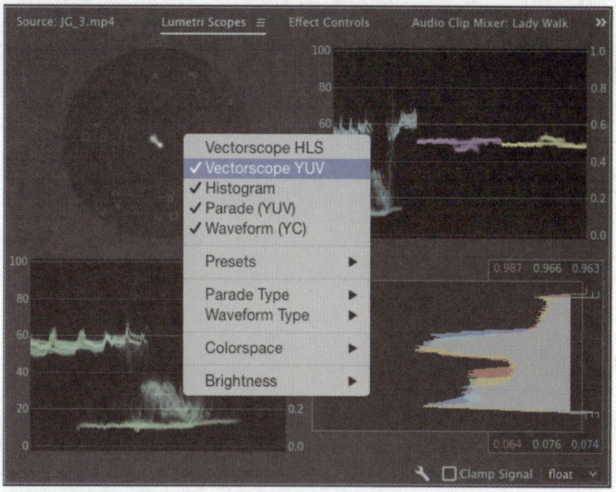

图14.18

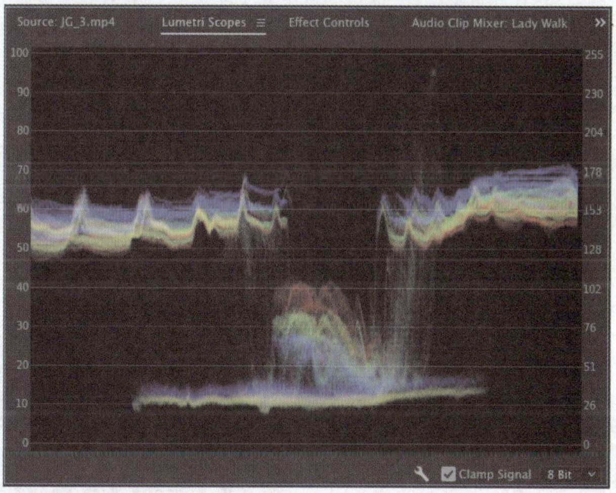

图14.19

当前帧中的每一个像素都显示在波形中。像素越亮，其出现的位置越高。像素有正确的水平位置（也就是说，屏幕中间的像素将显示在波形中间），但是其垂直位置不是基于图像的。

相反，垂直位置表示亮度或颜色强度；亮度和颜色强度波形使用不同的颜色一起显示。

- 0，位于刻度底部，表示没有亮度和 / 或没有颜色强度。
- 100，位于刻度顶部，表示像素是全亮的。在 RGB（红色、绿色和蓝色）刻度上，这个值将是 255（可以在波形显示的右侧看到这个刻度）。

这一切听起来可能极具技术性，但是实际上它非常简单。有一个可视的基准线表示“没有亮度”，并且有一个顶部线表示“全部亮度”。图形边缘的数字可能会改变，但是使用方法实际上是相同的。

可以用多种方式查看波形。要访问每种类型，单击 Lumetri Scopes Settings 菜单，然后选择 Waveform Type（波形类型），其后跟着下面的选项。

- RGB：以各自的颜色显示 Red（红）、Green（绿）和 Blue（蓝）像素。
- Luma：显示像素的 IRE 值，其范围是 0~10，对应于 -20~120 刻度。这可以精确分析亮点和对比度。
- YC：以绿色显示图形的亮度，以蓝色显示图形的色度（颜色强度）。
- YC no Chroma：显示没有色度的亮度。

YC是什么

字母C表示色度（chrominance），这简洁明了，但是字母Y表示亮度（luminance）则需要进行一番解释。它来自于使用*x*、*y*和*z*轴来衡量颜色信息的一种方式，其中*y*表示亮度。最初的想法是建立一个记录颜色的简单系统，并使用*y*表示亮度或明度。

下面来测试一下这种显示方式。

1. 继续使用 Lady Walking 序列。将 Timeline 的播放头放置到 00:00:07:00 位置，以便看到烟雾背景中的女士，如图 14.20 所示。

2. 将波形显示为 YC no Chroma，结果如图 14.21 所示。

图14.20

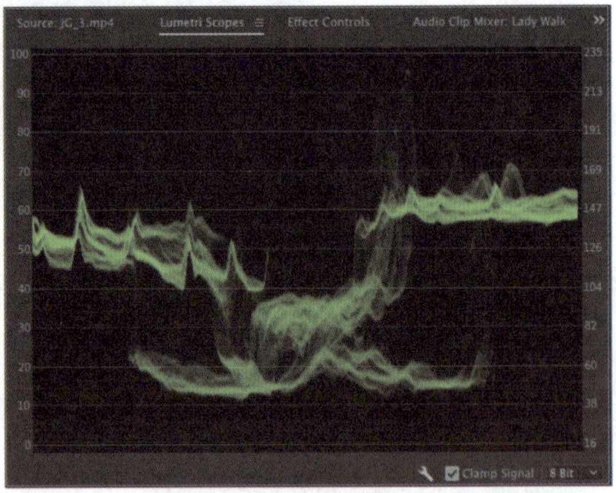

图14.21

图像中的烟雾部分几乎没有对比度，在波形显示中显示为一条相对平坦的线。女士的头部和肩膀比烟雾背景暗，而且位于图像的中间位置，因此能够在波形显示的中间区域清晰可见。

3. 展开 Lumetri Color 面板的 Basic Correction（基本校正）区域。

4. 体验 Exposure（曝光）、Contrast（对比度）、Highlights（高光）、Shadows（阴影）、Whites（白）和 Black（黑）控件。在调整控件时，观察波形显示，查看结果。

> Pr | 提示：双击 Lumetri Color 面板中一个滑块控件的任何部分，可将其重置。

如果对图像进行了一个调整，等待几秒钟后，眼睛就会适应新的图像外观，而且图像看起来很正常。进行另外一次调整并等待几秒钟，新的图像外观看起来也很正常。哪一个是正确的呢？

很不幸，这个问题的答案基于感知的质量。如果喜欢所看到的内容，它就是正确的。然而，波形显示将给出一个客观信息，来表明图像中的响度有多亮 / 多暗，以及图像中有多少颜色。在试图达到标准时，这个信息很有用。

在左边和右边，能够看到显示烟雾背景的图像部分（在波形中带有一些脊状突起，这是背景中的图像）。也能在中间位置看到较暗的区域（女士所在的位置）。如果拖动序列或者播放序列，能看到实时更新的波形显示。

> Pr | 提示：有时看起来像是波形显示在显示图像。记住，图像中像素的垂直位置没有在波形显示中用到。

波形显示可以显示图像具有多少对比度，以及检查正在处理的视频是否有合法的色阶（level）（即广播公司所允许的最大和最小亮度或颜色饱和度）。广播公司采用它们自己的合法色阶标准，因此需要找出广播作品的广播公司的每种标准。

可以立即看到这个图像中的对比度不好。在波形显示的上边，有强烈的阴影，但是高光很少。

2. YUV 矢量示波器

YC 波形根据显示像素的垂直位置来显示亮度，而且较亮的像素显示在顶部，较暗的像素显示在底部，矢量示波器只显示颜色。

1. 打开序列 Skyline，如图 14.22 所示。

图14.22

2. 单击 Limetri Scopes Settings（设置）菜单（🔧），然后选择 Vectorscope YUV（矢量示波器 YUV）；再次进入 Settings 菜单，选择 Waveform（YC no Chroma），取消选中，结果如图 14.23 所示。

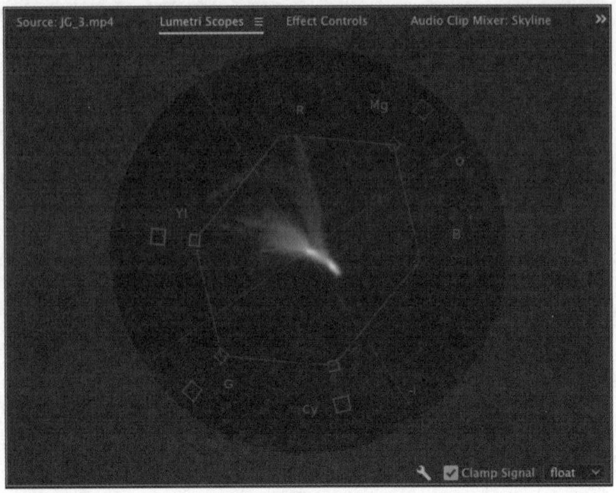

图14.23

> **注意：**相较于 YUV 矢量示波器，电影分级艺术家有时更优先使用 HLS 矢量示波器。HLS 矢量示波器没有指导覆盖（guiding overlay），如果之前不熟悉它的话，则可能有点难以理解。

图像中的像素显示在矢量示波器中。如果像素出现在圆圈的中央位置，则它没有颜色饱和度；像素距离圆圈的边缘越近，它的颜色越饱和。

如果仔细观察矢量示波器，将看到一系列表示原色（primary color）的目标（target），如图 14.24 所示。

图14.24

- R= 红色
- G= 绿色
- B= 蓝色

每个目标有两个方框，较小的内边框是 YUV 颜色限制，较大的外边框是 RGB 颜色限制。相较于 YUV，RGB 颜色将饱和度扩展到一个更高的级别。内边框之间的细线显示了 YUV 的色域（YUV 颜色的范围）。

还将看到一系列表示合成色（secondary color）的标记。

- YL= 黄色
- CY= 青色
- MG= 品红色

像素越接近其中一种颜色，就越像这种颜色。尽管波形显示表明了像素在图像中的位置，但由于水平位置，矢量示波器中没有任何位置信息。

关于原色和混合色

红色、绿色和蓝色是原色。对于显示系统（包括电视屏幕和计算机显示器）来说，以不同的相对数量来组合这三种颜色以生成看到的所有颜色很常见。

标准色轮的工作方式是对称的，并且矢量示波器显示的实际上就是色轮。

任意两种原色组合会生成一种混合色。混合色是剩余原色的互补色。

例如，红色和绿色混合会生成黄色，而黄色是蓝色的互补色。

可以清楚地看到在这张西雅图的照片中出现了什么情况。照片中有大量深蓝色和一些红色和黄色点，少量的红色由矢量示波器中接近 R 标记的峰值来表示。

矢量示波器非常有用，因为它提供了序列中颜色的客观信息。如果有色偏，可能是因为没有正确地校准摄像机，通常在矢量示波器显示中色偏更明显。可以使用一个 Lumetri Color 面板控件来减少不想要颜色的数量或者添加更多互补色。

用于颜色校正效果的某些控件，比如 Fast Color Corrector（快速颜色校正器），有与矢量示波器一样的色轮设计，因此可以轻松看到要做什么。

下面来做出一个调整，并在矢量示波器显示中观看结果。

1. 继续处理 Skyline 序列，将 Timeline 播放头移动到 00:00:01:00 位置，这个位置的颜色更生动。

2. 在 Lumetri Color 面板中，展开 Basic Correction（基本校正）区域。

3. 在矢量示波器显示中观看结果时，将 Temperature（温度）滑块从一个极端拖动到另外一个极端，如图 14.25 所示。

矢量示波器中显示的像素在显示的橙色和蓝色区域之间移动。

4. 双击 Temperature 滑块控件，将其重置。

5. 在 Lumetri Color 面板中，将 Tint（色调）滑块从一个极端拖动到另外一个极端，如图 14.26 所示。

图14.25

图14.26

矢量示波器中显示的像素在显示的绿色和品红色区域之间移动。

6. 双击 Tint 滑块控件，将其重置。

在查看矢量示波器时进行调整，可以对所做的变化得到一个客观的指标。

加色和减色

计算机屏幕和电视机使用加色（additive color），这意味着颜色是通过生成不同颜色的光并精确混合它们而生成的。相同数量的红色、绿色和蓝色混合会生成白色。

在纸（通常是白纸）上绘制颜色时，反映的是完整的光谱颜色，是通过添加颜料来减去纸的白色。颜料防止部分光反射在纸上，这称为减色（subtractive color）。

加色使用原色，而减色使用混合色。从某种意义上说，它们是同一颜色理论的翻面（flip sides）。

3. RGB 分量

单击 Lumetri Scopes Settings 菜单，选择 Preset（预设）> Parade RGB（RGB 分量）。

RGB 分量提供了另外一种形式的波形显示（见图 14.27）。差别在于红色、绿色和蓝色的色阶是分别显示的。为了容纳三种颜色，每张图像会被水平挤压为显示宽度的 1/3。

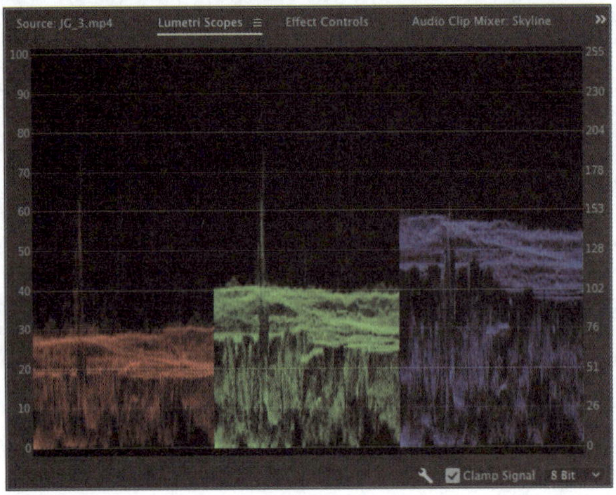

图14.27

通过单击 Lumetri Scops Settings 菜单，或者在 Lumetri Scopes 面板中单击，然后选择 Parade Type（分量类型），可以选择要查看哪种类型的分量，如图 14.28 所示。

分量的三个部分有类似的图案，尤其是有白色或灰色像素的位置，因为这些部分具有相同数量的红色、绿色和蓝色。RGB 分量是最常使用的一种颜色校正工具，因为它清楚地显示了原色通道之间的关系。

要查看可以在 RGB 分量上进行的颜色调整，请进入 Lumetri Color 面板的 Basic Correction 区域，并调整 Color Balance Temperature 和 Tint 控件。在结束之后，要确保通过双击每个控件的方式对其进行重置。

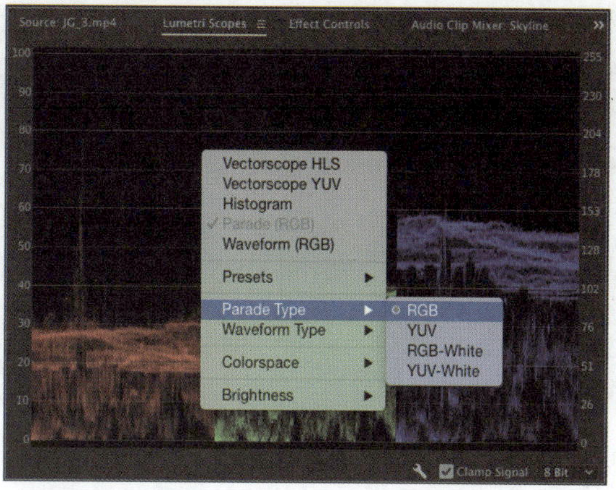

图14.28

14.3 面向颜色的效果概述

除了使用 Lumetri Color 面板调整颜色之外，还有大量的面向颜色的效果值得熟悉。与在 Premiere Pro 中管理其他效果一样，可以用同样的方式添加、修改和删除颜色校正效果。与其他效果一样，可以使用关键帧根据时间来修改颜色校正效果设置。

> Pr 提示：使用 Effects 面板顶部的搜索框可以查找效果。通常情况下，了解如何使用效果的最佳方式是将它应用到具有大量颜色、高光和阴影的剪辑上，然后调整所有设置并观察结果。

在熟悉了 Premiere Pro 之后，可能想知道哪种效果最适用于某种特定的目的。这很正常。在 Premiere Pro 中有多种方法可以实现同样的结果，有时候选择取决于个人喜好。

下面是一些可能想要尝试的效果。如果查看这些效果并使用控件进行尝试，需要使用 Effects 工作区，而非 Color 工作区。

14.3.1 彩色效果

Premiere Pro 中有几种调整现有颜色的效果。下列两种效果用于创建黑白图像并应用色调，以及将彩色剪辑转换为黑白剪辑。

1. 色调

使用吸管或拾色器来将任意图像减少为只有两种颜色，映射到黑白的颜色会替换图像中的其他颜色，效果如图 14.29 所示。

图14.29

2. 黑白

将任意图像转换为黑白图像，效果如图 14.30 所示。当与可以添加颜色的其他效果组合使用时，它很有用。

图14.30

黑白图像通常能够承受更为强烈的对比度。可以考虑将效果合并，以得到最佳的结果。

14.3.2 颜色删除或替换

这些效果允许选择性地更改颜色，而不是修改整个图像。稍后将使用其中一些效果。

1. 分色

也可以使用 Lumetri Color 面板中高级 HSL Secondary（二级调色）区域来实现类似的效果，但是这个分色滤镜通常更快，效果如图 14.31 所示。

使用吸管或拾色器来选择想要保留的颜色。调整 Amount to Decolor（脱色量）设置以降低所有其他颜色的饱和度。

使用 Tolerance（容差）和 Edge Softness（边缘柔和度）控件来生成更柔和的效果。

2. 更改为颜色

使用吸管或拾色器来选择想要更改的颜色和想要它成为的颜色，效果如图 14.32 所示。

图14.31

图14.32

使用 Change（更改）菜单来选择想要使用效果来应用调整的方法。

3. 更改颜色

与 Change to Color（更改为颜色）效果类似，该效果提供了微妙的控件来将一种颜色调整为另一种颜色，效果如图 14.33 所示。

图14.33

不是与另一种颜色匹配，而是使用 Matching Tolcrancc（匹配容差）和 Matching Softness（匹配柔和度）控件来更改色相并巧妙处理选区。

14.3.3 颜色校正

这些效果包含大量控件，用于调整视频的总体外观或做出精确选择以调整各个颜色或颜色范围。可以使用 Lumetri Color 面板进行某些调整，并且使用下面小节中介绍的其他效果来做出其他调整。

1. 快速颜色校正器

顾名思义，Fast Color Corrector（快速颜色校正器）是一种调整剪辑的整体颜色和明度级别的快速且易用的效果（见图 14.34）。

前面已经使用 Fast Color Corrector 效果对剪辑做出了一些简单的调整。

2. 三向颜色校正器

与 Fast Color Corrector（快速颜色校正器）类似，该效果具有单独控件，可调整剪辑的阴影、中间调和高光的颜色（见图 14.35）。

Lumetric Color 面板中具有相似的控件，但是该效果允许用户指定哪些像素将受到每个色轮的影响（基于亮度级别）。

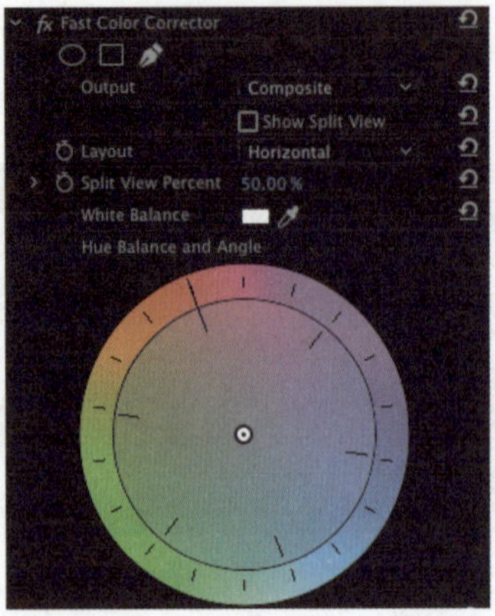

图14.34

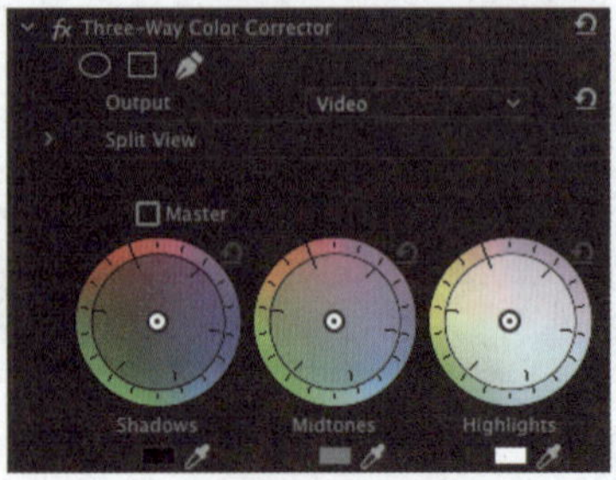

图14.35

3. RGB 曲线

RGB Curves（RGB 曲线）效果是一个简单的图形控件（见图 14.36），可使用它获得自然柔和的结果。每个图的水平轴表示原始剪辑，左侧显示阴影，右侧显示高光。垂直轴表示效果的输出，底部显示阴影，顶部显示高光。

从左下角到右上角的直线表示没有变化。拖动该直线可以更改原始剪辑的色阶（level）与结果输出色阶之间的关系。这些控件可以作为单独的效果使用，也可以作为 Lumetri Color 面板的一部分使用。然而，当作为 Lumetri Color 面板的一部分使用时，它为每种颜色通道提供了一个可切换的控件。该效果可以同时且更容易地访问单独控件中的所有颜色通道。

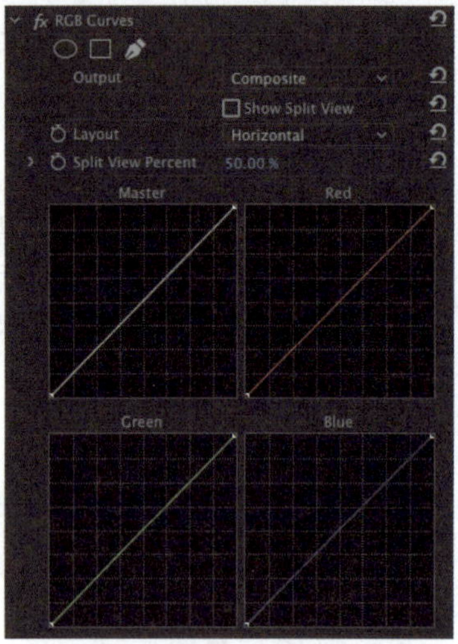

图14.36

14.3.4 视频限幅器

除了创建效果之外，Premiere Pro 的颜色校正功能还包含了用于专业级视频制作的效果。

当视频用于广播时，其所允许的最大亮度、最小亮度和颜色饱和度都有具体的限幅。可以使用手动控件将视频色阶限制到所允许的限幅，也可以容易地对序列中需要调整的部分进行混合。

Video Limiter 效果（见图 14.37）能够自动限制剪辑的色阶，以确保满足设置的标准。

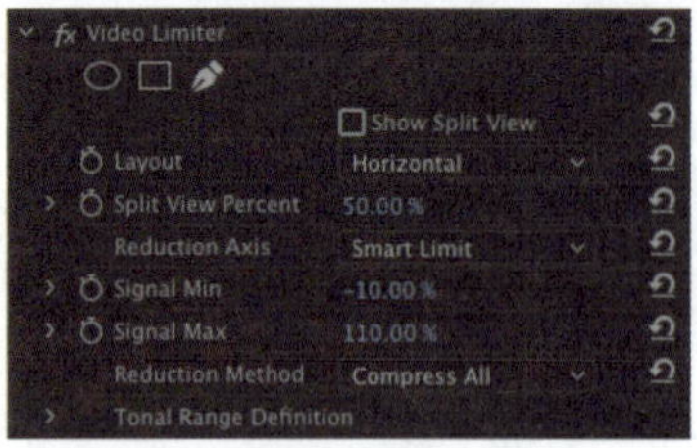

图14.37

> Pr | **提示：**将 Video Limiter 效果应用到单独剪辑的情况很常见，但是也可以选择将它应用到一个调整图层的整个序列中。

在使用该效果设置 Signal Min（信号最小值）和 Signal Max（信号最大值）控件之前，需要检查广播公司应用的限幅。在选择 Reduction Axis（设置减少亮度或视频电平）选项时，这通常是个问题。是想只限制响度、色度，还是两者都想限制？或者，想要设置一个总体的“智能”限幅？

Reduction Method（设置限制方法）菜单允许选择想要调整的视频信号的一部分。通常选择 Compress All（压缩所有）。

14.4 修复曝光问题

下面来看一些具有曝光问题的剪辑，并使用一些 Lumetri Color 面板控件来解决这些问题。

1. 确保当前在 Color（颜色）工作区中，如果有必要，将其重置为一个保存过的版本。

2. 打开序列 Color Work。

3. 在 Lumetri Scopes 面板中，单击右键，或者单击 Settings 菜单，选择 Waveform（波形）。

4. 继续在 Lumetri Scopes 面板中，单击右键，或者单击 Settings 菜单，选择 Waveform Type（波形类型）> YC no Chroma。

5. 将 Timeline 的播放头移动到序列中第一个剪辑的上面。这是一位女士在行走的镜头。接下来将添加一些对比度。

环境是雾蒙蒙的。100 IRE（显示在波形左侧）表示完全曝光，而 0 IRE 表示没有任何曝光。图像中没有地方与这些色阶相接近。眼睛很快适应了图像，因此觉得看起来还不错。现在看一下是否可以让它更生动一些。

6. 在 Lumetri Color 面板中，单击显示 Basic Correction（基本校正）控件。

7. 使用 Exposure（曝光）和 Contrast（对比度）控件对镜头进行调整，同时检查波形显示，确保图像没有变得太暗或太亮。

如果屏幕上有一个剪辑后半部分的帧，将获得最佳视觉效果，大约在 00:00:07:09 处有一段清晰的聚焦。

将 Exposure 设置修改为 0.6，将 Contrast 设置修改为 60（见图 14.38）。

8. 眼睛有可能很快就可以适应新图像，因此使用复选框关闭和打开 Basic Correction 调整，来比较之前和之后的图像。

所做的细微调整会增加图像的景深，生成更亮的高光和更暗的阴影。切换效果的开关时，将在 Lumetri Scopes 面板中看到 Waveform（波形）会改变。如图 14.39 所示，画面中仍然没有明亮的高光，但是这很好，因为其自然颜色主要是中间调。

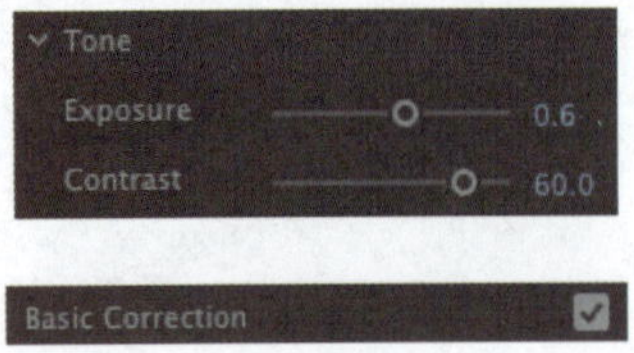

图14.38

图14.39

14.4.1 曝光不足的图像

现在来处理一个曝光不足的图像。

1. 切换到 Effects 工作区。

2. 将 Timeline 播放头放到 Color Work 序列中第一个剪辑的上面。在第一次查看该剪辑时，看起来还不错。高光看起来不强，但是在图像中有不少的细节量，尤其是面部，清晰且细节很好。

3. 打开 Lumetri Scopes 面板，在波形中查看该剪辑。在波形的底部，有相当多的暗像素，有些已经接触到 0 线。

> Pr | **提示：**记住，可以通过在 Window 菜单中选择的方法打开任何面板。Lumetri Scopes 面板并不局限在 Color 工作区中。

在这个例子中，看起来像是丢失的细节位于衣服的右肩膀上。这种暗像素的问题是，增加亮度时只会将强烈的阴影变成灰色，而不会出现任何细节。

4. 在 Effects 面板中，找到 Brightness & Contrast（亮度和对比度）效果，并将其应用到剪辑上。

5. 调整面板的位置，以便看到 Lumetri Scopes 面板、Effect Controls 面板和节目监视器，如图 14.40 所示。

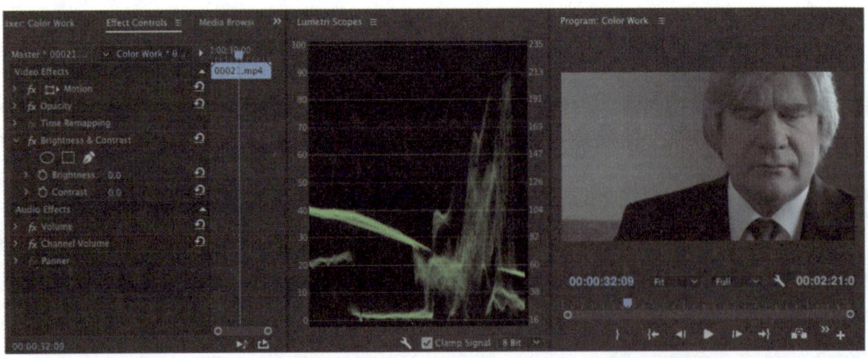

图14.40

6. 使用 Effect Controls 面板中的 Brightness（亮度）控件增加亮度。不要单击数值和输入一个新的数值，而是将其向右拖动，以便看到逐渐发生的变化。

在拖动时，注意到整个波形向上移动。对于使图 14.41 所示画面中的亮度变亮来说这很好，但是阴影依然很单调，只是将黑色阴影变成了灰色的。如果将 Brightness 控件拖动到 100，看到的图像依然非常单调。

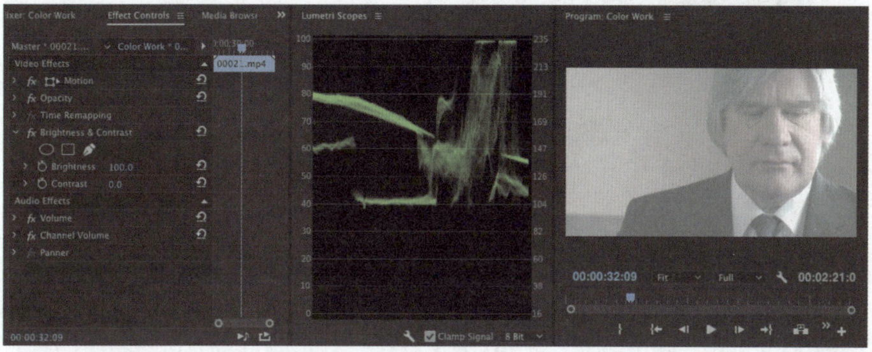

图14.41

> **提示：**Brightness & Contrast 效果提供了一种简单快速的修复方式，但是它很容易不小心剪切掉黑色（暗）或白色（亮）像素，从而丢失细节。Curves 控件会将调整保持在 0~255 的范围内，除非拖动了终端控制点。

7. 移除 Brightness & Contrast 效果。

8. 切换回 Color 工作区。尝试在 Lumetri Color 面板中使用 RGB Curves 控件进行调整。这里是一个使用 RGB Curves 调整改善图像的示例（见图 14.42）。

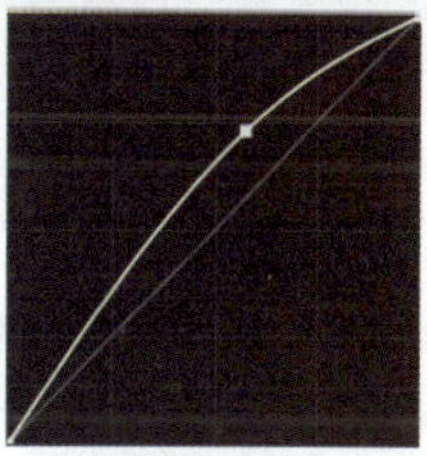

图14.42

对序列中的第 3 个剪辑尝试该效果。该剪辑演示了后期修复时的限制。

> **提示：**通过双击的方式，可以重置 Lumetri Color 控件。

14.4.2 曝光过度的图像

要处理的下一个剪辑是一个曝光过度的剪辑。

1. 将 Timeline 播放头移动到序列中的第 4 个剪辑上。注意，许多像素都曝光过度了。与序列中第二个剪辑中的阴影一样，在曝光过度的高光中没有任何细节。这意味着降低亮度仅会使角色的皮肤和头发变灰，而不会显示任何细节。

2. 这个镜头中的阴影不会到达 Wavefrom Monitor（波形监视器）的底部。缺少适当的阴影让图像变得很单调（见图 14.43）。

图14.43

3. 尝试使用 Lumetri Color 面板中的 RGB Curves 控件来改善对比度范围。这种方法可能会奏效，尽管剪辑肯定已经处理过了。

什么时候颜色校正是合适的？

调整图像是一件非常主观的事情。尽管图像格式和广播技术有精确的限制，但无论图像应该是亮的、暗的、蓝色调还是绿的，最终都是一个主观的选择。Premiere Pro提供的参考工具（比如Lumetri Scopes面板）是有用的指南，但只有用户可以确定图像在何时看起来是合适的。

如果是为电视播放制作视频，那么有一个与Premiere Pro编辑系统相连接的电视屏幕来查看内容很重要。电视屏幕与计算机显示器显示颜色的方式不同，而且计算机的屏幕有时会有特殊的颜色模式来改变视频的外观。对于专业级别的广播电视来说，编辑人员应该总是仔细地校准监视器，来显示YUV颜色。

此差别类似于计算机显示器显示的照片和打印照片之间的颜色差异。

如果是在为数字影院投影、超高清晰度电视、高动态范围电视制作内容，上述规则也适用。要知道图片精确外观的唯一方式是使用目标媒介进行查看。这意味着，如果最终目标媒介是计算机屏幕（要查看的内容也许作为Web视频，也许作为软件界面的一部分），那么就已经在完美的测试监视器上进行了查看。

14.5 修复颜色平衡

人的眼睛会自动调整以补偿周围光线颜色的改变。这是一种非凡的能力，可以让人们将白色视为白色，即使在钨丝灯的照耀下它看起来像是橘色的。

摄像机可以自动调整白平衡，以与眼睛相同的方式来补偿不同光线。正确校准后，白色对象看起来就是白色的，无论是在室内（在偏橘黄色的钨丝灯下）还是在室外（在偏蓝的日光下）进行录制。

有时仅凭自动设置有点力不从心，因此专业摄影师通常喜欢手动设置白平衡。如果错误设置了白平衡，可能会获得一些有趣的结果。剪辑中出现颜色平衡问题的常见原因是没有正确校准摄像机。

14.5.1 基本白平衡（快速颜色校正器）

下面来看序列中的一个剪辑，这个剪辑的颜色校准非常糟糕。

1. 切换到 Color 工作区。

2. 将 Timeline 播放头移动到序列中的第 5 个剪辑上。

初次查看时，剪辑看起来相当平衡，但是背景墙原本是白色的，现在有了一个暖色偏。

3. 展开 Lumetri Color 面板中的 Basic Correction 区域。

4. 选择 White Balance（白平衡）吸管（ ）。

5. 在节目监视器中，单击主人公颏下方的墙体，一定要避免击中主人公的皮肤和下方的纸张。

图14.44

White Balance（白平衡）吸管告诉 Lumetri Color 面板哪里应该为白色，并相应地调整 Temperature 和 Tint 控件（见图 14.44）。

> 提示：在使用吸管时，可能会发现，将节目监视器的缩放设置修改为 100% 时更容易单击想要的像素。

> 提示：可能需要尝试几次，才能找到使用吸管进行点击的完美位置。按住 Control（Windows）或 Command（Mac OS）键可以获得一个 5×5 的像素平均选择。

本例中选择了棕褐色，这是光线照耀场景的结果。Lumetri Color 面板调整场景中偏蓝的所有颜色。

下面使用一个更有挑战性的镜头来进行尝试。

1. 将 Timeline 播放头移动到序列中的最后一个剪辑上。这个镜头有严重的蓝色色调，这是由校准糟糕的摄像机引起的。

2. 选择 Lumetri Color 面板 Basic Correction 区域中的吸管。

3. 单击图像背景中相同的墙体部分。

> 提示：使用 Lumetri Color 面板造成的差别相当微妙。可以通过关闭和打开效果的方式来查看前后对比。

该效果在自动校正色偏方面做得相当不错，尽管通过手动调整的方式可以做得更好——它可能看起来橙色太多。现在使用 Lumetri Color 面板中的 Temperature 和 Tint 控件进行尝试。

> 提示：先进行一次极端的调整，以便在 Lumetric Scopes 中看到更为显著的结果。这可以让调整的类型更清晰。

尝试使用 Lumetri Scopes 矢量示波器（YUV）来观察所做调整的结果。结束之后，查看 Effect Controls 面板，找到 Lumetri Color 效果（见图 14.45）。每次使用 Lumetri Color 面板对剪辑做出调整时，都将在 Effect Controls 面板中添加或更新一个 Lumetri Color 效果。

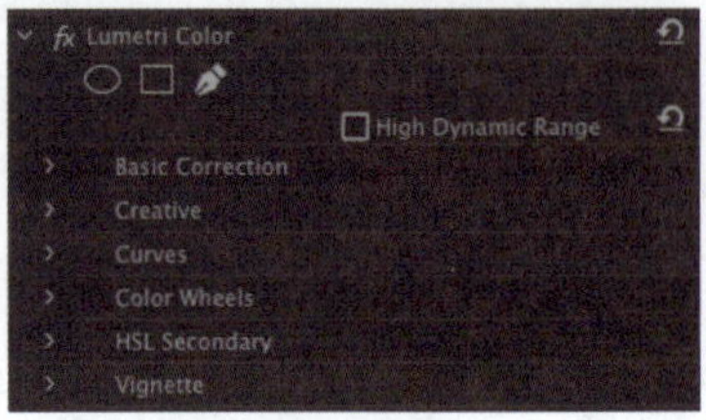

图14.45

选中一个效果，然后按 Delete 键将其删除。

14.5.2 原色校正

原色（primary）和混合色（secondary）有多重含义。历史上，应用"颜色调整"的位置是在颜色处理期间。原色校正包括调整原色（红色、绿色和蓝色）之间的关系。混合色校正包括校正图像中的特定颜色范围，通常通过添加混合色调整来进行。因此，原色和混合色定义了色轮中的颜色类型，还可以使用这些术语来描述颜色校正工作流的阶段。

概括地说，原色校正仍然包括对整个图像的总体颜色校正调整。目前，还可以对混合色应用调整并仍将它视为"原色"，因为影响的是整个图像，并且通常首先应用这些调整最有效。

由于混合色校正通常包含更多精细的微调，因此它还有对图像的所选像素范围应用调整的意思。

首先看一下原色校正。Three-Way Color Corrector（三向颜色校正器）效果与 Fast Color Corrector（快速颜色校正器）效果的工作方式非常类似，但是具有更高级的控件。它是一种强大的颜色校正工具，结合了 Lumetri Scopes 面板、调整图层、主剪辑效果和效果蒙版，有助于实现专业的颜色校正结果。

Lumetri Color 面板中也提供了许多相同的控件，但是 Three-Way Color Corrector 提供了更多的自动调整选项（见图 14.46）。

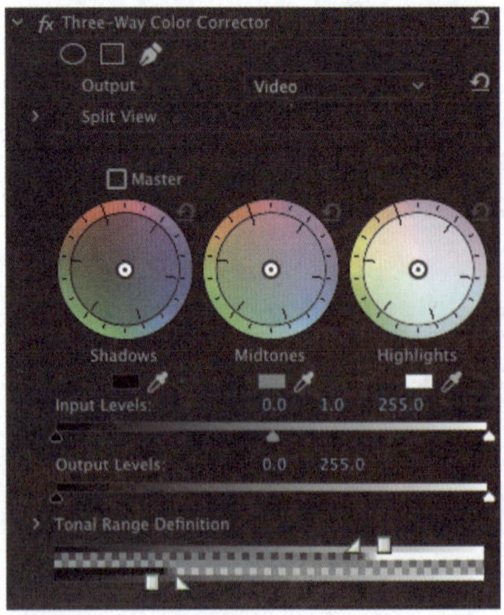

图14.46

先来浏览一下主要控件。

- **Output（输出）**：使用该菜单以彩色或黑白（选择 Luma）方式查看剪辑。以黑白方式查看对识别对比度非常有用。
- **Show Split View（显示拆分视图）**：打开 Show Split View（显示拆分视图）以查看剪辑之前和之后的版本，其中使用效果更改一半剪辑，而另一半剪辑则保持不变。可以选择水平或垂直布局并更改拆分的百分比。
- **Shadows Balance（阴影平衡）**、**Midtones Balance（中间调平衡）**、**Highlights Balance（高光平衡）**：每种色轮允许对剪辑的颜色进行细微调整。如果选择 Master（主）复选框，Premiere Pro 将同时为这三个控件应用调整。注意，打开 Master（主）模式时，所做的调整与对剪辑各个部分进行的调整无关；可以同时应用这两种调整。
- **Input Levels（输入色阶）**：使用该滑块控件更改剪辑的 Shadows（阴影）、Midtones（中间调）和 Highlights（高光）级别。
- **Output Levels（输出色阶）**：使用该滑块控件调整剪辑的最小亮度和最大亮度。Input Levels（输入色阶）与该控件直接相关，例如，如果将 Input Shadow（输入阴影）色阶设置为 20 并将 Output Shadow（输出阴影）色阶设置为 0，则剪辑中像素亮度为 20 左右的像素将降至 0。

关于色阶

8位视频（描述所有数字标准清晰度广播视频）的亮度范围为0~255。当调整Input Levels（输入色阶）或Output Levels（输出色阶）的设置时，会改变所显示色阶与原始剪辑色阶之间的关系。

例如，如果将Output（输出）白色色阶设置为255，Premiere Pro将为视频使用最大的亮度范围；如果将Input（输入）白色色阶设置为200，Premiere Pro将扩展原始剪辑的亮度，将200变为255。结果是高光变得更亮，原来大于200的像素值将被修剪掉，或者是变为白色，从而丢失细节。

Input Levels（输入色阶）设置有三个控件：Shadows（阴影）、Midtones（中间调）、Highlight（高光）。通过更改这些色阶，可以更改原始剪辑色阶和播放期间显示这些色阶的关系。

- **Tonal Range Definition（色调范围定义）**：使用这些滑块定义受Shadows（阴影）、Midtones（中间调）和 Highlight（高光）色轮控件影响的像素范围。例如，在使用Highlight（高光）控件时，如果将高光滑块向左拖动，则将增加调整的像素数量。三角形滑块允许用户定义所调整色阶之间的柔和程度。

单击 Tonal Range Definition（色调范围定义）提示三角形可以访问各个控件和 Show Tonal Range（显示色调范围）复选框。如果勾选该复选框，则 Premiere Pro 仅以三种灰色调显示图像，因此可以在进行调整时确定受影响的图像部分。黑色像素是阴影，灰色像素是中间调，而白色像素是高光。

- **Saturation（饱和度）**：使用该选项调整剪辑中的颜色数量。有一个调整整个剪辑的 Master（主）控件，以及 Shadows（阴影）、Midtones（中间调）和 Highlight（高光）控件。
- **Secondary Color Correction（混合色校正）**：这个高级颜色校正功能允许根据色相、饱和度或亮度范围定义想要调整的具体像素。Show Mask（显示蒙版）选项显示了应用颜色校正调整的所选像素。例如，使用该功能，可以使用某种特殊的绿色选择性地调整像素。
- **Auto Levels（自动色阶）**：使用该功能来自动调整 Input Levels（输入色阶）控件。可以单击 Auto（自动）按钮或使用吸管。要使用吸管，选择一种颜色（黑色、灰色或白色），然后调整图像的相关部分。例如，选择 White Level（白色阶）吸管，然后单击图像的最亮部分。Premiere Pro 会根据选择更新 Levels（色阶）控件。
- **Shadows（阴影）、Midtones（中间调）、Highlights（高光）、Master（主）**：对这些控件可以进行与 Shadows（阴影）、Midtones（中间调）、Highlights（高光）、Master（主）颜色平衡控件类似的调整，但是更精确。在更改一个设置时，会自动更新另外一个设置。
- **Master Levels（主色阶）**：对这些控件可以进行与 Input Levels（输入色阶）和 Output Levels（输出色阶）图形控件相同的调整，但是更精确。更改一个设置时，会自动更新另外一个设置。

将 Three-Way Color Corrector 效果应用到 Color Work 序列中的最后一个剪辑，然后使用控件获得一个微妙的结果。

14.5.3 平衡 Lumetri 色轮

要使用哪种工具来处理颜色完全取决于个人。在熟悉了这些颜色选项之后，可以为一种类型的任务使用一套工具，为另外一种类型的任务使用一套不同的工具。

下面来使用 Lumetri Color 面板色轮调整序列中的最后一个剪辑。

Fast Color Corrector 效果很有帮助，但也许使用 Three-Way Color Corrector 可以获得更好的结果，或者使用新的 Lumetri Color 面板，也可以获得更好的结果。

1. 切换到 Color 工作区，如果有必要的话请重置。

2. 右键单击 Color Work 序列中的最后一个剪辑，选择 Remove Attributes（移除属性），然后在确认对话框中单击 OK。

3. 在 Lumetri Color 面板中，展开 Basic Correction 区域，单击 Auto 按钮，自动调整色阶，如

图 14.47 所示。

Tone（音调）空间将发生修改，以反映这个新色阶。

Premiere Pro 已经识别出了最暗的像素和最亮的像素，并自动进行了平衡处理。

调整相当细微！显然，问题与剪辑对比度范围无关。

4. 设置 Lumetri Scope 面板，显示 YUV 矢量示波器，如图 14.48 所示。

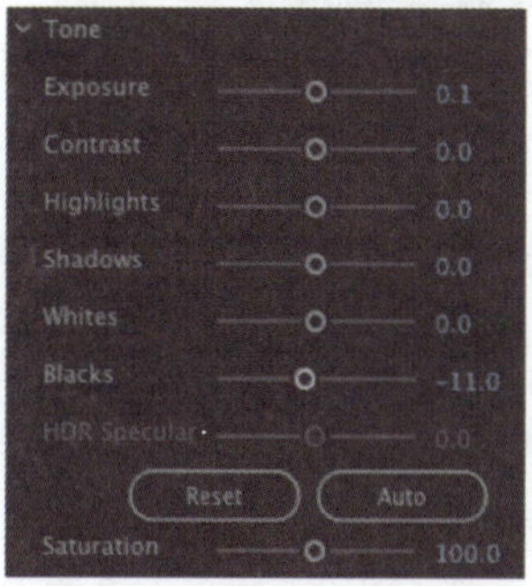

图14.47

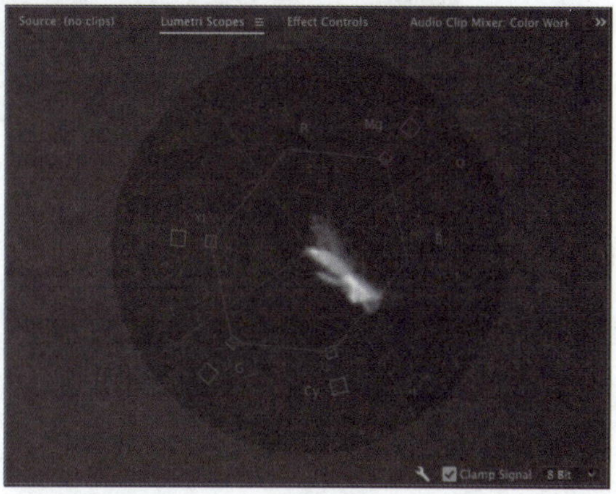

图14.48

很显然，剪辑中的颜色范围很合理，但是其中存在偏蓝的强烈色偏。事实上，这个场景带有混合光，它有较多的蓝光来自窗户，还有较暖的钨光来自房间内部。

5. 在 Lumetri Color 面板的 Basic 区域，使用 Temperature 滑块将颜色向橙色推动。需要将调整变为 100 才能看到一个合理的结果（因为剪辑具有太强的色偏）。

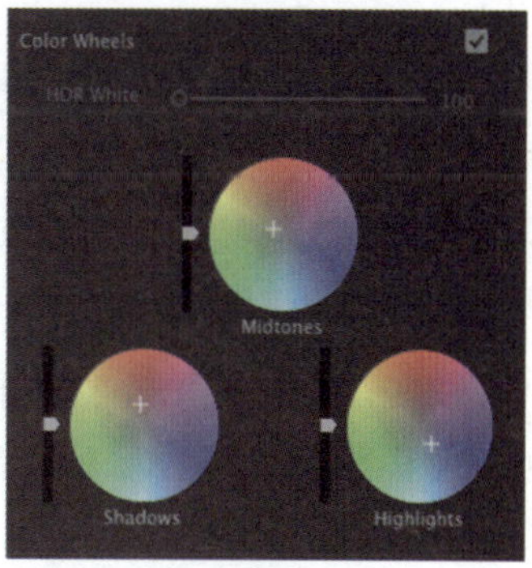

图14.49

结果相当不错，但是它可以更好。

剪辑中较暗的像素通常是由房间内部的暖光照亮的，而较亮的像素通常是由较蓝的日光照亮的。这意味着不同的色轮会以令人信服和自然的方式与图像中的不同区域进行交互。

6. 展开 Lumetri Color 面板的 Color Wheels 区域。尝试使用 Shadows（阴影）色轮将颜色向红色推动，同时使用 Highlights（高光）色轮将颜色向橙色推动，如图 14.49 所示。

7. 调整色轮，将阴影变亮，并将高光变暗。尝试使用中间调来获得更自然的结果。

尝试使用 Lumetri Color 面板中的其他控件，查看是否可以进一步改善结果，结果如图 14.50 所示。

图14.50

14.6 特殊颜色效果

有几种特殊效果提供了对剪辑中颜色的创意控制。

下面是值得注意的这几个效果。

14.6.1 高斯模糊

尽管从技术上来说这不是一种颜色调整效果，但是添加少量的模糊可以对调整的结果进行柔化处理，让图像看起来更自然。Premiere Pro 中有许多模糊效果。最受欢迎的是 Gaussian Blur（高斯模糊），它在图像上具有自然且平滑的效果。

14.6.2 风格化

效果中的风格化（Stylize）分类包含一些引人注目的选项，其中有些选项，比如 Mosaic（马赛克）效果，需要与效果蒙版结合使用，以实现更多功能的应用（比如隐藏一个人的面部）。

Solarize（曝光）效果具有生动的颜色调整，可以为图形或介绍性序列创建风格化的背板，如图 14.51 所示。

图14.51

14.6.3 Lumetri 外观

Lumetri Color 面板包含一系列内置的外观，这在前面都体验过。在 Effects 面板中有大量可用的作为预设的 Lumetri 外观。

这些效果都使用了 Lumetri 效果。

Lumetri 效果允许浏览一个现有的 .look 或 .lut 文件，以便为素材应用微妙的颜色调整。如果刚开始接触颜色调整，则可能想进行快速的调整。

Effects 面板中可用的 Lumetri 外观是一组具有相关的 .look 文件的 Lumetri 效果。在选择一种外观时，会在 Effects 面板中出现一个 Looks（外观）浏览器，从而更容易选择想要的外观，如图 14.52 所示。

图14.52

Lumetri 外观是一种几乎什么都不用做，就可以实现一个更像电影的外观的绝佳方式，因为 Lumetri 外观所具有的颜色调整要比使用常规颜色校正实现的调整更微妙细致。

14.7 创建一个外观

在 Premiere Pro 中花时间学习了颜色校正效果后，还应该熟悉可以进行的更改类型，以及这些更改对素材整体外观和感觉的影响。

可以使用效果预设来为剪辑创建外观，还可以为调整图层应用一个效果来赋予序列（或序列的一部分）一个整体外观。在应用到一个调整图层时，也可以使用 Lumetri Color 面板进行调整。

在最常见的颜色校正场景中，将执行下列操作。

- 调整每个镜头，这样它才会与同一场景的其他镜头相匹配。这样，颜色就是连续的。
- 接下来，为作品应用一个整体外观。

下面使用一个调整图层进行尝试。

1. 打开 Theft Unexpected 序列。
2. 在 Project 面板中，单击 New Item（新建项目）菜单并选择 Adjustment Layer（调整图层）。

该设置应自动匹配序列，所以单击 OK。

3. 将新调整图层拖放到序列中 V2 轨道上。

调整图层的默认持续时间与静态图像的持续时间相同。对于该序列来说，持续时间太短了。

4. 修剪调整图层，直到它从序列开头延伸到结尾。

> **注意：**如果在具有图形和标题的序列上以这种方式使用调整图层，那么要确保调整图层所在的轨道位于图形 / 标题和视频之间。否则，还会调整标题的外观。

5. 在 Effects 面板中，浏览到 Lumetri Presets > SpeedLooks > Universal，将其中一个 SpeedLooks 拖放到调整图层上。该外观将应用到序列中的每一个剪辑上，结果如图 14.53 所示。

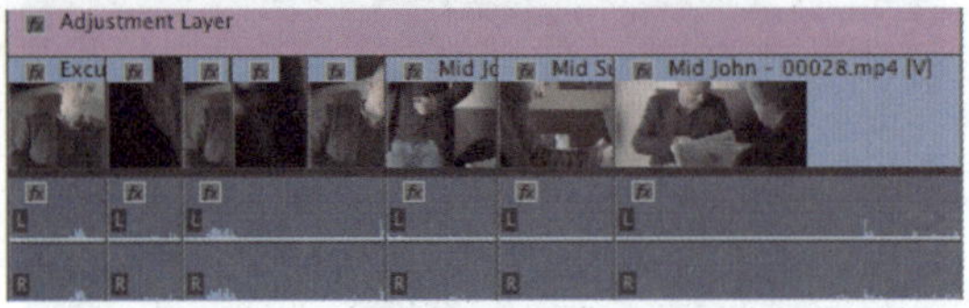

图14.53

> **提示：**可以像应用常规效果那样来应用 Effects 面板中可用的 SpeedLooks，因此可以很容易地合并效果——应用另外一个即可。

可以以这种方式应用任何标准视觉效果，并使用多个调整图层将不同的外观应用到不同的场景中，结果如图 14.54 所示。

图14.54

这只是颜色调整的一个简单介绍，还有大量的内容需要去探索研究。花费一些时间来熟悉 Lumetri Color 面板中的高级控件是值得的。有大量的视觉效果可以为素材添加或微妙或明显的外观。尝试和实践有助于理解后期制作中的这些重要方面。

复习题

1. 如何在 Lumetri Scopes 面板中更改显示？
2. 在查看的不是 Color 工作区时，如何访问 Lumetri Scopes 面板？
3. 为什么应该使用矢量示波器而不是依靠眼睛？
4. 如何为序列应用一种外观？
5. 为什么可能需要限制亮度或颜色色阶？

复习题答案

1. 在面板中单击右键，或者单击 Settings（设置）菜单，然后选择想要的显示类型。
2. 与所有面板一样，可以通过 Window 菜单访问 Lumetri Scopes 面板。
3. 人们感知颜色的方式是非常主观和相对的。根据刚看到的颜色，将看到不同的新颜色。矢量示波器显示提供了一个客观的参考。
4. 可以使用效果预设来为多个剪辑应用同样的颜色校正调整，或者可以添加一个调整图层并为它应用效果。调整图层底部的所有轨道上的剪辑都会受到影响。
5. 如果打算在广播电视上播放序列，需要确保该序列满足最大和最小色阶的严格要求。合作的广播公司会给出它们所需的色阶。

第15课 了解合成技术

课程概述

在本课中，你将学习以下内容：

- 使用 alpha 通道；
- 使用合成技术；
- 处理不透明度；
- 处理绿屏；
- 使用蒙版。

本课大约需要 50 分钟。

Premiere Pro 拥有强大的工具，支持组合序列中的视频图层。

在本课中，将学习合成工作的主要技术，以及准备合成、调整剪辑的不透明度、使用色度抠像和蒙版对绿屏剪辑进行色彩抠像的方法。

合成包括以任意数量组合的混合、组合、分层、抠像、蒙版和裁剪。
组合两个图像的任意技术都是合成。

15.1 开始

到目前为止，主要处理的是单个的整帧图像。在两个图像之间过渡的位置创建了编辑，或者是编辑顶部视频轨道上的剪辑以让它们显示在底部视频轨道剪辑的前面。

在本课中，将学习组合视频图层的方式。这里仍然使用顶部和底部轨道的剪辑，但是现在，它们将变为一个混合合成中的前景和背景元素（见图 15.1）。

这个标题……

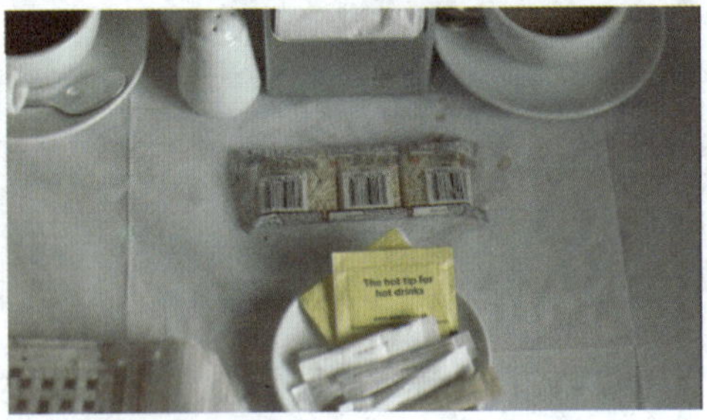

……与这个视频组合

……产生了这个合成图像

图15.1

混合可能来自前景图像的修剪部分，也可能来自抠像（选择某种颜色并让它变为透明的），但是无论使用哪种方法，将剪辑编辑到序列中的方法是一样的。

首先来了解一个重要概念 alpha，它解释了显示像素的方式，然后将尝试几种技术。

1. 打开 Lesson 15 文件夹中的 Lesson 15.prproj。

2. 通过单击 Workspaces 面板中的 Effects，或者选择 Window > Workspaces > Effects，切换到 Effects 工作区。

3. 单击 Workspaces 面板中的 Effects 菜单，然后选择 Reset to Saved Layout，或者直接选择 Window > Workspaces > Reset to Saved Layout，重置工作区。

15.2 什么是 alpha 通道

一切始于摄像机选择性地将光谱的红色、绿色和蓝色部分录制为单独的颜色通道。由于每个通道都是单色的（三种颜色中的一种），因此通常将它们称为灰度。

Adobe Premiere Pro CC 使用这三种单色通道来生成相应的原色通道。使用原色加色来组合它们以创建一个完整的 RGB 图像。可以看到这三个通道组合为一个全彩色视频。

最后，第 4 个单色通道是 alpha。

第 4 个通道没有定义任何颜色。相反，它定义不透明度，即像素的可见程度。在后期制作中，有几个不同的术语用来描述第 4 个通道，包括可见性、透明度、混合器和不透明度。名称并不是特别重要，重要的是可以独立于颜色来调整每个像素的不透明度。

正如可以使用颜色校正来调整剪辑中的红色数量一样，也可以使用 Opacity（不透明度）控件来调整 alpha 透明度的数量。

默认情况下，典型摄像机素材剪辑的 alpha 通道或不透明度是 100% 或者说是完全可见的。在范围为 0~255 的 8 位视频中，这意味着它将是 255。动画、文字或 logo 图形剪辑通常有 alpha 通道，以控制图像的哪部分是不透明或透明的。

可以设置源监视器和节目监视器，将透明像素显示为棋盘，如同在 Adobe Photoshop 中那样。

1. 在源监视器中打开 Theft_Unexpected.png 文件。

看起来好像是图形有一个黑色背景，但是显示的这些像素实际上是透明度，可以将它们当作源监视器的背景。

2. 单击源监视器的 Settings 菜单（），选择 Transparency Grid（透明度网格），结果如图 15.2 所示。

现在可以清晰地看到哪些像素是透明的。然而，对于某些类型的媒体，透明度网格并不是一个完美的解决方案。例如，在本例中，可能有点难以看到文本的边缘。

图15.2

3. 单击源监视器的 Settings 菜单，再次选择 Transparency Grid，将其取消选中。

15.3 创建项目中的合成部分

使用组合特效和控件可用将后期制作提升到一个全新的水平。合成意味着根据现有图像创建一个新图像合成。开始使用 Premiere Pro 提供的合成效果后，将会发现自己了解了拍摄的新方法，以及构建编辑以便更容易地混合图像的新方法。

在合成时，前期规划、拍摄技巧和专用效果的结合生成了最有影响力的结果。可以将静态的环境图像与复杂有趣的图案相结合，以生成非凡的纹理；或者，删除不适合的图像部分并用别的内容替换它们。

合成是 Premiere Pro 的非线性编辑中最具创意的一部分。

15.3.1 在拍摄视频时就要考虑合成问题

当打算制作时，许多最有效的合成工作就开始了。从一开始，就可以思考如何帮助 Premiere Pro 识别想要变为透明的图像部分。Premiere Pro 识别想要变为透明的图像部分的方式有限。例如，考虑色度抠像，它是一种标准特效，许多主流的电影作品中使用它在一些很危险的环境中执行某些动作（比如在火山内部）。

电影演员实际上是站在绿屏前面，特效技术使用绿色来识别应该是透明的图像。演员的视频图像用作合成图的前景，并具有一些可见像素（演员）和一些透明像素（绿色背景），效果如图 15.3 所示。

接下来，就是将前景视频图像放到另一个背景图像前面了。在史诗级的动作电影中，就是预置的设定，即一个真实世界中的位置，或视觉效果艺术家创建的合成，也可以是任意其他图像。

事先规划对合成质量有很大影响。为了让绿屏有效工作，需要一种一致的颜色。还需要此颜色不会在拍摄对象的任意位置出现。例如，在应用抠像效果时，绿色珠宝可能会变为透明的。

此图像……

……与此图像组合……

……生成此合成图

图15.3

如果正在拍摄绿屏素材，那么拍摄方式可能会对最终结果有很大影响。一定要使用柔光捕捉背景并避免溢出，即从绿屏反射的光反弹到了拍摄对象上。如果出现这种情况，就很难抠出拍摄对象部分或使其变透明。

15.3.2 主要术语

在本课中，将使用一些新术语。下面将浏览一些重要术语。

- **Alpha/alpha 通道**：每个像素的第 4 个信息通道。alpha 通道定义像素的透明度。它是一个单独的灰度（单色）通道，并且可以完全独立于图像内容来创建它。
- **抠像**：根据像素颜色或亮度选择性地将它们变为透明的过程。Chromakey（色度抠像）效果使用彩色来生成透明度（即更改 alpha 通道），而 LumaKey（亮度抠像）效果使用亮度。
- **不透明度**：在 Premiere Pro 中，该术语用于描述序列中剪辑的总体 alpha 通道值。可以使用关键帧随着时间调整剪辑的不透明度。
- **混合模式**：一种起源于 Adobe Photoshop 的技术。它不是简单地将前景图像放置到背景图像前面，可以选择其中一种混合模式来让前景与背景进行交互。例如，可以仅查看比背景亮的像素，或者是仅将前景剪辑的颜色信息应用于背景。尝试通常是学习混合模式的最好方式。
- **绿屏**：一个常见术语，描述在绿色屏幕前拍摄对象，然后根据彩色背景创建一个 alpha 蒙版，并使用一种特效选择性地将绿色像素变为透明的整个过程。然后会将该剪辑与背景图像合成。老式的天气预报是一个很好的绿屏示例。
- **蒙版**：用于识别应该为透明或半透明的图像区域的图像、形状或视频剪辑。Premiere Pro 支持多种类型的蒙版，本课稍后将使用它们。

15.4 使用不透明度效果

可以在 Timeline 或 Effect Controls 面板中使用关键帧来调整剪辑的总体不透明度。

1. 打开序列 Desert Jacket。该序列的前景图像是一个穿夹克的男人，而背景图像是沙漠。

2. 增加 Video 2 轨道的高度，方法是将鼠标指针悬停到轨道标题上，然后滚动鼠标，或者向上拖动轨道标题的顶部。

3. 单击 Timeline 的 Settings（设置）菜单，并确保启用了 Show Video Keyframes（显示视频关键帧），效果如图 15.4 所示。

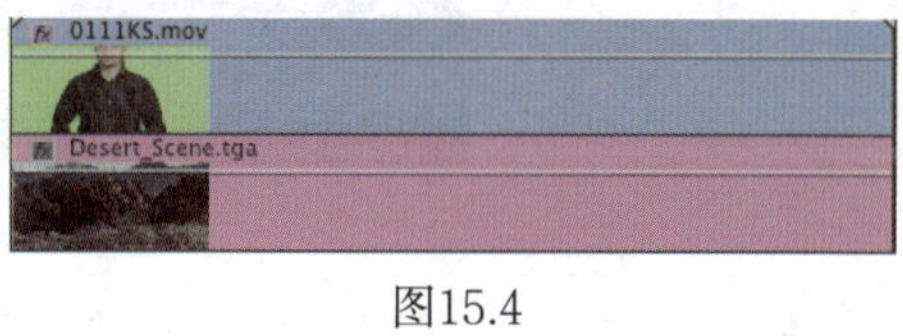

图15.4

4. 现在可以使用橡皮带来调整设置并对应用于剪辑的效果使用关键帧。由于固定效果包括 Opacity（不透明度），因此会自动启用该选项。实际上，它是默认选项，这意味着橡皮带已经表示了剪辑的不透明度。尝试使用 Selection（选择）工具在 Video 2 的剪辑上向上或向下拖动橡皮带，如图 15.5 所示。

> **提示：**调整橡皮带时，在开始拖动之后，可以按住 Control（Windows）或 Command（Mac OS）键来获得精细控制。注意，不要在单击之前按住修饰符键，否则将添加一个关键帧。

图15.5　在本例中，前景被设置为60%的不透明度

以这种方式使用 Selection（选择）工具时，会移动橡皮带，并且不会添加关键帧。

15.4.1　对不透明度应用关键帧

在 Timeline 上对不透明度应用关键帧与对音量应用关键帧完全一样。可以使用相同的工具和键盘快捷键，并且结果与预期的完全一样：橡皮带越高，剪辑的可见性越高。

1. 打开 Sequences 素材箱的 Theft Unexpected 序列。

该序列位于轨道 Video 2 上，它的前景中有一个字幕。在不同的时间以不同的持续时间自上而下或自下而上地淡入字幕很常见。可以使用一种过渡效果来执行此操作，就像为视频剪辑添加过渡一样；或者，为了获得更多控制，可以使用关键帧来调整不透明度。

2. 确保轨道 Video 2 是展开的，这样可以看到前景字幕 Theft_Unexpected.psd 的橡皮带，如图 15.6 所示。

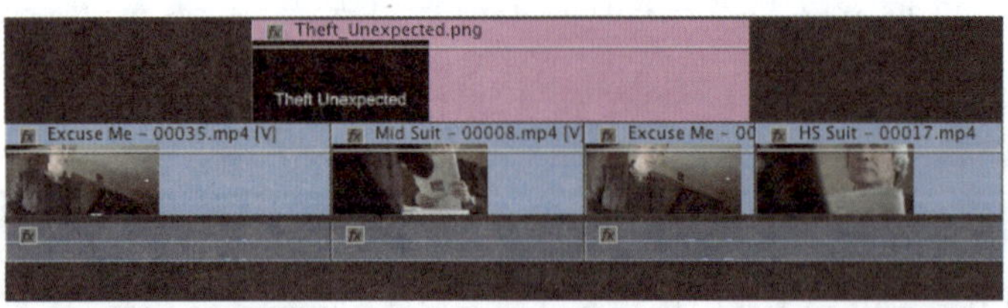

图15.6

3. 按住 Control（Windows）或 Command（Mac OS）键并单击字幕图形的橡皮带以添加 4 个关键帧：两个位于开头，两个位于结尾，如图 15.7 所示。

> Pr | 提示：首先为橡皮带添加关键帧标记，然后拖动以调整它们，这样通常更简单一些。

4. 采用与调整音频关键帧来调整音量的相同方式来调整关键帧，以便它们表示自上而下或自下而上的淡入。播放序列并查看应用关键帧的结果，如图 15.8 所示。

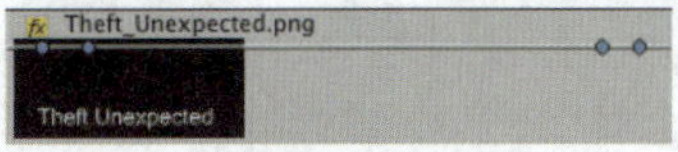

图15.7

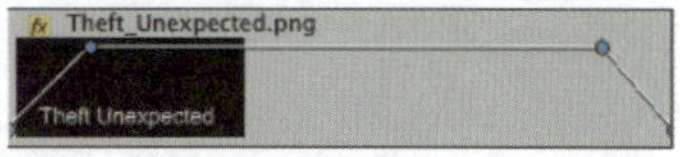

图15.8

> Pr | 提示：按住 Control（Windows）或 Command（Mac OS）键并添加了关键帧后，可以释放按键，并使用鼠标拖动以设置关键帧位置。

可以使用 Effect Controls 面板来为剪辑的不透明度添加关键帧。与音频音量关键帧一样，Effect Controls 面板中的 Opacity（不透明度）设置默认启用了关键帧。

15.4.2 基于混合模式组合轨道

混合模式是混合前景像素和背景像素的特殊方式。每种混合模式会应用不同的计算来组合前景 RGBA（红色、绿色、蓝色和 alpha）值和背景 RGBA 值。在计算每个像素时，会将它与后面的像素直接结合起来，以进行计算。

默认的混合模式是 Normal（正常）。在此模式下，前景图像在整个图像中有一个统一的 alpha 通道值。前景图像的不透明度越大，背景像素前面的这些像素的浓度就越大。

了解混合模式如何工作的最好方式是使用它们。

1. 使用 Graphics 素材箱中更复杂的字幕 Theft_Unexpected_Layered.psd 替换 Theft Unexpected 序列中的当前字幕，如图 15.9 所示。

图15.9

替换现有字幕的方法是，按住 Alt（Windows）或 Option（Mac OS）键，将新项拖放到现有字幕上。以这种方式替换剪辑会保留 Timeline 上剪辑的关键帧。

2. 在 Timeline 上选择新字幕，并查看 Effect Controls 面板。

3. 在 Effect Controls 面板中，展开 Opacity（不透明度）控件并浏览 Blend Mode（混合模式）选项，如图 15.10 所示。

4. 现在，混合模式设置为 Normal（正常）。尝试几种不同的选项来查看结果，如图 15.11 所示。每种混合模式会以不同的方式计算前景图层像素和背景像素之间的关系。请参见 Premiere Pro

的 Help（帮助）来了解混合模式的描述。在结束尝试之后，选择 Normal 混合模式。

Pr 提示：将鼠标指针悬停到 Blend Mode 菜单上，然后滚动鼠标，可以快速浏览模式。

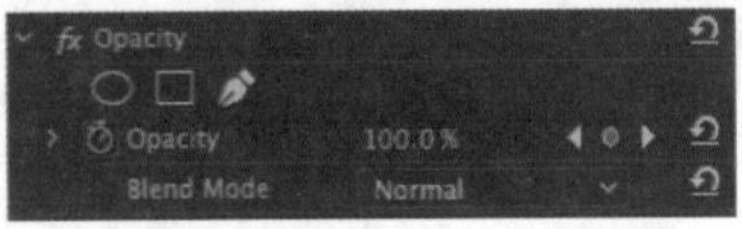

图15.10

图15.11 在本例中，图形是Lighten（变亮）混合模式

15.5 处理 alpha 通道透明度

很多类型的媒体的像素已经有了不同的 alpha 通道级别。字幕就是一个明显的例子：存在文字时，像素的不透明度为 100%；而没有文字时，像素的不透明度通常是 0%。文字背后的投影等元素通常具有一个中间值。保持投影的一些透明度可让它看起来更真实一些。

Premiere Pro 能更清楚地看到 alpha 通道中值更高的像素。这是解释 alpha 通道最常见的方式，但是有时可能会遇到以相反的方式配置的媒体。这个问题很容易被发现，因为在另一个黑色图像中图像会被修剪掉。这很容易解决，如同 Premiere Pro 可以解释剪辑的声道一样，它还可以选择正确的方式来解释 alpha 通道。

使用 Theft Unexpected 序列中的字幕，可以看到结果。

1. 在项目中找到 Theft_Unexpected_Layered.psd。

2. 右键单击剪辑，然后选择 Modify（修改）>Interpret Footage（解释素材）。在 Modify Clip（修改剪辑）对话框中的下半部分，找到 Alpha Channel（alpha 通道）解释选项，如图 15.12 所示。

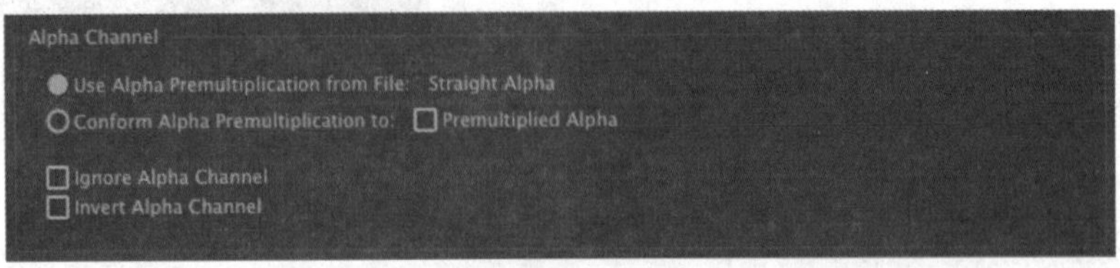

图15.12

Alpha Channel Premultiplication（alpha 通道预乘）选项与半透明区域的解释方式有关。如果发现半透明图像区域是块状的，或者渲染质量很差，可以尝试选择 Premultiplied Alpha（预乘 alpha），

并查看结果。

3. 尝试选择 Ignore Alpha Channel（忽略 alpha 通道），然后再选择 Invert Alpha Channel（反转 alpha 通道）并在节目监视器中查看结果（在显示更新之前需要单击 OK），如图 15.13 所示。

图15.13 当alpha通道有问题时，可以很容易发现

- **Ignore Alpha Channel（忽略 alpha 通道）：** 将所有像素的 alpha 视为 100%。如果不想使用序列中的背景剪辑，而是想使用黑色像素，则这种方法非常有用。
- **Invert Alpha Channel（反转 alpha 通道）：** 反转剪辑中每个像素的 alpha 通道。这意味着完全不透明的像素将变为完全透明的，而透明像素则将变为不透明的。

15.6 对绿屏剪辑进行色彩抠像

使用橡皮带或 Effect Controls 面板更改剪辑的不透明度级别时，会以同样的数量调整图像每个像素的 alpha。还有根据像素在屏幕上的位置、亮度或颜色选择性地调整像素 alpha 的方式。

Chromakey（色度抠像）效果根据具体亮度、色相和饱和度值调整一系列像素的不透明度。原理非常简单：选择一种颜色或多种颜色，像素与所选颜色越像，透明度就会越高。像素与所选颜色越接近，其 alpha 通道值降低得就越多，直到它变为完全透明的。

下面进行色度抠像合成。

1. 将 Greenscreen 素材箱中的剪辑 Timekeeping.mov 拖动到 Project 面板的 New Item（新建项目）菜单上。这将创建一个与媒体完美匹配的序列，并位于 Video 1 上。

2. 在序列中，将剪辑 Timekeeping.mov 向上拖动到 Video 2 上，这将是前景，如图 15.14 所示。

3. 将剪辑 Seattle_Skyline_Still.tga 直接从 Shots 素材箱拖动到轨道 Video 1 上，并位于 Timeline 的 Timekeeping.mov 剪辑下面。

因为这是一个单帧的图形，所以默认持续时间非常短。

4. 修剪 Seattle_Skyline_Still.tga 剪辑，以便其持续时间能够长到用作 Video 2 上前景剪辑完整持续时间的背景，如图 15.15 所示。

5. 在 Project 面板中，序列依然以 Timekeeping.move 命名，而且存储在同一个 Greenscreen 素材箱中。将序列重命名为 Seattle Skyline，并将它拖动到 Sequences 素材箱中。

现在，有了前景和背景剪辑，剩下的就是让绿色像素变为透明的。

图15.14

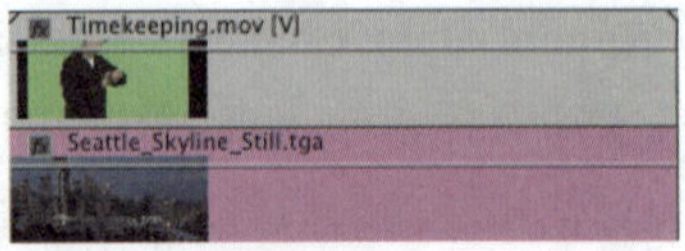

图15.15

Pr 注意：在 Premiere Pro 中创建多层的合成没有特殊的秘密。将剪辑放到多个轨道上，并且知道上层轨道上的剪辑会先于下层轨道上的剪辑而出现。

15.6.1 预处理素材

在理想情况下，处理的每个绿屏剪辑都具有无瑕疵的绿色背景，并且前景元素的边缘很整齐。实际上，有很多原因会面对不完美的素材。

当然，创建视频时，总是会有由光线不足造成的潜在问题。但是，许多摄像机保存图像信息的方式还会造成另一个问题。

由于眼睛识别颜色不像亮度信息那样准确，因此摄像机通常会减少保存的颜色信息数量。

摄像系统使用减少颜色捕捉的方式减小文件大小，并且方法因系统而异。有时会每隔一个像素保存颜色信息；有时可能会每隔第二行每隔一个像素保存一次颜色信息。无论使用哪种系统，都会使抠像变得更困难，因为颜色细节没有想的那么多。

如果发现素材的抠像不是很好，请尝试以下操作。

- 在抠像之前，考虑应用一个较小的模糊效果。这会混合像素细节，柔化边缘，并通常提供一个更平滑的结果。如果模糊数量非常小，则不会明显降低图像质量。可以为剪辑应用模糊效果，调整设置，然后在顶部应用 Chromakey（色度抠像）效果。Chromakey（色度抠像）效果会受到模糊的影响，因为它看起来位于 Effects Controls 面板中效果列表的下面，所以会先应用色度抠像效果，再应用其他效果。
- 在抠像之前对剪辑进行颜色校正。如果剪辑的前景和背景缺少良好的对比度，那么首先使用 Three-Way Color Corrector（三向颜色校正器）或 Fast Color Corrector（快速颜色校正器）效果调整图像有时会有所帮助。

15.6.2 使用极致抠像效果

Premiere Pro 有一个强大、快速且直观的色度抠像效果，名为 Ultra Key（极致抠像）。其工作流非常简单:选择想要变为透明的颜色,然后调整设置以进行匹配。与绿屏抠像一样,Ultra Key(极致抠像)效果会根据颜色选择动态生成蒙版(定义了哪些像素应该是透明的)。如果使用 Ultra Key(极致抠像)效果的详细设置,那么蒙版就是可调整的。

1. 将 Ultra Key(极致抠像)效果应用于 Seattle Skyline 新序列中的 Timekeeping.mov 剪辑,如图 15.16 所示。在 Effects 面板的搜索框中输入 Ultra,可以快速找到该效果。

2. 在 Effect Control 面板中,选择 Key Color(键控颜色)吸管,如图 15.17 所示。

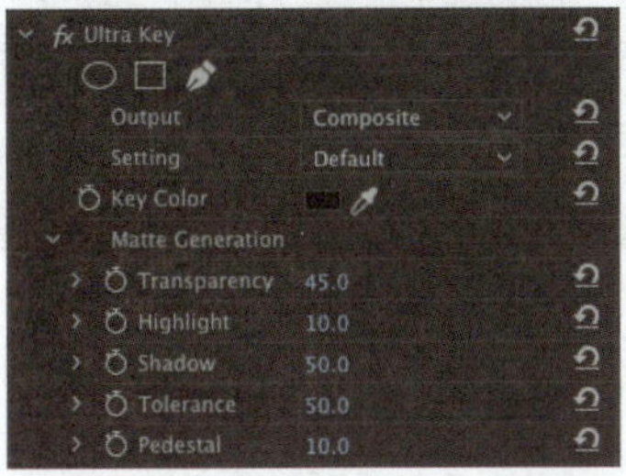

可以通过单击色板然后选择拾色器,或者使用吸管单击图像的方式来设置 Key Color(键控颜色)

图15.16

图15.17

在 Program Monitor 中使用该吸管单击绿色区域。该剪辑在背景中具有一致的绿色,因此单击什么位置并不重要。对于其他素材,可能需要多次尝试来找到合适的点。

> Pr
> 提示:如果在使用吸管单击时按住 Control(Windows)或 Command(Mac OS)键,则 Premiere Pro 会采用 5×5 的平均像素采样,而不是单个像素选择。这通常会捕捉更好的颜色来进行抠像。

Ultra Key(极致抠像)效果识别出选择的具有绿色的所有像素,并将其 alpha 设置为 0%,如图 15.18 所示。

3. 在 Effect Controls 面板中,将 Ultra Key(极致抠像)效果的 Output(输出)设置更改为 Alpha Channel(alpha 通道)。在这种模式下,Ultra Key(极致抠像)效果将 alpha 通道显示为灰度图像,其中暗像素将变为透明的,而亮像素将变为不透明的,如图 15.19 所示。

图15.18

图15.19

这是一个非常好的抠像，但是有一些灰色区域，其中像素是部分透明的，这并不是想要的结果。左侧和右侧没有任何绿色，因此不会对这些像素进行抠像。稍后将处理这些像素。

4. 在 Effect Controls 面板中，将 Ultra Key 效果的 Setting（设置）菜单更改为 Aggressive（攻击）。这将清理选择。浏览剪辑以查看它是否具有干净的黑色区域和白色区域。如果在该视图中看到灰色像素出现在不应该出现的位置，则结果是此部分在图像中变为部分透明的。

5. 将 Output（输出）设置切换回 Composite（合成）以查看结果，如图 15.20 所示。

图15.20

Aggressive（攻击）模式更适合该剪辑。Default（默认）、Relaxed（放松）和 Aggressive（攻击）模式修改了 Matte Generation（蒙版生成）、Matte Cleanup（蒙版清除）和 Spill Suppression（溢出抑制）设置。还可以手动修改它们，以针对更具挑战性的素材获得更好的抠像。

下面是每种设置的概述。

- **Matte Generation（蒙版生成）**：选择了抠像颜色后，Matte Generation（蒙版生成）控件会更改解释方式。通过对更具挑战性的素材调整这些设置，通常可以获得积极的结果。
- **Matte Cleanup（蒙版清除）**：定义了蒙版后，可以使用这些控件调整它。Choke（阻塞）缩小蒙版的大小，如果抠像选择丢失了一些边缘，那么它非常有用。一定不要阻塞蒙版太多，因为这样会开始在前景图像中丢失边缘细节，在视觉效果行业，这通常称为提供“数码修剪”。Soften（柔化）设置为蒙版应用模糊，这通常会改进前景和背景图像的混合，生成更令人信服的合成图。Contrast（对比度）会增加 alpha 通道的对比度，使黑白图像变为对比强烈的黑白图像，从而更清晰地定义抠像。增加对比度通常可以获得更干净的抠像。
- **Spill Suppression（溢出抑制）**：溢出抑制会补偿从绿色背景反弹到拍摄对象的颜色。当出现这种情况时，组合绿色背景和拍摄对象自己的颜色通常并不相同，因此并不会让部分拍摄对象抠像为透明的。但是，当拍摄对象的边缘是绿色时，抠像看起来不太好。溢出抑制自动补偿抠像颜色，方法是为前景元素边缘添加颜色（所添加的颜色位于色轮上相反的位置）。例如，当对绿屏进行抠像时会添加洋红色，或者当对蓝屏进行抠像时会添加黄色。这会中和颜色“溢出”，而且采用的方式与修复色偏的方式一样。

有关每种控件的更多信息，请参见 Premiere Pro Help。

> Pr **注意**：本例中使用的素材具有绿色背景，如果要抠像的素材具有蓝色背景，其工作流程也是完全一样的。

内置的 Color Correction（颜色校正）控件提供了一种调整前景视频外观以将其与背景混合的快速且简单的方式（见图 15.21）。

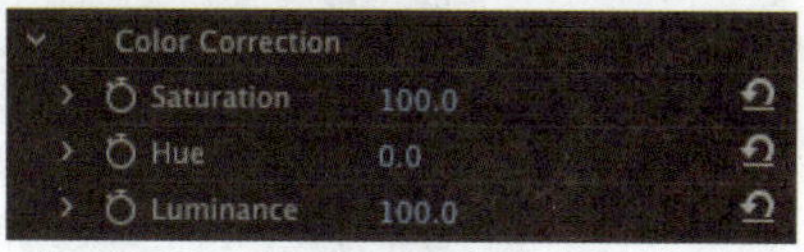

图15.21

通常情况下，这三个控件足够制作更自然的匹配了。注意，这些调整会在抠像之后应用，因此使用这些控件调整颜色时不会生成抠像问题。可以使用 Premiere Pro 中的任何颜色调整工具，包括 Lumetri Color 面板。

15.7　对剪辑进行蒙版处理

Ultra Key（极致抠像）效果会根据剪辑中的颜色动态生成蒙版。还可以创建自己的自定义蒙版，或者将另一个剪辑用作蒙版的基础。

创建自己的蒙版时，在剪辑中使用应用到 Opacity（不透明度）设置中的蒙版功能。接下来创建一个蒙版，移除 Timekeeping.mov 剪辑中的边缘。

1. 返回到 Seattle Skyline 序列。

在前面已经看到，前景剪辑中有一个演员站在绿屏前，但是绿色并没有到达图像的边缘。以这种方式拍摄绿屏素材很常见，尤其是拍摄场所没有可用的全套演播室设备时。

2. 在 Effect Controls 面板中单击 Toggle Effect（切换效果）按钮（fx），禁用 Ultra Key（极致抠像）效果——不用删除它，从而能够再次清楚地看到图像的绿色区域。

3. 还是在 Effect Controls 面板中，展开 Opacity 控件，然后单击 Opacity 控件标题下面的 Create 4-Point Polygon Mask（创建四角多边形蒙版）按钮（□）。

这会为剪辑应用一个蒙版，使得大部分图像成为透明的，如图 15.22 所示。

图15.22

4. 调整蒙版的大小，以便显示出剪辑的中间区域，同时隐藏黑色边缘。需要将节目监视器缩小到 25%，才能看到图像边缘之外的内容。可直接在节目监视器中单击，重新定位蒙版的角控点，如图 15.23 所示。

> **提示**：如果取消选中蒙版，节目监视器中显示的控点将消失。再次选择 Effect Controls 面板中的蒙版，可以重新显示控点。

5. 将节目监视器的缩放选项设置为 Fit。

蒙版扩展到了图像边缘外。这没有问题，因为主要目的是选择想要排除的部分。在本例中，成功排除了幕布

图15.23

6. 在 Effect Controls 面板中打开 Ultra Key（极致抠像）效果，然后取消选中剪辑，移除可见的蒙版手柄。

这将产生一个干净的抠像，如图 15.24 所示。

图15.24

> **提示：**这种用来移除不想要的图像元素的粗糙蒙版，通常称为垃圾蒙版（garbage matte）。

15.7.1 使用图形或其他剪辑作为蒙版

为 Effect Controls 面板的 Opacity（不透明度）设置添加一个蒙版，会设置一个应该为可见或透明的用户定义区域。Premiere Pro 中还可以使用另一个剪辑作为一个蒙版的参考。

Track Matte Key（轨道蒙版抠像）效果使用了来自轨道上任意剪辑的亮度信息或 alpha 通道信息，为另外一个轨道上选择的剪辑定义一个透明度蒙版。只要一点点计划和准备，这一简单的效果就可以生成很好的结果，因为可以使用任何剪辑作为参考，甚至为剪辑应用效果，从而更改最终的蒙版。

使用轨道蒙版抠像效果

下面使用 Track Matte Key（轨道蒙版抠像）效果来为 Seattle Skyline 序列添加一个分层字幕。

1. 将 Shots 素材箱中的 Laura_06.mp4 剪辑编辑到 V3 轨道上，使其位于序列的开始位置。

2. 将字幕剪辑 SEATTLE 从 Graphics 素材箱拖放到 Timeline 的 V4 轨道上，使其直接位于 Laura_06.mp4 剪辑的上面。

> **注意**：此时还没有 Video 4 轨道，但这不要紧。可以将剪辑从 Project 面板拖放到 Timeline 中的黑色区域，使其位于 Video 3 轨道上面，Premiere Pro 将自动为该剪辑创建一个新的视频轨道。

3. 修剪 SEATTLE 图形剪辑，以匹配 Laura_06.mp4 剪辑的持续时间，如图 15.25 所示。

4. 在 Effect 面板中找到 Track Matte Key 效果，并将其应用到 V3 轨道的 Laura_06.m04 剪辑中。

5. 在 Effect Controls 面板中，将 Track Matte Key Matte（轨道蒙版抠像蒙版）菜单设置为 Video 4，如图 15.26 所示。

图15.25

图15.26

浏览序列以查看结果。顶部剪辑不再可见（见图 15.27）。该剪辑作为指南来定义 V3 上剪辑的可见和透明区域。

图15.27

Track Matte Key 效果非同寻常，因为其他大多数效果仅改变使用了它们的剪辑，而 Track Matte Key 效果不但改变了使用它的剪辑，还更改了用作参考的剪辑。

> **Pr** **提示**：在本例中，使用了一个静态图像作为 Track Matte Key 效果的参考。但是，也可以使用任何剪辑，包括其他视频剪辑。

Laura_06.mp4 剪辑中的颜色在背景剪辑的蓝色对比下，工作得很好，但是完全可以更生动一些。可以尝试其他颜色校正工具让红色更明亮，从而使合成更引人注目。

也可以尝试添加一个模糊效果，并更改播放速率，从而创建更柔和、移动更缓慢的纹理。

复习题

1. RGB 通道和 alpha 通道之间的区别是什么？
2. 如何为剪辑应用混合模式？
3. 如何对剪辑的不透明度应用关键帧？
4. 如何更改解释媒体文件的 alpha 通道的方式？
5. 对剪辑应用“抠像”意味着什么？
6. 对可用作 Track Matte Key（轨道蒙版抠像）效果参考的剪辑类型，是否有什么限制？

复习题答案

1. 区别在于 RGB 通道描述颜色信息，而 alpha 通道描述不透明度。
2. 混合模式位于 Effect Controls 面板中 Opacity（不透明度）类别下面。
3. 在 Timeline 上或者在 Effect Controls 面板中调整剪辑不透明度的方式与调整剪辑音量的方式相同。要在 Timeline 上做出调整，确保查看想要调整的剪辑的橡皮带，然后使用 Selection（选择）工具拖动它。如果在单击时按住 Control（Windows）或 Command（Mac OS）键，将添加关键帧。可以使用 Pen（钢笔）工具来处理关键帧。
4. 右键单击文件，并选择 Modify（修改）>Interpret Footage（解释素材）。Alpha Channel（alpha 通道）选项位于该面板的底部。
5. 抠像通常是一种特效，使用像素的颜色或亮度来定义应该为透明和可见的图像部分。
6. 可以对任何剪辑使用 Track Matte Key（轨道蒙版抠像）效果创建抠像。实际上，甚至可以对参考剪辑应用特效，这些效果的结果会反映在蒙版中。甚至可以使用多个剪辑，因为设置是基于轨道的，而不是基于一个特定的剪辑。

第16课 创建字幕

课程概述

在本课中，你将学习以下内容：

- 使用字幕设计器；
- 处理视频版式；
- 创建字幕；
- 风格化文字；
- 处理形状和 logo；
- 创建滚动字幕和游动字幕；
- 使用模板。

本课大约需要 90 分钟。

在构建序列时，尽管可以将音频和视频作为主要的组成部分，但是通常也需要为项目添加文字。Adobe Premiere Pro CC 的 Titler（字幕设计器）是一个用来创建文字和形状的强大工具。

可以使用 Premiere Pro 中的 Titler 来创建文字和形状。然后，可以将这些对象放置在视频上面，或者用作独立的剪辑向观众传达信息。

16.1 开始

当想要快速地将信息传递给观众时，文字非常有效。例如，在采访时可以通过叠加姓名和字幕（通常称为字幕安全区 [lower-third]）来确定视频中的演讲者。还可以使用文字来识别较长视频的片段（通常称为缓冲片段）或致谢剧组成员（使用致谢）。

与解说员解说相比，恰当地使用文字要更清晰，并且可以在对话期间传递信息。文字可以用来强化关键信息。

Premiere Pro 中有一个多功能的 Titler 工具。它提供了一系列的文本编辑和图形创建工具，可以使用它们来设计有效的字幕。可以使用加载到计算机上的字体（即 Adobe Typekit 中可用的字体，Adobe Typekit 是 Creative Cloud 的一部分）。

还可以控制不透明度和颜色。可以插入使用其他 Adobe 应用程序（比如 Adobe Photoshop 或 Adobe Illustrator）创建的图形元素或 logo。Titler 工具是一个可以自定义而且功能强大的工具。

1. 单击 Workspaces 面板的 Effects，或者选择 Window > Workspaces > Effects，切换到 Effects（效果）工作区。

2. 单击 Workspace 面板上的 Effects 菜单，然后选择 Reset to Saved Layout，或者选择 Window > Workspace > Reset to Saved Layout，重置工作区。

16.2 字幕设计器窗口概述

先从一些预格式化的文本开始，然后对其进行修改。通过这种方法可以快速了解 Premiere Pro 的 Titler（字幕设计器）的强大功能。本课稍后将从头开始构建字幕。

1. 打开项目 Lesson 16.prproj。

序列 01 Clouds 应该已经打开了。如果没有，就将其打开。

2. 在 Project 面板中双击剪辑 Title Start。

这是一个 Premiere Pro 字幕，所以将在 Titler（字幕设计器）中打开，而且字幕显示在节目监视器中当前帧的上方。默认情况下应该会选中文本对象，如果没有，则找到左上角的 Selection（选择）工具（▶），单击一次以选择它。

下面将简要介绍 Titler 的面板（见图 16.1）。

- **Designer（设计器）**：创建和查看文字和图形的地方。
- **Tools（工具）**：这些工具用于选择对象，设置文字位置，定义文字边界，设置文字路径并选择几何形状。
- **Properties（属性）**：在这里可以找到文字和图形选项，比如字体特征和效果。

- **Actions（动作）：**用于对齐、居中或分布文字或对象组。
- **Styles（样式）：**在这里可以找到预设文字样式。

图16.1

3. 单击 Title Styles（字幕样式）面板中的几个缩略图，以熟悉这些可用的默认样式，如图 16.2 所示。

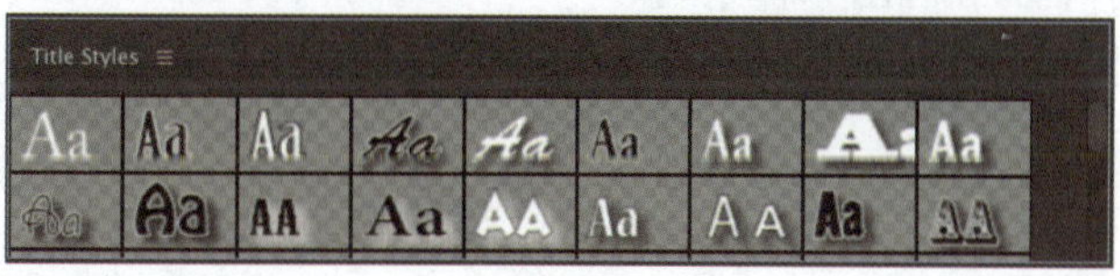

图16.2

每次单击一个样式时（比如图 16.3 所示样式），Premiere Pro 会将选择的对象更改为这种样式。有些样式非常大，以至于有些文本会显示在屏幕之外，这时需要调小这些设置。当查看完样式之后，选择样式 Adobe Garamond White 90（从左边数第 7 个）。

4. 单击 Titlel 顶部的 Font Browser（字体浏览器）菜单，该菜单是 Properties（属性）面板中 Font Browser 菜单的一个副本。

图16.3

5. 滚动字体列表，每当选择一个新字体时，对应的文字立即更新（见图 16.4）。如果单击的菜单没有使用下拉列表，则可以使用键盘上的上下箭头键来选择不同的字体。

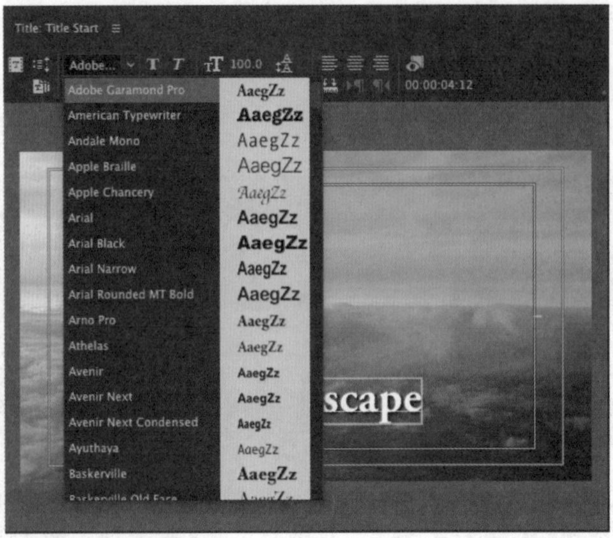

图16.4

每个系统加载的具体字体因系统而异，而且利用 Adobe Creative Cloud 账户可以访问更多的可用字体。

要添加更多字体，请进入 Title（字幕）菜单，选择 Add Fonts from Typekit（从 Typekit 中添加字体），可以访问 Adobe Typekit 网站，并访问数千种字体。

6. 单击 Titler 右侧 Title Properties（字幕属性）面板中的 Font Family（字体系列）菜单。这是在 Titler 中改变字体的另一种方法，请尝试通过此面板改变字体。还可以使用 Font Style（字体样式）菜单改变字体。

7. 尝试之后，选择 Caslon Pro 字体系列。

8. 采用以下方法将字体大小修改为 140：在 Font Size（字体大小）字段中输入 140，或者拖动 Size（大小）数值直到其读数为 140 为止。

> Pr | 提示：在增大字体大小时，可能需要手动调整文本框容器，以正确地看到字体。

9. 在选择时如果文字已经移动了，可单击 Center（居中）按钮以使文字居中显示。

10. 在 Title Properties 面板中，将 Tracking（字距）更改为 25.0。字距将改变字符之间的间距。

下面来添加一个投影。

> Pr | 注意：可能需要扩大或滚动窗口，才能看到所有的 Title Properties 选项。

> **注意**：单击并测试后，很容易不小心取消选择文本。这时，如果在文字周围没有带手柄的边界框，则使用 Selection（选择）工具（在 Titler 面板的左上角）在文字的任意位置单击以选择文字。

11. 在 Title Properties 面板中，启用 Shadow（阴影）选项。将 Shadow Distance（阴影距离）更改为 10，Shadow Size（阴影大小）更改为 15，Shadow Spread（阴影扩展）更改为 45，如图 16.5 所示。可以在每个字段中输入数值或是拖动数值以调整其值。

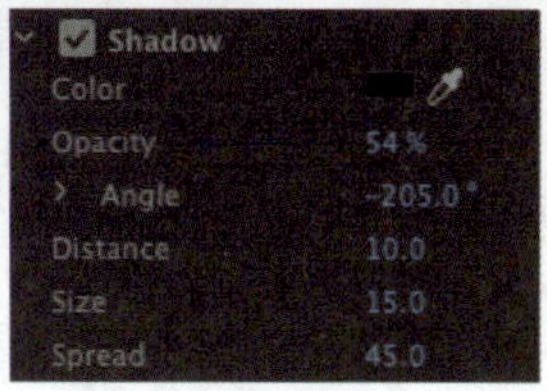

图16.5

12. 在 Title Actions（字幕动作）面板中，单击 Horizontal Center（水平居中）和 Vertical Center（垂直居中）按钮（见图 16.6），让文字对象与屏幕的正中心对齐。

调整完成后的字幕在混合背景下更显眼，如图 16.7 所示。

图16.6

图16.7

> **注意**：使用 Selection 工具时，单击 Designer 面板中项目之外的位置，以便隐藏控制手柄，更清晰地看到结果。

13. 单击 Titler 面板右上角的 *x*（Windows）或左上角的 Close（关闭）按钮（Mac OS），关闭 Titler。

14. 将 Title Start 剪辑从 Project 面板拖放到 Timeline 上的 V2 轨道上并进行修剪，以便与视频剪辑匹配（见图 16.8），然后拖动播放头，查看它在视频剪辑上的显示情况。

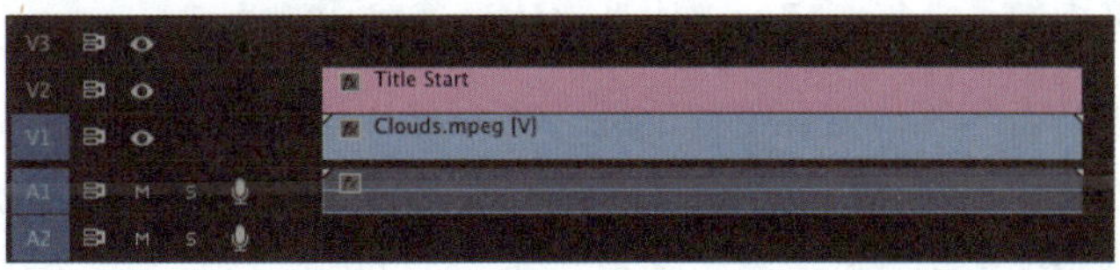

图16.8

注意：Premiere Pro 自动将更新后的字幕保存到项目文件中。它不会作为一个单独的文件显示在硬盘中。

在其他项目中使用字幕

可以为位置和演讲人的名字创建常用字幕，以便将它们应用到多个项目。Premiere Pro不会自动将字幕存储为单独的文件，但是可以采用手动的方式做到。

要使字幕可用在其他项目中，首先要选择Project面板中的字幕，再选择File（文件）>Export（导出）>Title（字幕），为字幕命名，选择一个位置，再单击Save（保存）。以后就可以像导入其他素材文件一样导入字幕文件了。

16.3 掌握视频版式基础知识

为视频设计文字时，重要的是遵守版式约定。如果文字是在一个具有多种颜色的移动视频背景上合成的，则需要花费一些功夫来创建一个清晰的设计。

提示：如果想了解有关版式的更多知识，请参阅 Erik Spiekermann 著的 *Stop Stealing Sheep & Find Out How Type Works, Third Edition*（Adobe Press，2013）。

要在易读性和样式之间找到一个平衡，以确保屏幕上有足够的信息，而又不会显得拥挤。如果文字太多，则很快就会变得难以阅读，让观众沮丧。

16.3.1 字体选择

计算机中很可能有许多种字体，因此可能很难选择一种能让视频工作的恰当字体。为了简化选择过程，请使用分类方法并考虑下面这些因素。

- **可读性**：所使用的字体大小是否容易读取？所有的字符都是可读的么？如果快速看一遍，然后闭上眼睛，还会记得文本块吗？
- **样式**：仅使用形容词，如何描述自己所选的字体？字体是否传达了恰当的情绪？样式就像设计衣柜或者理发，选择合适的字体是整体设计成功的关键。
- **灵活性**：字体是否与其他内容很好地混合在一起？是否有让传达意义变得更简单的多种字体粗细（比如粗体、斜体和半粗体）？能否创建传达各种不同信息的分层信息？比如在演讲者的字幕安全区名字图层放置名字和字幕。

这些指导原则的答案应该有助于更好地设计字幕。可能需要尝试来找到最佳字体。幸运的是，可以轻松地修改现有字幕或者复制它并更改副本，以进行并排比较。

16.3.2 颜色选择

尽管可以创建近乎于无限数量的颜色组合，但是在设计中选择合适的颜色可能非常棘手。这是因为只有几种颜色适用于文字且观众能够清楚地看到（见图 16.9）。如果编辑的视频用于播放，或者如果设计必须匹配一系列产品的风格和品牌，那么这一任务就会变得更加困难。即使是将文字放置在杂乱的移动背景上，应该也能够看清文字。

> **注意：**创建供视频使用的文字时，通常会发现自己将文字放置在拥有许多颜色的背景上。这使得很难形成合适的对比（这是保持易读性的关键）。在这种情况下，可能需要添加一个边缘描边或投影来获得具有对比的边缘。

白色文字在深色背景上很容易阅读

蓝色文字则比较难阅读，因为文字的颜色和色调与天空类似

图16.9

尽管可能会觉得有些保守，但是视频中最常见的文字颜色是白色。不必惊讶，第二种最常见的颜色是黑色。使用颜色时，它们通常是非常浅或非常深的色调。选择的颜色相对于文字将要放置的背景，必须提供一种适当的对比。这就是让当前的视频帧显示在 Title Designer（字幕设计器）背景中的原因。

16.3.3 字偶距

一种常见的情况是调整一个字幕的字符之间的间距，以改进文字的外观，并让它与背景的设计相匹配（见图 16.10）。这个过程称为字偶距调整（kerning）。字体越大，花时间手动调整文字就越重要（因为字体越大，则越容易发现不合适的字距）。字偶距的目标是改进文字的外观和易读性，同时创建光流（optical flow）。

通过研究专业设计的一些材料（比如海报或杂志），可以学到有关字偶距调整的更多知识。

> **提示：** 开始调整字偶距的常见位置是调整最初的大写字母和后续小写字母之间的距离，尤其是字符具有非常小的基底时，比如 T，这可能会造成基线处具有过多空间的感觉。

可逐个字符应用字偶距调整，因而可以创造性地使用间距

图16.10

字偶距很容易调整。

1. 双击 Title Designer（字幕设计器）中的一个文本框，或者使用 Type（文字）工具单击文本框，编辑其内容。在文本框内部，可以使用键盘上的箭头按键移动闪烁的 I 形光标。

2. 当 I 形光标出现在想要调整字距的两个字母之间时，按住 Alt（Windows）或 Option（Mac OS）键。

3. 按向左箭头键以让字母更靠近，或者按向右箭头键以让字母更松散。也可使用 Properties（属性）面板中的 Kerning 控件来调整。

4. 移动到下一个字母对并根据需要进行调整。

16.3.4 字间距

另一个重要的文字属性是字间距（与字偶距类似）。它可以对一行文字中所有字符之间的距离进行总体控制（见图 16.11）。字间距用于从全局压缩或扩展一行文字。

通常在下列场景中使用它。

- **紧凑的字间距**：如果一行文字太长（比如演讲者的字幕安全区有冗长的字幕），可能想稍微收紧它以适合屏幕。这将保持相同的字体大小，但是会在可用的空间中容纳更多文字。
- **松散的字符距**：当使用的所有字母都是大写，或者需要对文字应用外部描边时，松散的字间距可能很有用。它通常用于大型字幕，或者是当文字用作设计或运动图形元素时。

可以在 Premiere Pro 的 Titler 中的 Title Properties（字幕属性）面板中调整字间距。

字间距与 Small Caps（小型大写字母）选项结合使用，可以创建易读的风格化字幕

图16.11

16.3.5 行距

字偶距和字间距控制字幕之间的水平距离，而行距用来控制文字行之间的垂直距离（见图16.12）。它的名称来自印刷机上用于在文字行之间创建距离的铅条。

可以在 Title Properties 面板中调整行距。

在大多数情况下，默认的 Auto（自动）设置可以很好地用于行距。调整行距会对字幕造成很大的影响。不要将行距设置得太紧密，否则顶部行中的下行字母（比如 j、p、q 和 z 的下行线）将跨越下一行的上行字母（比如 b、d、k 和 l 的上行线）。这一冲突很有可能让文字更难阅读。

原始的行距导致两行文字变得难以阅读。注意第一行中的字母 p 已经碰触到第二行中的文字

增大行距可以在文字行之间增加距离，从而提升可读性

图16.12

16.3.6 对齐

可能文字左对齐的情况比较普遍，比如报纸，但是对齐视频文字没有硬性规定。通常来讲，字幕安全区中使用的文字是左对齐或右对齐的。

> Pr **注意：**在设置文字时，可以单击并输入文字（这称为点文字），也可以使用 Type（文字）工具来拖动，以先定义一个文本框——这称为区域文字，可以提供更强的对齐和布局控制，但是如果文字太大时，要记得调整文本框的大小。

另一方面，通常会在字幕序列或标题中居中放置文字。在 Titler（字幕设计器）中，可以找到用于向左对齐、向右对齐和居中对齐文字的按钮（见图 16.13）。

图16.13

> Pr **注意：**通过打开 Titler 面板菜单（或者选择 Title > View），然后选择 Safe Title Margin（字幕安全框）或 Safe Action Margin（操作安全框），可以关闭字幕安全框或动作安全框。

16.3.7 字幕安全框

在 Titler（字幕设计器）中设计时，会看到一系列两个嵌套的框。第一个框显示了 90% 的可视区域，它被视为操作安全框。在电视机上查看视频信号时，此框外的所有内容可能会被删除。一定要将想要被看到的所有关键元素（比如 logo）放在该区域中。

第二个框显示 80% 的可视区域，它被称为字幕安全区。正如本书有页边空白来避免文字与边缘距离太近一样，将文字放在最里面或字幕安全区是一个好主意，这使得观众更易于读取信息（见图 16.14）。

这个图像太靠近边缘（并且位于字幕安全框之外）

这个图像将文字正确地放置到字幕安全边框内部，这样即使在校准糟糕的屏幕上也可以更容易地看到文字

图16.14

16.4 创建字幕

创建字幕时，需要选择在屏幕上显示文字的方式。Titler（字幕设计器）面板提供了 3 种方法来创建文件，每种都提供了水平和垂直文字方向选项（见图 16.15）。

- **Point Text（点文字）**：这种方法在输入时建立一个文字范围框。文字会排在一行，直到按下 Enter(Windows) 或 Return(Mac OS) 键，或者选择 Title(字幕)>Word Wrap(自动换行) 为止。改变文字框的形状和大小会相应改变文字的形状和大小。
- **Paragraph（Area）Text（段落（区域）文字）**：在输入文字前先设置文字框的大小和形状。以后改变文字框的大小可以显示更多或更少的文字，但不会改变文字的形状和大小。
- **Text on a Path（路径上的文字）**：在文字屏幕中单击点，创建曲线，再用手柄调整这些曲线的形状和方向，来为文字构建路径。

图16.15

在 Title Tools（字幕工具）面板中，可以从左侧或从右侧选择工具，这将决定文字的朝向是水平的还是垂直的。

16.4.1 添加点文字

现在，已经基本了解了如何修改和设计字幕，接下来使用一个新序列头开始构建字幕。

1. 如果 Title（字幕）面板是打开的，关闭它，然后打开序列 02 Cliff。

2. 要打开 New Title（新建字幕）对话框，请选择选择 File（文件）>New（新建）>Title（字幕），或者按 Control + T（Windows）或 Command + T（Mac OS）组合键。

3. 在 Name（名称）框中输入 The Dead Sea，单击 OK（见图 16.16）。

4. 拖动 Show Background Video（显示背景视频）按钮附近的时间码，更改背景视频帧（见图 16.17）。也可以移动 Timeline 播放头来更改 Titler 中的背景图像，但是 Timeline 可能会被 Title 面板框架隐藏起来。

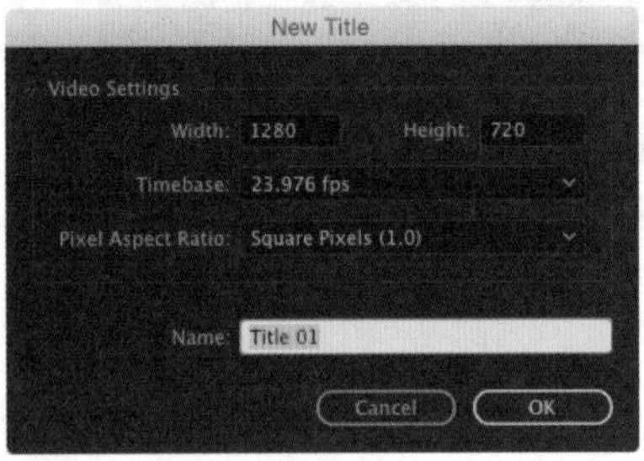

图16.16

图16.17

5. 单击 Show Background Video（显示背景视频）按钮，隐藏视频剪辑。

现在，背景显示了一个灰度棋盘，这表示是透明的。如果降低文字或图形的不透明度，则会看到一些背景。

6. 导入一个现有的字幕并修改。进入 Title 菜单，选择 Templates（模板），或者按 Control + J（Windows）或 Command + J（Mac OS）组合键。

7. 在 Templates（模板）对话框中，单击右上角的面板菜单，选择 Import File as Templates（导入文件为模板）。

8. 浏览课程文件夹，进入 Assets/Video and Audio Files/Titles，然后打开 The Dead Sea.prtl，如图 16.18 所示。

9. 单击 Title Tools（字幕工具）面板左上角的 Selection（选择）工具（▶），在文字框出现手柄。

此处不能使用键盘快捷键来选择 Selection 工具，因为当前正在一个文字框中输入文字。

图16.18

Pr 提示：如果输入一个很长的字幕，将注意到点文字不会自动换行，文字会跑到屏幕之外。要想在文字到达字幕安全框时进行换行，可选择 Title（字幕）>Word Wrap（自动换行）。如果要强制开始一个新行，可按 Enter（Windows）或 Return（Mac OS）键。

10. 拖动文字框的角和边，在拖动时注意 Font Size（字体大小）、Width（宽度）和 Height（高度）设置发生的改变。拖动时按住 Shift 键可以让文字等比例缩放，如图 16.19 所示。

图16.19

11. 将鼠标指针刚好悬停在文字框一个角的外部，直到出现一个曲线指针，它可以用来旋转文字框。拖动该曲线指针，使文字框沿其水平方向旋转。

Pr 提示：除了拖动边界框的手柄外，还可以在 Title Properties（字幕属性）面板中改变 Transform（变换）设置的数值。这些修改会立即显示在边界框内（只要边界框被选中了）。

12. 在 Selection（选择）工具仍然为活跃状态时，在边界框内的任意位置单击，将文字及其边界框拖动到 Titler Designer（字幕设计器）面板的其他位置。

尝试使用目前为止所学的技术调整文字的大小、旋转和位置，使其与图 16.20 所示的外观大致匹配。

图16.20

> Pr **提示：**在显示背景视频的情况下来拖动时间码，可以相对于视频内容来放置文字。也可以使用这种方式来评估文字在视频上的外观，并做出调整，以提升文字的可读性。显示在字幕后面的视频帧没有与字幕保存在一起。它只是用来对字幕进行放置和样式化处理的一个参考。

16.4.2 添加段落文字

尽管点文字非常灵活，但是使用段落文字可以更好地控制布局。该选项将在文字到达段落文字框边缘时自动换行。

继续处理与上一个练习中相同的字幕。

1. 单击 Title Tools 面板中的 Area Type（区域文字）工具（）。

2. 在 Titler Designer（字幕设计器）面板中拖动，以创建填充字幕安全区左下角的一个文字框。

3. 开始输入将参加旅游的参与者的姓名。可以使用此处的名称也可以自己添加姓名。

输入足够多的字符，使它超出文字框的末尾（见图 16.21）。需要缩小文字大小，以便同时看到几行文字。与点文字不同，区域文字会将文字限制在定义的边界框之内，并在边界框的边缘换行。

4. 按 Enter（Windows）或 Return（Mac OS）键换到下一行，如图 16.22 所示。

这里的名字太大了，无法放置在一行，因此切换到下一行

图16.21

图16.22

提示：避免拼写错误的一种好方法是从已批准的脚本或者经客户或制作者审核的电子邮件复制并粘贴文字。

5. 单击 Selection（选择）工具，更改边界框的大小和形状，使它更好地适合周围的文字，如图 16.23 所示。

调整文字框的大小时，文字大小不会改变，调整的是其在文字框中的位置。如果边界框太小，容纳不下所有文字，多余的文字会滚落到文字框底部边缘之下，并且在边界框外右下角会显示出一个小加号（+）。

6. 关闭字幕。

由于 Premiere Pro 会自动将文字保存到项目文件，因此可以切换到新的或不同的字幕，并且不会丢失在当前创建的内容。

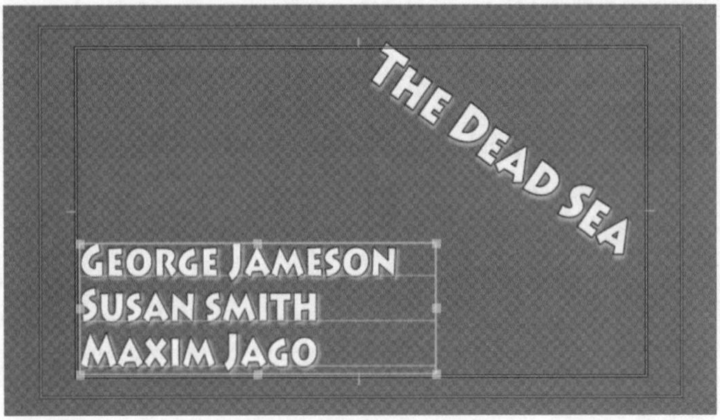

图16.23

16.5 风格化文字

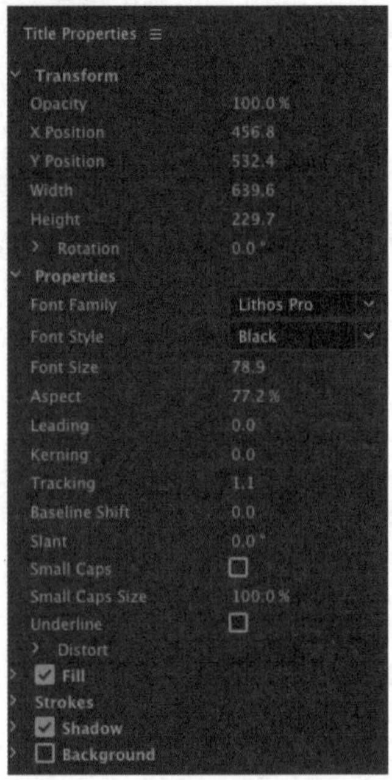

图16.24

之前尝试了字幕样式。尽管字幕样式非常快速且简单，但它们仅仅是开始。还可以使用 Title Properties（字幕属性）面板（见图 16.24）精确控制文字的外观。

16.5.1 更改字幕的外观

在 Title Properties 面板中，可以找到许多用来修改文字外观的选项，以改善文字的易读性和整体外观。但是，也很容易会过度使用它并添加了太多效果，以致于生成不专业的结果并影响易读性。

下面是一些现代版式设计中最有用的工具。可以在 Title Properties（字幕属性）面板中找到它们。

- **Fill Type（填充类型）：**有几个填充类型选项。最常见的选项是 Solid（纯色）和 Linear Gradient（线性渐变），也可以看到其他渐变、斜面和重影选项。

> **提示：**除了用 Color Picker（拾色器）更改 Color Stop（色标）颜色之外，还可以使用 Eyedropper（吸管）工具（位于色卡旁）从视频中选择一种颜色。单击 Titler（字幕设计器）面板顶部的 Show Video（显示视频）按钮，并向左或向右拖动时间码数值，移动到想使用的帧上，并将 Eyedropper（吸管）工具移动到视频场景中，单击想要的颜色。

- **Color（颜色）**：设置文字的颜色。可以单击色板或者在 Color Picker（拾色器）中输入数值，也可以使用 Eyedropper（吸管）工具从计算机屏幕的任意位置对颜色采样。如果从视频中采样，然后使用 Color Picker 调整颜色，可以创建能清晰易读且与背景的意境相匹配的字幕。

> Pr **注意**：如果在所选颜色旁边看到一个感叹号，则是 Premiere Pro 提醒用户颜色不是广播安全色。这意味着将视频信号投入广播环境时会出现问题（并且在刻录为 DVD 或蓝光光盘时也会出现问题）。一定要单击感叹号以自动选择与广播安全色最接近的颜色。

- **Sheen（光泽）**：一种柔和的高光，可以为字幕添加深度。一定要调整其大小或不透明度，这样效果才会是微妙的。
- **Stroke（描边）**：可以单击以添加内部和外部描边。描边可以是纯色的，也可以是渐变的，可在文字外部添加一个细边缘。调整渐变的不透明度可以创建柔和的发光或柔边。描边通常用于帮助保持文字在视频或复杂背景上移动时是清晰可辨的。
- **Shadow（阴影）**：经常会对视频文字使用投影，以使文字易于阅读。一定要调整阴影的柔和度。此外，一定要将阴影和项目中所有字幕的角度保持一致，以实现设计一致性。

1. 在 Project 面板中，双击字幕 The Dead Sea，在 Titler 中打开它。
2. 单击 Show Background Video（显示背景视频）按钮来查看视频源上的字幕。
3. 使用 Title Properties 面板中的选项，让文字更可读，并合成添加更多的颜色。
4. 继续设计，直到对视觉效果感到满意为止，最终效果如图 16.25 所示。

图16.25

16.5.2 保存自定义样式

如果创建了自己喜欢的外观，可以将它保存为样式，以便将来可以节省时间。样式描述了文字的颜色和字体特征。通过一次单击，可以应用样式来更改文字的外观，文字的所有属性都将更新，从而与预设相匹配。

下面使用上一练习中修改的文字来创建一种样式。

1. 继续处理同一个字幕，使用 Selection 工具选择一个想要保存其属性的文字对象。

2. 在 Title Styles（字幕样式）面板菜单（Title Styles ≡）中，选择 New Style（新建样式），如图 16.26 所示。

图16.26

3. 输入一个名称，并单击 OK。该样式将添加到 Title Styles（字幕样式）面板。

4. 要更容易地查看样式，可以单击 Title Styles 面板菜单，然后选择以 Text Only（仅文本）、Small Thumbnails（小缩略图）或 Large Thumbnails（大缩略图）的方式查看预设。

5. 要管理样式，右键单击其缩略图。可以选择复制样式以修改副本，重新命名样式以便于查找，或者删除想要移除的样式。

6. 关闭字幕以保存其更改。

16.5.3 创建一个 Adobe Photoshop 图形或字幕

可以在 Adobe Photoshop 中为 Premiere Pro 创建字幕或图形。尽管 Photoshop 被称为修改照片的首要工具，但是它还拥有许多创建简洁字幕或 logo 的功能。Photoshop 提供了几个高级选项，包括反锯齿（实现平滑的文字）、高级格式化（比如科学计数法）、灵活的图层样式和拼写检查器。

接下来试着在 Premiere Pro 中创建一个 Photoshop 新文档。

1. 选择 File（文件）>New（新建）>Photoshop File（Photoshop 文件）。

2. 打开 New Photoshop File（新建 Photoshop 文件）对话框，该对话框的设置以当前的序列为基础，如图 16.27 所示。

图16.27

3. 单击 OK。

4. 选择一个位置来保存 PSD 文件，为其命名并单击 Save（保存）。

5. 打开 Adobe Photoshop，准备编辑字幕。

Photoshop 以参考线的形式自动显示安全操作和安全字幕区。这些参考线不会出现在最终的图像中。

> **Pr** **提示：**如果在 Photoshop View（视图）选项中禁用了参考线，可以通过 View > Show > Guides 重新启用。

6. 按 T 键以选择 Text（文字）工具。

7. 通过拖动绘制文字块，从字幕安全区的左上角向右下角绘制。这将创建一个容纳文字的段落文字框。与在 Premiere Pro 中一样，在 Photoshop 中使用段落文字框可以精确控制文字的布局，如图 16.28 所示。

图16.28

8. 输入想要使用的一些文字。

9. 使用屏幕顶部 Options（选项）栏中的控件来调整字体、颜色和字体大小，如图 16.29 所示。

图16.29

10. 单击 Options 栏中的 Commit（提交）按钮（✓），提交文字图层。

11. 选择 Layer（图层）>Layer Style（图层样式）>Drop Shadow（投影）来添加投影。根据个人喜好进行调整。

在 Photoshop 中完成操作后，可以关闭并保存字幕。可以看到，字幕已经出现在 Premiere Pro 项目中的 Project 面板中。

如果想在 Photoshop 中编辑字幕，可以在 Project 面板或 Timeline 中选择它，然后选择 Edit（编辑）> Edit in Adobe Photoshop（在 Adobe Photoshop 中编辑）。当在 Photoshop 中保存更改时，字幕将自动在 Premiere Pro 中更新。

16.6 处理形状和 logo

为节目创建字幕时，很可能需要文字以外的内容来构建完整的图形。幸运的是，Premiere Pro 还提供了创建矢量形状的功能，可以对它们进行填充和风格化，以创建图形元素。用于文字的许多字幕属性也可以用于形状。还可以导入完成的图形（比如 logo）来增强 Premiere Pro 字幕。

16.6.1 创建形状

如果已经在 Photoshop 或 Adobe Illustrator 等图形编辑软件中创建了形状，会发现，在 Premiere Pro 中创建几何对象的方式非常类似。

在 Title Tools（字幕工具）面板（见图 16.30）中选择各种形状，拖动并绘制轮廓，然后释放鼠标按键。

请根据以下步骤在 Premiere Pro 中绘制形状（该练习只是为了练习）。

1. 打开序列 03 Shapes。

2. 按 Control + T（Windows）或 Command + T（Mac OS）组合键打开一个新字幕。

3. 在 New Title（新建字幕）对话框的 Name（名称）框中输入 Shapes，并单击 OK。

4. 选择 Rectangle（矩形）工具（快捷键是 R），并在 Titler 面板中拖动以创建一个矩形，如图 16.31 所示。

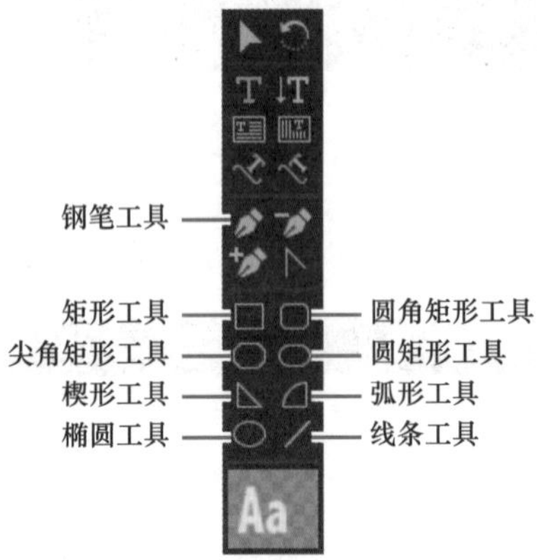

图16.30

图16.31

5. 在矩形依然被选中的情况下，尝试几种字幕样式。

字幕样式会影响形状和文字。

6. 按住 Shift 键并在另一个位置拖动以创建一个正方形。Shift 键用于锁定形状的宽高比。

7. 选择 Rounded Corner Rectangle（圆角矩形）工具，并按住 Alt（Windows）或 Option（Mac OS）键来从形状的中心进行绘制。

中心仍然位于第一次单击的位置，在拖动时会更改点周围的形状和大小。

8. 选择 Clipped Corner Rectangle（尖角矩形）工具，按住 Shift + Alt（Windows）或 Shift + Option（Mac OS）组合键并拖动以限制宽高比并从角开始绘制，如图 16.32 所示。

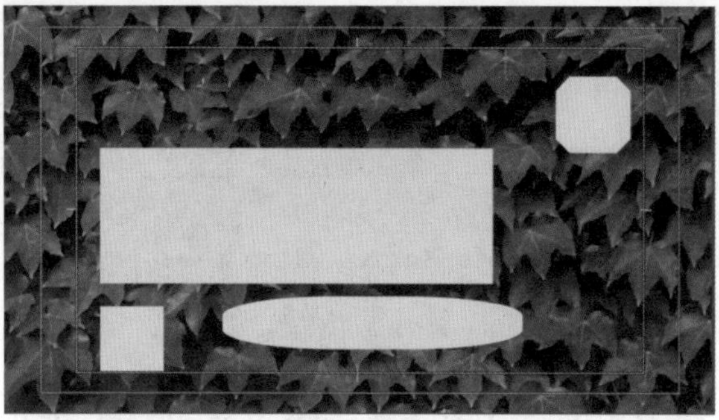

图16.32

这时会发现其他用于创建线条或自由路径的工具。

9. 按住 Control + A（Windows）或 Command + A（Mac OS）组合键，然后按退格键或 Delete 键以从头开始绘制。

10. 选择 Line（直线）工具（快捷键是 L），并拖动以创建一条直线。

11. 选择 Pen（钢笔）工具，并在 Title Designer 的空白处单击以创建一个锚点（不要拖动来创建手柄）。

12. 在 Title Designer 的另外一个位置单击，以创建一条路径。这将创建另一个锚点。

13. 继续使用 Pen（钢笔）工具单击以创建额外的直线段。添加的最后一个锚点看起来像是一个大正方形，这表明已经选中了它。

14. 通过执行下述操作之一来完成路径。

- 要封闭路径，将 Pen（钢笔）工具移动到第一个锚点。当鼠标指针悬停在第一个锚点上面时，会在 Pen（钢笔）指针下面出现一个小圆形。此时单击以封闭路径。
- 要保持路径打开，按住 Control（Windows）或 Command（Mac OS）键并单击除所有对象外的任意位置，或者在 Title Tools 面板中选择一个不同的工具。

15. 尝试不同的形状选项。尝试重叠它们并使用不同的样式。这种可能性是无限的。

16. 关闭当前字幕。

16.6.2 添加一个图形

使用常见的文件格式，包括矢量图像（.ai、.eps）和静态图像（.psd、.png、.jpeg），可以将图像文件添加到字幕设计中。

1. 在 Project 面板中，双击文件 Lower-Third Start 以在 Title Designer 中打开字幕。

2. 选择 Title（字幕）>Graphic（图形）>Insert Graphic（插入图形）。

3. 从 Lessons/Assets/Graphics 文件夹中选择文件 logo.ai，并单击 Open（打开）。

4. 使用 Selection（选择）工具，将 logo 拖动到想要它在字幕中出现的位置，然后调整 logo 的大小、不透明度、旋转或比例。按住 Shift 键以在缩放时约束比例，防止出现不想要的扭曲，如图 16.33 所示。

图16.33

> 注意：要将一个图形恢复为原始的大小，可以选择它然后选择 Title（字幕）>Graphic（图形 > Restore Graphic Size（恢复图形大小）。如果不小心扭曲了 logo，可以选择该 logo，然后选择 Title > Graphic > Restore Graphic Aspect Ratio（恢复图形宽高比）。

> 注意：如果将矢量图形放入字幕中，则 Premiere Pro 会将它以原始的大小转换为位图图形。可以将它缩小；如果放大它，则图像可能会变得像素化。

5. 完成后，关闭字幕。

16.6.3 对齐形状和 logo

设计字幕时，通常想保持设计统一且整洁。Premiere Pro 的 Titler（字幕设计器）可以对齐和分布字幕中的元素。利用 Align（对齐）面板中的选项（见图 16.34）可以让多个对象的位置相匹配，比如将两个或更多对象的底部边缘或中心对齐。还可以对齐三个或更多对象，并让它们彼此之间的距离一样。

图16.34

1. 在 Project 面板中，双击文件 Align Start 以在 Titler 中打开字幕。

该字幕包含三个在屏幕上随机放置的形状，如图 16.35 所示。

2. 使用 Selection 工具套索这 3 个正方形，将它们选中。

当有多于一个的对象被选中时，Align（对齐）工具成为可用的。

3. 单击 Align Vertical Bottom（垂直底部对齐）按钮（ ）以对齐这三个对象的底部边缘。

现在，这三个对象与字幕中最底部的对象的底部边缘对齐。

图16.35

4. 单击 Horizontal Center Distribute（水平居中分布）按钮（![]），以让三个对象之间的距离相同。

现在，对象之间的距离相同并且彼此之间对齐。接下来，设置它们相对于画布的距离。

5. 单击 Horizontal Center（水平居中）和 Vertical Center（垂直居中）按钮，如图 16.36 所示。

可以看到，已经将三个完美对齐的正方形居中放置在字幕区域中。

6. 关闭字幕。

图16.36

16.7 创建滚动字幕和游动字幕

可以轻松地为片头和片尾字幕创建滚动字幕，也可以创建像字幕新闻这样的游动字幕。

1. 选择 Title（字幕）>New Title（新建字幕）>Default Roll（默认滚动字幕）。

2. 将其命名为 Rolling Credits，单击 OK。

> Pr | 提示：可以采用多种方式创建一个新的字幕，但是只有 Title 菜单可以直接访问 Roll 和 Crawl 选项。

3. 选择 Type（文字）工具，然后用 Adobe Caslon Pro 字体输入一些文字，将文字大小设置为大约 100。

请创建如图 16.37 所示的占位字幕，在每行后按 Enter（Windows）或 Return（Mac OS）键。输入足够的文字，使其超出屏幕的高度。根据需要使用 Title Properties（字幕属性）格式化文字。

> Pr | 提示：记住，可以通过选择 Styles（样式）面板菜单中的选项，以列表的形式查看字幕样式。

> Pr | 提示：使用字处理程序或者文本文档可以更容易地编写字幕。然后将它们复制和粘贴过来即可。

图16.37

4. 单击 Roll/Crawl Options（滚动 / 游动选项）按钮（ ）。

它有以下几种选项。

- **Still（静态）**：将字幕设置为静态字幕。
- **Roll（scroll text vertically）（滚动（垂直滚动文字））**：将字幕设置为垂直滚动。
- **Crawl Left（向左游动）、Crawl Right（向右游动）**：将字幕设置为水平向左滚动或水平向右滚动。
- **Strat Off Screen（开始于屏幕外）**：将字幕设置为开始时是完全从屏幕外滚进，还是从Title Designer 中输入的位置开始滚动。
- **End Off Screen（结束于屏幕外）**：指出字幕是完全滚动出屏幕还是滚动到屏幕末端。
- **PreRoll（预滚动）**：设置第一个单词在屏幕上显示之前要延迟的帧数。
- **Ease-In（缓入）**：指定在开始位置将滚动或游动的速度从零逐渐增加到最大速度的帧数。
- **Ease-Out（缓出）**：指定在末尾位置放慢滚动或游动字幕速度的帧数。
- **Postroll（后滚动）**：指定滚动或游动字幕结束后播放的帧数。

5. 选择 Strat Off Screen（开始于屏幕外）和 End Off Screen（结束于屏幕外），单击 OK，如图 16.38 所示。

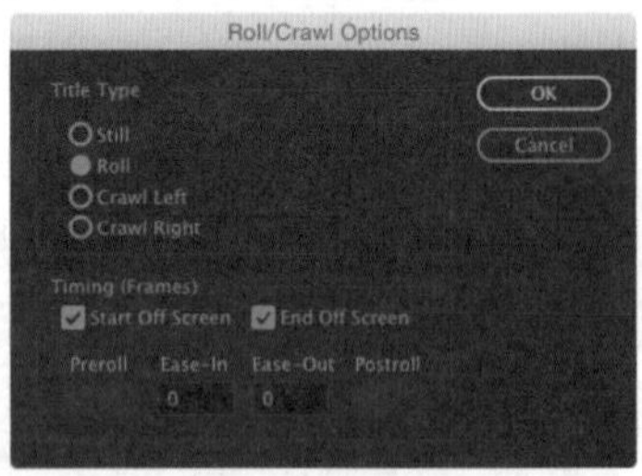

图16.38

6. 关闭 Titler。

7. 将新创建的 Rolling Credits 字幕拖放到 Timeline 上视频剪辑上方的 Video 2 轨道上（如果这里已经有另外一个字幕，那就将新的字幕直接拖放到原来字幕的上方，覆盖它）。

8. 修剪 Rolling Credits 新字幕剪辑的持续时间，使其与 Video 1 轨道上的剪辑具有相同的长度。

Timeline 上滚动或游动字幕的长度定义了播放速度。较短字幕的滚动或游动速度要快于较长的字幕。

9. 在选中序列的情况下，按空格键查看滚动字幕。

16.8 字幕介绍

在制作用于电视广播等目的的视频时，可能会遇到两种类型的字幕（译者注：在此之前，本书中出现最多的一个词是 title，有“标题”、“字幕”的意思。为了与本书之前版本保持一致，该词均翻译为“字幕”。本节中出现的这个 caption 依然有“字幕”的意思，在查询了相关资料后，发现也需要译作“字幕”。因此，在本小节中，“字幕”指的是 caption，而不是 title。)：隐藏式（Closed）字幕和开放式（Opened）字幕。

隐藏式字幕被嵌入到视频流中，可以由观众来启用或禁用；而开放式字幕则一直显示在屏幕上。

Premiere Pro 允许使用相同的方式来处理这两种字幕——事实上，可以将一种字幕转换为另外一种。但是，这里有一个限制，即隐藏式字幕文件的颜色范围和设计特征的限制此开放式字幕更多。这是因为它们是在观众的电视、机顶盒或在线观看软件上显示的，在开始播放之前，隐藏式字幕的控件已经准备就绪。

下面的工作流描述的是隐藏式字幕的工作方式，开放式字幕的工作方式与之相同——只需右键单击导入的字幕文件，然后选择 Modify（修改）选项，将文件修改为一个开放式字幕，或者从头开始创建另一个全新的开放式字幕。

16.8.1 使用隐藏式字幕

在可访问的情况下，视频内容得到了更多人的喜爱。一种日益常用的实践是添加能够被电视设备解码的隐藏式字幕信息。可见的字幕将插入到视频文件中，并借助于支持的格式传输到特定的播放设备。

只要已经准备好了合适的字幕，添加隐藏式字幕信息相对来说就很容易了。字幕文件通常使用 MacCaption、CaptionMake 和 MovieCaptioner 等软件工具来制作。

下面是为一个现有序列添加字幕的示例。

1. 关闭当前的项目，打开 Lesson 16_02.prproj。

2. 打开序列 NFCC_PSA。

3. 选择 File > Import，导航到一个字幕文件（支持 .scc 和 .mcc 格式）。可以在 Lessons/Assets/Closed Captions 文件夹中找到一个示例文件。

字幕文件将如同视频剪辑那样被添加到素材箱中，而且带有帧速率和持续时间。

4. 将封闭式字幕剪辑编辑到序列中所有剪辑上方的轨道上。

5. 单击节目监视器中的 Settings 菜单按钮（），选择 Closed Captions Display（隐藏式字幕显示）> Enable（启用）。

6. 播放序列，查看字幕。如果字幕的显示不正确，可单击节目监视器中的 Settings 菜单按钮，选择 Closed Captioning Display（隐藏式字幕显示）>Settings（设置）。确保设置与使用的文件类型相匹配。在本例中，选择 CEA-608 选项。

7. 可以使用 Captions（字幕）面板调整字幕（Window > Captions），即使用面板中的控件调整字幕的内容、时序和格式，如图 16.39 所示。

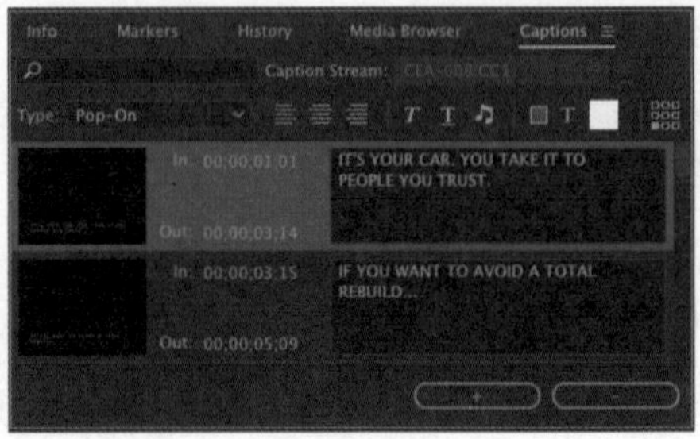

图16.39

也可以通过拖动 Timeline 上每一个字幕的手柄来更改其时序。

在 Premiere Pro 中，可以创建自己的隐藏式字幕。

1. 选择 File（文件）>New（新建）>Captions（字幕），打开 New Captions（新建字幕）对话框。

2. 默认设置以当前的序列为基础。这些设置还不错，所以单击 OK。

3. 这将出现另外一个对话框，请求用于广播工作流的高级设置。

在使用 NTSC 广播标准的国家，CEA-608（也称为 Line 21）是最常用的标准。TelxText 选项（Line 16）用于使用 PAL 广播标准的国家。开放式字幕总是可见的，从而给了字幕外观最大的灵活度。该剪辑是 NTSC，所以为此选择 CEA-608。

4. 从 Stream（流）菜单中选择 CC1，将其设置为隐藏式字幕的第一个流（最多可以添加 4 个流），单击 OK，隐藏式字幕剪辑将被添加到 Project 面板中。

5. 删除 Video 2 轨道上已有的隐藏式字幕剪辑，方式是选中该剪辑，然后按下退格键（Windows）或 Delete 键（Mac OS）。

6. 将新的隐藏式字幕编辑到 Video 2 轨道上。对序列来讲，它太短了（默认只有 3 秒的长度）。拖动字幕的末尾进行修剪，以使其满足需要的持续时间。在 Timeline 上选择隐藏式字幕剪辑，进入 Captions 面板（Window > Captions）。

7. 输入与对话和 / 或叙事相匹配的文字，然后单击面板底部的加号按钮（+），添加另外一个字幕。

8. 在 Captions 面板中调整每一个字幕的 In 和 Out 持续时间，或者直接在 Timeline 上调整。

9. 使用 Captions 面板顶部的格式控件，调整每一个字幕的外观。

由于字幕的总长度变长，因此序列字幕剪辑也将变长。可能需要修剪序列中的剪辑，以看到新的内容。

> Pr **注意：**使用 Button Editor（按钮编辑器）可以自定义节目监视器，为其添加一个 Closed Captions Display（隐藏式字幕显示）按钮以便轻松切换可见的字幕。

复习题

1. 点文字和段落（或区域）文字之间的区别是什么？
2. 为什么显示字幕安全区？
3. 为什么 Align（对齐）工具可能是灰色的？
4. 如何使用 Rectangle（矩形）工具绘制出完美的正方形？
5. 如何应用描边或投影？

复习题答案

1. 可以使用 Type（文字）工具创建点文字。在输入时，其文字框会相应地扩展，改变文字框的形状会相应地改变文字的大小和形状。使用 Area Type（区域文字）工具时，定义了一个边界框，字符会保持在其范围内。改变边界框的形状会相应地显示更多或更少的字符。
2. 一些电视设备会裁切图像的边缘。裁切量随电视设备的不同而不同。将文字保持在字幕安全框内，可以确保观众能够看到所有字幕。这个问题在新的平板电视上并不严重，对于在线视频来说也不重要，但使用字幕安全区限制字幕区域仍是一个好方法。
3. 只有在 Titler（字幕设计器）内选择了多个对象时才会激活 Align（对齐）工具。Distribute（分布）工具在选择两个以上的对象时才会被激活。
4. 用 Rectangle（矩形）工具绘制时按住 Shift 键，可以创建出完美的正方形。
5. 要应用描边或投影，请选择要编辑的文字或对象，然后使用 Stroke（Outer[外部] 或 Inner[内部]）或 Shadow（阴影）属性添加描边或投影。

第17课 管理项目

课程概述

在本课中，你将学习以下内容：

- 在项目管理器中工作；
- 导入和导出项目；
- 管理协作；
- 管理硬盘。

本课大约需要40分钟。

在本课中，将学习在处理多个Adobe Premiere Pro CC项目时如何保持井然有序。最好的组织系统是当需要时，它已经存在了。本课将通过一些规划帮助读者更有创造性。

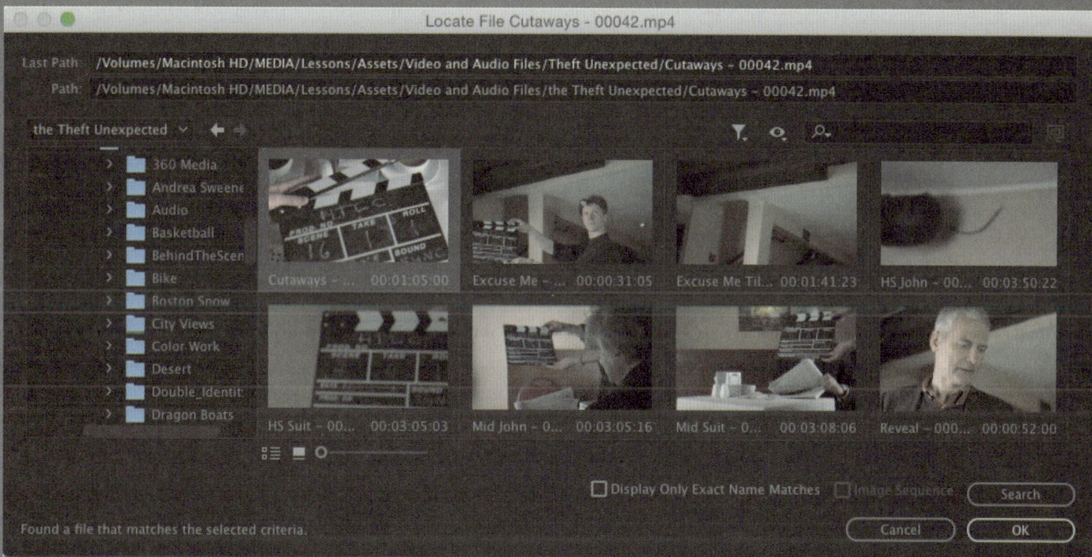

通过一些简单的步骤就可以在媒体和项目中保持主动。

17.1 开始

使用 Premiere Pro 创建项目时，可能认为不需要花时间来保持项目井然有序。如果正在处理第一个项目，则将很容易地在硬盘中找到该项目。

开始处理多个项目时，保持井然有序就会变得有点复杂。因为将会使用来自多个存储位置的多个媒体资源；将有多个序列，而且每个序列都有其特定的架构，并且将要生成多个字幕；可能还拥有多个效果预设和字幕模板。总而言之，需要一个存档系统来保持所有的项目元素井然有序。

解决方案是为项目创建一个组织系统，并制定一个合适的计划来存档可能会再次用到的项目。

如果之前已经拥有一个组织系统，那么它通常更容易使用。让我们从另一个角度来了解此想法：如果在需要一个组织系统时没有组织系统可用，例如，需要将一个新视频剪辑放在某个位置时，可能由于太忙而没有时间去思考名称和文件位置等问题。结果是，项目常常会出现相似的名称，并保存在相似的位置，并且出现了许多文件不匹配的情况。

解决方案非常简单：提前创建一个组织系统。用笔和纸来画个图，并制定出将采用的过程，从获取源媒体文件开始，到进行编辑，最后是输出和存档等工作。

在本课中，首先将介绍一些有助于保持控制的功能，从而可以关注最重要的工作，即创造性工作。

然后将介绍一些积极的协作方法。

1. 打开 Lesson 17 文件夹中的 Lesson 17.prproj。

2. 在 Workspace 面板中，单击 Editing（编辑），然后单击 Editing 选项附近的菜单，选择 Reset to Saved Layout。

17.2 使用文件菜单

尽管大多数创造性工作都可以使用界面中的按钮或使用键盘快捷键来执行，但一些重要的选项仅存在于菜单中。File（文件）菜单允许访问项目设置和 Project Manager（项目管理器），如图 17.1 所示。Project Manager（项目管理器）是一个自动简化项目过程的工具。

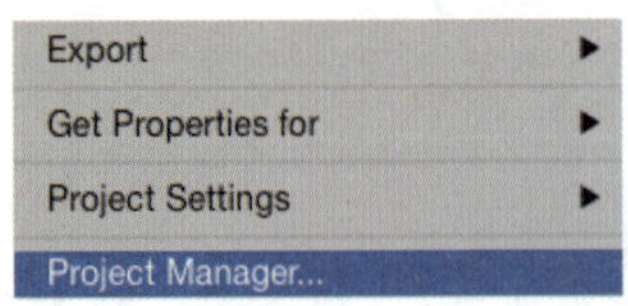

图17.1

17.2.1 使用文件菜单命令

下面是一些用于项目管理的重要的 File 菜单选项。

- **Batch Capture（批量采集）**：该选项允许通过磁带来采集（捕获）多个剪辑（请见第 3 课）。只有在 Project 面板中选择了一个或多个“脱机”（offline）剪辑，而且没有相关的媒体时，才能使用该选项。

- **Link Media（链接媒体）**：如果剪辑已经断开了链接，可以使用该选项打开 Link Media（链接媒体）对话框，然后重新链接媒体（见下一小节）。
- **Make Offline（解除关联）**：可以故意断开 Project 面板中选择的剪辑及其媒体文件之间的关联（见下一小节）。

> **提示**：当右键单击选中的剪辑时，Project 面板中会出现可用的 Link Media 和 Make Offline 选项。

- **Project Settings（项目设置）**：创建项目时将从中选择设置（请参见第 2 课）。
- **Project Manager（项目管理器）**：将自动执行项目和相关媒体文件的备份过程，并丢弃未使用的媒体文件（本课后面将讲解）。

17.2.2 使剪辑脱机

根据上下文，“脱机”（offline）和“在线”（online）在后期制作流程中有不同的意义。在 Premiere Pro 中，它们指剪辑和其所链接的媒体文件之间的关系。

- **在线**：剪辑链接到媒体文件。
- **脱机**：剪辑没有链接到媒体文件。

当一个剪辑脱机时，仍然可以将它编辑到序列中，甚至可以为它应用效果，但不会看到任何视频。相反，将会看到 Media Offline（媒体脱机）的警告，如图 17.2 所示。

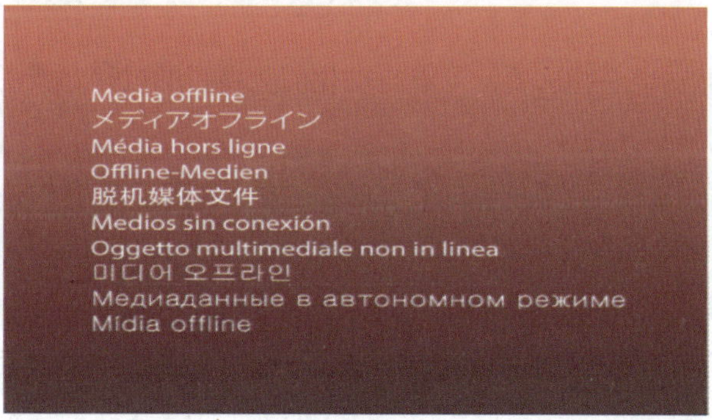

图17.2

在几乎所有的操作中，Premiere Pro 是完全无损的。这意味着无论如何处理项目中的剪辑，都不会修改原始媒体文件。使剪辑脱机是一种罕见的例外。

如果右键单击 Project 面板中的一个剪辑，或者访问 File 菜单并选择 Make Offline（解除关联），将会看到两个选项（见图 17.3）。

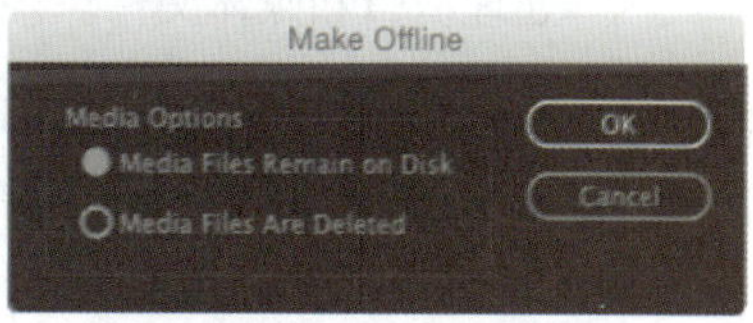

图17.3

- **Media Files Remain on Disk（媒体文件保留在磁盘上）：**这将断开剪辑和媒体文件的链接，并保持媒体文件不变。
- **Media Files Are Deleted（删除媒体文件）：**这将删除媒体文件。删除媒体文件的效果是，由于不再有链接的媒体文件，因此将剪辑变为脱机。

使剪辑脱机的好处是可以将它们重新链接到新媒体。如果一直在处理低分辨率的媒体，这意味着可以更高的质量重新捕捉磁带媒体，或者重新导入文件媒体。

如果磁盘空间有限或者有大量剪辑，则使用低分辨率的媒体有时是可取的。当编辑工作完成并准备精加工时，就可以用高分辨率、大尺寸的媒体文件来替换低分辨率、小尺寸的媒体文件。

Proxy（代理）编辑工作流能够很好地处理这个过程（请参见第 3 章），但是有时需要将一个或多个特定的剪辑设置为脱机，然后将它们链接到新的媒体文件。

> Pr | **提示：**只要在选择菜单选项之前，选择想要使其脱机的任意剪辑，就可以使用单个步骤使多个剪辑脱机。

使用 Make Offline 选项时一定要小心！一旦媒体文件被删除，就不能恢复了。在使用删除实际媒体文件的选项时，一定要小心。

17.3 使用项目管理器

接下来看一下 Project Manager（项目管理器）。要打开它，可访问 File（文件）> Project Manager。

Project Manager 提供了一些选项，可以自动化简化项目的过程，或者将项目中使用的所有媒体文件聚集在一起，如图 17.4 所示。

如果想归档项目或共享作品，则 Project Manager 非常有用。使用 Project Manager 可以将所有媒体文件聚集在一起，以确保在将项目移交给同事时不会丢失任何内容或者使剪辑脱机。

使用 Project Manager 会生成一个新的、独立的项目文件。由于新文件独立于当前的项目，因此在删除任何内容之前，都应该使用 Project Manager，然后仔细检查新项目是否符合要求。

以下是对各选项的概述。

- **Sequence（序列）：**选择项目中的一个或所有序列。Project Manager 将根据所选的序列来处理剪辑和媒体文件。
- **Resulting Project（生成的项目）：**创建一个包含序列中所有剪辑副本的新项目，或者仅根据序列中包含的已经修剪的剪辑部分，使用新媒体文件来创建一个新项目。在进行转码时（即将媒体文件转换为另外一种新的格式和编解码器），可以为新创建的媒体文件选择多种格式和编解码器。

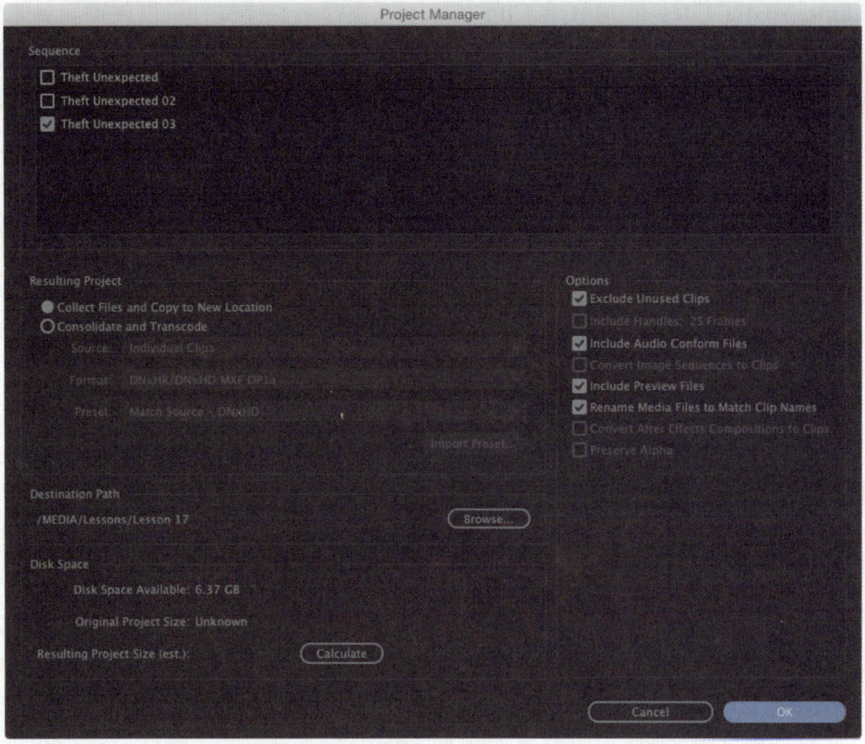

图17.4

> Pr | **注意**：并非所有的媒体格式都可以被修剪。如果创建了一个修剪的项目，但是该项目中的媒体不能被修剪，则 Project Manager 将创建完整原始剪辑的副本。

- **Exclude Unused Clips（排除未使用剪辑）**：选中该选项时，新项目将仅包含在所选序列中使用的剪辑。
- **Include Handles（包含手柄）**：如果使用 Consolidate（合并）和 Transcode（转码）选项创建一个修剪的项目，这将为序列中新修剪的剪辑版本中添加指定数量的帧。这些额外的内容为修剪和调整编辑的时间提供了更大的灵活性。
- **Include Audio Conform Files（包含音频匹配文件）**：这将包含与项目文件匹配的音频，这样 Premiere Pro 将不用重复执行音频分析。这些文件不是必需的，因为 Premiere Pro 会根据需要自动创建它们，这将节省很多时间。
- **Convert Images Sequences to Clip（将图像序列转换为剪辑）**：如果已经导入了一个或多个动画图像序列或定格摄影序列作为剪辑，该选项可以将它们转换为普通的视频文件。这通常是一个很有用的选项，因为它节省了空间，简化了文件的管理，还能提升播放性能。
- **Include Preview Files（包含预览文件）**：如果已经渲染了效果，可以将预览文件包含在新项目中，以避免再次渲染。这些文件不是必要的，但是它们可以节省大量的时间。

- **Rename Media Files to Match Clip Names（重命名媒体文件以匹配剪辑名）：**顾名思义，该选项重命名媒体文件以匹配项目中的剪辑名。使用该选项前要仔细斟酌，因为它可能使识别剪辑的原始源媒体变得更加困难。
- **Convert After Effects Composition to Clips（将 After Effects 合成转换为剪辑）：**该选项会将动态链接的 After Effects 合成排除在外，并使用渲染的视频文件来替代。该选项很有价值，因为 Project Manager 无法收集动态链接的 After Effects 合成以及与合成相关的媒体文件。在一起使用 After Effects 和 Premiere Pro 时，它可以让一切更加井然有序。
- **Preserve Alpha（保留 alpha 通道）：**如果正在对素材进行转码，可以选择保留 alpha 通道信息，这样透明区域依然保持透明。这将生成更大的文件，但是可以保留有价值的图片信息。
- **Destination Path（目标路径）：**为新项目选择一个位置。
- **Disk Space（磁盘空间）：**单击 Calculate（计算）按钮，查看新项目需要的估计空间。

17.3.1 收集文件并将它们复制到一个新位置

也许媒体文件位于存储系统的多个位置，也许需要与其他编辑人员共享作品，也许需要在途中进行编辑。这时，不必将每一个剪辑都合并到新创建的项目中，可以在一个新的位置为原始的完整媒体文件有选择性地创建副本（使用 Exclude Unused Clips 选项）。

要将所选序列中使用的所有文件收集到一个新位置，请执行以下步骤。

1. 访问 File（文件）菜单并选择 Project Manager。
2. 选择想要在新项目中包含的序列。
3. 选择 Collect Files Copy to New Location（收集文件并复制到新位置），如图 17.5 所示。
4. 选择 Exclude Unused Clips（排除未使用剪辑），如图 17.6 所示。

图17.5

图17.6

如果想要包含素材箱中的所有剪辑，无论是否在序列中使用了它们，请取消选择该选项。如果正在创建新项目来更好地组织媒体文件，则取消选择该选项，因为可能是从许多不同的位置将它们导入的。在创建新项目时，链接到项目的所有媒体文件都将被复制到新项目位置。

5. 确定是否想要包含现有的预览文件，以避免在新项目中重新渲染效果。

6. 确定是否想要包含 Audio Conform Files（音频匹配文件），以避免 Premiere Pro 再次分析音频文件。

7. 确定是否想要重命名媒体文件。通常情况下，最好保留媒体文件的原始名称。但是，如果正在制作与其他编辑人员共享的项目，则重命名媒体文件可能有助于辨别媒体文件。

8. 单击 Browse（浏览）并为新项目文件选择位置。

9. 单击 Calculate（计算），让 Premiere Pro 根据所选内容来估算新项目的总体大小。然后单击 OK。

Adobe Premiere Pro 将在一个位置制作原始文件的副本。如果打算为整个原始项目创建一个存档，则这是一种方式。

17.3.2 合并和转码

使用 Project Manager 中的这个选项，Premiere Pro 只需要一个步骤就可以将项目中的所有媒体转码为一种新格式和编解码器。

如果计划使用夹层编解码器（有时也称为房子编解码器 [house codec]），这会相当有用。夹层编解码器会先转换媒体，然后再将其存储到媒体服务器上或者进行编辑。相较于摄像机编码器，编辑系统通常更容易播放这些编解码器。而且相较于原始媒体，使用这些编解码器生成的媒体具有很高的质量，通常也有较高的位深（因此具有更多的色感）。它没有增加质量，而是维持住了质量。

要创建所有媒体的副本，取消选中 Exclude Unused Clips。否则，该选项就与在创建修剪项目时选择的选项类似了。

创建修剪项目

要使用新媒体文件创建一个新的修剪项目，使其只包含在所选序列中使用的剪辑，请执行如下步骤。

1. 访问 File 菜单，选择 Project Manager。

2. 选择想要包含到新项目中的序列。

3. 选择 Consolidate and Transcode（合并和转码）。

4. 选择 Exclude Unused Clips（排除未使用剪辑）。

5. 使用 Source（源）菜单，从下述选项中进行选择。

- **Sequence（序列）：**如果所选序列中的剪辑与序列设置（帧大小、帧速率等）匹配，则新创建的剪辑将被格式化，以匹配剪辑所在的序列；如果不匹配，则复制媒体文件。
- **Individual Clips（单独的剪辑）：**新创建的剪辑将匹配它们的原始帧大小和格式（尽管有可能更改了编解码器）。这是个常用的选项。
- **Preset（预设）：**该选项使用 Preset 菜单指定一个新格式；有多个选项可用。

6. 使用 Format（格式）菜单，并从下述选项中进行选择。

- **DNxHR/DNxHD MXF OP1a：**这将选择一个 MXF 文件类型，而且 DNxHR/DNxHD 被预先选作编解码器。DNxHR 和 DNxHD 是 Avid Media Composer 的首选编解码器。

- **MXF OP1a**：这将在 Preset 菜单中选择具有一系列编解码器选项的 MXF 文件类型。
- **QuickTime**：这将选择 QuickTime MOV 文件类型，从而访问 Preset 菜单中的 GoPro CineForm 编解码器和 Apple ProRes 编解码器。

7. 选择想要的编解码器，或者单击导入一个预设。可以在 Adobe Media Encoder 中创建一个转码预设。

GoPro CineForm编解码器

也许已经对不同的文件类型（比如.mov、.avi）的思想有所了解，但是不熟悉编解码器。就使用的每种文件类型来说，可以将文件当作容器。包含在文件中的是编码后的视频和音频。单词codec（编解码器）是单词compressor（压缩器）和decompressor（解压缩器）的缩写，这是存放图片和声音信息的方式。

尽管编解码器技术可能很复杂，但是为选择一款编解码器而做出的决定通常很简单。可以基于下述内容进行选择。

- 作为内部工作流一部分的要求。
- 匹配原始媒体编解码器的要求。
- 根据个人喜好选择编解码器（基于个人的研究）。

GoPro CineForm编解码器的效率很高，而且很适合在后期制作中使用，它支持高分辨率的视频，可以存储alpha通道。如果正在处理的媒体具有透明像素（比如片头动画），这将相当重要。

8. 添加一些手柄。默认在序列中所用剪辑的每一端添加 1 秒。如果想更为灵活地修剪和调整新项目中的剪辑，可以考虑添加更多的手柄。

> Pr | **提示**：在剪辑的每一端选择添加 5 秒或 10 秒的媒体也没有害处，这只是意味着媒体文件将会大一些。

9. 决定是否想要重命名媒体文件。一般来讲，最好保留媒体文件的原始名字。然而，如果正在制作与其他编辑人员共享的修剪项目，则重命名媒体文件可能有助于编辑人员辨别媒体文件。

10. 单击 Browse，为新项目文件选择一个存储位置。

11. 单击 Calculate，让 Premiere Pro 根据选择来估算项目需要的总大小。然后单击 OK。

创建一个新转码的修剪项目的好处是，不需要的媒体文件不会再弄乱存储硬盘。这是一种使用最小的存储空间，把项目转移到新位置的简便方法，对于归档来说也相当不错。

该选项的危险是一旦删除了不需要的媒体文件，就再也找不回来了。要确保对不需要的媒体文件进行了备份，或者在创建修剪项目之前，肯定不再需要用到这些媒体文件。

在创建修剪项目时，Premiere Pro 不会删除原始文件。所以万一选择了错误的文件，总是可以返回去检查，然后再手动删除硬盘上的文件。

> **注意**：如果媒体文件的帧大小不标准，需要选择保留 alpha 通道，但是却选择了不支持 alpha 通道的编解码器，则将对媒体文件进行复制操作，而不是进行转码，并且还会出现一个警告信息来通知这一点。

17.3.3 渲染和替换

前面在讲解处理视觉效果时，已经探究了用来渲染和替换序列中剪辑的选项。有时，序列中会有一个系统播放时会丢帧的特定剪辑。例如，如果有一个高分辨率的原始（raw）媒体文件、定格照片或者一个动态链接到 Adobe After Effects 的复杂合成图像，可能会发现有必要尽心渲染，以便在全帧速率下播放。

还有另外一种方式：右键单击序列中的一个剪辑片段，选择 Render and Replace（渲染和替换），如图 17.7 所示。

这将打开 Render and Replace 对话框。

与只是渲染序列的选定部分相比，该选项的关键优势是，可以像处理其他剪辑那样来处理渲染和替换的剪辑。可以将剪辑移动到一个不同的位置，将它与其他剪辑整合起来，并添加视觉效果。可以显著提升实时性能。

Render and Replace 对话框中的选项与 Project Manager 中的选项相似。

在渲染和替换剪辑时，新创建的媒体文件链接到 Project 面板中的一个剪辑，该剪辑用来替换原始的序列剪辑。

记住，如果已经使用 Render and Replace 替换了剪辑，可以右键单击剪辑，然后选择 Restored Unrendered，将链接恢复到原始的剪辑（包含动态链接的 After Effects 合成图像），如图 17.8 所示。

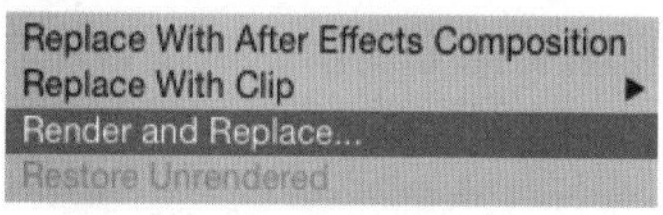

图17.7

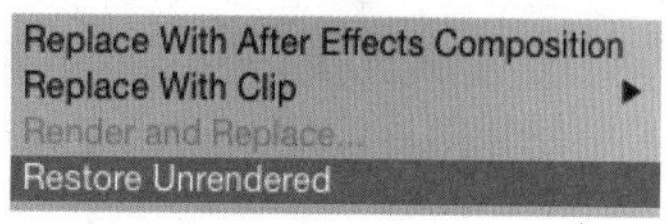

图17.8

因而可以在 Premiere Pro 中对原始剪辑做出更改，并进行更新。

17.3.4 使用链接媒体面板和查找命令

Link Media（链接媒体）面板提供了简单的选项，可以将素材箱中的剪辑与存储硬盘上的媒体文件重新链接起来。

如果在打开一个项目时，项目中的剪辑没有链接到媒体文件，该面板将自动出现，如图 17.9 所示。

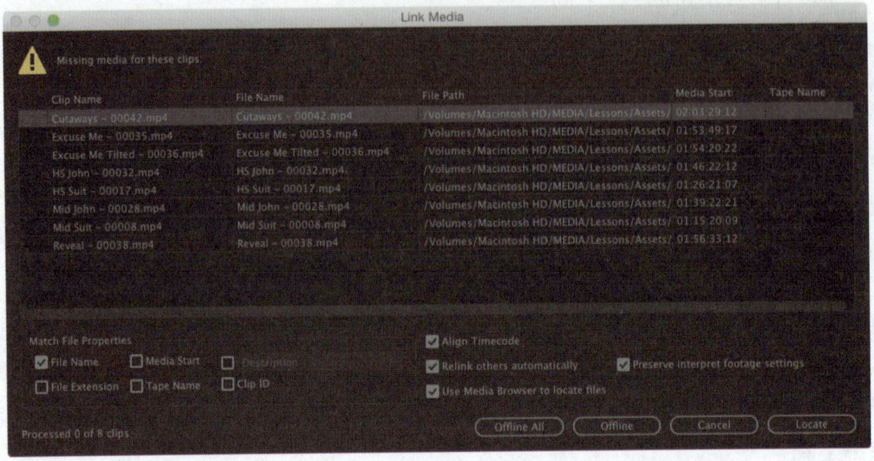

图17.9

> Pr
>
> **注意**：Link Media 不同于 Replace Footage（替换素材）。使用 Replace Footage 将单个剪辑链接到一个可替换的媒体文件上，所产生的结果相同，但是将绕过自动搜索选项，从而将剪辑链接到不同的文件上。

Link Media 面板中的默认选项工作得很好，但是如果重新链接到不同的文件类型，或者使用更复杂的系统来组织媒体文件，则可能需要启用或禁用一些用于文件匹配的选项。

在面板底部，可以发现许多按钮，如图 17.10 所示。

图17.10

- **Offline All**：Premiere Pro 将剪辑保存在项目中，但是不会自动提示重新链接它们。
- **Offline**：Premiere Pro 将选择的剪辑（在剪辑列表中高亮显示）保存在项目 u 中，但是不会自动提示重新链接它们。剪辑列表中的下一个剪辑将高亮显示，以便让用户做出选择。
- **Cancel**：关闭该对话框。
- **Locate**：如果想要重新链接剪辑，可以选择选项来定义搜索设置（包含 File Name[文件名] 和 / 或 File Extension[文件扩展名]），并单击 Locate（查找）。这将出现 Locate File（查找文件）面板（见图 17.11），在这里可以搜索缺失的媒体。

> Pr
>
> **注意**：Premiere Pro 中也有一个选项可以保存解释素材设置。如果已经修改了 Premiere Pro 解释媒体的方式，可勾选 Preserve interpret footage settings（保存解释素材设置）复选框，为新链接的媒体文件应用相同的设置。

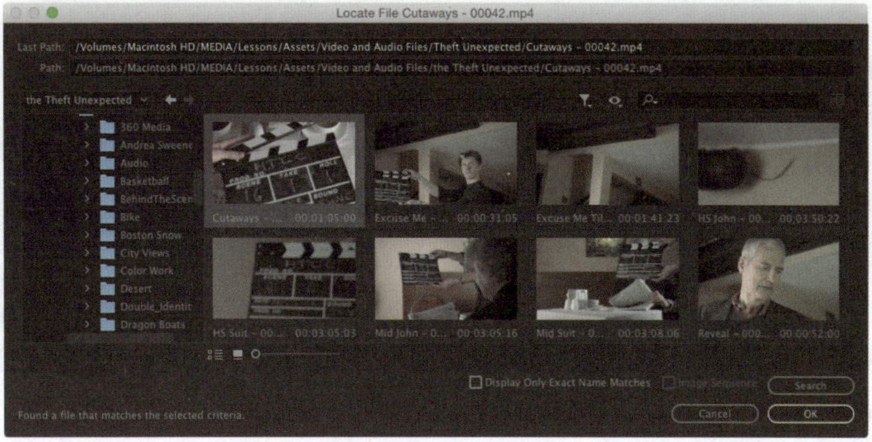

图17.11

利用 Locate File 面板可以轻松快速地找缺失的媒体。查找文件的最简单的方式如下所示。

1. 将 Last Path（最后路径）信息视为查找文件的一个指导。通常情况下，存储盘已经发生了改变，但是存储盘内的路径相同。可以使用该消息手动搜索包含文件夹（containing folder）。

2. 在左侧的文件夹浏览器中，选择认为包含媒体的一个文件夹或者子文件夹。

3. 单击 Search（搜索）。Premiere Pro 将找到与所选的缺失剪辑相匹配的文件，并将其高亮显示。

4. 选择 Display Only Exact Name Matches（仅显示精确的名字匹配）选项。Premiere Pro 将隐藏不匹配的媒体文件，从而更容易识别要选择的文件。

5. 双击正确的文件，或者选中它，然后单击 OK。

单击 OK 时，Premiere Pro 会自动在同一个位置搜索其他丢失的媒体文件。这个自动机制能够显著加速重链接缺失的媒体文件的过程。

17.4 执行最终的项目管理步骤

如果目标是以新项目为基础，希望能以最大的灵活性来重新编辑序列，可以考虑访问 Edit（编辑）菜单，选择 Removed Unused（删除未使用项目）选项，然后再使用 Project Manager（项目管理器）。

Remove Unused（删除未使用项目）选项将仅保留序列中当前使用的剪辑。没有用到的剪辑将被删除（这可能导致素材箱为空）。

然后，可以继续处理项目，而且项目因为删除了无用的剪辑而变得清爽多了。

17.5 导入项目或序列

与导入各种各样的媒体文件一样，Premiere Pro 可以导入现有项目的序列以及用于创建项目的所有序列。

可以导入其他 Premiere Pro 项目文件（如同它们是媒体文件那样），有限制地访问项目中的内容，或者使用 Media Browser 浏览项目。下面来看一下这两个选项。

1. 使用喜欢的方法来导入新媒体文件。如果双击 Project 面板的空白区域，将出现 Import（导入）对话框。

2. 选择 Lesson 17 文件夹中的文件 Desert Sequence.prproj，并单击 Import（导入）。

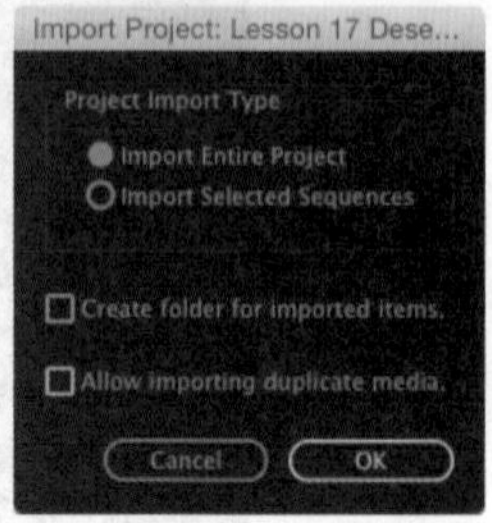

图17.12

将出现 Import Project（导入项目）对话框，如图 17.12 所示。

- **Import Entire Project（导入整个项目）**：这将导入正在导入的项目中的所有序列以及已导入素材箱中的所有剪辑。
- **Import Selected Sequences（导入所选序列）**：需选择想要导入的特定序列，只会导入在此序列中使用的剪辑。

> **注意**：如果导入了一个 Premiere Pro 项目文件，并选择导入选择的序列，则出现 Import Premiere Pro Sequence（导入 Premiere Pro 序列）对话框。在该对话框中，可以选择性地导入特定的序列，这会自动将相关的剪辑放入到项目中。

- **Create folder for imported items（为导入的项目创建文件夹）**：这将在 Project 面板中为导入的项目创建一个素材箱，而不是将它们添加到主 Project 面板中，从而防止它们与现有的项目混合。
- **Allow importing duplicate media（允许导入重复的媒体）**：如果导入的剪辑链接到了之前已经导入的媒体文件，Premiere Pro 默认情况下会将这两个剪辑合并为一个。如果希望这两个剪辑同时存在，可以选择该选项。

3. 现在，单击 Cancel。下面准备使用另外一个方法。

使用 Media Browser，也可以导入整个项目，或者单独的剪辑和序列。只需要浏览一个项目，然后像打开一个文件夹那样打开该项目即可。

以这种方式使用 Media Browser 访问项目文件的内容，可以访问项目的整个内容。可以浏览素材箱，选择要导入的剪辑，甚至查看序列的内容。

当想导入一个项目（也包括一个序列）时，可将它拖到当前的项目文件中，或者右键单击，然后选择 Import。

下面就来试一下。

1. 选择当前项目。

2. 打开 Lesson 17 文件夹中的项目 Lesson 17 Desert Sequence.prproj，确保已经正确链接了媒

体文件。

这是一个蒙太奇序列，显示了沙漠的图像。从这个项目中取出一些剪辑。

3. 保存项目，这将更新项目，而且链接指向复制到本地存储中的媒体。

4. 访问 File 菜单，选择 Open Recent（打开最近项目），然后选择 Lesson 17.prproj（位于之前选择它的存储位置），也可以浏览 Lesson 17 文件夹，然后打开 Lesson 17.prproj。

5. 在 Media Browser 中，浏览 Lesson 17 文件夹，然后双击 Lesson 17 Desert Sequence.prproj，在项目内部浏览。

6. 双击 Desert Montage 序列。

该序列在源监视器中打开（如同打开一个剪辑那样）。这个序列还在一个只读的 Timeline 面板上打开了，如图 17.13 所示。

序列名字中还包含了“(Source Monitor)”，用来提醒用户这不是当前的项目序列

图17.13

通过右键单击并选择 Import 的方式，可以从 Media Browser 中轻松导入整个序列。也可以将剪辑从这个源监视器 Timeline 面板中直接拖放到 Project 面板中。

如果将只读的 Timeline 面板定位到当前序列的 Timeline 面板附近，可以直接在这两个面板间拖动剪辑。

17.6 管理协作

能够导入其他项目为协作提供了新的工作流和机会。例如，可以在不同的编辑人员之间共享一个节目的不同部分（它们使用了相同的媒体资源）。然后，一个编辑人员可以导入所有其他项目以将它们合并为一个完整的序列。

项目文件非常小，通常可以通过电子邮件发送。这允许编辑人员通过电子邮件的方式将更新的项目发送给其他人，打开它们并进行比较，或者是导入它们以在项目中进行并排比较，只要所有编辑人员都有相同媒体文件的副本即可。还可以使用本地文件夹文件共享服务来更新链接到本地媒体文件副本的共享项目文件。也可以使用 Creative Cloud 共享文件。

可以将带有注释的标记添加到 Timeline 中，因此当更新序列时，考虑添加一个标记来突出显示协作者所做的更改。

> Pr **提示：**尽管超出了本书的范围，但是查看 Adobe Creative Cloud for Teams，可以了解更多高级的协作项目共享工作流。

> Pr **警告：**Adobe Premiere Pro 在使用项目文件时不会锁定它们。这意味着两个人可以同时访问同一项目文件。这可能会比较危险。因为当一个人保存文件时会更新文件。在另一个人保存文件时会再次更新文件。最后一个保存项目文件的人定义了文件，并使用这个人所做的更改替换了其他人的更改。如果想协作，则最好在单独的项目文件上工作，然后导入文序列进行比较，或者仔细管理项目文件的访问权限。

有几个由第三方制造的专用媒体服务器，它们有助于在使用共享媒体文件时进行协作。它们允许以一种多个编辑人员同时可访问的方式保存和管理媒体。

记住以下这些关键问题。

- 谁拥有编辑序列的最新版本?
- 媒体文件保存在什么位置?

如果有这些问题的简单答案，那么就应该能够使用 Premiere Pro 进行协作并共享创造性工作。

Premiere Pro 允许将所选择的剪辑或序列导出为一个新的 Premiere Pro 项目。这个精简的项目文件使写作变得更容易，因为可以专注于重要的内容。

要将所选内容导出为一个 Premiere Pro 项目，可在 Project 面板中选择项目，然后选择 File > Export > Selection as Premiere Project。为新项目文件选择一个名字和存储位置，然后单击 Save。

这个新项目文件将链接到现有的媒体文件。

17.7 使用 Libraries 面板

利用 Libraries（库）面板可以在 Premiere Pro 内部直接访问在其他地方创建或通过 Creative Cloud 共享的资源、图形，以及 LUTS。

也可以将媒体文件放到 Creative Cloud Files 文件夹中，如果在其他计算机上登录了 Creative Cloud 账户，这也将自动填充这些计算机上的 Creative Cloud Files 文件夹。

与其他用户共享文件夹也很容易，因此 Creative Cloud Files 文件夹是一种共享项目文件的有用方式。

17.8 管理硬盘

使用 Project Manager（项目管理器）创建了新的项目副本，或者已经完成了项目及其媒体后，可能想要清理硬盘。视频文件非常大。即使拥有非常大的存储硬盘，也会很快就需要考虑想要保留和删除的媒体文件。也可能想要将项目文件移动到一个较慢但是通常更大的归档存储上，以尽可能让快速的媒体存储用于当前的项目。

完成项目时，要使删除未使用的媒体变得更简单，请考虑通过项目文件夹或媒体驱动器上项目的具体位置来导入所有媒体文件。这意味着在导入之前将媒体副本放在一个位置，因为在导入媒体时，Premiere Pro 会创建一个这个位置的链接。

通过在导入之前组织媒体文件，会发现在创意工作流结束时可以更轻松地删除未使用的内容，因为所有内容都位于同一个位置。

记住，删除项目中的剪辑或者删除项目文件本身并不会删除任何媒体文件。

如果使用了代理文件，要记得它们。很有可能代理文件的存储位置不同于全分辨率原始素材所在的位置。

其他文件

在将新媒体文件导入项目时，媒体缓存会使用存储空间。此外，每次渲染效果时，Premiere Pro 都会创建预览文件。

要从硬盘上删除这些文件并腾出更多空间，有下面几个选项。

- 选择 Edit（编辑）>Preferences（首选项）>Media（媒体）（Windows）或 Premiere Pro > Preferences > Media（Mac OS），并在 Media Cache Database（媒体缓存数据库）部分单击 Clean（清理），这将删除项目不再引用的缓存文件。
- 删除与当前项目相关的渲染文件，方法是选择 Sequence（序列）>Delete Render Files（删除渲染文件）。
- 选择 File（文件）>Project Settings（项目设置）>Scratch Disks（暂存盘）找到 Preview Files 文件夹，然后使用 Windows Explorer（Windows）或 Finder（Mac OS）删除文件夹及其内容，这将删除所有的缓存文件。

在选择媒体缓存和项目预览文件的存放位置时应谨慎。这些文件的总体大小可能非常大，而且硬盘的速度会影响到 Premiere Pro 的播放性能。

使用动态链接进行媒体管理

Dynamic Link（动态链接）允许Premiere Pro将After Effects合成用作导入的媒体，并且仍然可以在After Effects中编辑它们。Text Template（文本模板）After Effects合成也允许在Premiere Pro中编辑文本内容。要让Dynamic Link工作，

Premiere Pro必须访问包含合成的After Effects项目文件，并且After Effects必须能访问合成中使用的媒体文件。

在安装了这两种应用程序且媒体资源位于内部存储器的计算机上进行工作时，可以自动实现这些访问。

如果使用Project Manager（项目管理器）来收集Premiere Pro新项目的文件，则不会导入Dynamic Link文件的副本或在将剪辑发送到Adobe Audition时创建的重复的音频文件。相反，将需要在Windows或Mac OS中自己制作文件的副本。这非常容易实现，只需复制文件夹并将它包含在已收集的资源中，或者在After Effects中选择File > Dependencies > Collect Files。

复习题

1. 为什么要选择使剪辑脱机？
2. 在使用 Project Manager 创建修剪项目时，为什么会选择包含手柄？
3. 为什么会选择名为 Collect Files and Copy to a New Location（收集文件并复制到新位置）的 Project Manager 选项？
4. Edit（编辑）菜单中的 Remove Unused（删除未使用项目）选项有什么作用？
5. 如何从另一个 Premiere Pro 项目导入序列？
6. 在创建新项目时，Project Manager 是否会收集 Dynamic Link 资源，比如 After Effects 合成？

复习题答案

1. 如果正在处理低分辨率的媒体文件副本，则会想要使剪辑脱机，以便可以在全分辨率下重新捕捉或重新导入它们。
2. 修剪的项目只包括序列中使用的剪辑部分。为了提供一些灵活性以便在日后调整编辑点，可以添加手柄；24 帧手柄实际上会为每个剪辑的总持续时间添加 48 个帧，因为会在每个剪辑的开头和结尾各自添加一个手柄。
3. 如果从计算机的多个不同位置导入媒体文件，则可能很难找到一切内容并保持井然有序。通过使用 Project Manager 将所有媒体文件收集到一个位置，可以使管理项目媒体文件变得更简单。
4. 选择 Remove Unused 选项时，Premiere Pro 会从项目中删除序列未使用的剪辑。记住，不会删除任何媒体文件。
5. 要从另一个 Premiere Pro 项目导入序列，可以像导入任意媒体文件那样导入此项目文件。Premiere Pro 允许导入整个项目或所选序列，也可以使用 Media Browser 在项目文件内部浏览。
6. 在创建新项目时，Project Manager 不会收集 Dynamic Link 资源。基于此原因，在与项目文件夹相同的位置或项目的专用文件夹中创建新的 Dynamic Link 项目是一个好主意。这样，可以轻松地找到并复制新项目的资源。

第18课 导出帧、剪辑和序列

课程概述

在本课中，你将学习以下内容：

- 选择正确的导出选项；
- 导出单帧；
- 创建电影、图像序列和音频文件；
- 使用 Adobe Media Encoder；
- 上传到社交媒体；
- 导出到 Final Cut Pro；
- 导出到 Avid Media Composer；
- 使用编辑决策列表。

本课大约需要 90 分钟。

对于编辑视频来说，最好的事情莫过于终于可以与观众分享视频。Adobe Premiere Pro CC 提供了多种导出选项，可以将项目录制到磁带上，或者将其转换为其他数字文件。

导出项目是视频制作过程的最后一个步骤。Adobe Media Encoder 提供了多种高级输出格式，这些格式中有非常多的选项，而且能以批方式导出。

18.1 开始

现在，媒体分发的主要形式是数字文件。要创建这些文件，可以使用 Adobe Media Encoder。Adobe Media Encoder 是一个独立的应用程序，它以批方式导出文件，这样在使用其他应用程序（包括 Premiere Pro 和 Adobe After Effects）的同时，可以以多种格式导出文件，并在后台进行处理。

> Pr 注意：Premiere Pro 可以导出在 Project 面板中选择的剪辑，以及 Source（资源）面板中的序列或部分序列。选择 File（文件）>Export（导出）时所选的内容就是 Premiere Pro 将导出的内容。

18.2 导出选项概述

无论是已经完成了一个项目，还是仅想要共享一个正在进行的审核，都会有大量导出选项。

- 可以导出文件，将其发布到网上，或者创建一个 DCP（数字电影包）文件，用于影院的分发。
- 可以导出单个帧或一系列帧。
- 可以选择只输出音频、只输出视频，或者同时输出音频和视频。
- 导出的剪辑或静态图像还可以自动重新导入回项目，以便后续使用。
- 可以直接导出到录像带上。

除了选择一种导出格式外，还可以设置其他一些参数。

- 可以选择以与原始媒体类似的格式、相同的视觉品质和数据速率创建文件，也可以将它们压缩到更小的尺寸，以便通过光盘或网络进行分发。
- 可以将媒体从一种格式转码为另一种格式，以便更轻松地与后期制作流程中的人员进行交换。
- 如果某种特定的预设不能满足要求，还可以自定义帧大小、帧速率、数据速率或视频和音频压缩方法。
- 可以应用一个颜色查找表（LUT，lookup table）来分配外观，设置叠加时间码和其他剪辑文本信息，添加图像叠加，或者直接将文件上传到社交媒体、FTP 服务器或 Adobe Creative Cloud 中。
- 通过自动缩短或延长较低活动（low activity）的时间，可以在最后一刻对新媒体文件的持续时间进行不易察觉的调整。

18.3 导出单帧

在编辑过程中，可能需要导出一个静态帧，以将它发送给团队成员或客户进行审核。在将视频文件发布到互联网时，可能需要导出一个图像，用作视频文件的缩略图。

Premiere Pro 能够快速容易地导出一个静态帧。

当从源监视器导出一个帧时，Premiere Pro 创建一个静态图像来匹配源视频文件的分辨率。

当从节目监视器中导出一个帧时，Premiere Pro 创建一个静态图像来匹配序列的分辨率。

下面就来试一下。

1. 从 Lessons/Lesson 18 文件夹中打开 Lesson 18_01.prproj。

2. 打开序列 Review Copy，如图 18.1 所示。将 Timeline 的播放头放在想要导出的帧上。

3. 在节目监视器中，单击右下角的 Export Frame（导出帧）按钮（📷），出现如图 18.2 所示的对话框。

图18.1

图18.2

如果看不到此按钮，可能是因为自定义了节目监视器的按钮。你也可能需要调整面板的大小。可以选择节目监视器并按 Shift + Control + E（Windows）或 Shift + E（Mac OS）组合键来导出一个帧。

4. 在 Export Frame（导出帧）对话框中，输入一个文件名。

5. 使用 Format（格式）菜单，选择一个静态图像格式。

- JPEG、PNG、GIF 和 BMP 适用于压缩的图形工作流（比如互联网交付）。
- TIFF、Targa 和 PNG 适用于印刷和动画工作流。
- DPX 通常用于数字电影或彩色分级工作流。
- OpenEXR 用于存储高动态范围的图像信息。

> **注意**：在 Windows 中，可以导出为 BMP、DPX、GIF、JPEG、OpenEXR、PNG、TGA 和 TIFF 格式；在 Mac 中，可以导出为 DPX、JPEG、OpenEXR、PNG、TGA 和 TIFF 格式。

6. 单击 Browse（浏览）按钮，选择要存放新静态文件的位置。在桌面上创建一个名为 Exports 的文件夹，并选择它。

7. 选择 Import into Project（导入到项目中）选项，以将静态图像添加回当前项目，然后单击 OK。

> **注意**：该项目中的音乐名为 Tell Somebody，是由 Alex 和 Admiral Bob 演唱的，由 Creative Commons Attribution 3.0 授权。

18.4 导出一个主副本

创建一个主副本允许制作编辑项目的原始数字副本，可以将它存档，以便将来使用。主副本是一个独立的（self-contained）且完全渲染的数字文件，它是使用最高分辨率和最佳品质来输出的序列。创建了主副本后，可以使用这种类型的文件作为一个单独的源，以生成其他压缩的输出格式，而无需在 Premiere Pro 中的打开原始文件。

18.4.1 匹配序列设置

理想情况下，主文件将与它基于的序列具有匹配的帧大小、帧速率和编解码器。在进行导出时，Adobe Premiere Pro 提供了一个 Match Sequence Settings（匹配序列设置）选项，从而使这一过程变得非常简单。

1. 继续处理 Lesson 18_01.prproj 中的 Review Copy 序列。

2. 在 Project 或 Timeline 面板中选择此序列，然后选择 File（文件）>Export（导出）>Media（媒体），打开 Export Settings（导出设置）对话框，如图 18.3 所示。

图18.3

3. 后面将详细介绍该对话框。现在，勾选 Match Sequence Settings（匹配序列设置）复选框，如图 18.4 所示。

4. 显示输出名字的蓝色文本实际上是一个打开 Save As（另存为）对话框的按钮。在 Adobe Media Encoder 中也可看到同样类型的"文本即按钮"。现在单击 Output Name（输出名字），如图 18.5 所示。

图18.4

图18.5

5. 选择一个目标位置（比如之前创建的 Exports 文件夹），并将序列命名为 Review Copy

01.mxf，然后单击 Save。

6. 查看 Summary（摘要）信息，确认输出格式与序列设置匹配（见图 18.6）。在本例中，应该使用 29.97fps 的 DNxHD 媒体（比如 MXF 文件）。Summary 信息是一个快速易得的参考，可以帮助避免能引发重大后果的小错误。如果 Source 和 Output Summary 设置相匹配，可以将转换降至最低，从而有助于维护最终输出的质量。

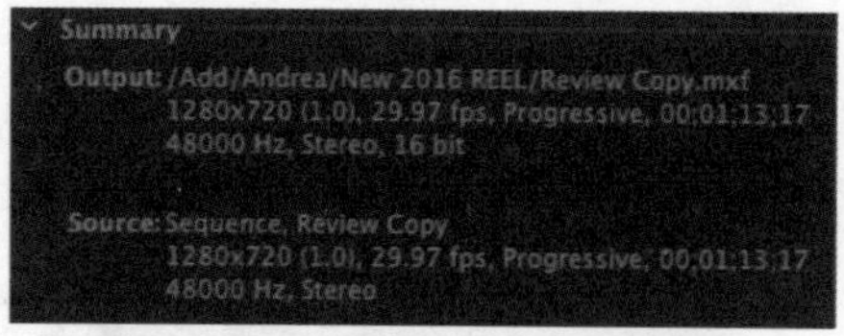

在导出序列时，序列是源，剪辑不是源，而且剪辑已经遵循了序列的设置

图18.6

> **注意**：在某些情况下，Match Sequence Settings（匹配序列设置）选项不会写入原始相机媒体的一个精确匹配。例如，XDCAM EX 将写入一个高质量的 MPEG2 文件中。在大多数情况下，写入的文件都会有一个相同的格式，并严格匹配原始源文件的数据速率。

7. 单击 Export（导出）按钮，基于序列创建一个媒体文件。

> **提示**：在选择 Match Sequence Settings 选项时，Premiere Pro 使用与序列预览一致的设置生成一个文件。要谨慎选择这些设置，因为有些选项要比其他选项拥有更高的重量，而且默认选项通常在图像保真度之上选择一个速率，以便快速预览。

18.4.2 选择另一种编解码器

在导出一个新媒体文件时，可以选择使用的编解码器。有些摄像机格式（比如 DSLR）已经进行了高度压缩。使用高品质的母带处理编解码器有助于保留主文件的质量。

1. 选中同一个序列，然后选择 File（文件）>Export（导出）>Media（媒体），或者按 Control + M（Windows）或 Command + M（Mac OS）组合键。

2. 在 Export Settings（导出设置）对话框中，单击 Format（格式）弹出菜单并选择 QuickTime。

3. 单击输出名称（蓝色文本），并将文件重命名为 Review Copy 02.mov。然后将它保存到与上一个练习相同的文件夹中。

4. 单击窗口底部的 Video（视频）选项卡。

5. 选择已经安装的一个视频编解码器。

应该在系统上安装的一个选项是 GoPro CineForm 编解码器。该选项会生成质量非常高（但大小合理）的文件。要确保帧大小和帧速率与原设置匹配。可能需要向下滚动窗口或调整面板大小，以便看到所有设置。使用如图 18.7 所示的设置。

> **提示**：可以通过总是选中 Export Settings 对话框右侧的 Match Source（匹配源），或者单击 Match Source 按钮，来匹配 Frame Rate（帧速率）和 Field Order（场序）选项。

6. 在 Basic Audio Settings（基本音频设置）区域，选择 48 000Hz 作为采用速率，将 Sample Size（采样大小）设置为 16 bit，将 Audio Channel Configuration（音频通道配置）设置为输出 Stereo（立体声），如图 18.8 所示。

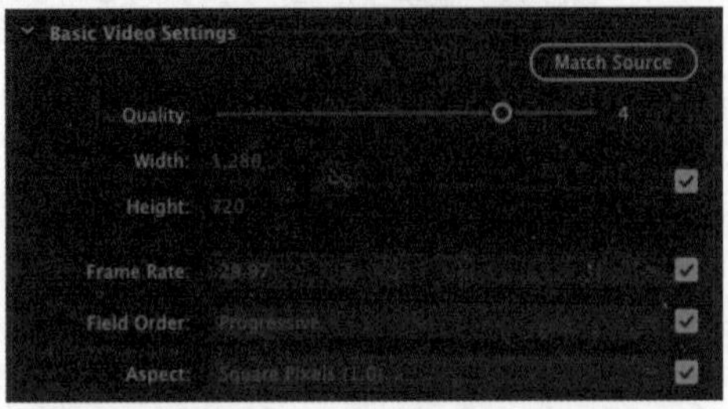

图18.7

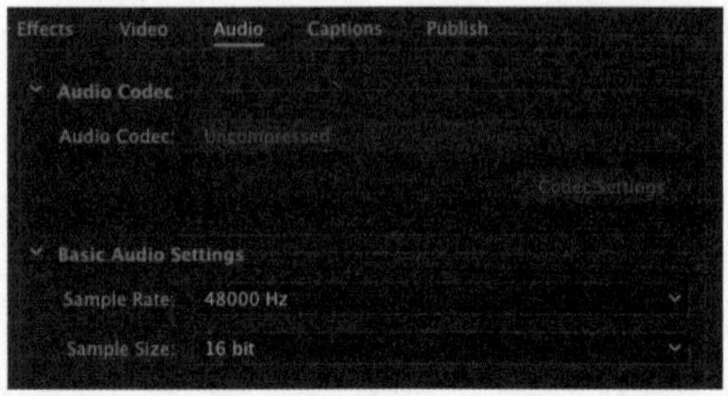

图18.8

> **注意：**GoPro CineForm 是一种专业的编解码器，得到了 Adobe Creative Cloud 应用程序的原生支持。不支持该编解码器的应用程序无法播放这种格式的媒体。

GoPro CineForm编解码器选项

GoPro编解码器具有3种配置，可以使用Export Settings（导出设置）对话框顶部的Preset（预设）菜单进行选择。

- **GoPro CineForm RGB 12-bit with Alpha at Maximum Bit Depth：**这将创建一个高质量的文件，它使用 12 位颜色（而不是常见的 8 位）存储图像信息，并使用完整的 RGB 色域，而且其效果是使用 13 位浮点数计算的，并带有一个 alpha 通道。尽管在生成文件时所用的时间要长一些，而且文件也要更大一些，但是文件质量相当出色。
- **GoPro CineForm RGB 12-bit with Alpha：**这将创建与第一个选项相同的高质量文件，但它是使用标准的颜色位深来执行编码的。它仍然是一个高质量的文件，但是编码速度更快。
- **GoPro CineForm YUV 10-bit：**这将使用 YUV 颜色来创建一个高质量的视频文件，YUV 颜色也是用于相机媒体和电视的最常见的颜色模式。这里没有 alpha 通道，几乎也用不到它。尽管该文件是使用 10 位（而不是 12 位）颜色创建的，但是大多数的视频是使用 8 位颜色来创建的。

7. 单击对话框底部的 Export（导出）按钮，导出序列，并将它转码为新的媒体文件。

> **提示：**HEVC/H.265 是一个新的压缩系统，它是由制定 H.264 的同一个运动图像专家组（Motion Picture Experts Group，MPEG）制定的。尽管它更有效，但是很少有播放器能支持它。在生成 UHD 内容时，系统会让用户提供使用这种编解码器的媒体。

18.5 使用 Adobe Media Encoder

Adobe Media Encoder 是一个独立的应用程序，它可以独立运行，也可以通过 Premiere Pro 启动它。使用 Adobe Media Encoder 的一个优势是可以直接从 Premiere Pro 发送一个编码工作，然后在编码的处理过程中继续处理编辑。如果客户想在结束编辑之前查看作品，则 Media Encoder 可以在不中断工作流的情况下创建文件。

当在 Premiere Pro 中播放视频时，Media Encoder 将暂停，从而让播放性能最大化。

18.5.1 选择导出的文件格式

知道如何交付最终的作品可能是一个挑战。从根本上来说，选择交付格式是一个向后规划（planning backward）的过程；找到文件的呈现方式，通常可以很容易地根据用途找到最合适的文件类型。

通常，客户都有需要你遵守的交付规范，选择用于编码的适当选项即可。

Premiere Pro 和 Adobe Media Encoder 可以多种格式导出文件（见图 18.9）。下面将简要介绍这些格式，以了解何时需要使用它们。

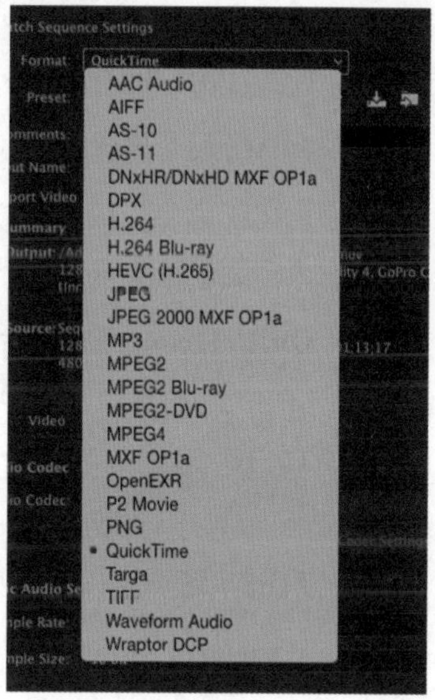

图18.9

- **AAC Audio（AAC 音频）：**Advanced Audio Coding（高级音频编码）格式是一种纯音频格式，大多数 H.264 编码都使用此格式。相较于更知名的 MP3 编解码器，它的效率更高。

- **AIFF：**Audio Interchange File Format（音频交换文件格式，AIFF）是一种无压缩的纯音频文件格式。

- **AS-10：**该格式基于 MXF（下文将讲到），可以针对广播电视的交付进行精确的配置。如果在生成用于电视的内容，则可能会要求以这种格式进行交付。

- **AS-11：**与 AS-10 一样，这种格式也基于 MXF，可以针对广播电视的交付进行精确的配置。如果在生成用于电视的内容，则可能会要求以这种格式进行交付。

- **DNxHR/DNxHD MXF OP1a：**对这些编解码器的原生支持提供了与 Avid 编辑系统的兼容性。它们适用于专业编辑的高质量、跨平台文件格式。DNxHR 支持超高清晰度的分辨率，而 DNxHD 支持高清晰度的分辨率。

- **DPX：**Digital Picture Exchange（数字图像交换，DPX）是有一种用于数码中间片和特效作品的高端图像序列。

- **H.264：**这是当今最灵活、使用最广泛的格式，为多种设备（比如智能手机和机顶盒）和在线服务（比如 YouTube 和 Vimeo）提供了预设。H.264 文件可以在智能手机上播放，或者用作其他视频编辑器中作品的高质量、高比特率的中间文件。

- **H.264 Blu-ray**：该选项生成专门针对蓝光光盘配置的 H.264 文件。
- **JPEG**：该设置将在目标位置创建一系列连续的静态图像。
- **JPEG 2000 MXF OP1a**：这将创建一个视频文件，而且其压缩与 MPEG2 类似，但是每一个帧是单独压缩的，从而文件的质量更一致，更健壮。
- **MP3**：这种压缩的音频格式非常流行，因为它会产生一个相对较小而且人耳听起来还不错的文件。
- **MPEG2**：这种文件格式主要用于 DVD 和蓝光光盘。该组内的预设创建出的文件能够在计算机上播放。一些广播公司还使用 MPEG2 作为数字交付格式。
- **MPEG2 Blu-ray**：这将为高清光盘创建一个与蓝光兼容的 MPEG2 视频和音频文件。
- **MPEG2-DVD**：这将为标清光盘创建一个与 DVD 兼容的 MPEG2 视频和音频文件。
- **MPEG4**：这将创建低质量的 H.263 3GP 文件，用于在老式的手机上进行播放。
- **MXF OP1a**：这些预设允许创建与几种视频编辑系统和媒体服务器（包括 AVC-INTRA、DV、IMX 和 XDCAM）兼容的文件。
- **P2 Movie**：创建标准的 Panasonic P2 媒体。
- **PNG**：这种无损且高效的静态图像格式用于互联网，或者用于包含透明度的图像序列。与大多数静态图像格式不同，PNG 文件可以包含一个 alpha 通道。
- **QuickTime**：这个容器格式可以采用多种编解码器保存文件。无论编解码器是哪种，QuickTime 文件都使用 .mov 扩展名。
- **Targa**：这是一种很少使用的无压缩静态图像文件格式。与 PNG 文件一样，Targa 文件可以包含一个 alpha 通道。
- **TIFF**：这种流行的高质量静态图像格式提供有损和无损两种压缩选项。
- **Waveform Audio（波形音频）**：这是一种无压缩的音频文件格式。
- **Wraptor DCP**：如果要为数字电影放映（Digital Cinema Projection）提供内容，设置会相当复杂。该选项包含了一个可以接受的标准 DCP 文件，而且不需要从中选择设置。

下列格式只能用于 Windows。

- **AVI**：与 QuickTime 文件很像，这个“容器格式”可以使用多种编解码器存储文件。尽管 Microsoft 已经有很多年不再支持它了，但是 AVI 文件仍然在广泛使用。
- **Bitmap**：这是一种非压缩、很少被采用的静态图像格式。
- **Animated GIF 和 GIF**：这些压缩的静态图像和动画格式主要用于互联网，它们仅适用于 Windows 版本的 Premiere Pro。

- **Uncompressed Microsoft AVI**：这是一种应用不广泛的高位速率的中间格式，且仅适用于 Windows 版本的 Premiere Pro。

- **Windows Media**：该选项创建 MWV 文件，对于 Microsoft Silverlight 应用程序来说很理想（仅适用于 Windows）。

> **注意**：如果使用一种专业的主（mastering）格式，比如 MXF OP1a、DNxHD MXF OP1a 或者 QuickTime，在格式允许的情况下，最多可以导出 32 通道的音频。原始的序列必须使用一个多通道主轨道以及相应的轨道数量。

18.5.2 配置导出

要从 Premiere Pro 导出到 Adobe Media Encoder 中，需要对导出进行排队。第一步是使用 Export Settings（导出设置）对话框对将要导出的文件做出选择。

1. 确保在 Project 面板中选择了想要导出的序列，或者序列在 Timeline 面板中打开了，而且 Timeline 面板是活动面板。

2. 选择 File（文件）>Export（导出）>Media（媒体），或者按 Control + M（Windows）或 Command + M（Mac OS）组合键。

最好按照从上到下的顺序学习 Export Settings（导出设置）对话框，首先选择格式和预设，然后选择输出，最后决定是否要导出音频、视频或同时导出两者。

3. 从 Format（格式）菜单中选择 H.264。在将文件上传到在线视频网站时，通常选择该格式。

4. 在 Preset（预设）菜单中选择 Vimeo 720p HD。

这些设置将匹配序列的帧大小和帧速率。编解码器和数据速率与 Vimeo.com 站点的要求相匹配。

5. 单击输出名称（蓝色文本），并将文件重新命名为 Review Copy 03.mp4。将它保存到与上一个练习相同的位置。

6. 检查 Summary（摘要）信息文本，查看选择（见图 18.10）。

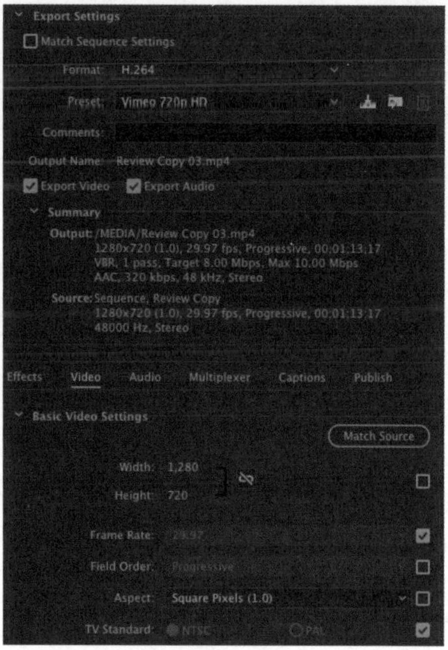

图18.10

下面简要介绍了 Summary 下方显示的各个选项卡。

- **Effects（效果）**：在输出媒体时，可以添加许多有用的效果和叠加（下一小节将讲解这些选项）。

- **Video（视频）**：该选项卡用于调整帧大小、帧速率、场序和配置文件。它们的默认值是基于所选择的预设，但是也可以修改它们。
- **Audio（音频）**：该选项卡允许调整音频的位速率，对于某些格式，还允许调整编解码器。它们的默认值是基于所选择的预设，但是也可以修改它们。
- **Multiplexer（多路调制器）**：这些控件允许确定编码方法是否针对于具体设备（比如 iPod 或 PlayStation Portable）的兼容性进行了优化。这还可以控制音频是与视频合并，还是作为单独文件交付。
- **Captions（字幕）**：如果序列有字幕，可以指定是忽略它们，还是嵌入或烧录（永久添加到视觉效果中）到输出文件，还是作为一个额外的文件导出。
- **Publish（发布）**：该选项卡允许针对要交付的文件输入多个社交媒体服务的细节。本课后面将会详细介绍。

> Pr 注意：取决于选择的格式，Export Settings（导出设置）对话框中显示的设置选项卡会发生变化。大多数重要的选项包含在 Format（格式）、Video（视频）和 Audio（音频）选项卡中。

导出效果

在导出媒体文件时，可以对输出应用多种效果，添加信息叠加，并进行自动调整。下面是每个选项的概述。

- **Lumetri Look/LUT**：从一系列或内置或自定义的 Lumetri 外观中选择，可以对输出文件的外观应用一个细微的调整。
- **SDR Conform（SDR 遵从）**：如果序列是一个高动态范围，可以生成一个标准动态范围（Standard Dynamic Range，SDR）版本的序列。
- **Image Overlay（图像叠加）**：添加一个图形，比如公司 logo 或网络“窃听器”（bug），并将它放到屏幕上。图形将集成到图像中。
- **Name Overlay（名称叠加）**：为图像添加一个文本叠加。它可以作为一个简单的水印来保护内容，也可以作为标记不同版本的方式。
- **Timecode Overlay（时间码叠加）**：为完成的视频文件显示时间码，使得观众无须使用专门的编辑软件，就能轻松注意到用作评论用途的参考时间。
- **Time Tuner（时间调谐器）**：在 -10%~+10% 的范围内指定了一个新的持续时间或播放速率，这是通过对较低活动的时间应用细微的调整来实现的。结果会因为处理的媒体而有所不同，因此需要测试不同的速率来比较最终的结果。

- **Video Limiter（视频限幅器）**：尽管它通常用于让序列中的视频具有合适的级别，但是也可以在这里应用它。
- **Loudness Normalization（响度正常化）**：使用 Loudness（响度）范围对输出文件中的音频电平进行正常化处理。与视频色阶一样，它可以让序列具有正常的响度，但是它可以知道在导出期间，响度级别将受到限制，从而提供了一种额外的安全性。

18.5.3 使用源和输出面板

移动到 Export Settings（导出设置）对话框的左侧，查看 Source Range（源范围）下拉列表，从该下拉列表可以选择要导出整个序列，导出使用入点和出点标记设置的序列范围，导出使用 Timeline Work Area（工作区）栏设置的范围，还是导出一个使用小三角形手柄和导航条直接在菜单上选择的自定义区域。默认情况下，在导出文件时，如果入点和出点标记已经存在于序列或剪辑上，则会使用入点和出点标记，如图 18.11 所示。

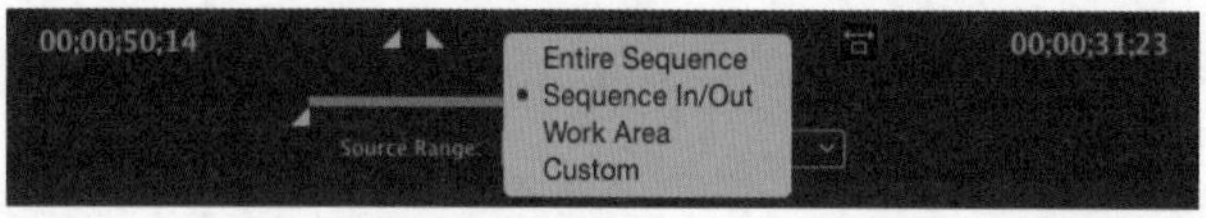

图18.11

在 Export Settings（导出设置）对话框的左上角是 Output（输出）和 Source（源）选项卡。Output 选项卡显示要被编码的视频的一个预览。在 Output 选项卡上查看视频是很有用的，这样可以发现错误，比如不想要的宽屏，或者一些视频格式中使用的形状不规则的像素导致的失真。

Source 选项卡可以访问基本的裁剪空间。在 Source 选项卡上做出了更改之后，要记得查看 Output 选项卡。

18.5.4 对导出进行排队

在准备好创建媒体文件时，需要考虑下面几个选项（见图 18.12）。

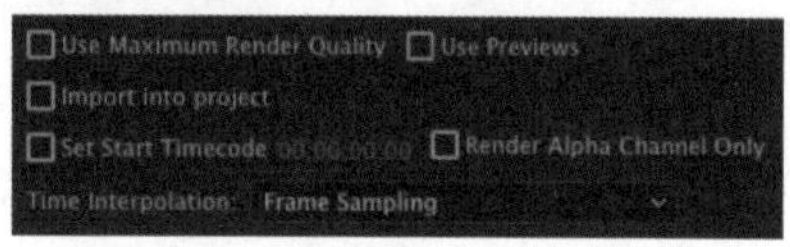

图18.12

- **Use Maximum Render Quality（使用最高渲染质量）**：当从较大的图像尺寸缩放为较小的图像尺寸时，要考虑启用该设置。该选项需要的 RAM 较多，这会显著延缓输出。通常不使用该选项，除非是在工作时没有 GPU 加速，或者是缩小图像，同时希望具有最高质量的输出时。
- **Use Previews（使用预览）**：在渲染特效时，将生成预览文件，而且预览文件看起来像是最初的素材整合了效果。如果启用了该选项，预览文件将用作新导出的源文件。这可以节省再次渲染效果所花费的大量时间。取决于序列预览文件的格式，最终结果的质量可能较低（请见第 2 课）。
- **Import into project（导入到项目中）**：该选项将新创建的媒体文件自动导入到当前的项目中。

- **Set Start Timecode（设置开始时间码）**：该选项可以指定一个新文件的开始时间码。如果是在广播环境中工作，其中交付要求会指定一个具体的开始时间码，此时该选项就相当有用了。
- **Render Alpha Channel Only（只渲染 alpha 通道）**：一些后期制作工作流需要一个表示 alpha 通道（该通道定义了不透明度）的独立灰度文件。该选项可以生成这种文件。
- **Time Interpolation（时间插值）**：如果导入的文件有不同于序列的帧速率，该选项可以指定帧速率更改的渲染方式。该选项与更改剪辑播放速率所应用的选项相同。

使用格式

Adobe Media Encoder支持多种格式。了解使用哪种设置可能会有些困难。让我们查看一些常见的场景并检查通常使用的格式。尽管这些不是完全绝对的，但是它们可以让你接近正确的输出。在开始生成一个完整长度的最终文件时，先在一小部分视频上进行测试是一个不错的主意。

- **为上传到视频网站进行编码**：H.264 格式分别包含在宽屏、SD、HD 和 4K 中时用于 YouTube 和 Vimeo 的预设。使用这些预设作为提供服务的起点，要注意观察分辨率和文件大小。
- **针对设备进行编码**：针对当前设备（Apple iPod/iPhone、Apple TV、Kindle、Nook、Android 和 TiVo）使用 H.264 格式，并对一些通用的 3GPP 预设使用 H.264 格式；对于较老式的基于 MPEG4 的设备，请使用 MPEG4 格式。一定要查阅生产厂商网站上的规范。
- **针对 DVD/ 蓝光光盘进行编码**：通常情况下，为较短的视频项目使用 MPEG2 格式——也就是对于 DVD 使用 MPEG2-DVD 预设，而对于蓝光光盘则使用 MPEG2 Blu-ray 预设。在这些高位速率应用程序中，MPEG2 的视觉质量和 H.264 没有明显的差别，但编码速度快很多。但是，H.264 编解码器更有效，可以在更小的存储空间中容纳更多的内容。

总的来说，已经证明Premiere Pro预设可以满足预期目的。当使用为设备或光盘设计的预设时，要避免调整设置，因为硬件播放器具有很严格的媒体要求，因此看似细微的更改可能会让文件无法播放。

大多数Premiere Pro预设是很保守的，采用默认设置能够提供很好的结果，因此，自行修改参数可能不会提升最终的质量。

- **Metadata（元数据）**：单击该按钮将打开 Metadata Export（元数据导出）面板，如图 18.13 所示。可以指定大量设置，包括有关版权、创作者和版权管理的信息，甚至可以嵌入有用的信息（比如标记、脚本和音频转录）来实现高级交付选项。在某些情况下，可能更偏向于将 Metadata Export Options 设置为 None，从而将所有的元数据从新创建的文件中移除。

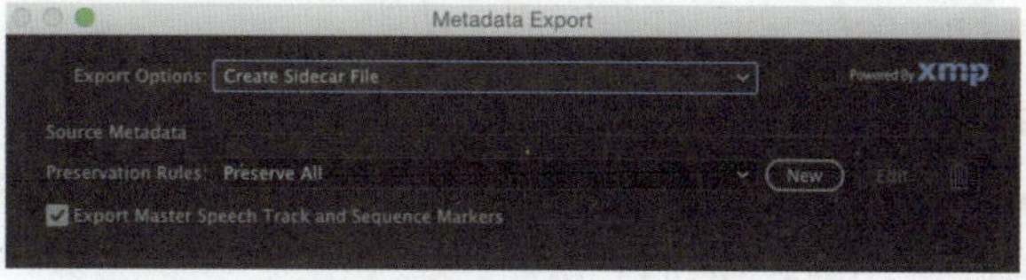

图18.13

- **Queue**（队列）：单击 Queue（队列）按钮将文件发送到 Adobe Media Encoder，该应用程序将自动打开，从而允许在导出文件的同时，可以继续在 Premiere Pro 中工作。
- **Export**（导出）：选择该选项将直接从 Export Settings（导出设置）对话框导出，而不是将文件发送到 Adobe Media Encoder 队列中。这是一种较简单的工作流，通常具有较快的导出速度，但是只有在导出结束之后，才能在 Premiere Pro 中进行编辑。

> Pr 注意：在 Video（视频）选项卡上，还可以找到 Render at Maximum Depth（以最大深度渲染）选项。如果在工作时没有 GPU 加速，该选项可使用更高的精度来生成颜色，从而改善输出的视觉质量。但是，该选项会增加渲染时间。

单击 Queue（队列）按钮将文件发送到 Adobe Media Encoder，后者将自动启动。

18.5.5 Adobe Media Encoder 中的其他选项

使用 Adobe Media Encoder 有几个好处。尽管除了单击 Premiere Pro 中 Export Settings（导出设置）面板的 Export（导出）按钮外，还需要一些额外的步骤，但这些选项物有所值（见图 18.14）。

图18.14

> Pr 注意：Adobe Media Encoder 不一定必须从 Adobe Premiere Pro 中使用，可以单独启动 Adobe Media Encoder。

下面是 Adobe Media Encoder 中的一些最有用的功能。

- **添加用于编码的文件：**选择 File（文件）>Add Source（添加源），可以将文件添加到 Adobe Media Encoder 中。甚至可以直接将 Windows Explorer（Windows）或 Finder（Mac OS）中的文件拖放到 Adobe Media Encoder 中。
- **直接导入 Premiere Pro 序列：**可以通过选择 File（文件）>Add Premiere Pro Sequence（添加 Premiere Pro 序列）来选择一个 Adobe Premiere Pro 项目文件并选择要编码的序列（无需启动 Premiere Pro）。
- **直接渲染 After Effects 合成图：**选择 File（文件）>Add After Effects Composition（添加 After Effects 合成），可以从 Adobe After Effects 导入并编码合成图，而无需打开 Adobe After Effects。
- **使用监视文件夹：**如果想要对一些编码任务进行自动化处理，则可以创建监视文件夹，方法是选择 File（文件）>Add Watch Folder（添加监视文件夹），然后为该监视文件夹分配一个预设。该文件夹中的媒体文件将自动编码成预设中指定的格式。
- **修改队列：**使用列表顶部的按钮（见图 18.15），可以添加、复制或删除任何编码任务。
- **开始编码：**如果没有将队列设置为自动开始，可以单击 Start Queue（开始队列）按钮（▶），以开始编码。队列中的文件将逐个进行编码。在编码开始之后，也可以在队列中添加文件。甚至可以在编码进行期间，直接从 Premiere Pro 中将文件添加到队列中。
- **修改设置：**当编码任务载入到队列中后，修改设置就很简单了。单击项目的 Format（格式）或 Preset（预设），将出现 Export Settings（导出设置）对话框（见图 18.16）。

图18.15

图18.16

18.6 上传到社交媒体

在编码结束之后，导出设置中包含的选项可以将导出的视频发布到 Creative Cloud Files 文件夹、Adobe Behance、Facebook、FTP 服务器（FTP 是一种将文件传输到远程文件服务器的标准方式）、Twitter、Vimeo 以及 YouTube 上（见图 18.17）。

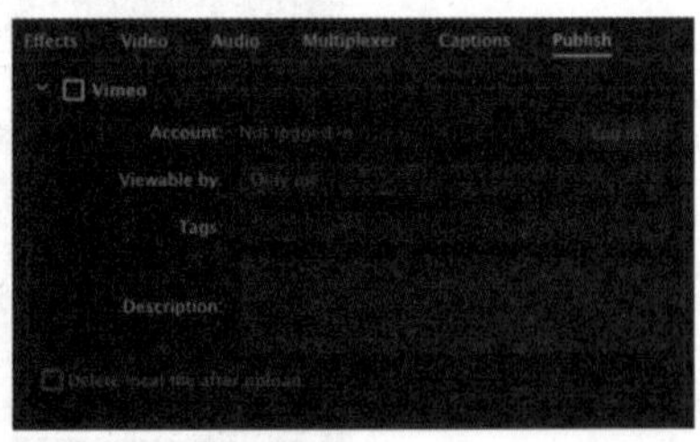

图18.17

社交媒体平台成为越来越重要的媒体分发渠道，Adobe 也在开发新的技术和工作流，以使用户更容易地分享自己的创意作品，并让受众的参与度最大化。请进一步关注 Adobe 在该领域的新发展。

18.7 与其他编辑应用程序交换

在视频的后期制作中，合作往往是必不可少的。Premiere Pro 可以读取与市场上许多高级编辑和颜色分级工具相兼容的项目文件。因此，即使与合作者使用不同的编辑系统，也可以很容易地分享创意作品。

18.7.1 导出 Final Cut Pro XML 文件

使用 Final Cut Pro XML 允许与许多应用程序交换 Premiere Pro 项目。可以直接将项目引入 Final Cut Pro 7 中，也可以使用 SendToX from Assisted Editing，将项目文件转化到 Final Cut Pro X XML 中，还可以将项目导出到 DaVinci Resolve 和 Grass Valley EDIUS 等应用程序。

Final Cut Pro 7 XML 标准不支持某些特效和关键帧，因此需要测试该工作流，以确认创意作品有多少可以使用该系统来分享。

从 Premiere Pro 导出到 Final Cut Pro，以及将 XML 文件导入到 Final Cut Pro 都很简单。

1. 在 Premiere Pro 中，选择 File（文件）>Export（导出）>Final Cut Pro XML。

2. 在 Save As 对话框中，命名文件，选择位置，并单击 Save。Premiere Pro 将显示导出 XML 文件时是否存在问题。

现在可以将该文件导入到另一个应用程序中。很可能需要将媒体批量导入到其他应用程序，或者批量捕捉媒体并重新链接它。

18.7.2 导出到 OMF

Open Media Framework（开放式媒体框架，OMF）已经成为在系统之间交换音频信息的一种标准方式（通常用于音频混合）。导出 OMF 文件时，典型的方法是使用内部的所有音频轨道创建一个单独的文件。当一个兼容的应用程序打开 OMF 文件时，它将显示所有轨道。

> **注意**：如果在进行多机位编辑，在导出 OMF 文件之前要先合并编辑，因为嵌套的序列剪辑没有被正确地包含进来。

下面是创建 OMF 文件的步骤。

1. 选择一个序列，选择 File（文件）>Export（导出）>OMF，出现如图 18.18 所示的对话框。

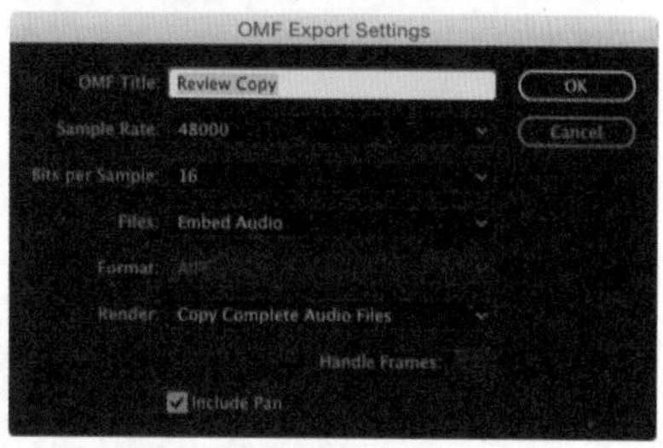

图18.18

2. 在 OMF Export Settings 对话框中，在 OMF Title（OMF 字幕）字段中为文件输入一个名称。

3. 确认 Sample Rate（采样率）和 Bits per Sample（每样本位数）的设置与素材匹配；480 00 Hz 和 16 位是最常见的设置。

4. 从 Files（文件）菜单中选择一个选项。

- **Edbed Audio（嵌入音频）**：该选项导出一个包含项目元数据和所选序列的所有音频的 OMF 文件。

- **Separate Audio（分离音频）：**该选项将单独的单声道音频文件导入 omfiMediaFiles 文件夹。

5. 如果正在使用 Separate Audio（分离音频）选项，请在 AIFF 和 Broadcast Wave（广播波）格式之间选择。这两种格式的质量都非常高，但是要检查需要交换的系统。AIFF 文件的兼容性是最高的。

6. 使用 Render（渲染）菜单，选择 Copy Complete Audio Files（复制完整的音频文件）或 Trim Audio Files（修剪音频文件）以减少文件大小。在修改剪辑时，可以指定要添加的手柄（额外的帧），以提供更大的灵活性。

7. 单击 OK 以生成 OMF 文件。

8. 选择目标位置并单击 Save。现在可以存放到自己的课程文件夹中。

> Pr | **注意：**所有的 OMF 文件最大为 2GB——如果在处理一个很长的序列，可能需要将它分成两部分，然后分别导出。

18.7.3 导出到 AAF

另一种交换文件的方式是使用 Advanced Authoring Format（AAF）标准。这种方法通常用于与 NLE 软件（包括 Avid Media Composer 和用于完善音频的 Avid Pro Tools）交换项目信息和源媒体。

AAF 标准不支持某些特效和关键帧，因此需要测试该工作流，以确认创意作品有多少可以使用该系统来分享。

1. 选择 File（文件）>Export（导出）>AAF。

2. 选择是否想创建一个混音视频（这是序列的一个合并后的视频），如果在 Pro Tools 中打开 AAF 文件，则会显示该视频。

3. 选择是否想将音频剪辑拆分到单通道中。当将一个 AAF 文件发送到 Avid Media Composer 中时，这相当有用。如果选择了该选项，则需为新编码的音频选择喜欢的设置。

4. 单击 OK，然后选择一个位置来保存 AAF 文件。

使用编辑决策列表

编辑决策列表（EDL）是一个简单的文本文档，具有一系列对编辑任务进行自动化处理的指令。其指令的格式遵循标准，从而使得许多不同的系统都可以读取EDL。

尽管请求EDL的事情很少见。但是，可以将序列导出为最尝试用的格式CMX3600。

要创建一个CMX3600 EDL，在Project面板中选择一个序列，或者在Timeline面板中打开一个序列，然后进入File > Export > EDL。

EDL的需求通常非常具体，所以在创建EDL之前要请求EDL规范。幸好，EDL文件通常都非常小，因此如果不确定应该选择什么设置，可以创建多个版本，然后查看哪个最好。

18.7.4 最后的练习

祝贺你！你已经学习了使用 Premiere Pro 导入媒体、组织项目、创建序列、添加/修改/移除效果、混合音频、处理图形和标题，以及输出作品等相关的许多知识。

本书至此已经讲解完毕，但是你可能需要进行一些练习。为了让练习简单一些，用于少量作品的媒体文件已经被合并到一个单独的项目文件中，以便读者探索已经学习到的技术。

这些媒体文件只能用于个人练习，不允许以任何形式进行分发，包括 YouTube 以及其他在线平台，因此不要上传使用了这些媒体文件的任何剪辑或最终结果。

图18.19

Lessons 文件夹中的 Final Practice.prproj 项目文件包含了用于少量作品的原始剪辑（见图 18.19）。

- **360 Media**：360 电影的一个简短的介绍片段。使用该媒体可以体验 VR 视频播放控件。
- **Andrea Sweeney NYC**：这是一个简短的公路电影日记片。使用画外音作为指导，在单个时间轴上练习合并 4K 和 HD 素材。如果选择使用 HD 序列设置，可以尝试在 4K 素材内进行平移和扫描。
- **Bike Race Multi-Camera**：这是一个简单的多机位素材。体验在多机位项目中进行实时编辑。
- Boston Snow：以三种分辨率对波士顿公园的剪辑进行了混合。使用 Scale to Frame Size（缩放到帧大小）、Set to Frame Size（设置为帧大小）和关键帧控件来缩放该媒体。尝试使用 Warp Stabilizer（变形稳定器）效果锁定其中一个高分辨率的剪辑，然后放大该剪辑，创建从一侧到另一侧的平移。
- **City Views**：一系列有关天空和陆地的镜头。使用该媒体来体验图像稳定、颜色调整和视觉效果。
- **Desert**：使用不同的颜色来尝试颜色校正工具，并将素材与音频整合起来，创建蒙太奇。
- **Jolie's Garden**：以 96 fps 拍摄，其播放速率设置为 24 fps，拍摄的是有关媒体社交活动的场景，使用该媒体体验 Lumetri Color 面板外观和速率更改效果。
- **Laura in the Snow**：这是一个规范的商业拍摄，其拍摄速率为 96 fps，播放速率为 24 fps。使用该素材来练习颜色校正和分级调整。体验缓降动作，并对视频和应用的效果进行蒙版处理。
- **Music**：使用这些音乐剪辑练习创建音频混合，并为音乐添加视觉效果。
- **Music Video Multi-Camera**：一个音乐视频媒体。使用该素材练习多机位编辑技巧。
- **Theft Unexpected**：这是由 Maxim Jago 导演和编辑的一个获奖短片。使用该素材体验修剪技巧，并练习调整简单对话中的时序（timing）。

复习题

1. 如果想创建一个独立的文件，而且该文件与序列预览设置中的原始质量非常匹配，那么导出数字视频的一种简单方法是什么?
2. Adobe Media Encoder 提供了哪些用于互联网的导出选项?
3. 导出到大多数移动设备时应使用哪种编码格式?
4. 在处理一个 Premiere Pro 新项目前，必须等待 Adobe Media Encoder 完成其队列的处理吗?

复习题答案

1. 使用 Export（导出）对话框中的 Match Sequence Settings（匹配序列设置）选项。
2. 这因平台而异。两种操作系统都包含 H.264 和 QuickTime，并且 Windows 版本还包括 Windows Media。
3. 导出到大多数移动设备时所采用的编码格式是 H.264。
4. 不需要。Adobe Media Encoder 是一个独立的应用程序，可以在它处理渲染队列期间处理其他应用程序，甚至可以开始一个 Premiere Pro 新项目。

异步社区
人民邮电出版社
www.epubit.com.cn

欢迎来到异步社区！

异步社区的来历

异步社区（www.epubit.com.cn）是人民邮电出版社旗下 IT 专业图书旗舰社区，于 2015 年 8 月上线运营。

异步社区依托于人民邮电出版社 20 余年的 IT 专业优质出版资源和编辑策划团队，打造传统出版与电子出版和自出版结合、纸质书与电子书结合、传统印刷与 POD 按需印刷结合的出版平台，提供最新技术资讯，为作者和读者打造交流互动的平台。

社区里都有什么？

购买图书

我们出版的图书涵盖主流 IT 技术，在编程语言、Web 技术、数据科学等领域有众多经典畅销图书。社区现已上线图书 1000 余种，电子书 400 多种，部分新书实现纸书、电子书同步出版。我们还会定期发布新书书讯。

下载资源

社区内提供随书附赠的资源，如书中的案例或程序源代码。

另外，社区还提供了大量的免费电子书，只要注册成为社区用户就可以免费下载。

与作译者互动

很多图书的作译者已经入驻社区，您可以关注他们，咨询技术问题；可以阅读不断更新的技术文章，听作译者和编辑畅聊好书背后有趣的故事；还可以参与社区的作者访谈栏目，向您关注的作者提出采访题目。

灵活优惠的购书

您可以方便地下单购买纸质图书或电子图书，纸质图书直接从人民邮电出版社书库发货，电子书提供多种阅读格式。

对于重磅新书，社区提供预售和新书首发服务，用户可以第一时间买到心仪的新书。

用户帐户中的积分可以用于购书优惠。100 积分 =1 元，购买图书时，在 0 使用积分 里填入可使用的积分数值，即可扣减相应金额。

特别优惠

购买本书的读者专享异步社区购书优惠券。

使用方法：注册成为社区用户，在下单购书时输入 S4XC5 使用优惠码 ，然后点击“使用优惠码”，即可在原折扣基础上享受全单9折优惠。（订单满39元即可使用，本优惠券只可使用一次）

纸电图书组合购买

社区独家提供纸质图书和电子书组合购买方式，价格优惠，一次购买，多种阅读选择。

社区里还可以做什么？

提交勘误

您可以在图书页面下方提交勘误，每条勘误被确认后可以获得100积分。热心勘误的读者还有机会参与书稿的审校和翻译工作。

写作

社区提供基于 Markdown 的写作环境，喜欢写作的您可以在此一试身手，在社区里分享您的技术心得和读书体会，更可以体验自出版的乐趣，轻松实现出版的梦想。

如果成为社区认证作译者，还可以享受异步社区提供的作者专享特色服务。

会议活动早知道

您可以掌握 IT 圈的技术会议资讯，更有机会免费获赠大会门票。

加入异步

扫描任意二维码都能找到我们：

异步社区	微信服务号	微信订阅号	官方微博	QQ 群：436746675

社区网址：www.epubit.com.cn

投稿 & 咨询：contact@epubit.com.cn